矩阵线性组合的广义逆及其应用

刘晓冀　王宏兴　著

科学出版社
北京

内 容 简 介

本书主要讨论了矩阵线性组合的 Drzain 逆、分块矩阵广义逆和特殊矩阵线性组合相关性质等.

本书可以作为高等院校的研究生和从事矩阵广义逆研究的科技工作者的参考资料.

图书在版编目(CIP)数据

矩阵线性组合的广义逆及其应用/刘晓冀, 王宏兴著. —北京: 科学出版社, 2017. 12

ISBN 978-7-03-055843-5

Ⅰ. ① 矩… Ⅱ. ①刘… ②王… Ⅲ.①矩阵–组合数学–广义逆–研究 Ⅳ. ①O151.21

中国版本图书馆 CIP 数据核字 (2017) 第 300384 号

责任编辑: 胡庆家 / 责任校对: 彭 涛
责任印制: 吴兆东 / 封面设计: 无极书装

科 学 出 版 社 出版
北京东黄城根北街 16 号
邮政编码: 100717
http://www.sciencep.com
北京凌奇印刷有限责任公司 印刷
科学出版社发行 各地新华书店经销
*
2017 年 12 月第 一 版 开本: 720 × 1000 B5
2024 年 2 月第二次印刷 印张: 20 1/4
字数: 400 000

定价: 128.00 元

(如有印装质量问题, 我社负责调换)

作 者 简 介

刘晓冀　广西民族大学教授，2003 年西安电子科技大学博士毕业，华东师范大学博士后. 目前主要从事矩阵论、算子广义逆等方面的教学和科研工作. 在《数学学报》《计算数学》《数学年刊》，*Mathematics of Computation*, *Journal of Computational and Applied Mathematics*, *Linear Algebra and its Application* 等国内外刊物上发表 80 余篇学术论文.

王宏兴　广西民族大学副教授，2011 年博士毕业于华东师范大学数学系. 目前主要从事矩阵广义逆理论等方面的教学和科研工作. 在《计算数学》，*Linear Algebra and its Application*, *Linear and Multilinear Algabra* 等国内外刊物上发表 20 余篇学术论文.

序

分块矩阵 Drazin 逆的表示问题是 Drazin 逆研究的一个经典问题, 该问题不仅在矩阵代数中有重要意义, 而且在自动化、数值分析、广义系统、马尔可夫和迭代法等诸多方面有着深刻的应用背景, 尤其在奇异线性差分方程解析解的表示中, 分块矩阵 Drazin 逆是不可或缺的工具.

1979 年, Campbell 和 Meyer 在求解一类二阶微分方程的解析解时提出了如何用矩阵的子块 A, B, C, D 来表示分块矩阵 $M = \begin{pmatrix} A & B \\ C & D \end{pmatrix}$ Drazin 逆的公开问题. 1983 年, Campbell 首先解决了分块下三角矩阵 $T = \begin{pmatrix} A & B \\ 0 & D \end{pmatrix}$ 的表示问题, 同时提出了反三角矩阵 $N = \begin{pmatrix} A & B \\ C & 0 \end{pmatrix}$ 的公开问题. 由此, 国内外许多专家对这两个公开问题进行了诸多研究.

到目前为止, 这两个公开问题依然没有解决, 同时还有许多来自微分方程领域的特殊分块矩阵 Drazin 逆的表示问题需要解决, 这些值得我们进行深入的研究和探讨.

另一方面, 魏益民、Hartwig 等国内外专家研究了如何利用矩阵 A, B 表示矩阵和 $A+B$ 的 Drazin 逆, 得到了在两个矩阵交换、单边乘积为零等多种情况下的 Drazin 逆表示, 主要使用的技术是矩阵的特殊分块矩阵的 Drazin 逆表示, 并利用得到的相应结果讨论矩阵 Drazin 逆的扰动问题, 得到了一些较为深刻的结果. Castro 等在 $G^2F = FG^2 = 0$ 条件下研究了算子和 $G+F$ 的 Drazin 逆, 并由此给出了一些类型的算子分块矩阵 Drazin 逆的表示. 我们进一步在更弱的条件下得到了矩阵和的 Drazin 逆, 并由此给出了一些类型的特殊分块矩阵 Drazin 逆的表示. 杨虎教授等给出了在 $PQP = 0, PQ^2 = 0$ 情况下 $P+Q$ 的 Drazin 逆. 最近国内外专家研究了特殊矩阵线性组合的 Drazin 逆的表示, 得到了一系列结论. 但一般情形下的矩阵和的 Drazin 逆表示还未得到.

矩阵线性组合的研究是广义逆理论非常重要的研究领域. 矩阵线性组合的幂等性、立方幂等性、对合性及其广义逆的表示在统计学、量子力学中应用广泛. 近年来, 很多学者在这方面做了大量的研究, 例如, Baksalary, Benítez, Groß, 以及卜长江、邓春源、刘晓冀等.

作者长期从事矩阵广义逆理论及其应用等问题的研究, 发现了 Drazin 逆相关问题还有很多有待解决. 本书主要讨论了矩阵线性组合的 Drzain 逆、分块矩阵广义逆和特殊矩阵线性组合相关性质等. 内容编排如下: 第 1 章介绍广义逆的若干基本知识; 第 2 章介绍矩阵线性组合的 Drazin 逆; 第 3 章介绍分块矩阵的广义逆; 第 4 章介绍特殊矩阵及其线性组合的相关性质.

关于 Drazin 逆问题研究的文献已经非常丰富, 本书不可能包括所有的参考文献, 而主要包括最新的和最精练的内容, 而且列出的参考文献也不太全面. 因此, 在这里向做了很多这方面的工作但未列入参考文献的作者表示歉意.

本书的编写和出版得到国家自然科学基金 (11361009,11401243)、广西八桂学者项目、广西卓越学者项目、中国博士后科学基金 (2015M581690) 以及广西民族大学在物力和资金上的大力支持.

由于作者水平有限, 书中难免有疏漏和不妥之处, 希望读者能及时指出, 便于以后纠正.

刘晓冀
广西民族大学
2017 年 7 月

符 号 表

- $\mathbb{R}$: 所有实数的全体
- $\mathbb{C}$: 所有复数的全体
- $\mathbb{R}^{m\times n}$: 所有 $m\times n$ 实元素矩阵的全体
- $\mathbb{C}^{m\times n}$: 所有 $m\times n$ 复元素矩阵的全体
- $\bar{A}$: 矩阵 A 的共轭
- A^{T}: 矩阵 A 的转置
- A^*: 矩阵 A 的共轭转置 (即 $\bar{A}^{\mathrm{T}}$)
- A^{-1}: 矩阵 A 的逆
- $A^{\dagger}$: 矩阵 A 的 Moore-Penrose 逆
- $A^{\#}$: 矩阵 A 的群逆
- A_D: 矩阵 A 的 Drazin 逆
- $\mathbb{C}_{n,\#}$: 所有 n 阶群可逆矩阵的全体
- I_n: $n\times n$ 单位矩阵. 当不会引起混淆时, 也记为 I
- $0_{m\times n}$: $m\times n$ 零矩阵. 当不会引起混淆时, 也记为 0. 0_m 为 m 阶零向量
- $R(A)$: 由矩阵 A 的所有列向量所张成的子空间
- $N(A)$: 矩阵 A 的零空间
- P_A: 到 $R(A)$ 上的正交投影算子
- $r(A)$: 矩阵 A 的秩
- $\rho(A)$: 矩阵 A 的谱半径
- $\lambda(A)$: 矩阵 A 的所有特征值全体
- $\in$: 元素属于
- $\subseteq$: 集合含于
- $\Leftrightarrow$: 等价
- $\Rightarrow$: 蕴涵

目　　录

第1章 引 言

近几十年来，矩阵的广义逆已被越来越多的学者所研究和熟悉. 广义逆的思想最早被人们提出是在 1903 年, I. Fredholm 在研究 Fredholm 积分算子问题时首次涉及积分算子广义逆的内容. 而任意矩阵的广义逆的提出是在 1920 年, E. H. Moore 在*Bulletin of the American Mathematical Society*上以投影矩阵的形式定义了矩阵的广义逆, 当时并未引起人们广泛的关注. 1955 年, R. Penrose 在*Journal of the Cambridge Philosophical Society*上以简洁明了的形式定义了矩阵的广义逆, 用符号 $A^{\dagger}$ 表示, 给定 $A \in \mathbb{C}^{m\times n}$, 若对某个矩阵 $X \in \mathbb{C}^{n\times m}$ 满足以下四个矩阵方程:

(1) $AXA = A$;

(2) $XAX = X$;

(3) $(AX)^* = AX$;

(4) $(XA)^* = XA$, (1.0.1)

则称 X 为 A 的 Moore-Penrose 逆.

1958 年, 美国数学家 M. P. Drazin 提出了结合半群和环上的广义逆, 后来便称它为 Drazin 逆. 即

设 $A \in \mathbb{C}^{n\times n}$, 矩阵 $X \in \mathbb{C}^{n\times n}$ 满足

(1k) $A^kXA = A$;

(2) $XAX = X$;

(5) $AX = XA$,

称 X 为 A 的 Drazin 逆, 用符号 A_D 表示. 当 $\mathrm{Ind}(A) = 1$ 时, X 为 A 群逆, 用符号 $A^{\#}$ 表示, 记 $A^{\pi} = I - AA_D$. 从此以后广义逆理论开始逐步的发展, 并广泛地应用在各个学科中, 如数值线性代数、控制论、最小二乘、非线性方程、回归分析、Markov 链 [23,41–44,54–57,74,194,250].

定义 1.0.1 若 $A \in \mathbb{C}^{n\times n}$, 矩阵 A 的秩记为 $r(A)$, 满足

$$r(A^{k+1}) = r(A^k)$$

的最小非负整数 k 称为 A 的指标, 记 $k = \mathrm{Ind}(A)$.

定义 1.0.2 设 $x \in \mathcal{R}$, 如果整数 $\lceil x \rceil$ 满足下列不等式

$$x \leqslant \lceil x \rceil < x + 1,$$

则称 $\lceil x \rceil$ 为大于等于 x 的最大整数.

定义 1.0.3 设 $x \in \mathcal{R}$, 如果整数 $\lfloor x \rfloor$ 满足下列不等式

$$x - 1 < \lfloor x \rfloor \leqslant x,$$

则称 $\lfloor x \rfloor$ 为小于等于 x 的最大整数.

记

$$\mathbb{C}_n^{EP} = \{A \in \mathbb{C}^{n\times n} : AA^+ = A^+A\},$$

$$\mathbb{C}_n^{QP} = \{A \in \mathbb{C}^{n\times n} : A^{n+2} = A\},$$

$$\mathbb{C}_n^{n-HGP} = \{A \in \mathbb{C}^{n\times n} : A^n = A^+\}.$$

$$\mathbb{C}_n^{U} = \{A \in \mathbb{C}^{n\times n} : AA^* = I = A^*A\},$$

其中 n 表示矩阵阶数. 则由文献 [6] 得到 $\mathbb{C}_n^{n-HGP} = \mathbb{C}_n^{EP} \cap \mathbb{C}_n^{QP}$.

1.1 矩阵线性组合的 Drazin 逆

在矩阵理论、概率统计理论、线性系统理论、微分和差分方程、Markov 链以及控制论等领域, Drazin 逆有着重要的作用. Koliha 将 Banach 代数上 Drazin 逆的应用推广到了 Banach 空间上的线性算子. 在文献 [146] 中, Koliha 推导了当 $ab = ba = 0$ 时, $a + b$ 的广义 Drazin 逆的表示. 对于 a, b, 如何给出 $a + b$ 广义 Drazin 逆的表示一直是个难题和公开的问题.

魏益民、Hartwig 等国内外专家研究了如何利用矩阵 A, B 表示矩阵和 $A + B$ 的 Drazin 逆, 得到了在两个矩阵交换、单边乘积为零等多种情况下的 Drazin 逆表示, 主要使用的技术是利用矩阵的特殊分块矩阵的 Drazin 逆表示, 并利用得到的相应结果讨论矩阵 Drazin 逆的扰动问题, 得到了一些较为深刻的结果. Castro 等在 $G^2F = FG^2 = 0$ 条件下研究了算子和 $G + F$ 的 Drazin 逆, 并由此给出了一些类型的算子分块矩阵 Drazin 逆的表示. 文献 [180] 中, 在满足条件 $PQ^2 = 0$, $Q^2 = 0$ 下 M. F. Martínez-Serrano 和 N. Castro-González 给出了两个矩阵和的 Drazin 逆的一个表示. 杨虎等给出了在 $PQP = 0, PQ^2 = 0$ 情况下 $P + Q$ 的 Drazin 逆. 最近国内外专家研究了特殊矩阵线性组合的 Drazin 逆的表示, 得到了一系列结论. 但一般情形下的矩阵和的 Drazin 逆表示还未得到.

1999 年, J. Fill 和 D. Fishkind[121] 研究 A, B 满足 $r(A + B) = r(A) + r(B)$ 时的广义逆表示.

引理 1.1.1[51] 设 $A \in \mathbb{C}^{n\times m}$, $B \in \mathbb{C}^{m\times n}$, 则 $(AB)_D = A(BA)_D{}^2B$.

引理 1.1.2[140] 设 $P, Q \in \mathbb{C}^{n\times n}$, 其中 $s = \mathrm{Ind}(P)$, $h = \mathrm{Ind}(Q)$. 若 $PQ = 0$, 则

$$(P+Q)_D = \sum_{n=0}^{s-1} {Q_D}^{n+1} P^n P^\pi + Q^\pi \sum_{n=0}^{h-1} Q^n {P_D}^{n+1}.$$

注记 1.1.3 (i) 若引理 1.1.2 中 $Q^r = 0, 0 \leqslant r < h$, 则 $(P+Q)_D = \sum_{n=0}^{r-1} Q^n {P_D}^{n+1}$.
(ii) 若引理 1.1.2 中 $QP = 0$, 则 $(P+Q)_D = P_D + Q_D$.

引理 1.1.4[140,结论 2.1] 令 $A, B \in \mathbb{C}^{n\times n}$. 如果 $AB = 0$, A 是幂零, 则

$$(A+B)_D = \sum_{i=0}^{k-1} (B_D)^{i+1} A^i, \quad k = \mathrm{Ind}(A).$$

1.2 分块矩阵的广义逆

分块矩阵 Drazin 逆的表示问题是 Drazin 逆研究的一个经典问题, 该问题不仅在矩阵代数中有重要意义, 而且在自动化、数值分析、广义系统、马尔可夫和迭代法等诸多方面有着深刻的应用背景, 尤其在奇异线性差分方程解析解的表示中, 分块矩阵 Drazin 逆是不可或缺的工具.

1979 年, Campbell 和 Meyer 在求解一类二阶微分方程的解析解时提出了如何用矩阵的子块 A, B, C, D 来表示分块矩阵 $M = \begin{pmatrix} A & B \\ C & D \end{pmatrix}$ 的 Drazin 逆的公开问题. 1983 年, Campbell 首先解决了分块下三角矩阵 $T = \begin{pmatrix} A & B \\ 0 & D \end{pmatrix}$ 的表示问题, 同时提出了反三角矩阵 $N = \begin{pmatrix} A & B \\ C & 0 \end{pmatrix}$ 的表示公开问题. 由此, 国内外许多专家对这两个公开问题进行了诸多研究.

由于这两个问题的困难性, 国内外许多专家只得到在一定的条件下 M 的 Drazin 逆表达式. 1996 年, Hartwig 给出了上三角矩阵群逆的表达式. 2005 年, Castro 和 Dopazo 得到了 $M = \begin{pmatrix} I & I \\ E & 0 \end{pmatrix}$ 的 Drazin 逆的表达式, 进而在条件 $CAA_D = C, A_DBC = BCA_D$ 下得到了 $M = \begin{pmatrix} A & B \\ C & 0 \end{pmatrix}$ 的 Drazin 逆的表达式. 卜长江教授等在 $EF = FE$ 下给出了 $M = \begin{pmatrix} E & F \\ -I & 0 \end{pmatrix}$ 的 Drazin 逆的表达式, 获得了一类微

分方程的解析解, 进而得到了 $M=\begin{pmatrix} A & A \\ B & 0 \end{pmatrix}$ (其中 $A^2=A$) 的 Drazin 逆的表达式. 郭丽博士在 $BD^iC=0$ 条件下给出了 $M=\begin{pmatrix} A & B \\ C & D \end{pmatrix}$ 的 Drazin 逆的表达式.

N. Castro, E. Dopazo 和 J. Robles[63] 于 2006 年又给出了矩阵 $A=\begin{pmatrix} I & P^{\mathrm{T}} \\ Q & UV^{\mathrm{T}} \end{pmatrix}$ 在 $V^{\mathrm{T}}Q=0$ 时的 Drazin 逆的表达式:

$$A_D=\begin{pmatrix} Z(-1) & \Sigma_0 V^{\mathrm{T}}+Z(0)P^{\mathrm{T}} \\ QZ(0) & (UV^{\mathrm{T}})_D+Q\Sigma_1 V^{\mathrm{T}}+QZ(1)P^{\mathrm{T}} \end{pmatrix}, \tag{1.2.1}$$

其中 $v=\mathrm{Ind}((V^{\mathrm{T}}U)^2), \tau=\mathrm{Ind}(F^2)$, 且

$$\begin{aligned}\Sigma_i=&\sum_{n=0}^{v-1}(Z(2n+1+i)P^{\mathrm{T}}U+Z(2n+2+i)P^{\mathrm{T}}UV^{\mathrm{T}}U)(V^{\mathrm{T}}U)^{2n}(V^{\mathrm{T}}U)^{\pi}\\ &+(-1)^i\sum_{n=0}^{\tau-1}(P^{\mathrm{T}}Q)^{2n-i+1}\{Y_\pi(2n+1-i)P^{\mathrm{T}}U\\ &-P^{\mathrm{T}}QY_\pi(2n+2-i)P^{\mathrm{T}}U(V^{\mathrm{T}}U)_D\}\\ &\times((V^{\mathrm{T}}U)_D)^{2n+3}-(Z(i)P^{\mathrm{T}}U+Z(i-1)P^{\mathrm{T}}U(V^{\mathrm{T}}U)_D)(V^{\mathrm{T}}U)_D,\quad i=0,\ 1,\end{aligned}$$

其中 $r=\mathrm{Ind}(P^{\mathrm{T}}Q)$,

$$X_D(n)=\sum_{i=0}^{s(n)}C(n-i,i)((P^{\mathrm{T}}Q)_D)^{n-i},\quad n\geqslant 0,\quad X_D(-1)=0, \tag{1.2.2}$$

$$Y_\pi(n)=\sum_{j=0}^{r-1}(-1)^jC(2j+n,j)(P^{\mathrm{T}}Q)^j(P^{\mathrm{T}}Q)^{\pi},\quad n\geqslant -1, \tag{1.2.3}$$

$$Z(n)=X_D(n)(P^{\mathrm{T}}Q)_D+Y_\pi(n+1),\quad n\geqslant -1. \tag{1.2.4}$$

最近, Zizong Yan[245] 利用满秩分解给出了更为简洁的 $M=\begin{pmatrix} A & B \\ C & D \end{pmatrix}$ 的 Moore-Penrose 逆的表达式. 对于上三角算子矩阵, 许庆祥教授等给出了上三角算子矩阵的指标, 而对于反三角算子矩阵 $T=\begin{pmatrix} A & B \\ C & 0 \end{pmatrix}$ 在 $AB=0, CA=0$ 的情况下, 得到了 T 的 Drazin 逆的表达式及指标.

矩阵的 Schur 补和广义 Schur 补是矩阵理论中非常重要的概念, 它们有着广泛的应用, 如在数值计算、E-算法、预条件子、线性控制等问题中.

国内外许多专家研究了 $M=\begin{pmatrix} A & B \\ C & D \end{pmatrix}$ 的 Drazin 在何种条件下具有 Babachiewicz-Schur 形式并给出了若干充分条件，但是这些充分条件含有多个等式，而等式之间的关系并没有研究过.

引理 1.2.1[182] 令 M_1 和 M_2 为

$$M_1=\begin{pmatrix} A & 0 \\ C & B \end{pmatrix}, \quad M_2=\begin{pmatrix} B & C \\ 0 & A \end{pmatrix}$$

的复矩阵，其中 A 和 B 为复方阵. 令 $r=\operatorname{Ind}(A)$ 和 $s=\operatorname{Ind}(B)$，则 $\max\{r,s\}\leqslant \operatorname{Ind}(M_i)\leqslant r+s\ (i=1,2)$ 和

$$M_{D1}=\begin{pmatrix} A_D & 0 \\ S & B_D \end{pmatrix}, \quad M_{D2}=\begin{pmatrix} B_D & S \\ 0 & A_D \end{pmatrix},$$

其中

$$S=(B_D)^2\sum_{i=0}^{r-1}(B_D)^iCA^iA^\pi+B^\pi\sum_{i=0}^{s-1}B^iC(A_D)^i(A_D)^2-B_DCA_D.$$

引理 1.2.2[71,推论 2.5] 令 $B\in\mathbb{C}^{m\times n}$, $B\in\mathbb{C}^{n\times m}$. 则

$$\begin{pmatrix} 0 & B \\ C & 0 \end{pmatrix}_D=\begin{pmatrix} 0 & (BC)_DB \\ C(BC)_D & 0 \end{pmatrix}.$$

引理 1.2.3[115] 若 M 满足 $BC=0$ 和 $BD=0$，则

$$M_D=\begin{pmatrix} A_D & (A_D)^2B \\ \Sigma_0 & D_D+\Sigma_1B \end{pmatrix},$$

其中

$$\begin{aligned}\Sigma_n=&\sum_{i=0}^{r-1}(D_D)^{i+n+2}CA^iA^\pi+D^\pi\sum_{i=0}^{s-1}D^iC(A_D)^{i+n+2}\\&-\sum_{i=0}^{n}(D_D)^{i+1}C(A_D)^{n-i+1},\quad n\geqslant 0.\end{aligned}$$

引理 1.2.4[104] 设 $M=\begin{bmatrix} A & B \\ C & 0 \end{bmatrix}$, $t=\operatorname{Ind}(A)$, $r=\operatorname{Ind}(BC)$. 如果 $AB=0$，则

$$M_D=\begin{bmatrix} XA & (BC)_DB \\ CX & 0 \end{bmatrix},$$

其中

$$X = (BC)^{\pi} \sum_{n=0}^{r-1} (BC)^n {A_D}^{2n+2} + \sum_{n=0}^{\lceil \frac{t}{2} \rceil - 1} {(BC)_D}^{n+1} A^{2n} A^{\pi}.$$

1.3　特殊矩阵线性组合的相关性质

1980 年, C. G. Khatri 主要研究的是: 若 A 是秩为 r 的 n 阶矩阵且令 $M = \dfrac{A+A^*}{2}$, 则

(i) M 是秩为 r 的幂等矩阵的充要条件是 $AA^* = A^*A = 2A - A^2$;

(ii) M 是秩为 r 的幂等矩阵且 $\mathrm{tr}_r A = 1$ 的充要条件是 A 是埃尔米特幂等矩阵.

1999 年, Jürgen Groß 给出了 $\dfrac{A+A^*}{2}$ 是幂等矩阵的等价条件是 $A \approx \begin{pmatrix} N & 0 \\ 0 & 0 \end{pmatrix}$, 其中 N 是非奇异上三角矩阵, 且 $\dfrac{N+N^*}{2} = \left(\dfrac{N+N^*}{2}\right)^2$.

2000 年, J. K. Baksalary 等主要研究的内容是利用 A_1, A_2 是两个不同的非零矩阵, 且满足 $A_1^2 = A_1$, $A_2^2 = A_2$, 在 $A_1A_2 = A_2A_1$ 或者 $A_1A_2 \neq A_2A_1$ 的条件下, 给出线性组合 $A = a_1A_1 + a_2A_2$ 是幂等矩阵的等价条件.

2002 年, J. K. Baksalary 等根据 E 是非零的幂等矩阵, F 是立方幂等矩阵且 F 可以分解为 $F = F_1 - F_2$, 其中 F_1, F_2 是非零的幂等矩阵, $F_1F_2 = 0 = F_2F_1$, 指出线性组合 $D = a_1E + a_2F = a_1E + a_2F_1 - a_2F_2$ 是幂等矩阵的充要条件.

2004 年, H. Özdemir 等应用 A_1, A_2, A_3 是三个非零的不同的可交换的幂等矩阵, 给出了线性组合 $A = a_1A_1 + a_2A_2$ 或者 $A = a_1A_1 + a_2A_2 + a_3A_3$ 是幂等矩阵的所有可能的情形.

2004 年, J. K. Baksalary 等利用 A_1, A_2 是非零的可交换的立方幂等矩阵, 其中 $A_2 \neq A_1$ 且 $A_2 \neq -A_1$, 从而给出 $A = a_1A_1 + a_2A_2$ 是立方幂等矩阵的等价条件. O.M. Baksalary 根据 A_1, A_2, A_3 是非零的幂等矩阵且 A_2, A_3 满足 $A_3A_2 = 0 = A_2A_3$, 从而推出线性组合 $A = a_1A_1 + a_2A_2 + a_3A_3$ 是幂等矩阵的所有情况.

2005 年, J. Benítez 等利用关系式 $A_1^2 = A_1$, $A_2^k = A_2$, 在 $A_1A_2 = A_2A_1$ 的条件下, 给出线性组合 $A = a_1A_1 + a_2A_2$ 是幂等矩阵的充要条件.

2006 年, J. K. Baksalary 等根据 A_1, A_2 是非零的幂等矩阵, 在 $A_1A_2 = A_2A_1$ 或者 $A_1A_2 \neq A_2A_1$, $A_1A_2A_1 = A_2A_1A_2$, 或者 $A_1A_2 \neq A_2A_1$, $A_1A_2A_1 \neq A_2A_1A_2$ 的条件下, 给出线性组合 $A = a_1A_1 + a_2A_2$ 群对合时的等价条件.

2007 年, O. M. Baksalary 等根据 A_1, A_2, A_3 是非零的幂等矩阵且满足关系式 $A_iA_j = A_jA_i, i \neq j, i, j = 1, 2, 3$ 或者 $A_2A_3 \neq A_3A_2, A_1A_i = A_iA_1, i = 2, 3$ 或者 $A_1A_2 = A_2A_1, A_iA_3 \neq A_3A_i, i = 1, 2$, 给出线性组合 $A = a_1A_1 + a_2A_2 + a_3A_3$ 是幂等矩阵的充要条件.

2008 年, M. Sarduvan 等应用 A_1, A_2 是对合矩阵且满足 $A_1 \neq \pm A_2$, $A_1A_2 = A_2A_1$, 指出线性组合 $A = a_1A_1 + a_2A_2$ 是立方幂等矩阵的等价条件, 在 $A_1 \neq \pm A_2$ 的条件下计算出 $A = a_1A_1 + a_2A_2$ 是幂等矩阵的充要条件; 还研究了 A_1, A_2 是立方幂等矩阵或者对合矩阵或者幂等矩阵, 给出线性组合 $A = a_1A_1 + a_2A_2$ 是对合矩阵的等价条件.

2008 年, J. Benítez 等利用 $A_1^2 = A_1$, $A_2^{k+1} = A_2$ 且 $A_1A_2 \neq A_2A_1$, 得到线性组合 $A = a_1A_1 + a_2A_2$ 是幂等矩阵的充要条件.

2009 年, H. Özdemir 等应用了 A_1, A_2 是非零的可交换的立方幂等矩阵且 $A_1 \neq \pm A_2$, 给出了 $A = a_1A_1 + a_2A_2$ 是立方幂等矩阵的等价条件.

2010 年, J. Benítez 等利用 $A_1^k = A_1$, $A_2^k = A_2$ 推出线性组合 $A = a_1A_1 + a_2A_2$ 的逆和群逆存在的等价条件.

2011 年, M. Tošić 等根据 A_1, A_2 是可交换的广义逆或超广义幂等矩阵, 给出 $A = a_1A_1 + a_2A_2$ 的 Moore-Penrose 广义逆的表达式.

2011 年, 刘晓冀等利用 A_1, A_2 群可逆且满足 $A_1A_2A_2^{\#} = A_2A_1A_1^{\#}$ 或者 $A_2A_2^{\#}A_1 = A_1A_1^{\#}A_2$ 或者 $A_2A_1^{\#}A_1 = A_1$, 给出 $A = a_1A_1 + a_2A_2$ 的群逆的表达式.

有关线性组合的幂等性、立方幂等性、对合性、群逆及 Moore-Penrose 广义逆还可参见文献 [5], [10], [22], [126], [157].

定义 1.3.1 设 $A \in \mathbb{C}^{m\times n}$, 若存在自然数 $n \geqslant 2$ 使得 $A^n = A$, 则 A 称为 n 次幂等矩阵.

定义 1.3.2 设 $A \in \mathbb{C}^{m\times n}$, 若存在自然数 $n \geqslant 2$ 使得 $A^n = A^*$, 则 A 称为 n 次广义幂等矩阵.

定义 1.3.3 设 $A \in \mathbb{C}^{m\times n}$, 若存在自然数 $n \geqslant 2$ 使得 $A^n = A^+$, 则 A 称为 n 次超广义幂等矩阵.

矩阵 $A \in \mathbb{C}^{n\times n}$ 称为幂等矩阵, 若 $A^2 = A$; 称为三次幂等矩阵, 若 $A^3 = A$.

$A \in \mathbb{C}^{n\times n}$ 是非奇异的当且仅当 $\mathcal{N}(A) = \{0\}$. 给定 $T \in \mathbb{C}^{n\times n}$, k 是比 1 大的自然数, 那么 $T^k = T$ 当且仅当 T 是可对角化的且 T 的谱包含在 $\sqrt[k-1]{1} \cup 0$ 中 (证明见文献 [29]).

引理 1.3.4 [42] 设 $A \in \mathbb{C}^{n\times n}$ 为非零幂等矩阵, 则存在一个酉矩阵 $Q \in \mathbb{C}^{n\times n}$, 使得 $A = Q(I_r \oplus 0)Q^*$, 其中 $r = r(A)$.

引理 1.3.5 [40] 设 D 是 $\mathbb{C}$ 上 n 阶矩阵且 $D^3 = D$, 则存在非奇异矩阵 $U \in \mathbb{C}^{n\times n}$, 使得 $D = U(I_r \oplus -I_s \oplus 0)U^{-1}$, 其中 $r + s = r(D)$.

引理 1.3.6 设 $D \in \mathbb{C}^{n\times n}$ 且 $\alpha,\beta \in \mathbb{C}$ 使得 $\alpha \neq \beta$, 则下面两个条件是等价的:

(i) $(D-\alpha I_n)(D-\beta I_n)=0$;

(ii) 存在非奇异的矩阵 U 和 $p,q \in \{0,1,\cdots,n\}$ 使得 $D=U(\alpha I_p \oplus \beta I_q)U^{-1}$, $p+q=n$.

特别地, 如果 D 是幂等矩阵, 则 D 是一个 $\{1,0\}$-二次矩阵; 如果 D 是对合矩阵, 则 D 是一个 $\{-1,1\}$-二次矩阵.

引理 1.3.7 [127] 设 $A \in \mathbb{C}^{n\times n}$ 非零广义投影, 则存在一个酉矩阵 $Q \in \mathbb{C}^{n\times n}$, 使得 $A=Q(E\oplus 0)Q^*$, 其中 $r=r(A)$, $E \in \mathbb{C}^{r\times r}$ 是一个对角矩阵, 对角元素 e_{ii} 属于 $\left\{1,-\dfrac{1}{2}-\dfrac{\sqrt{3}}{2}\mathrm{i},-\dfrac{1}{2}+\dfrac{\sqrt{3}}{2}\mathrm{i}\right\}$.

引理 1.3.8 [40] 设 $A \in \mathbb{C}^{n\times n}$ 为非零超广义投影, 则存在一个酉矩阵 $Q \in \mathbb{C}^{n\times n}$, 使得 $A=Q(T\oplus 0)Q^*$, 其中 $r=r(A)$, $T\in\mathbb{C}^{r\times r}$ 是一个上三角矩阵, 对角元素 t_{ii} 属于 $\left\{1,-\dfrac{1}{2}-\dfrac{\sqrt{3}}{2}\mathrm{i},-\dfrac{1}{2}+\dfrac{\sqrt{3}}{2}\mathrm{i}\right\}$, 且 $T^3=I_r$.

引理 1.3.9 [3] 设 $A\in\mathbb{C}^{n\times n}$, $r(A)=r$, 则 $A\in\mathbb{C}_n^{EP}$ 当且仅当存在 $A\in\mathbb{C}_n^{U}$ 及非奇异 $A_1\in\mathbb{C}^{r\times r}$ 使得 $A=U(A_1\oplus 0)U^*$.

引理 1.3.10 [3] 设 $K_1\in\mathbb{C}_n^{EP}, K_2\in\mathbb{C}^{n\times n}$ 满足 $K_1K_2=K_2K_1$, $r(K_1)=r$, 则存在 $U\in\mathbb{C}_n^{U}$ 使得

$$K_1=U(A_1\oplus 0)U^*, \quad K_2=U(A_2\oplus D)U^*.$$

引理 1.3.11 [3] 设 $K\in\mathbb{C}^{n\times n}$ 可对角化, 且有两个特征值, 设为 λ,μ, 则 $K^2+\lambda\mu I=(\lambda+\mu)K$.

第 2 章　两个矩阵和的 Drazin 逆

2.1　在 $P^3Q=QP$ 和 $Q^3P=PQ$ 条件下矩阵和的 Drazin 逆

在 $P^3Q=QP$, $P^3Q=QP$ 条件下得不到 $PQ=\lambda QP$. 如记 $\omega\notin\mathbb{R}$ 是 $x^4-1=0$ 在 $\mathbb{C}$ 上复根, 有

$$P=W\begin{pmatrix}1&0&0&0&0&0\\0&\omega&0&0&0&0\\0&0&\omega^2&0&0&0\\0&0&0&\omega^3&0&0\\0&0&0&0&1&0\\0&0&0&0&0&0\end{pmatrix}W^{-1},\quad Q=W\begin{pmatrix}1&0&0&0&0&0\\0&0&0&1&0&0\\0&0&1&0&0&0\\0&\omega^2&0&0&0&0\\0&0&0&0&0&0\\0&0&0&0&0&1\end{pmatrix}W^{-1},$$

则 $P^3Q=QP\neq 0$, $Q^3P=PQ\neq 0$, 但是对任意的 λ, 有 $PQ\neq\lambda QP$.

在条件 $P^3Q=QP$ 和 $Q^3P=PQ$ 下, 主要应用矩阵的分块方法, 建立了 $(PQ)_D$, $(PQP)_D$, PQ_D, Q_DP 与 P, Q, P_D, Q_D 之间的关系.

引理 2.1.1　设 $P,Q\in\mathbb{C}^{n\times n}$. 假设 $P^3Q=QP$, i 是任意的正整数. 则

(i) $QP^i=P^{3i}Q$, $Q^iP=P^{3^i}Q^i$;

(ii) 如果 $Q^3P=PQ$, 则

$$PQ=P^{26i}(PQ)Q^{2i}. \tag{2.1.1}$$

证明　由数学归纳法, 容易得到 (i). 通过假设, $PQ=Q^3P=P^{27}Q^3=P^{26}(PQ)Q^2=P^{26i}(PQ)Q^{2i}$.

引理 2.1.2　设 $P,Q\in\mathbb{C}^{n\times n}$. 假设 $P^3Q=QP$, $Q^3P=PQ$, 则

(i) QP 和 PQ 群可逆;

(ii) 如果 Q 幂零, 则 $PQ=QP=0$, $P_DQ=QP_D=0$. 此外, 如果 P 非奇异, 则 $Q=0$.

证明　(i) 因为 $PQ=Q^2QP=Q^2P^2PQ=QP^5(PQ)^2$, $r(PQ)=r(PQ)^2$, 则 PQ 群可逆. 类似地, QP 群可逆.

(ii) 设 t 是正整数, 使得 $Q^t = 0$. 由 (2.1.1) 知, $PQ = Q^3P = P^{27}Q^3 = P^{26}(PQ)Q^2 = P^{26t}(PQ)Q^{2t} = 0$. 类似地, $QP = 0$. 此外, $P_DQ = (P_D)^2PQ = 0$. 类似地, $QP_D = 0$. 如果 P 非奇异, 则 $Q = 0$.

引理 2.1.3 设 $P, Q \in \mathbb{C}^{n\times n}$. 假设 $P^3Q = QP$, 则

(i) 如果 P 或 Q 幂零, 则 PQ, QP, PQP 幂零;

(ii) 如果 P 和 Q 幂零, 则 $P+Q$ 幂零. 而且, 如果 $Q^3P = PQ$, 则

$$(P+Q)^k = P^k + Q^k. \tag{2.1.2}$$

证明 (i) 设 P 或 Q 幂零, 则存在一个正整数 t, 使得 $P^t = 0$ 或 $Q^t = 0$. 由于 $P^3Q = QP$, 从而 $(PQ)^t = P^{(3^t-1)/2}Q^t = 0$, 因为 $3^t - 1 \geqslant 2t$, 所以 $(QP)^{t+1} = Q(PQ)^tP = 0$. 由于 $(QP)P = P^3(QP)$ 和 QP 幂零, 类似以上的论证, 故 PQP 幂零.

(ii) 首先证明 $(P+Q)^k (k>1)$ 的展开式, 通过关于 k 的数学归纳法,

$$(P+Q)^k = \prod_{i=0}^{k} P^{k-i}Q^i f_{k,i}, \tag{2.1.3}$$

其中, 对于非负整数 j, h 和标量 $c_{j,h}$, $f_{k,i} = \sum c_{j,h}P^jQ^h$. $(P+Q)^2 = P^2 + PQ + QP + Q^2 = P^2(PQ+I) + PQ + Q^2$. 对于 k, 假设 (2.1.3) 成立. 对于

$$P(P^{k-i}Q^if_{k,i}) = P^{k+1-i}Q^if_{k,i},$$

$$Q(P^{k-i}Q^if_{k,i}) = P^{3k-3i}Q^{i+1} = P^{(k+1)+(2k-3i-1)}Q^{i+1}$$

$$= \begin{cases} P^{k+1}g, & k \geqslant \dfrac{3i+1}{2}, g = (P^{2k-3i-1}Q^{i+1})f_{k,i}, \\ P^{k+1-(3i-2k+1)}Q^{3i-2k+1}g, & k < \dfrac{3i+1}{2}, g = Q^{2k-2i}f_{k,i}. \end{cases}$$

因此

$$(P+Q)^{k+1} = \prod_{i=0}^{k+1} P^{k+1-i}Q^if_{k+1,i}.$$

故对于任意正整数 k, (2.1.2) 恒成立. 令 s 是一个正整数, 使得 $P^s = 0$ 和 $Q^s = 0$. 取一个整数 k 使得 $k \geqslant 2s$. 因此, $\max\{k-i, i\} \geqslant s$, 其中 $i(\leqslant k)$ 是一个非负整数. 故 (2.1.3) 的展开式等于零, $P+Q$ 幂零. 现在我们考虑 (2.1.2). 由引理 2.1.2 知, $PQ = QP = 0$, 将 $PQ = QP = 0$ 代入 (2.1.3) 立即得到 (2.1.2).

定理 2.1.4 设 $P,Q\in\mathbb{C}^{n\times n}$. 如果 $P^3Q=QP$, 则

(i) $QQ_D(PQ)_D=Q_DP_D$;

(ii) $Q_D(PQP)_D=(Q_DP_D)^2$;

(iii) $QQ_DPQ_D=Q_DP^3$.

证明 (i) 令 $s=\mathrm{Ind}(P)$. 则存在一个非奇异矩阵 W_1, 使得

$$P=W_1\begin{pmatrix}P_{11}&0\\0&P_{22}\end{pmatrix}W_1^{-1},\tag{2.1.4}$$

其中 P_{11} 可逆, P_{22} 幂零, 并且 $s=\mathrm{Ind}(P_{22})$. 因此

$$P_D=W_1\begin{pmatrix}P_{11}^{-1}&0\\0&0\end{pmatrix}W_1^{-1}.\tag{2.1.5}$$

作 Q 的分块形式且与 P 保持一致, 即

$$Q=W_1\begin{pmatrix}Q_{11}&Q_{12}\\Q_{21}&Q_{22}\end{pmatrix}W_1^{-1}.$$

因为 $P^3Q=QP$, 由引理 2.1.1 知, $P^{3s}Q=QP^s$, 于是

$$\begin{pmatrix}P_{11}^{3s}&0\\0&0\end{pmatrix}\begin{pmatrix}Q_{11}&Q_{12}\\Q_{21}&Q_{22}\end{pmatrix}=\begin{pmatrix}Q_{11}&Q_{12}\\Q_{21}&Q_{22}\end{pmatrix}\begin{pmatrix}P_{11}^{s}&0\\0&0\end{pmatrix}.$$

即

$$\begin{pmatrix}P_{11}^{3s}Q_{11}&P_{11}^{3s}Q_{12}\\0&0\end{pmatrix}=\begin{pmatrix}Q_{11}P_{11}^{s}&0\\Q_{21}P_{11}^{s}&0\end{pmatrix}.$$

因此, P_{11} 的非奇异性蕴涵着 $Q_{12}=0$, $Q_{21}=0$. 因而 Q 有下面的形式:

$$Q=W_1\begin{pmatrix}Q_{11}&0\\0&Q_{22}\end{pmatrix}W_1^{-1}.\tag{2.1.6}$$

现在考虑 Q_{11}.

(a) 如果 Q_{11} 非奇异, 则

$$PQ=W_1\begin{pmatrix}P_{11}Q_{11}&0\\0&P_{22}Q_{22}\end{pmatrix}W_1^{-1}.\tag{2.1.7}$$

由引理 2.1.3(i) 知, $P_{22}Q_{22}$ 幂零. 故 $(P_{22}Q_{22})_D=0$. 因此

$$(PQ)_D=W_1\begin{pmatrix}(P_{11}Q_{11})^{-1}&0\\0&0\end{pmatrix}W_1^{-1},$$

$$Q_D = W_1 \begin{pmatrix} Q_{11}^{-1} & 0 \\ 0 & (Q_{22})_D \end{pmatrix} W_1^{-1}, \tag{2.1.8}$$

则 $(PQ)_D = Q_D P_D$, 故 $QQ_D(PQ)_D = Q_D P_D$.

(b) 如果 Q_{11} 幂零, 由引理 2.1.3(i) 知, $P_{11}Q_{11}$ 和 $P_{22}Q_{22}$ 幂零. 故 PQ 幂零并且 $(PQ)_D = 0$. 因为

$$Q_D = W_1 \begin{pmatrix} 0 & 0 \\ 0 & (Q_{22})_D \end{pmatrix} W_1^{-1},$$

于是 $Q_D P_D = 0$. 因此, $(PQ)_D = Q_D P_D$, 故 $QQ_D(PQ)_D = Q_D P_D$.

(c) 如果 Q_{11} 既不是非奇异的又不是幂零的, 则存在一个非奇异的矩阵 W_2 使得

$$Q_{11} = W_2 \begin{pmatrix} Q_1 & 0 \\ 0 & Q_2 \end{pmatrix} W_2^{-1},$$

其中 Q_1 可逆, Q_2 幂零. 令 $t = \mathrm{Ind}(Q_{11})$, 作 P_{11} 的分块形式且与 Q_{11} 保持一致, 有

$$P_{11} = W_2 \begin{pmatrix} P_1 & P_{12} \\ P_{21} & P_2 \end{pmatrix} W_2^{-1}.$$

与上述讨论一样, 同理可有 $P_{11}^3 Q_{11} = Q_{11} P_{11}$, 由引理 2.1.1 知, $P_{11}^{3^t} Q_{11}^t = Q_{11}^t P_{11}$. 因此 $P_{12} = 0$ 并且

$$P_{11} = W_2 \begin{pmatrix} P_1 & 0 \\ P_{21} & P_2 \end{pmatrix} W_2^{-1},$$

其中 P_i 可逆, $i = 1, 2$. 故

$$P = W \begin{pmatrix} P_1 & 0 & 0 \\ P_{21} & P_2 & 0 \\ 0 & 0 & P_{22} \end{pmatrix} W^{-1}, \quad Q = W \begin{pmatrix} Q_1 & 0 & 0 \\ 0 & Q_2 & 0 \\ 0 & 0 & Q_{22} \end{pmatrix} W^{-1}, \tag{2.1.9}$$

其中 $W = \begin{pmatrix} W_2 & 0 \\ 0 & I \end{pmatrix} W_1$.

由引理 2.1.1 知, $P_{22}Q_{22}$ 和 P_2Q_2 都是幂零. 于是 $(P_{22}Q_{22})_D = 0$, $(P_2Q_2)_D = 0$. 应用引理 2.1.2, 有

$$(PQ)_D = W \begin{pmatrix} (P_1Q_1)^{-1} & 0 & 0 \\ \displaystyle\sum_{n=0}^{t-1} (P_2Q_2)^n P_{21} Q_1 (P_1Q_1)^{-(n+2)} & 0 & 0 \\ 0 & 0 & 0 \end{pmatrix} W^{-1}, \tag{2.1.10}$$

$$P_D=W\begin{pmatrix} P_1^{-1} & 0 & 0 \\ -P_2^{-1}P_{21}P_1^{-1} & P_2^{-1} & 0 \\ 0 & 0 & 0 \end{pmatrix}W^{-1}, \tag{2.1.11}$$

$$Q_D=W\begin{pmatrix} Q_1^{-1} & 0 & 0 \\ 0 & 0 & 0 \\ 0 & 0 & (Q_{22})_D \end{pmatrix}W^{-1}. \tag{2.1.12}$$

因此

$$QQ_D(PQ)_D=W\begin{pmatrix} (P_1Q_1)^{-1} & 0 & 0 \\ 0 & 0 & 0 \\ 0 & 0 & 0 \end{pmatrix}W^{-1}=Q_DP_D.$$

(ii) 类似 (i) 的证明, 我们考虑 Q_{11}, 立即得到 (2.1.6).

(a) 如果 Q_{11} 非奇异, 由 (2.1.4) 和 (2.1.6) 知

$$PQP=W_1\begin{pmatrix} P_{11}Q_{11}P_{11} & 0 \\ 0 & P_{22}Q_{22}P_{22} \end{pmatrix}W_1^{-1}.$$

由引理 2.1.2 知, $P_{22}Q_{22}P_{22}$ 幂零. 故 $(P_{22}Q_{22}P_{22})_D=0$. 因此

$$(PQP)_D=W_1\begin{pmatrix} (P_{11}Q_{11}P_{22})^{-1} & 0 \\ 0 & 0 \end{pmatrix}W_1^{-1}.$$

由 (2.1.5), (2.1.8) 和上面的等式知, $Q_D(PQP)_D=(Q_DP_D)^2$.

(b) 如果 Q_{11} 幂零, 由引理 2.1.3(i) 知, $P_{11}Q_{11}P_{11}$ 和 $P_{22}Q_{22}P_{22}$ 都幂零. 因此, 由 (2.1.4), (2.1.6) 以及 PQP 幂零知, $(PQP)_D=0$. 类似 (i) 之 (b) 讨论, $Q_DP_D=0$. 因此, $Q_D(PQP)_D=(Q_DP_D)^2$.

(c) 假如 Q_{11} 既不是非奇异的又不是幂零的. 由引理 2.1.3(i) 知, $P_{22}Q_{22}P_{22}$ 和 $P_2Q_2P_2$ 都幂零. 于是 $(P_{22}Q_{22}P_{22})_D=0$, $(P_2Q_2P_2)_D=0$. 利用 (2.1.9), 再由引理 1.2.1 知

$$(PQP)_D=W\begin{pmatrix} (P_1Q_1P_1)^{-1} & 0 & 0 \\ \sum_{n=0}^{t-1}(P_2Q_2P_2)^n(P_{21}Q_1P_1+P_2P_{21})(P_1Q_1P_1)^{-(n+2)} & 0 & 0 \\ 0 & 0 & 0 \end{pmatrix}W^{-1}.$$

由 (2.1.11) 和 (2.1.12) 知

$$Q_D(PQP)_D = W\begin{pmatrix} (P_1Q_1P_1Q_1)^{-1} & 0 & 0 \\ 0 & 0 & 0 \\ 0 & 0 & 0 \end{pmatrix}W^{-1} = (Q_DP_D)^2.$$

(iii) 设 $k=\mathrm{Ind}(Q)$. 那么

$$\begin{aligned} Q_DP^3 &= Q_DQ_DQP^3 = {Q_D}^{k+1}Q^kP^3 \\ &= {Q_D}^{k+1}P^{3^{k+1}}Q^k = {Q_D}^{k+1}P^{3^{k+1}}Q^{k+1}Q_D \\ &= {Q_D}^{k+1}Q^{k+1}PQ_D = Q_DQPQ_D. \end{aligned}$$

定理 2.1.5　设 $P,Q\in\mathbb{C}^{n\times n}$. 如果 $P^3Q=QP$, $Q^3P=PQ$, 则

(i) $PQ_D={Q_D}^3P=Q_DP^3$;

(ii) $Q_DP=Q^2PQ_D$;

(iii) $(PQ)_g=Q_DP_D=P_D{Q_D}^3=P_DQ_DP^2=P^{19}Q$, 其中 P_g 表示 P 的群逆.

证明　设 $k=\mathrm{Ind}(Q)$.

(i) 由定理 2.1.4(iii) 知

$$\begin{aligned} Q_DP^3 &= QQ_DPQ_D = QQ_DPQ^k{Q_D}^{k+1} \\ &= QQ_DQ^{3k}P{Q_D}^{k+1} \\ &= Q^{3k}P{Q_D}^{k+1} = PQ^k{Q_D}^{k+1} \\ &= PQ_D. \end{aligned} \tag{2.1.13}$$

$$\begin{aligned} {Q_D}^3P &= {Q_D}^{3k+3}Q^{3k}P = {Q_D}^{3k+3}PQ^k = {Q_D}^{3k+3}PQ^{k+1}Q_D \\ &= {Q_D}^{3k+3}Q^{3k+3}PQ_D = QQ_DPQ_D = Q_DP^3. \end{aligned}$$

(ii) 由 (i) 知, $Q^2PQ_D=Q^2{Q_D}^3P=Q_DP$.

(iii) 由 (2.1.1) 知, $QP=Q^{26k}(QP)P^{2k}$. 再由定理 2.1.4(i) 知

$$\begin{aligned} Q_DP_D &= QQ_D(PQ)_g = QQ_DPQ[(PQ)_g]^2 = QQ_DQ^3P[(PQ)_g]^2 \\ &= Q^3Q_DQ^{26k}(QP)P^{2k}[(PQ)_g]^2 = Q^2Q^{26k}(QP)P^{2k}[(PQ)_g]^2 \\ &= Q^2(QP)[(PQ)_g]^2 = PQ[(PQ)_g]^2 = (PQ)_g. \end{aligned}$$

利用 (2.1.13) 得

$$\begin{aligned} P_DQ_DP^2 &= {P_D}^{k+1}P^kQ_DP^2 = {P_D}^{k+1}Q_DP^{3k+2} \\ &= {P_D}^{k+1}Q_DP^{3k+3}P_D = {P_D}^{k+1}Q_DP^{6k+3}{P_D}^{3k+1} \\ &= {P_D}^{k+1}P^{2k+1}Q_D{P_D}^{3k+1} \\ &= P^kQ_D{P_D}^{3k+1} = Q_DP^{3k}{P_D}^{3k+1} \\ &= Q_DP_D. \end{aligned} \tag{2.1.14}$$

由引理 2.1.1(i) 知, $(Q^3)^3P = P(Q^3)$, 在利用定理 2.1.4(i) 得, $PP_D(Q^3P)_D = P_D(Q^3)_D$. 于是, 由 (2.1.14) 和 (2.1.13) 得

$$\begin{aligned}P_DQ_D{}^3 &= PP_D(PQ)_D = PP_D(PQ)_g = PP_DQ_DP_D\\ &= PP_DQ_DP^2P_D{}^3 = PQ_DP_DP_D{}^3 = Q_DP^3P_D{}^4\\ &= Q_DP_D.\end{aligned}$$

$$\begin{aligned}(PQ)_g &= PQ[(PQ)_g]^2 = (QP^5)(PQ)^2[(PQ)_g]^2\\ &= (QP^5)^2(PQ)^3[(PQ)_g]^2 = (QP^5)^2(PQ) = P^{19}Q.\end{aligned}$$

现在在条件 $P^3Q=QP$ 和 $Q^3P=PQ$ 下, 应用分块矩阵的方法, 给出了两个矩阵和与差的表示以及矩阵 P 的扰动分析, 即用 P, Q, P_D, Q_D 具体地表示 $(P\pm Q)_D$, $(P\pm PQ)_D$.

定理 2.1.6 设 $P, Q\in\mathbb{C}^{n\times n}$. 如果 $P^3Q=QP$ 且 $Q^3P=PQ$, 则

(i) $(P\pm Q)_D = \frac{1}{8}QQ_D(3P^3\pm 3Q^3 - P\mp Q)PP_D + Q^\pi P_D \pm Q_DP^\pi$;

(ii) $(I-PP_DQQ_D)(P\pm Q)_D = Q^\pi P_D \pm Q_DP^\pi$;

(iii) $(P\pm PQ)_D = \frac{1}{8}QQ_D(3P^3\pm 3QP - P\mp PQ)PP_D + Q^\pi P_D$;

(iv) $(P\pm QP)_D = \frac{1}{8}QQ_D(3P^3\pm 3PQ - P\mp QP)PP_D + Q^\pi P_D$.

证明 (i) 仅考虑情况 $P-Q$, 因为用 $-Q$ 代替 Q, 就可以得到 $P+Q$.

如果 $PQ=0$ 或 $QP=0$, 则其中另一个也为零且 $QP_D=0$, $Q_DP=0$. 因此

$$\frac{1}{8}QQ_D(3P^3-3Q^3-P+Q)PP_D + Q^\pi P_D - Q_DP^\pi = P_D - Q_D = (P-Q)_D.$$

现在, 我们考虑情况: $PQ\neq 0$ 和 $QP\neq 0$.

于是

$$P = W_1\begin{pmatrix}P_{11} & 0\\ 0 & P_{22}\end{pmatrix}W_1^{-1},\quad Q = W_1\begin{pmatrix}Q_{11} & 0\\ 0 & Q_{22}\end{pmatrix}W_1^{-1},$$

其中 P_{11} 可逆, P_{22} 幂零.

从 $P^3Q=QP$ 和 $Q^3P=PQ$ 中, 可以推导出 $P_{ii}^3Q_{ii}=Q_{ii}P_{ii}$ 和 $Q_{ii}^3P_{ii}=P_{ii}Q_{ii}$, $i=1,2$. 因此, 由引理 2.1.2 (ii) 知, Q_{11} 不是幂零的, 因为 $PQ\neq 0$ 和 $P_{22}Q_{22}=0$.

如果 Q_{11} 奇异, 那么存在一个可逆矩阵 W_2 使得

$$Q_{11} = W_2\begin{pmatrix}Q_1 & 0\\ 0 & Q_2\end{pmatrix}W_2^{-1},$$

其中 Q_1 可逆, Q_2 幂零.

作 P_{11} 的分块形式且与 Q_{11} 保持一致, 如下:

$$P_{11} = W_2 \begin{pmatrix} P_1 & P_{12} \\ P_{21} & P_2 \end{pmatrix} W_2^{-1}.$$

类似上述讨论, 可以从 $P_{11}^3 Q_{11} = Q_{11}P_{11}$ 和 $Q_{11}^3 P_{11} = P_{11}Q_{11}$ 中得到 $P_{12} = 0$, $P_{21} = 0$,

$$P_i^3 Q_i = Q_i P_i, \quad Q_i^3 P_i = P_i Q_i, \quad i = 1, 2, \tag{2.1.15}$$

其中 P_1 和 P_2 非奇异. 因此, 由引理 2.1.2 (ii) 知, $Q_2 = 0$. 故

$$P = W \begin{pmatrix} P_1 & 0 & 0 \\ 0 & P_2 & 0 \\ 0 & 0 & P_{22} \end{pmatrix} W^{-1}, \quad Q = W \begin{pmatrix} Q_1 & 0 & 0 \\ 0 & 0 & 0 \\ 0 & 0 & Q_{22} \end{pmatrix} W^{-1}. \tag{2.1.16}$$

其中 $W = W_1 \begin{pmatrix} W_2 & 0 \\ 0 & I \end{pmatrix}$.

于是

$$P - Q = W \begin{pmatrix} P_1 - Q_1 & 0 & 0 \\ 0 & P_2 & 0 \\ 0 & 0 & P_{22} - Q_{22} \end{pmatrix} W^{-1}. \tag{2.1.17}$$

如果 Q_{11} 非奇异, 则

$$(P - Q)_D = W_1 \begin{pmatrix} (P_{11} - Q_{11})_D & 0 \\ 0 & (P_{22} - Q_{22})_D \end{pmatrix} W_1^{-1}. \tag{2.1.18}$$

由 (2.1.17) 有

$$(P - Q)_D = W \begin{pmatrix} (P_1 - Q_1)_D & 0 & 0 \\ 0 & (P_2)_D & 0 \\ 0 & 0 & (P_{22} - Q_{22})_D \end{pmatrix} W^{-1}.$$

因为 P_{22} 幂零, 由引理 2.1.2 (ii) 得, $P_{22}Q_{22} = 0 = Q_{22}P_{22}$, 以及 $(P_{22} - Q_{22})_D = (P_{22})_D - (Q_{22})_D = -(Q_{22})_D$.

现在考虑 $(P_1 - Q_1)_D$. 由 (2.1.15) 得, $P_1Q_1 = Q_1^2 P_1^2 (P_1 Q_1)$, 由于 P_1 和 Q_1 的非奇异性, $Q_1^2 P_1^2 = I$. 因此, 由 (2.1.15) 得, $Q_1 = P_1 Q_1 P_1 = P_1^4 Q_1$, 且 $P_1^4 = I$. 于是 $Q_1^2 = P_1^2$, $Q_1^4 = I, P_1^2 Q_1 = Q_1^3 = Q_1 P_1^2, Q_1^2 P_1 = P_1^3 = P_1 Q_1^2$ 且 $P_1 = Q_1 P_1 Q_1$.

因此, 有

$$\begin{aligned}(P_1-Q_1)^2&=P_1^2-P_1Q_1-Q_1P_1+Q_1^2,\\(P_1-Q_1)^3&=P_1^3-P_1Q_1P_1-Q_1P_1^2+Q_1^2P_1-P_1^2Q_1+P_1Q_1^2+Q_1P_1Q_1-Q_1^3\\&=3P_1^3-3Q_1^3+P_1-Q_1,\\(P_1-Q_1)^4&=(P_1-Q_1)^3(P_1-Q_1)=6I-3P_1Q_1-3Q_1P_1+(P_1-Q_1)^2,\\(P_1-Q_1)^5&=(P_1-Q_1)^4(P_1-Q_1)\ =\ 2(P_1-Q_1)^3+8(P_1-Q_1),\end{aligned} \tag{2.1.19}$$

$$\begin{aligned}(P_1-Q_1)^7&=[2(P_1-Q_1)^3+8(P_1-Q_1)](P_1-Q_1)^2\\&=2(P_1-Q_1)^5+8(P_1-Q_1)^3.\end{aligned} \tag{2.1.20}$$

令

$$X:=\frac{1}{8}(P_1-Q_1)^3-\frac{1}{4}(P_1-Q_1)=\frac{3}{8}P_1^3-\frac{3}{8}Q_1^3-\frac{1}{8}P_1+\frac{1}{8}Q_1,$$

明显地, $X(P_1-Q_1)=(P_1-Q_1)X$. 由 (2.1.19) 得

$$\begin{aligned}X(P_1-Q_1)X&=\left[\frac{1}{8}(P_1-Q_1)^5-\frac{1}{4}(P_1-Q_1)^3\right]\left[\frac{1}{8}(P_1-Q_1)^2-\frac{1}{4}I\right]\\&=(P_1-Q_1)\left[\frac{1}{8}(P_1-Q_1)^2-\frac{1}{4}I\right]\\&=X.\end{aligned}$$

由 (2.1.20) 得

$$\begin{aligned}(P_1-Q_1)^6X&=(P_1-Q_1)^6\left[\frac{1}{8}(P_1-Q_1)^3-\frac{1}{4}(P_1-Q_1)\right]\\&=(P_1-Q_1)^2\left[\frac{1}{8}(P_1-Q_1)^7-\frac{1}{4}(P_1-Q_1)^5\right]\\&=(P_1-Q_1)^2(P_1-Q_1)^3\\&=(P_1-Q_1)^5.\end{aligned}$$

因此, X 是 P_1-Q_1 的 Drazin 逆且

$$\begin{aligned}(P_1-Q_1)_D&=\frac{1}{8}(P_1-Q_1)^3-\frac{1}{4}(P_1-Q_1)\\&=\frac{3}{8}P_1^3-\frac{3}{8}Q_1^3-\frac{1}{8}P_1+\frac{1}{8}Q_1.\end{aligned} \tag{2.1.21}$$

从而

$$(P-Q)_D=W\begin{pmatrix}\frac{1}{8}(3P_1^3-3Q_1^3-P_1+Q_1) & 0 & 0\\ 0 & P_2^{-1} & 0\\ 0 & 0 & -(Q_{22})_D\end{pmatrix}W^{-1}. \tag{2.1.22}$$

因为

$$QQ_D = W\begin{pmatrix} I & 0 & 0 \\ 0 & 0 & 0 \\ 0 & 0 & Q_{22}(Q_{22})_D \end{pmatrix}W^{-1}, \quad PP_D = W\begin{pmatrix} I & 0 & 0 \\ 0 & I & 0 \\ 0 & 0 & 0 \end{pmatrix}W^{-1}, \quad (2.1.23)$$

所以

$$\begin{aligned}
&\frac{3}{8}QQ_D(P^3 - Q^3 - P + Q)PP_D + Q^\pi P_D - Q_DP^\pi \\
=&W\begin{pmatrix} \frac{1}{8}(3P_1^3 - 3Q_1^3 - P_1 + Q_1) & 0 & 0 \\ 0 & 0 & 0 \\ 0 & 0 & 0 \end{pmatrix}W^{-1} + W\begin{pmatrix} 0 & 0 & 0 \\ 0 & P_2^{-1} & 0 \\ 0 & 0 & 0 \end{pmatrix}W^{-1} \\
&+W\begin{pmatrix} 0 & 0 & 0 \\ 0 & 0 & 0 \\ 0 & 0 & -(Q_{22})_D \end{pmatrix}W^{-1} \\
=&(P-Q)_D.
\end{aligned}$$

(ii) $PP_DQQ_D(I - QQ_D) = 0$, 由 (2.1.23) 得

$$PP_DQQ_DQ_D(I - PP_D) = PP_DQ_D(I - PP_D) = PP_D(I - PP_D)Q_D = 0,$$

$$\begin{aligned}
&(PP_DDQQ_D)\frac{1}{8}QQ_D(3P^3 - 3Q^3 - P + Q)PP_D \\
=&\frac{1}{8}PP_DQQ_D(3P^3 - 3Q^3 - P + Q)PP_D \\
=&\frac{1}{8}QQ_D(3P^3 - 3Q^3 - P + Q)PP_D.
\end{aligned}$$

于是, 由 (i) 知, (ii) 恒成立.

(iii) 类似于 (i), 我们仅考虑情况 $P - PQ$.

如果 $PQ = 0$ 或 $QP = 0$, 则其中的另一个也是零且 $QP_D = 0$ 和 $Q_DP = 0$. 则 $\frac{1}{8}QQ_D(3P^3 + 3QP - P + PQ)PP_D + Q^\pi P_D = P_D = (P - PQ)_D$.

现在考虑情况 $PQ \neq 0$ 和 $QP \neq 0$. 由 (i) 和引理 2.1.2(ii) 知, $Q_2 = 0$ 和 $P_{22}Q_{22} = 0 = Q_{22}P_{22}$. 于是

$$(P-PQ)_D = W\begin{pmatrix} (P_1-P_1Q_1)_D & 0 & 0 \\ 0 & (P_2)_D & 0 \\ 0 & 0 & (P_{22})_D \end{pmatrix} W^{-1}$$
$$= W\begin{pmatrix} (P_1-P_1Q_1)_D & 0 & 0 \\ 0 & P_2^{-1} & 0 \\ 0 & 0 & 0 \end{pmatrix} W^{-1}.$$

因为 $(P_1Q_1)^3 = P_1^{13}Q_1^3 = P_1Q_1^3 = Q_1P_1$, $(P_1Q_1)^3P_1 = Q_1P_1^2 = Q_1^9P_1^2 = P_1(P_1Q_1)$, 并且 $(P_1Q_1)P_1 = P_1^3(P_1Q_1)$, 通过在 (i) 中的讨论, 从 (2.1.21) 中得到

$$(P_1-P_1Q_1)_D = \frac{3}{8}P_1^3 - \frac{3}{8}(P_1Q_1)^3 - \frac{1}{8}P_1 + \frac{1}{8}P_1Q_1$$
$$= \frac{3}{8}P_1^3 - \frac{3}{8}Q_1P_1 - \frac{1}{8}P_1 + \frac{1}{8}P_1Q_1.$$

剩下的证明类似于 (i).

(iv) 容易得到 $(Q_1P_1)^3P_1 = P_1(Q_1P_1)$ 和 $(Q_1P_1)P_1 = P_1^3(Q_1P_1)$. 因此, 类似于 (iii), 我们可以推出 (iv).

如果 P 和 Q 幂等且 $PQ=QP$, 则 $P^3Q=QP$ 和 $QP^3=PQ$ 恒成立. 从上面的定理中, 我们有以下的推论 [94].

推论 2.1.7 设 $P,Q\in\mathbb{C}^{n\times n}$ 是两个幂等矩阵. 如果 $PQ=QP$, 则

(i) $(P-Q)_g = P-Q$;

(ii) $(P+Q)_g = P+Q-\frac{3}{2}PQ$.

证明 由定理 2.1.6 知, $(P-Q)_D=P-Q$ 和 $(P+Q)_D=P+Q-\frac{3}{2}PQ$. 显然地, $(P-Q)_g=(P-Q)_D$.

因为 $(P+Q)^2(P+Q)_D = (P+Q)^2\left(P+Q-\frac{3}{2}PQ\right) = P+Q$, $(P+Q)_g = (P+Q)_D$. 于是 $(P+Q)_g = P+Q-\frac{3}{2}PQ$.

定理 2.1.8 设 $P,Q\in\mathbb{C}^{n\times n}$. 如果 $P^3Q=QP$ 且 $Q^3P=PQ$, 则

(i) $\|P_D-(P-Q)_D\|_2 \leqslant \frac{1}{8}\|(3P^3-3Q^3-P+Q)PP_D-8P_D-8Q_DP^\pi\|_2$.

(ii) $\|P_D-(P-Q)_D\|_2 \geqslant \|Q_DP^\pi\|_2$.

证明 (i) 由定理 2.1.6(i) 知

$$(P-Q)_D-P_D = \frac{1}{8}QQ_D(3P^3-3Q^3-P+Q)PP_D - Q^\pi P_D - Q_DP^\pi$$
$$= \frac{1}{8}QQ_D[(3P^3-3Q^3-P+Q)PP_D-8P_D-8Q_D(I-PP_D)].$$

则

$$\begin{aligned}\|P_D-(P-Q)_D\|_2 &\leqslant \frac{1}{8}\|QQ_D\|_2\|(3P^3-3Q^3-P+Q)PP_D-P_D-Q_DP^\pi]\|_2\\ &=\frac{1}{8}\|(3P^3-3Q^3-P+Q)PP_D-8P_D-8Q_DP^\pi\|_2.\end{aligned}$$

(ii) 因为 $PP_DQQ_D=QQ_DPP_D$, $\|I-QQ_DPP_D\|_2=1$, 由定理 2.1.6(ii) 知

$$\begin{aligned}QP^\pi &= Q_D(I-PP_D)=(I-QQ_D)P_D-(I-PP_DQQ_D)(P-Q)_D\\ &=(I-QQ_DPP_D)(P_D-(P-Q)_D).\end{aligned}$$

则

$$\begin{aligned}\|Q_D(I-PP_D)\|_2 &\leqslant \|I-QQ_DPP_D\|_2\|(P_D-(P-Q)_D)\|_2\\ &=\|(P_D-(P-Q)_D)\|_2.\end{aligned}$$

2.2　在 $PQ=P^2$ 条件下矩阵和的 Drazin 逆

本节在某些条件下, 给出了 $(I-Q+(WP)^k)_D$ 和 $(P\pm Q)_D$ 的表示.

引理 2.2.1　设 $P,Q\in\mathbb{C}^{n\times n}$. 如果 $PQ=P^2$, 则对于任意的正整数 n,

$$(Q-P)^n=Q^{n-1}(Q-P). \tag{2.2.1}$$

证明　当 $n=1$ 时, 显然地, (2.2.1) 成立. 假如对于 k, (2.2.1) 成立, 即 $(Q-P)^k=Q^{k-1}(Q-P)$. 则对 $k+1$, 有

$$(Q-P)^{k+1}=Q^{k-1}(Q-P)(Q-P)=Q^k(Q-P).$$

由数学归纳法得, 对于任意的正整数 n, (2.2.1) 恒成立

定理 2.2.2　设 $P,Q\in\mathbb{C}^{n\times n}$, $\mathrm{Ind}(P)=s$. 如果 $PQ=P$, Q 幂等, 则对于任意的矩阵 $W\in\mathbb{C}^{n\times n}$ 和任意的正整数 k,

$$[I-Q+(WP)^k]_D=\begin{cases}(I-Q)\displaystyle\sum_{n=0}^{\lceil\frac{l}{k}\rceil-1}(WP)^{kn}(WP)^\pi+Q(WP)_D{}^k, & k<l,\\ (I-Q)(WP)^\pi+Q(WP)_D{}^k, & k\geqslant l,\end{cases} \tag{2.2.2}$$

其中 $l=\mathrm{Ind}(WP)$. 特别地,

(i)

$$(I-Q+P^k)_D=\begin{cases}(I-Q)\displaystyle\sum_{n=0}^{\lceil\frac{s}{k}\rceil-1}P^{kn}P^{\pi}+QP_D{}^k, & k<s;\\ (I-Q)P^{\pi}+QP_D{}^k, & k\geqslant s.\end{cases}\tag{2.2.3}$$

(ii)

$$(I-Q+(QP)^k)_D=I-Q+QP_D{}^k.\tag{2.2.4}$$

证明 注意到 $Q=Q^2$, $h=\mathrm{Ind}(I-Q)=1$, 从 $PQ=P$ 中, 可以推出对于任意的矩阵 $W\in\mathbb{C}^{n\times n}$ 和任意的正整数 k, $(WP)^k(I-Q)=0$ 且 $[(WP)^k]^{\pi}=(WP)^{\pi}$. 因此, 由引理 1.1.2 得

$$(I-Q+(WP)^k)_D=(I-Q)\sum_{n=0}^{s_0-1}(WP)^{kn}(WP)^{\pi}+Q(WP)^k{}_D,\tag{2.2.5}$$

其中 $s_0=\mathrm{Ind}(WP)^k$.

记 $n\geqslant\left\lceil\dfrac{l}{k}\right\rceil$ 蕴涵 $kn\geqslant l$ 且当 $kn\geqslant l$ 时, $(WP)^{kn}(WP)^{\pi}=0$. 所以 (2.2.5) 可以写成

$$(I-Q+(WP)^k)_D=(I-Q)\sum_{n=0}^{\lceil\frac{l}{k}\rceil-1}(WP)^{kn}(WP)^{\pi}+Q(WP)^k{}_D.$$

因此, 有 (2.2.2).

(i) 在 (2.2.2) 中, 取 $W=I$, 得到 (2.2.3).

(ii) 在 (2.2.2) 中, 取 $W=Q$, 得到

$$\begin{aligned}(I-Q+(QP)^k)_D=&(I-Q)\sum_{n=0}^{\lceil\frac{l}{k}\rceil-1}[(QP)^{kn}-(QP)^{kn+1}(QP)_D]\\&+Q(QP)_D{}^k.\end{aligned}\tag{2.2.6}$$

因为 $PQ=P$, 由引理 1.1.1 知, $(QP)_D=Q(PQ)_D{}^2P=QP_D{}^2P=QP_D$. 一般地, 由数学归纳法, 我们很容易地得到对于任意的正整数 k,

$$(QP)_D{}^k=QP_D{}^k.\tag{2.2.7}$$

由 (2.2.7) 和引理 1.1.1 得 $P_D=(PQ)_D=P(QP)_D{}^2Q=PQP_D{}^2Q=P_DQ$. 因为对于任意正整数 i, 有 $(I-Q)(QP)^i=0$, 再由 (2.2.6) 和 (2.2.7) 即可得到 (2.2.4).

定理 2.2.3 设 $P, Q \in \mathbb{C}^{n\times n}$, $\mathrm{Ind}(P) = s \geqslant 1$, $\mathrm{Ind}(Q) = r$. 如果 $PQ = P^2$ 且 $h = \mathrm{Ind}(P - Q) \geqslant 1$, 则 $h \leqslant r + 1$,

(i)

$$(P-Q)_D = {Q_D}^2P - Q_D = {Q_D}^2(P-Q). \tag{2.2.8}$$

(ii)

$$(P-Q)(P-Q)_D = Q_D(Q-P). \tag{2.2.9}$$

(iii)

$$\begin{aligned}(P+Q)_D =& \frac{1}{2}Q_D + \sum_{n=0}^{s-1} 2^{n-1}{Q_D}^{n+1}P^nP^\pi + Q^\pi \sum_{n=0}^{h-1} 2^{-(n+2)}Q^n{P_D}^{n+1} \\ &+2^{-(h+1)}Q^\pi Q^{h-1}{P_D}^h.\end{aligned} \tag{2.2.10}$$

(iv)

$$\|Q_D - (Q-P)_D\|_2 = \|{Q_D}^2P\|_2 \leqslant \|Q_D\|_2^2\|P\|_2, \tag{2.2.11}$$

$$\begin{aligned}\|(P+Q)_D - Q_D\|_2 \leqslant& \frac{\|Q_D\|_2[1-(2\|Q_D\|_2\|P\|_2)^s]}{2-4\|Q_D\|_2\|P\|_2} + \frac{\|P_D\|_2[1-(2^{-1}\|Q\|_2\|P_D\|_2)^h]}{4-2\|Q\|_2\|P_D\|_2} \\ &+2^{-(h+1)}\|Q\|_2^{h-1}\|P_D\|_2^h,\end{aligned} \tag{2.2.12}$$

其中当 $h = r + 1$ 时,

$$\begin{aligned}\|(P+Q)_D - Q_D\|_2 \leqslant& \frac{\|Q_D\|_2[1-(2\|Q_D\|_2\|P\|_2)^s]}{2-4\|Q_D\|_2\|P\|_2} \\ &+\frac{\|P_D\|_2[1-(2^{-1}\|Q\|_2\|P_D\|_2)^r]}{4-2\|Q\|_2\|P_D\|_2}.\end{aligned} \tag{2.2.13}$$

证明 因为 $\mathrm{Ind}(P) = s \geqslant 1$, 所以存在一个非奇异矩阵 W_1 使得

$$P = W_1\begin{pmatrix} P_1 & 0 \\ 0 & P_2 \end{pmatrix}W_1^{-1}, \quad P_D = W_1\begin{pmatrix} P_1^{-1} & 0 \\ 0 & 0 \end{pmatrix}W_1^{-1}, \tag{2.2.14}$$

其中 P_1 可逆, P_2 幂零, 且 $P_2^s = 0$. 作 $W_1^{-1}QW_1$ 的分块且与 $W_1^{-1}PW_1$ 保持一致的形式, 有

$$Q = W_1\begin{pmatrix} Q_1 & Q_4 \\ Q_3 & Q_2 \end{pmatrix}W_1^{-1}.$$

由于 $PQ=P^2$, 可以推导出 $P_1=Q_1$, $Q_4=0$ 和 $P_2Q_2=P_2^2$. 因此

$$P-Q=W_1\begin{pmatrix}0 & 0\\ -Q_3 & P_2-Q_2\end{pmatrix}W_1^{-1},\quad Q_D=W_1\begin{pmatrix}P_1^{-1} & 0\\ H & (Q_2)_D\end{pmatrix}W_1^{-1},\quad (2.2.15)$$

其中, 利用引理 1.2.1 , H 是一个可求的矩阵. 由于 $P_2Q_2^{k-1}=P_2^k=0, k\geqslant\max\{s,2\}$, 所以有

$$(Q_2^sP_2)^2=Q_2^s(P_2Q_2^s)P_2=0,$$
$$P_2(Q_2)_D=P_2Q_2^s(Q_2)_D{}^{s+1}=0,$$
$$(Q_2^sP_2)_D=0.$$

由 (2.2.1), 得

$$(P_2-Q_2)_D{}^{s+1}=(-1)^s(Q_2^sP_2-Q_2^{s+1})_D=(-1)^s[-(Q_2)_D{}^{s+1}+(Q_2)_D{}^{s+2}P_2].$$

由引理 2.2.1 得

$$\begin{aligned}(P_2-Q_2)_D&=(P_2-Q_2)_D{}^{s+1}(P_2-Q_2)^s\\&=(-1)^{2s-1}[-(Q_2)_D{}^{s+1}+(Q_2)_D{}^{s+2}P_2](Q_2^{s-1}P_2-Q_2^s)\\&=(Q_2)_D{}^2P_2-(Q_2)_D,\\(P_2-Q_2)_D{}^2&=[(Q_2)_D{}^2P_2]^2-(Q_2)_D{}^2P_2(Q_2)_D-(Q_2)_D(Q_2)_D{}^2P_2+(Q_2)_D{}^2\\&=(Q_2)_D{}^2-(Q_2)_D{}^3P_2.\end{aligned}$$

利用引理 1.2.1, 得

$$\begin{aligned}(P-Q)_D&=W_1\begin{pmatrix}0 & 0\\ -(P_2-Q_2)_D{}^2Q_3 & (P_2-Q_2)_D\end{pmatrix}W_1^{-1}\\&=W_1\begin{pmatrix}0 & 0\\ -[(Q_2)_D{}^2P_2-(Q_2)_D]^2Q_3 & (Q_2)_D{}^2P_2-(Q_2)_D\end{pmatrix}W_1^{-1}\\&=(Q_D{}^2P-Q_D)P^\pi-(Q_D{}^2-Q_D{}^3P)P^\pi QPP_D\\&=Q_D{}^2P-Q_D-(Q_D{}^2P-Q_D)PP_D\\&\quad-(Q_D{}^2-Q_D{}^3P)(QPP_D-P_DPQPP_D)\\&=Q_D{}^2P-Q_D-(Q_D{}^2P-Q_D)PP_D-Q_D{}^2(QPP_D-P^2P_D)\\&=Q_D{}^2P-Q_D=Q_D{}^2(P-Q).\end{aligned}\quad(2.2.16)$$

由于 $\mathrm{Ind}(Q)=r$, 所以 $Q_DQ^{r+1}=Q^r$. 由 (2.2.1) 和 (2.2.16) 知

$$\begin{aligned}(P-Q)_D(P-Q)^{r+2}&=Q_D{}^2(P-Q)^{r+3}=(-1)^{r+2}Q_D{}^2Q^{r+2}(P-Q)\\&=(-1)^rQ^r(P-Q)=(P-Q)^{r+1}.\end{aligned}$$

因此, $\mathrm{Ind}(P-Q)=\mathrm{Ind}(Q-P)\leqslant r+1$.

(ii) 由 (i) 和引理 2.2.1 得

$$(P-Q)(P-Q)_D=(P-Q)_D(P-Q)={Q_D}^2(P-Q)^2=Q_D(Q-P).$$

(iii) 由 (i) 和 (ii) 知

$$(Q-P)_D{}^2={Q_D}^2(Q-P)(Q-P)_D={Q_D}^3(Q-P).$$

一般性, 对任意正整数 n, 通过数学归纳法, 有

$$(Q-P)_D{}^n={Q_D}^{n+1}(Q-P). \tag{2.2.17}$$

由于 $PQ=P^2$, 很容易得到 $P(P-Q)=0$ 和 $PQ^k=P^{k+1}(k\geqslant 1)$. 因此, 由引理 1.2.1 和 (2.2.1), (2.2.9), (2.2.17), 得

$$\begin{aligned}
&(P+Q)_D\\
=&[2P+(Q-P)]_D\\
=&\sum_{n=0}^{s-1}(Q-P)_D{}^{n+1}(2P)^nP^\pi+(Q-P)^\pi\sum_{n=0}^{h-1}(Q-P)^n(2P)_D{}^{n+1}\\
=&\sum_{n=0}^{s-1}2^n{Q_D}^{n+2}(Q-P)P^nP^\pi\\
&+(Q^\pi+Q_DP)\left[\frac{1}{2}P_D+\sum_{n=1}^{h-1}2^{-(n+1)}Q^{n-1}(Q-P){P_D}^{n+1}\right]\\
=&\sum_{n=0}^{s-1}2^n({Q_D}^{n+1}P^n-{Q_D}^{n+2}P^{n+1})P^\pi+\frac{1}{2}(Q^\pi+Q_DP)P_D\\
&+Q^\pi\sum_{n=1}^{h-1}2^{-(n+1)}Q^{n-1}(Q-P){P_D}^{n+1}\\
=&Q_DP^\pi+\sum_{n=1}^{s-1}2^n{Q_D}^{n+1}P^nP^\pi-\sum_{n=1}^{s-1}2^{n-1}{Q_D}^{n+1}P^nP^\pi+\frac{1}{2}(Q^\pi+Q_DP)P_D\\
&+Q^\pi\sum_{n=1}^{h-1}2^{-(n+1)}Q^nP_D{}^{n+1}-Q^\pi\sum_{n=1}^{h-2}2^{-(n+2)}Q^nP_D{}^{n+1}-2^{-2}Q^\pi P_D\\
=&\frac{1}{2}Q_D+\frac{1}{2}Q_DP^\pi+\sum_{n=1}^{s-1}2^{n-1}{Q_D}^{n+1}P^nP^\pi
\end{aligned}$$

$$+2^{-h}Q^{\pi}Q^{h-1}{P_D}^h + Q^{\pi}\sum_{n=1}^{h-2}2^{-(n+2)}Q^n{P_D}^{n+1} + 2^{-2}Q^{\pi}P_D$$

$$=\frac{1}{2}Q_D + \sum_{n=0}^{s-1}2^{n-1}{Q_D}^{n+1}P^nP^{\pi} + Q^{\pi}\sum_{n=0}^{h-1}2^{-(n+2)}Q^n{P_D}^{n+1} + 2^{-(h+1)}Q^{\pi}Q^{h-1}{P_D}^h.$$

(iv) 由 (2.2.16) 知, $Q_D - (Q-P)_D = {Q_D}^2P$. 于是

$$\|Q_D - (Q-P)_D\|_2 = \|{Q_D}^2P\|_2 \leqslant \|Q_D\|_2^2\|P\|_2.$$

由 (2.2.10) 得

$$\begin{aligned}
&||(P+Q)_D - Q_D||_2\\
=&\left\|\sum_{n=1}^{s-1}2^{n-1}{Q_D}^{n+1}P^nP^{\pi} - \frac{1}{2}Q_DPP_D\right.\\
&\left.+Q^{\pi}\sum_{n=0}^{h-1}2^{-(n+2)}Q^n{P_D}^{n+1} + 2^{-(h+1)}Q^{\pi}Q^{h-1}{P_D}^h\right\|_2\\
\leqslant&\sum_{n=1}^{s-1}2^{n-1}\|Q_D\|_2^{n+1}\|P\|_2^n + \frac{1}{2}\|Q_D\|_2\\
&+\sum_{n=0}^{h-1}2^{-(n+2)}\|Q\|_2^n\|P_D\|_2^{n+1} + 2^{-(h+1)}\|Q\|_2^{h-1}\|P_D\|_2^h\\
=&\sum_{n=0}^{s-1}2^{n-1}\|Q_D\|_2^{n+1}\|P\|_2^n + \sum_{n=0}^{h-1}2^{-(n+2)}\|Q\|_2^n\|P_D\|_2^{n+1}\\
&+2^{-(h+1)}\|Q\|_2^{h-1}\|P_D\|_2^h\\
=&\frac{\|Q_D\|_2[1-(2\|Q_D\|_2\|P\|_2)^s]}{2-4\|Q_D\|_2\|P\|_2} + \frac{\|P_D\|_2[1-(2^{-1}\|Q\|_2\|P_D\|_2)^h]}{4-2\|Q\|_2\|P_D\|_2}\\
&+2^{-(h+1)}\|Q\|_2^{h-1}\|P_D\|_2^h.
\end{aligned}$$

如果 $h = r+1$, 则 (2.2.10) 可以写成

$$(P+Q)_D = \frac{1}{2}Q_D + \sum_{n=0}^{s-1}2^{n-1}{Q_D}^{n+1}P^nP^{\pi} + Q^{\pi}\sum_{n=0}^{r-1}2^{-(n+2)}Q^n{P_D}^{n+1}.$$

由于 $Q^{\pi}Q^r = 0$, 因此, 类似上述的讨论, 我们可以推出 (2.2.13).

注记 2.2.4 在定理 2.2.3 中, 如果 $h = 0$, 则 $P-Q$ 非奇异, 故 $P = 0(PQ = P^2)$. 类似地, 如果 $s = 0$, 则 P 非奇异, 故 $P = Q$. 因此, 这两种特殊情况, 在定理 2.2.3 中意义不大.

在定理 2.2.3 中, 如果 P 幂等, 则 $\|Q_DP\|_2 = \|Q_DPQ\|_2 \leqslant \|Q_D\|_2\|Q\|_2$, $P^kP^\pi = 0, k > 0$. 于是我们有下面的推论.

推论 2.2.5 设 $P, Q \in \mathbb{C}^{n\times n}$, $r = \mathrm{Ind}(Q)$. 假如 $PQ = P$ 和 P 幂等, 则

(i)

$$\frac{\|(Q-P)_D - Q_D\|_2}{\|Q_D\|_2} \leqslant \mathrm{Cond}(Q),$$

其中 $\mathrm{Cond}(Q)$ 表示 Q 的条件数.

(ii)

$$(P+Q)_D = Q_D - \frac{1}{2}Q_DP + Q^\pi \sum_{n=0}^{h-1} 2^{-(n+2)}Q^nP + 2^{-(h+1)}Q^\pi Q^{h-1}P$$

和

$$\|(P+Q)_D - Q_D\|_2 \leqslant \frac{1}{2}\|Q_D\|_2 + 2^{-(h+1)}\|Q\|_2^{h-1} + \frac{1-(2^{-1}\|Q\|_2)^h}{4-2\|Q\|_2},$$

其中 $h = \mathrm{Ind}(P-Q) \leqslant r+1$.

特别地, 当 $h = r+1$ 时,

$$(P+Q)_D = Q_D - \frac{1}{2}Q_DP + Q^\pi \sum_{n=0}^{r-1} 2^{-(n+2)}Q^nP.$$

$$\|(P+Q)_D - Q_D\|_2 \leqslant \frac{1}{2}\|Q_D\|_2 + \frac{1-(2^{-1}\|Q\|_2)^r}{4-2\|Q\|_2}.$$

在定理 2.2.3 中, 如果 P 和 Q 幂等, 则 $(P+Q)_D = Q + \frac{1}{4}P - \frac{3}{4}QP$. 由于 $(P+Q)^2(P+Q)_D = (P+Q)\left(\frac{1}{2}P + Q - \frac{1}{2}QP\right) = P+Q$, 我们有下面的推论.

推论 2.2.6 设 $P, Q \in \mathbb{C}^{n\times n}$ 都幂等. 如果 $PQ = P$, 则

(i) $(P-Q)_D = QP - Q$;

(ii) $(P+Q)_g = Q + \frac{1}{4}P - \frac{3}{4}QP$.

定理 2.2.7 设 $P, Q \in \mathbb{C}^{n\times n}$. 如果 $PQ = P^2$ 和 $QP = Q^2$, 则

$$(P+Q)_D = \frac{1}{4}(P_D + Q_D), \quad (P-Q)_D = 0.$$

证明 在等式 $QP=Q^2$ 两边同时左乘 ${Q_D}^2$ 得到 $Q_DP=QQ_D$, 于是 $Q_DPP_D=QQ_DP_D$. 因此有

$$\begin{aligned}QP_D&=QP{P_D}^2 = Q^2(PQ)_D = Q^2P(QP)_D{}^2Q\\&=Q^3{Q_D}^4Q = QQ_D = Q_DP.\end{aligned}$$

故 $Q_DQP_D=Q_D$, 对于 $n\geqslant 1$,

$$Q_DP^{n-1}(I-PP_D)=(Q_D-Q_DPP_D)P^{n-1} = 0, \tag{2.2.18}$$

$$(I-QQ_D)Q^nP_D=(I-QQ_D)Q^{n-1}Q_DP = 0. \tag{2.2.19}$$

由于 $PQ=P^2$, 利用定理 2.2.3(iii), 有 (2.2.10), 再把 (2.2.18), (2.2.19) 代入 (2.2.10), 因此

$$\begin{aligned}(P+Q)_D&=\frac{1}{2}Q_D+\frac{1}{4}(I-Q_DQ)P_D\\&=\frac{1}{2}Q_D+\frac{1}{4}(P_D-Q_D) = \frac{1}{4}(P_D+Q_D).\end{aligned}$$

由于 $(P-Q)^2=P^2-PQ-QP+Q^2=0$, 故 $(P-Q)_D=0$.

2.3 在 $PQ^2=P^2Q$ 和 $P^2Q^2=0$ 条件下矩阵和的 Drazin 逆

定理 2.3.1 设 $P,Q\in\mathbb{C}^{n\times n}$, 其中 $\mathrm{Ind}(P^2)=s$, $\mathrm{Ind}(Q^2)=t$, $\mathrm{Ind}(PQ)=r$, $\mathrm{Ind}(Q^2-PQ)=s_1$, 以及 $\mathrm{Ind}(P^2-PQ)=s_2$. 若 $PQ^2=P^2Q$ 和 $P^2Q^2=0$, 则 $s_1\geqslant t-1$, $s_2\geqslant s-1$ 且

$$\begin{aligned}(P-Q)_D=&-QR_D+QR_D(P-Q)T_DP-Q\left[R^\pi\sum_{n=0}^{s_1-1}R^n(P-Q){T_D}^{n+2}\right.\\&\left.+\sum_{n=0}^{s_2-1}{R_D}^{n+2}(P-Q)T^nT^\pi\right]P+T_DP,\end{aligned}$$

其中 $R=(Q^2-PQ)$, $T=(P^2-PQ)$,

$$R_D=(Q^2-PQ)_D=\sum_{n=0}^{r-1}{Q_D}^{2(n+1)}(-PQ)^n(PQ)^\pi+Q^\pi\sum_{n=0}^{t-1}Q^{2n}(-PQ)_D{}^{n+1},$$

$$T_D=(P^2-PQ)_D=\sum_{n=0}^{s-1}(-PQ)_D{}^{n+1}P^{2n}P^\pi+(PQ)^\pi\sum_{n=0}^{r-1}(-PQ)^n{P_D}^{2(n+1)}.$$

证明　设 $R=(Q^2-PQ)$ 和 $T=(P^2-PQ)$.

因为 $\mathrm{Ind}(T)=s_2$ 且 $P^2T=P^4$, 得

$$T^{s_2+1}R_D=T^{s_2},\quad P^2T^{s_2+1}T_D=P^2T^{s_2},$$
$$P^2T^{s_1}=P^4R^{s_2-1}=P^6T^{s_2-2}=\cdots=P^{2s_2+2},$$
$$P^2T^{s_2+1}T_D=P^{2s_2+4}T_D=P^{2s_1+4}{P_D}^2,$$
$$P^{2s_1+4}{Q_D}^2=P^{2s_1+2},\quad (P^2)^{s_1+2}{P^2}_D=(P^2)^{s_1+1}.$$

因此

$$s_2\geqslant s-1. \tag{2.3.1}$$

因为 $\mathrm{Ind}(R)=s_1$, $Q^2R=Q^4$, 则

$$R^{s_1+1}R_D=R^{s_1},\quad Q^2R^{s_1+1}R_D=Q^2R^{s_1},$$
$$Q^2R^{s_1}=QP^4R^{s_1-1}=Q^6R^{s_1-2}=\cdots=Q^{2s_1+2},$$
$$Q^2R^{s_1+1}R_D=Q^{2s_2+4}R_D=Q^{2s_1+4}{Q_D}^2,$$
$$Q^{2s_1+4}{Q_D}^2=Q^{2s_1+2},\quad (Q^2)^{s_1+2}{Q_D}^2=(Q^2)^{s_1+1}.$$

因此

$$s_1\geqslant t-1. \tag{2.3.2}$$

假设 $A=\begin{pmatrix}-Q & I\end{pmatrix}$, $B=\begin{pmatrix}I\\ P\end{pmatrix}$, 则 $P-Q=AB$. 利用引理 1.1.1, 则

$$(P-Q)_D=(AB)_D=A{(BA)_D}^2B, \tag{2.3.3}$$

$$BA=\begin{pmatrix}I\\ P\end{pmatrix}\begin{pmatrix}-Q & I\end{pmatrix}=\begin{pmatrix}-Q & I\\ -PQ & P\end{pmatrix}.$$

由 $PQ^2=P^2Q$, 有

$$(BA)^2=\begin{pmatrix}Q^2-PQ & P-Q\\ PQ^2-P^2Q & P^2-PQ\end{pmatrix}=\begin{pmatrix}Q^2-PQ & P-Q\\ 0 & P^2-PQ\end{pmatrix}.$$

利用引理 1.2.1, 得

$${(BA)_D}^2=\begin{pmatrix}(Q^2-PQ)_D & S\\ 0 & (P^2-PQ)_D\end{pmatrix}=\begin{pmatrix}R_D & S\\ 0 & T_D\end{pmatrix},$$

其中

$$S=R^{\pi}\sum_{n=0}^{s_1-1}R^n(P-Q){T_D}^{n+2}+\sum_{n=0}^{s_2-1}{R_D}^{n+2}(P-Q)T^nT^{\pi}-R_D(P-Q)T_D.$$

因为 $PQ^2=P^2Q$ 且 $P^2Q^2=0$, 推导得 $PQ^3=P^3Q=0$. 因此有

$$R_D=(Q^2-PQ)_D=\sum_{n=0}^{r-1}{Q_D}^{2(n+1)}(-PQ)^n(PQ)^{\pi}+Q^{\pi}\sum_{n=0}^{t-1}Q^{2n}{(-PQ)_D}^{n+1},$$
$$T_D=(P^2-PQ)_D=\sum_{n=0}^{s-1}{(-PQ)_D}^{n+1}P^{2n}P^{\pi}+(PQ)^{\pi}\sum_{n=0}^{r-1}(-PQ)^n{P_D}^{2(n+1)}.$$

应用 (2.3.3), 得

$$\begin{aligned}(P-Q)_D&=(AB)_D=A{(BA)_D}^2B\\&=\begin{pmatrix}-Q & I\end{pmatrix}\begin{pmatrix}(Q^2-PQ)_D & S\\ 0 & (P^2-PQ)_D\end{pmatrix}\begin{pmatrix}I\\ P\end{pmatrix}\\&=-Q(Q^2-PQ)_D-QSP+(P^2-PQ)_DP\\&=-QR_D-Q\left[R^{\pi}\sum_{n=0}^{s_1-1}R^n(P-Q){T_D}^{n+2}\right.\\&\qquad\left.+\sum_{n=0}^{s_2-1}{R_D}^{n+2}(P-Q)T^nT^{\pi}-R_D(P-Q)T_D\right]P+T_DP\\&=-QR_D+QR_D(P-Q)T_DP\\&\qquad-Q\left[R^{\pi}\sum_{n=0}^{s_1-1}R^n(P-Q){T_D}^{n+2}+\sum_{n=0}^{s_2-1}{R_D}^{n+2}(P-Q)T^nT^{\pi}\right]P+T_DP.\end{aligned}$$

定理 2.3.2 设 $P,Q\in\mathbb{C}^{n\times n}$, 其中 $\mathrm{Ind}(P^2)=s$, $\mathrm{Ind}(Q^2)=t$, $\mathrm{Ind}(PQ)=r$, $\mathrm{Ind}(Q^2+PQ)=s_1$, 以及 $\mathrm{Ind}(P^2+PQ)=s_2$. 若 $PQ^2=-P^2Q$ 和 $P^2Q^2=0$, 则 $s_1\geqslant t-1$, $s_2\geqslant s-1$, 且

$$\begin{aligned}(P+Q)_D=&QR_D-QR_D(P+Q)T_DP+Q\left[R^{\pi}\sum_{n=0}^{s_1-1}R^n(P+Q){T_D}^{n+2}\right.\\&\left.+\sum_{n=0}^{s_2-1}{R_D}^{n+2}(P+Q)T^nT^{\pi}\right]P+T_DP.\end{aligned}\tag{2.3.4}$$

其中 $R = (Q^2 + PQ)$, $T = (P^2 + PQ)$,

$$R_D = (Q^2 + PQ)_D = \sum_{n=0}^{r-1} {Q_D}^{2(n+1)}(PQ)^n(PQ)^\pi + Q^\pi \sum_{n=0}^{t-1} Q^{2n}{(PQ)_D}^{n+1},$$

$$T_D = (P^2 + PQ)_D = \sum_{n=0}^{s-1}{(PQ)_D}^{n+1}P^{2n}P^\pi + (PQ)^\pi \sum_{n=0}^{r-1}(PQ)^n {P_D}^{2(n+1)}.$$

证明 将 $-P$ 代替 P 代入定理 2.3.1, 则 (2.3.4) 成立.

不管 $P^2Q = 0$ 和 $Q^2 = 0$ 或 $PQ^2 = 0$ 且 $P^2 = 0$, 得 $P^2Q = PQ^2 = 0$, $P^2Q^2 = 0$. 利用定理 2.3.2, 有如下结论.

推论 2.3.3 [180] (i) 设 $P, Q \in \mathbb{C}^{n\times n}$, 其中 $\mathrm{Ind}(P^2) = s$, $\mathrm{Ind}(PQ) = r$. 若 $P^2Q = 0$ 和 $Q^2 = 0$, 则

$$\begin{aligned}(P+Q)_D = &\sum_{n=0}^{r-1}[Q(PQ)^\pi(PQ)^n P_D + (PQ)^\pi(PQ)^n]{P_D}^{2n+1}\\ &+\sum_{n=0}^{s-1}[Q{(PQ)_D}^{n+1} + {(PQ)_D}^{n+1}P]P^{2n}P^\pi.\end{aligned}$$

(ii) 设 $P, Q \in \mathbb{C}^{n\times n}$, 其中 $\mathrm{Ind}(Q^2) = t$, $\mathrm{Ind}(PQ) = r$. 若 $PQ^2 = 0$ 且 $P^2 = 0$, 则

$$\begin{aligned}(P+Q)_D = &\sum_{n=0}^{r-1}{Q_D}^{2n+1}[(PQ)^\pi(PQ)^n + Q_D(PQ)^\pi(PQ)^n P]\\ &+\sum_{n=0}^{t-1}Q^\pi Q^{2n}[Q{(PQ)_D}^{n+1} + {(PQ)_D}^{n+1}P].\end{aligned}$$

证明 (i) 假设 $R = Q^2 + PQ$ 和 $T = P^2 + PQ$.

因为 $P^2Q = 0$ 和 $Q^2 = 0$, 得

$$\begin{aligned}&P^2Q = PQ^2 = 0, \quad P^2Q^2 = 0,\\ &R_D = (Q^2 + PQ)_D = (PQ)_D,\end{aligned}$$

以及 $\mathrm{Ind}(R) = \mathrm{Ind}(PQ) = r$. 由引理 1.1.1, 得

$$T_D = (P^2 + PQ)_D = \sum_{n=0}^{s-1}{(PQ)_D}^{n+1}P^{2n}P^\pi + (PQ)^\pi \sum_{n=0}^{r-1}(PQ)^n {P_D}^{2(n+1)}.$$

因为 $P^2Q=PQ^2=0$, 有

$$\begin{aligned}R(P+Q)T^n &= PQ(P+Q)(P^2+PQ)(P^2+PQ)^{n-1}\\ &= PQP(P^2+PQ)(P^2+PQ)^{n-1}\\ &= PQP^3(P^2+PQ)^{n-1}=PQP^5(P^2+PQ)^{n-2}\\ &= \cdots\\ &= (PQ)P^{2n+1}.\end{aligned}\tag{2.3.5}$$

由 (2.3.1) 和 (2.3.5), 得 $s_2 \geqslant s-1$ 且

$$\begin{aligned}&Q\sum_{n=0}^{s_2-1}{R_D}^{n+2}(P+Q)T^nT^\pi P\\ =&Q\sum_{n=0}^{s_2-1}{R_D}^{n+3}R(P+Q)T^nT^\pi P\\ =&Q\sum_{n=0}^{s_2-1}{(PQ)_D}^{n+3}(PQ)P^{2n+1}\\ &\times\left[P^\pi-PQ\sum_{n=0}^{s-1}{(PQ)_D}^{n+1}P^{2n}P^\pi+(PQ)^\pi\sum_{n=0}^{r-1}(PQ)^n{P_D}^{2(n+1)}\right]P\\ =&Q\sum_{n=0}^{s_2-1}{(PQ)_D}^{n+2}P^{2n+2}P^\pi=Q\sum_{n=1}^{s-1}{(PQ)_D}^{n+1}P^{2n}P^\pi,\end{aligned}\tag{2.3.6}$$

$$\begin{aligned}T^\pi &= I-(P^2+PQ)(P^2+PQ)_D\\ &= I-(P^2+PQ)\left[\sum_{n=0}^{s-1}{(PQ)_D}^{n+1}P^{2n}P^\pi+(PQ)^\pi\sum_{n=0}^{r-1}(PQ)^n{P_D}^{2(n+1)}\right]\\ &= P^\pi-PQ\sum_{n=0}^{s-1}{(PQ)_D}^{n+1}P^{2n}P^\pi+(PQ)^\pi\sum_{n=0}^{r-1}(PQ)^n{P_D}^{2(n+1)}.\end{aligned}$$

因此

$$\begin{aligned}&(PQ)^\pi\sum_{n=1}^{r-1}(PQ)^n(P+Q){T_D}^{n+2}+(PQ)^\pi(P+Q){T_D}^2\\ =&(PQ)^\pi\sum_{n=1}^{r-1}(PQ)^nP{T_D}^{n+2}+(PQ)^\pi{P_D}^3+(PQ)^\pi Q{T_D}^2\\ =&(PQ)^\pi\sum_{n=1}^{r-1}(PQ)^nP[{P_D}^2+(PQ)_D]{T_D}^{n+1}+(PQ)^\pi{P_D}^3+Q{T_D}^2\\ =&(PQ)^\pi\sum_{n=1}^{r-1}(PQ)^nP_D{T_D}^{n+1}+(PQ)^\pi{P_D}^3+Q{T_D}^2\end{aligned}$$

$$
\begin{aligned}
&=(PQ)^{\pi}\sum_{n=1}^{r-1}(PQ)^{n}P_{D}[P_{D}{}^{2}+(PQ)_{D}]T_{D}{}^{n}+(PQ)^{\pi}P_{D}{}^{3}+QT_{D}{}^{2}\\
&=(PQ)^{\pi}\sum_{n=1}^{r-1}(PQ)^{n}P_{D}{}^{3}T_{D}{}^{n}+(PQ)^{\pi}P_{D}{}^{3}+QT_{D}{}^{2}\\
&=\cdots\\
&=(PQ)^{\pi}\sum_{n=0}^{r-1}(PQ)^{n}P_{D}{}^{2n+3}+QT_{D}{}^{2},
\end{aligned}
\tag{2.3.7}
$$

且

$$
\begin{aligned}
&QR_{D}-QR_{D}(P+Q)T_{D}P\\
=&Q(PQ)_{D}-Q(PQ)_{D}(P+Q)\\
&\times\left[\sum_{n=0}^{s-1}(PQ)_{D}{}^{n+1}P^{2n}P^{\pi}+(PQ)^{\pi}\sum_{n=0}^{r-1}(PQ)^{n}P_{D}{}^{2(n+1)}\right]P\\
=&Q(PQ)_{D}-Q(PQ)_{D}PP_{D}{}^{2}P-Q(PQ)_{D}Q)\\
&\times\left[\sum_{n=0}^{s-1}(PQ)_{D}{}^{n+1}P^{2n}P^{\pi}+(PQ)^{\pi}\sum_{n=0}^{r-1}(PQ)^{n}P_{D}{}^{2(n+1)}\right]P\\
=&Q(PQ)_{D}-Q(PQ)_{D}PP_{D}=Q(PQ)_{D}P^{\pi}.
\end{aligned}
\tag{2.3.8}
$$

利用定理 2.3.2 和 (2.3.6)~(2.3.8), 得

$$
\begin{aligned}
(P+Q)_{D}=&QR_{D}-QR_{D}(P+Q)T_{D}P+QR^{\pi}\sum_{n=0}^{r-1}R^{n}(P+Q)T_{D}{}^{n+2}P\\
&+Q\sum_{n=0}^{s_{2}-1}R_{D}{}^{n+2}(P+Q)T^{n}T^{\pi}P+T_{D}P\\
=&Q(PQ)_{D}P^{\pi}+Q(PQ)^{\pi}\sum_{n=0}^{r-1}(PQ)^{n}P_{D}{}^{2n+2}+Q\sum_{n=0}^{s_{2}-1}(PQ)_{D}{}^{n+2}P^{2n+2}P^{\pi}\\
&+\left[\sum_{n=0}^{s-1}(PQ)_{D}{}^{n+1}P^{2n}P^{\pi}+(PQ)^{\pi}\sum_{n=0}^{r-1}(PQ)^{n}P_{D}{}^{2(n+1)}\right]P\\
=&Q(PQ)_{D}P^{\pi}+\sum_{n=0}^{r-1}Q(PQ)^{\pi}(PQ)^{n}P_{D}{}^{2n+2}+\sum_{n=1}^{s-1}Q(PQ)_{D}{}^{n+1}P^{2n}P^{\pi}\\
&+\sum_{n=0}^{s-1}(PQ)_{D}{}^{n+1}P^{2n}PP^{\pi}+\sum_{n=0}^{r-1}(PQ)^{\pi}(PQ)^{n}P_{D}{}^{2n+1}
\end{aligned}
$$

$$
\begin{aligned}
&=\sum_{n=0}^{r-1}[Q(PQ)^{\pi}(PQ)^{n}P_D+(PQ)^{\pi}(PQ)^{n}]{P_D}^{2n+1}\\
&\quad+\sum_{n=0}^{s-1}[Q{(PQ)_D}^{n+1}+{(PQ)_D}^{n+1}P]P^{2n}P^{\pi}.
\end{aligned}
$$

类似 (i), (ii) 成立.

定理 2.3.4 设 $P,Q\in\mathbb{C}^{n\times n}$, 其中 $\mathrm{Ind}(P^2)=s$, $\mathrm{Ind}(Q^2)=t$, $\mathrm{Ind}(PQ)=r$, $\mathrm{Ind}(Q^2+PQ)=s_1$, 以及 $\mathrm{Ind}(P^2+PQ)=s_2$. 若 $PQ^2=P^2Q$, $QPQ=0$ 和 $P^2Q^2=0$, 则 $0<r\leqslant 2$, $s_1\geqslant t-1$, $s_2\geqslant s-1$, 且

(i) 若 $r=1$, 则

$$(P+Q)_D=\sum_{n=0}^{2s-1}{Q_D}^{n+1}P^nP^{\pi}+Q^{\pi}\sum_{n=0}^{2t-1}Q^n{P_D}^{n+1}.$$

(ii) 若 $r=2$.

(a) 当 $s_1=t-1$, $s_2=s-1$ 时, 则

$$
\begin{aligned}
(P+Q)_D=&\sum_{n=0}^{t-2}Q^{\pi}Q^{2n+1}{P_D}^{2n+2}+\sum_{n=0}^{t-1}Q^{\pi}Q^{2n}{P_D}^{2n+1}\\
&+\sum_{n=1}^{s-1}{Q_D}^{2n-1}P^{2n}P^{\pi}+\sum_{n=0}^{s-2}{Q_D}^{2n}P^{2n+1}P^{\pi}Q_DP^{\pi}\\
&+PQP_D+PQ{P_D}^3+2P^2Q{P_D}^2.
\end{aligned}\tag{2.3.9}
$$

(b) 当 $s_1=t-1$, $s_2\geqslant s$ 时, 则

$$
\begin{aligned}
(P+Q)_D=&\sum_{n=0}^{t-2}Q^{\pi}Q^{2n+1}{P_D}^{2n+2}+\sum_{n=0}^{t-1}Q^{\pi}Q^{2n}{P_D}^{2n+1}\\
&+\sum_{n=1}^{s-1}{Q_D}^{2n-1}P^{2n}P^{\pi}+\sum_{n=0}^{s-1}{Q_D}^{2n}P^{2n+1}P^{\pi}Q_DP^{\pi}\\
&+PQP_D+PQ{P_D}^3+2P^2Q{P_D}^2.
\end{aligned}\tag{2.3.10}
$$

(c) 当 $s_1\geqslant t$, $s_2=s-1$ 时, 则

$$
\begin{aligned}
(P+Q)_D=&\sum_{n=0}^{t-1}Q^{\pi}Q^{2n+1}{P_D}^{2n+2}+\sum_{n=0}^{t-1}Q^{\pi}Q^{2n}{P_D}^{2n+1}\\
&+\sum_{n=1}^{s-1}{Q_D}^{2n-1}P^{2n}P^{\pi}+\sum_{n=0}^{s-2}{Q_D}^{2n}P^{2n+1}P^{\pi}Q_DP^{\pi}\\
&+PQP_D+PQ{P_D}^3+2P^2Q{P_D}^2.
\end{aligned}\tag{2.3.11}
$$

(d) 当 $s_1 \geqslant t$, $s_2 \geqslant s$ 时, 则

$$
\begin{aligned}
(P+Q)_D = & \sum_{n=0}^{t-1} Q^\pi Q^{2n+1} {P_D}^{2n+2} + \sum_{n=0}^{t-1} Q^\pi Q^{2n} {P_D}^{2n+1} \\
& + \sum_{n=1}^{s-1} {Q_D}^{2n-1} P^{2n} P^\pi + \sum_{n=0}^{s-1} {Q_D}^{2n} P^{2n+1} P^\pi Q_D P^\pi \\
& + PQP_D + PQ{P_D}^3 + 2P^2 Q {P_D}^2. \qquad (2.3.12)
\end{aligned}
$$

证明　若 $r=0$, 则 PQ 和 $(PQ)^2$ 都是非奇异的. 然而, $QPQ=0$ 蕴涵 $(PQ)^2=0$, 即得 $r>0$. 因为 $(PQ)^2=0$, $(PQ)^3(PQ)_D=(PQ)^2=0$, 所以 $r \leqslant 2$. 换句话说, $0<r\leqslant 2$.

现在考虑 r.

(i) 若 $r=1$, 则 $PQ=(PQ)^2(PQ)_D=0$. 因为 $\mathrm{Ind}(P^2)=s$, $\mathrm{Ind}(Q^2)=t$, 则 $\mathrm{Ind}(P)\leqslant 2s$, $\mathrm{Ind}(Q)\leqslant 2t$. 利用引理 1.1.1, 有

$$
(P+Q)_D = \sum_{n=0}^{2s-1} {Q_D}^{n+1} P^n P^\pi + Q^\pi \sum_{n=0}^{2t-1} Q^n {P_D}^{n+1}.
$$

(ii) 若 $r=2$.

假设 $A=\begin{pmatrix} Q & I \end{pmatrix}$, $B=\begin{pmatrix} I \\ P \end{pmatrix}$, 则 $P+Q=AB$. 由引理 1.1.1, 有

$$
(P+Q)_D = (AB)_D = A{(BA)_D}^2 B, \qquad (2.3.13)
$$

$$
BA = \begin{pmatrix} I \\ P \end{pmatrix} \begin{pmatrix} Q & I \end{pmatrix} = \begin{pmatrix} Q & I \\ PQ & P \end{pmatrix}.
$$

因为 $PQ^2=P^2Q$, 则

$$
\begin{aligned}
(BA)^2 &= \begin{pmatrix} Q^2+PQ & P+Q \\ PQ^2+P^2Q & P^2+PQ \end{pmatrix} \\
&= \begin{pmatrix} Q^2+PQ & P+Q \\ 0 & P^2+PQ \end{pmatrix} + \begin{pmatrix} 0 & 0 \\ PQ^2+P^2Q & 0 \end{pmatrix}. \\
&=: X+Y
\end{aligned}
$$

利用引理 1.2.1, 容易得

$$
X_D = \begin{pmatrix} (Q^2+PQ)_D & S \\ 0 & (P^2+PQ)_D \end{pmatrix}, \qquad (2.3.14)
$$

其中 $s_2=\mathrm{Ind}(P^2+PQ)$, $s_1=\mathrm{Ind}(Q^2+PQ)$.

$$\begin{aligned}S=&(Q^2+PQ)^{\pi}\sum_{n=0}^{s_1-1}(Q^2+PQ)^n(P+Q)(P^2+PQ)_D{}^{n+2}\\&+\sum_{n=0}^{s_2-1}(Q^2+PQ)_D{}^{n+2}(P+Q)(P^2+PQ)^n(P^2+PQ)^{\pi}\\&-(Q^2+PQ)_D(P+Q)(P^2+PQ)_D.\end{aligned}$$

因为 $PQ^2=P^2Q$, $QPQ=0$ 以及 $P^2Q^2=0$, 有 $PQ^3=P^3Q=0$ 且

$$(PQ^2+P^2Q)(Q^2+PQ)=PQ^4+P^2Q^3+PQ^2PQ+P^2QPQ=0.$$

进一步, 有

$$(PQ^2+P^2Q)(Q^2+PQ)_D=(PQ^2+P^2Q)(Q^2+PQ)(Q^2+PQ)_D{}^2=0,$$

$$\begin{aligned}(PQ^2+P^2Q)S=&(PQ^2+P^2Q)(Q^2+PQ)^{\pi}(P+Q)(P^2+PQ)_D{}^2\\=&(PQ^2+P^2Q)(P+Q)(P^2+PQ)_D{}^2.\\=&(PQ^2+P^2Q)P(P^2+PQ)_D{}^2.\\=&2P^2QP(P^2+PQ)_D{}^2.\end{aligned}$$

$$\begin{aligned}YX_D{}^2=&\begin{pmatrix}0&0\\PQ^2+P^2Q&0\end{pmatrix}\begin{pmatrix}(Q^2+PQ)_D{}^2&(Q^2+PQ)_DS+S(P^2+PQ)_D\\0&(P^2+PQ)_D{}^2\end{pmatrix}\\=&\begin{pmatrix}0&0\\(PQ^2+P^2Q)(Q^2+PQ)_D{}^2&(PQ^2+P^2Q)[(Q^2+PQ)_DS+S(P^2+PQ)_D]\end{pmatrix}\\=&\begin{pmatrix}0&0\\0&(PQ^2+P^2Q)S(P^2+PQ)_D\end{pmatrix}\\=&\begin{pmatrix}0&0\\0&2P^2QP(P^2+PQ)_D{}^3\end{pmatrix}.\end{aligned}\tag{2.3.15}$$

因为 $PQ^2=P^2Q$, $QPQ=0$ 以及 $P^2Q^2=0$, 得 $XY=0$ 和 $Y^2=0$.

由注记 1.1.3, (2.3.14), 以及 (2.3.15), 有

$$\begin{aligned}(BA)_D{}^2=&(X+Y)_D=X_D+YX_D{}^2\\=&\begin{pmatrix}(Q^2+PQ)_D&S\\0&(P^2+PQ)_D+2P^2QP(P^2+PQ)_D{}^3\end{pmatrix}.\end{aligned}$$

由 (2.3.13), 易知

$$
(P+Q)_D=(AB)_D=A(BA)_D{}^2B=\begin{pmatrix} Q & I \end{pmatrix}
$$

$$
\begin{pmatrix} (Q^2+PQ)_D & S \\ 0 & (P^2+PQ)_D+2P^2QP(P^2+PQ)_D{}^3 \end{pmatrix}\begin{pmatrix} I \\ P \end{pmatrix}
$$

$$
\begin{aligned}
&=Q(Q^2+PQ)_D+QSP+[(P^2+PQ)_D \\
&\quad +2P^2QP(P^2+PQ)_D{}^3]P.
\end{aligned}\tag{2.3.16}
$$

设 $R=(Q^2+PQ)$ 和 $T=(P^2+PQ)$. 因为 $PQ^2=P^2Q$, $P^2Q^2=0$, 以及 $QPQ=0$, 得 $Q^2PQ=PQ^3=P^3Q=0$ 且 $(PQ)_D=(PQ)^2(PQ)_D{}^3=P(QPQ)(PQ)_D{}^3=0$. 因此, 对于 $n\geqslant 1$, 有

$$
\begin{aligned}
R^n&=R^2R^{n-2}=Q^2R^{n-1}=Q^4R^{n-2}=\cdots=Q^{2(n-1)}R,\\
T^n&=T^{n-2}T^2=T^{n-1}P^2=T^{n-2}P^4=\cdots=TP^{2(n-1)},
\end{aligned}
$$

以及

$$
\begin{aligned}
R_D&=(Q^2+PQ)_D=Q_D{}^2+(PQ)_D=Q_D{}^2,\\
R^\pi&=I-(Q^2+PQ)(Q^2+PQ)_D=Q^\pi.
\end{aligned}
$$

$$
T_D=(P^2+PQ)_D=\sum_{n=0}^{s-1}(PQ)_D{}^{n+1}P^{2n}P^\pi+(PQ)^\pi\sum_{n=0}^{r-1}(PQ)^nP_D{}^{2(n+1)}
$$

$$
=\sum_{n=0}^{1}(PQ)^nP_D{}^{2(n+1)}=P_D{}^2+PQP_D{}^4,\tag{2.3.17}
$$

$$
T^\pi=I-TT_D=P^\pi-PQP_D{}^2.\tag{2.3.18}
$$

因为 $QPQ=0$ 和 $P^3Q=0$, 则 $P_DQ=P_D{}^4P^3Q=0$, 且

$$
\begin{aligned}
QPT_D{}^{n+2}&=QP(P_D{}^2+PQP_D{}^4)^{n+2}=QP(P_D{}^2+PQP_D{}^4)(P_D{}^2+PQP_D{}^4)^{n+1}\\
&=QPP_D{}^2(P_D{}^2+PQP_D{}^4)^{n+1}=QPP_D{}^4(P_D{}^2+PQP_D{}^4)^n=\cdots\\
&=QPP_D{}^{2n+4}=QP_D{}^{2n+3},
\end{aligned}\tag{2.3.19}
$$

$$
\begin{aligned}
QPT^nT^\pi&=QP(P^2+PQ)(P^2+PQ)^{n-1}T^\pi=QP^3(P^2+PQ)^{n-1}T^\pi\\
&=QP^5(P^2+PQ)^{n-2}T^\pi=\cdots=QP^{2n+1}T^\pi=QP^{2n+1}P^\pi,
\end{aligned}\tag{2.3.20}
$$

$$
QR=Q^3,\quad QR^n=Q^{2n+1},\quad QR_D=Q_D,\quad QR_D{}^{n+1}=Q_D{}^{2n+1},\tag{2.3.21}
$$

$$
QT=QP^2,\quad QT^n=QP^{2n},\quad QT_D=QP_D{}^2,\quad QT_D{}^{n+2}=QP_D{}^{2n+4}.\tag{2.3.22}
$$

由 (2.3.17)~(2.3.22), 有

$$
\begin{aligned}
QSP = & QR^{\pi}\sum_{n=0}^{s_1-1} R^n(P+Q){T_D}^{n+2}P \\
& + Q\sum_{n=0}^{s_2-1} {R_D}^{n+2}(P+Q)T^nT^{\pi}P - QR_D(P+Q)T_DP \\
= & Q^{\pi}\sum_{n=0}^{s_1-1} QR^n(P+Q){T_D}^{n+2}P \\
& + \sum_{n=0}^{s_2-1} Q{R_D}^{n+2}(P+Q)T^nT^{\pi}P - QR_D(P+Q)T_DP \\
= & Q^{\pi}\sum_{n=0}^{s_1-1} Q^{2n+1}(P+Q){T_D}^{n+2}P \\
& + \sum_{n=0}^{s_2-1} {Q_D}^{2n+1}(P+Q)T^nT^{\pi}P - Q_D(P+Q)T_DP \\
= & \sum_{n=0}^{s_1-1} Q^{\pi}Q^{2n+1}P{T_D}^{n+2}P + \sum_{n=0}^{s_1-1} Q^{\pi}Q^{2n+1}Q{T_D}^{n+2}P \\
& + \sum_{n=0}^{s_2-1} {Q_D}^{2n+1}PT^nT^{\pi}P + \sum_{n=0}^{s_2-1} {Q_D}^{2n+1}QT^nT^{\pi}P - Q_DPT_DP - Q_DQT_DP \\
= & \sum_{n=0}^{s_1-1} Q^{\pi}Q^{2n+1}P{T_D}^{n+2}P + \sum_{n=0}^{s_1-1} Q^{\pi}Q^{2n+1}Q{P_D}^{2n+4}P \\
& + \sum_{n=0}^{s_2-1} {Q_D}^{2n+1}PT^nT^{\pi}P + \sum_{n=0}^{s_2-1} {Q_D}^{2n+1}QP^{2n}T^{\pi}P - Q_DPT_DP - QQ_DP_D \\
= & \sum_{n=0}^{s_1-1} Q^{\pi}Q^{2n+1}P{T_D}^{n+2}P + \sum_{n=0}^{s_1-1} Q^{\pi}Q^{2n+2}{P_D}^{2n+3} + \sum_{n=0}^{s_2-1} {Q_D}^{2n+1}PT^nT^{\pi}P \\
& + \sum_{n=0}^{s_2-1} {Q_D}^{2n}P^{2n}T^{\pi}P - Q_DPT_DP - QQ_DP_D \\
= & \sum_{n=0}^{s_1-1} Q^{\pi}Q^{2n+1}{P_D}^{2n+2} + \sum_{n=0}^{s_1-1} Q^{\pi}Q^{2n+2}{P_D}^{2n+3} + \sum_{n=0}^{s_2-1} {Q_D}^{2n+1}P^{2n+2}P^{\pi} \\
& + \sum_{n=1}^{s_2-1} {Q_D}^{2n}P^{2n}P^{\pi}P + T^{\pi}P - Q_DPP_D - QQ_DP_D \\
= & \sum_{n=0}^{s_1-1} Q^{\pi}Q^{2n+1}{P_D}^{2n+2} + \sum_{n=0}^{s_1-1} Q^{\pi}Q^{2n+2}{P_D}^{2n+3} + \sum_{n=0}^{s_2-1} {Q_D}^{2n+1}P^{2n+2}P^{\pi}
\end{aligned}
$$

$$+\sum_{n=0}^{s_2-1} {Q_D}^{2n} P^{2n+1} P^{\pi} + PQP_D - Q_D P P_D - Q Q_D P_D. \tag{2.3.23}$$

由 (2.3.1) 和 (2.3.2), 易得 $s_1 \geqslant t-1$ 且 $s_2 \geqslant s-1$.

(a) 当 $s_1 = t-1$, $s_2 = s-1$ 时, 由 (2.3.23), 得

$$\begin{aligned} QSP =& \sum_{n=0}^{t-2} Q^{\pi} Q^{2n+1} {P_D}^{2n+2} + \sum_{n=1}^{t-1} Q^{\pi} Q^{2n} {P_D}^{2n+1} \\ &+ \sum_{n=1}^{s-1} {Q_D}^{2n-1} P^{2n} P^{\pi} + \sum_{n=0}^{s-2} {Q_D}^{2n} P^{2n+1} P^{\pi} \\ &- Q_D P P_D - Q Q_D P_D. \end{aligned} \tag{2.3.24}$$

将 (2.3.18),(2.3.19) 以及 (2.3.24) 代入 (2.3.16), 得 (2.3.9).

(b) 当 $s_1 = t-1$, $s_2 \geqslant s$ 时, 由 (2.3.23), 得

$$\begin{aligned} QSP =& \sum_{n=0}^{t-2} Q^{\pi} Q^{2n+1} {P_D}^{2n+2} + \sum_{n=1}^{t-1} Q^{\pi} Q^{2n} {P_D}^{2n+1} + \sum_{n=1}^{s-1} {Q_D}^{2n-1} P^{2n} P^{\pi} \\ &+ \sum_{n=0}^{s-1} {Q_D}^{2n} P^{2n+1} P^{\pi} - Q_D P P_D - Q Q_D P_D. \end{aligned} \tag{2.3.25}$$

将 (2.3.18),(2.3.19) 以及 (2.3.25) 代入 (2.3.16), 导出 (2.3.10).

(c) 当 $s_1 \geqslant t$, $s_2 = s-1$ 时, 由 (2.3.23), 得

$$\begin{aligned} QSP =& \sum_{n=0}^{t-1} Q^{\pi} Q^{2n+1} {P_D}^{2n+2} + \sum_{n=1}^{t-1} Q^{\pi} Q^{2n} {P_D}^{2n+1} \\ &+ \sum_{n=1}^{s-1} {Q_D}^{2n-1} P^{2n} P^{\pi} + \sum_{n=0}^{s-2} {Q_D}^{2n} P^{2n+1} P^{\pi} - Q_D P P_D - Q Q_D P_D. \end{aligned} \tag{2.3.26}$$

将 (2.3.18),(2.3.19) 以及 (2.3.26) 代入 (2.3.16), 导出 (2.3.11).

(d) 当 $s_1 \geqslant t$, $s_2 \geqslant s$ 时, 由 (2.3.23), 得

$$\begin{aligned} QSP =& \sum_{n=0}^{t-1} Q^{\pi} Q^{2n+1} {P_D}^{2n+2} + \sum_{n=1}^{t-1} Q^{\pi} Q^{2n} {P_D}^{2n+1} \\ &+ \sum_{n=1}^{s-1} {Q_D}^{2n-1} P^{2n} P^{\pi} + \sum_{n=0}^{s-1} {Q_D}^{2n} P^{2n+1} P^{\pi} \\ &- Q_D P P_D - Q Q_D P_D. \end{aligned} \tag{2.3.27}$$

将 (2.3.18),(2.3.19) 以及 (2.3.27) 代入 (2.3.16), 导出 (2.3.12).

将定理 2.3.4 中条件 $QPQ = 0$ 用 $PQP = 0$ 代替, 则有

定理 2.3.5 设 $P, Q \in \mathbb{C}^{n\times n}$, 其中 $\mathrm{Ind}(P^2) = s$, $\mathrm{Ind}(Q^2) = t$, $\mathrm{Ind}(PQ) = r$, $\mathrm{Ind}(Q^2 + PQ) = s_1$ 以及 $\mathrm{Ind}(P^2 + PQ) = s_2$. 若 $PQ^2 = P^2Q$, $PQP = 0$ 以及 $P^2Q^2 = 0$, 则 $0 < r \leqslant 2$, $s_1 \geqslant t-1$, $s_2 \geqslant s-1$ 且

(i) 若 $r = 1$, 则

$$(P+Q)_D = \sum_{n=0}^{2s-1} {Q_D}^{n+1} P^n P^\pi + Q^\pi \sum_{n=0}^{2t-1} Q^n {P_D}^{n+1}.$$

(ii) 若 $r = 2$.

(a) 当 $s_1 = t-1$, $s_2 = s-1$ 时, 则

$$\begin{aligned}(P+Q)_D =& \sum_{n=0}^{s-2} {Q_D}^{2n+2} P^{2n+1} P^\pi + \sum_{n=0}^{s-1} {Q_D}^{2n+1} P^{2n} P^\pi \\ &+ \sum_{n=1}^{t-1} Q^\pi Q^{2n} {P_D}^{2n-1} + \sum_{n=0}^{t-2} P^\pi Q^{2n+1} {P_D}^{2n} \\ &+ {Q_D}^3 PQ + 2{Q_D}^2 PQ^2. \end{aligned} \tag{2.3.28}$$

(b) 当 $s_1 = t-1$, $s_2 \geqslant s$ 时, 则

$$\begin{aligned}(P+Q)_D =& \sum_{n=0}^{s-2} {Q_D}^{2n+2} P^{2n+1} P^\pi + \sum_{n=0}^{s-1} {Q_D}^{2n+1} P^{2n} P^\pi \\ &+ \sum_{n=1}^{t-1} Q^\pi Q^{2n} {P_D}^{2n-1} + \sum_{n=0}^{t-1} P^\pi Q^{2n+1} {P_D}^{2n} \\ &+ {Q_D}^3 PQ + 2{Q_D}^2 PQ^2. \end{aligned} \tag{2.3.29}$$

(c) 当 $s_1 \geqslant t$, $s_2 = s-1$ 时, 则

$$\begin{aligned}(P+Q)_D =& \sum_{n=0}^{s-1} {Q_D}^{2n+2} P^{2n+1} P^\pi + \sum_{n=0}^{s-1} {Q_D}^{2n+1} P^{2n} P^\pi \\ &+ \sum_{n=1}^{t-1} Q^\pi Q^{2n} {P_D}^{2n-1} + \sum_{n=0}^{t-2} P^\pi Q^{2n+1} {P_D}^{2n} \\ &+ {Q_D}^3 PQ + 2{Q_D}^2 PQ^2. \end{aligned} \tag{2.3.30}$$

(d) 当 $s_1 \geqslant t$, $s_2 \geqslant s$ 时, 则

$$\begin{aligned}(P+Q)_D =& \sum_{n=0}^{s-1} {Q_D}^{2n+2} P^{2n+1} P^\pi + \sum_{n=0}^{s-1} {Q_D}^{2n+1} P^{2n} P^\pi \\ &+ \sum_{n=1}^{t-1} Q^\pi Q^{2n} {P_D}^{2n-1} + \sum_{n=0}^{t-1} P^\pi Q^{2n+1} {P_D}^{2n} \\ &+ {Q_D}^3 PQ + 2{Q_D}^2 PQ^2. \end{aligned} \tag{2.3.31}$$

2.4 在 $PQ = P$ 条件下矩阵和的 Drazin 逆

引理 2.4.1 设 $P, Q \in \mathbb{C}^{m\times m}$, $\mathrm{Ind}(Q) = s$. 若 $PQ = P$, 则

$$PQ_D = P, (Q_DQP)^k = Q_DQP^k, (QP^\pi)^k = Q^kP^\pi, (Q_DP^\pi)^k = Q_D^kP^\pi,\ k \geqslant 1. \quad (2.4.1)$$

引理 2.4.2 设 P 是指标为 $t > 1$ 的幂零矩阵, $S = \sum_{i=0}^{t-1} a_i^{[1]}P^i$. 若 $a_i^{[1]} = 1$, 则

$$S^n = \sum_{i=0}^{t-1} a_i^{[n]}P^i, \quad n \geqslant 2,$$

其中 $a_i^{[n]} = \sum_{u=0}^{i} a_u^{[n-1]}, i = 0, \cdots, t-1$.

定理 2.4.3 设 $P, Q \in \mathbb{C}^{n\times n}$, $\mathrm{Ind}(Q) = s$. 若 $PQ = P$, P 是指标为 t 的幂零矩阵, 则

$$\begin{aligned}(P - Q)_D = &\sum_{n=0}^{s-1}\sum_{i=0}^{t-2}(a_i^{[n+2]}I - a_i^{[n+1]}Q_D)Q^nP^{i+1}\\ &-Q_DQ^s\sum_{i=0}^{t-2}a_i^{[s+1]}P^{i+1} - Q_D.\end{aligned} \quad (2.4.2)$$

证明 如果 $t = 1$, 显然 (2.4.2) 成立. 下面假设 $t > 1$. 因为 $s = \mathrm{Ind}(Q)$, 故存在非奇异矩阵 W_1 使得

$$Q = W_1\begin{pmatrix} Q_1 & 0 \\ 0 & Q_2 \end{pmatrix}W_1^{-1}, \quad Q_D = W_1\begin{pmatrix} Q_1^{-1} & 0 \\ 0 & 0 \end{pmatrix}W_1^{-1}, \quad (2.4.3)$$

其中 Q_1 是非奇异矩阵, Q_2 是指标为 s 的幂零矩阵. 将 $W_1^{-1}PW_1$ 按 $W_1^{-1}QW_1$ 作相应的分解, 于是

$$P = W_1\begin{pmatrix} P_1 & P_4 \\ P_3 & P_2 \end{pmatrix}W_1^{-1}.$$

根据引理 1.2.1 得 $PQ = P$, $PQ_D = P$. 因此, $P_2 = 0$, $P_4 = 0$, $P_iQ_1 = P_i, i = 1, 3$. 设 t 为幂零矩阵 P 的指标, 则

$$P^t = W_1\begin{pmatrix} P_1^t & 0 \\ P_3P_1^{t-1} & 0 \end{pmatrix}W_1^{-1} = 0,$$

且 P_1 也是幂零矩阵, $(P_1-I)^{-1}=-\sum\limits_{i=0}^{t-1}P_1^i$. 于是

$$P-Q=W_1\begin{pmatrix} P_1-Q_1 & 0 \\ P_3 & -Q_2 \end{pmatrix}W_1^{-1}$$
$$=W_1\begin{pmatrix} (P_1-I)Q_1 & 0 \\ P_3 & -Q_2 \end{pmatrix}W_1^{-1}. \tag{2.4.4}$$

根据引理 1.2.1 得

$$(P-Q)_D=W_1\begin{pmatrix} Q_1^{-1}(P_1-I)^{-1} & 0 \\ X & 0 \end{pmatrix}W_1^{-1}$$
$$=W_1\begin{pmatrix} -Q_1^{-1}\sum\limits_{i=0}^{t-1}P_1^i & 0 \\ X & 0 \end{pmatrix}W_1^{-1}, \tag{2.4.5}$$

其中

$$X=\sum_{n=0}^{s-1}(-1)^nQ_2^nP_3[(P_1-I)Q_1]^{-(n+2)}.$$

由引理 2.4.2 得

$$(-1)^nP_3[(P_1-I)Q_1]^{-(n+2)}=P_3\left(Q_1^{-1}\sum_{i=0}^{t-1}P_1^i\right)^{n+2}=P_3\left(\sum_{i=0}^{t-1}P_1^i\right)^{n+2}$$
$$=P_3\sum_{i=0}^{t-1}a_i^{[n+2]}P_1^i=\sum_{i=0}^{t-2}a_i^{[n+2]}P_3P_1^i.$$

所以

$$W_1\begin{pmatrix} 0 & 0 \\ X & 0 \end{pmatrix}W_1^{-1}=\sum_{n=0}^{s-1}\sum_{i=0}^{t-2}W_1\begin{pmatrix} 0 & 0 \\ a_i^{[n+2]}Q_2^nP_3P_1^i & 0 \end{pmatrix}W_1^{-1}$$
$$=\sum_{n=0}^{s-1}\sum_{i=0}^{t-2}a_i^{[n+2]}Q^\pi Q^nP^{i+1}.$$

故根据 (2.4.5) 得

$$(P-Q)_D=-\sum_{i=0}^{t-1}Q_DP^i+Q^\pi\sum_{n=0}^{s-1}\sum_{i=0}^{t-2}a_i^{[n+2]}Q^nP^{i+1}$$
$$=-\sum_{i=0}^{t-2}Q_DP^{i+1}-Q_D+\sum_{n=0}^{s-1}\sum_{i=0}^{t-2}a_i^{[n+2]}Q^nP^{i+1}-Q_D\sum_{n=1}^{s}\sum_{i=0}^{t-2}a_i^{[n+1]}Q^nP^{i+1}$$

$$= -Q_D + \sum_{n=0}^{s-1}\sum_{i=0}^{t-2} a_i^{[n+2]} Q^n P^{i+1} - Q_D \sum_{n=0}^{s}\sum_{i=0}^{t-2} a_i^{[n+1]} Q^n P^{i+1}$$
$$= \sum_{n=0}^{s-1}\sum_{i=0}^{t-2} (a_i^{[n+2]} I - a_i^{[n+1]} Q_D) Q^n P^{i+1} - Q_D Q^s \sum_{i=0}^{t-2} a_i^{[s+1]} P^{i+1} - Q_D.$$

若 $PQ = P$, 则 $(-P)Q = -P$. 于是, 由定理 2.4.3 的可直接得到下面的推论.

推论 2.4.4 设 $P, Q \in \mathbb{C}^{n\times n}$, $\mathrm{Ind}(Q) = s$. 若 $PQ = P$, P 是指标为 k 的幂零矩阵, 则

$$\begin{aligned}(P+Q)_D = &\sum_{n=0}^{s-1}\sum_{i=0}^{t-2} (-1)^i (a_i^{[n+2]} I - a_i^{[n+1]} Q_D) Q^n P^{i+1} \\ &- Q_D Q^s \sum_{i=0}^{t-2} (-1)^i a_i^{[s+1]} P^{i+1} + Q_D,\end{aligned} \tag{2.4.6}$$

其中 $a_i^{[n]} = \sum_{k=0}^{i} a_k^{[n-1]}, a_i^{[1]} = 1, i = 0, \cdots, t-1$.

设 P 如定理 2.4.3 的形式, 则可得到更一般的结果.

定理 2.4.5 设 $P, Q \in \mathbb{C}^{n\times n}$, $\mathrm{Ind}(QP^\pi) = s, \mathrm{Ind}(P) = t, \mathrm{Ind}[(P-I)PP_D] = l$, $\mathrm{Ind}[(P-Q)P^\pi] = k$. 若 $PQ = P$, 则

$$\begin{aligned}(P-Q)_D = &\sum_{n=0}^{s-1}\sum_{i=0}^{t-2} (a_i^{[n+2]} I - a_i^{[n+1]} Q_D) Q^n P^{i+1} P^\pi - Q_D P^\pi \\ &- \sum_{n=0}^{k-1} (-1)^n Q^n Q^\pi (Q-I) PP_D (P-I)_D^{n+2} + (Q^\pi + Q_D) PP_D (P-I)_D \\ &+ \sum_{n=0}^{l-1} (-1)^{n+1} Q_D^n (Q_D - Q_D^2) PP_D (P-I)^n (P-I)^\pi \\ &- Q_D Q^s \sum_{i=0}^{t-2} a_i^{[s+1]} P^\pi P^{i+1},\end{aligned} \tag{2.4.7}$$

其中 $a_i^{[n]} = \sum_{k=0}^{i} a_k^{[n-1]}, a_i^{[1]} = 1, i = 0, \cdots, t-1$.

证明 存在非奇异矩阵 W_1, 使得

$$P = W_1 \begin{pmatrix} P_1 & 0 \\ 0 & P_2 \end{pmatrix} W_1^{-1}, \quad Q = W_1 \begin{pmatrix} Q_1 & Q_3 \\ Q_4 & Q_2 \end{pmatrix} W_1^{-1}.$$

其中 P_1 是可逆矩阵, P_2 是指标为 t 的幂零矩阵. 由 $PQ=P$, 得

$$Q=W_1\begin{pmatrix} I & 0 \\ Q_4 & Q_2 \end{pmatrix}W_1^{-1},$$

其中 $P_2Q_4=0$, $P_2Q_2=P_2$. 所以

$$P-Q=W_1\begin{pmatrix} P_1-I & 0 \\ -Q_4 & P_2-Q_2 \end{pmatrix}W_1^{-1}.$$

根据引理 1.2.1 , 得

$$(P-Q)_D=W_1\begin{pmatrix} (P_1-I)_D & 0 \\ X & (P_2-Q_2)_D \end{pmatrix}W_1^{-1}, \tag{2.4.8}$$

其中

$$\begin{aligned}X=&\sum_{n=0}^{l-1}(P_2-Q_2)_D^{n+2}(-Q_4)(P_1-I)^n(P_1-I)^\pi\\&+(P_2-Q_2)^\pi\sum_{n=0}^{k-1}(P_2-Q_2)^n(-Q_4)(P_1-I)_D^{n+2}-(P_2-Q_2)_D(-Q_4)(P_1-I)_D,\end{aligned}$$

及 $k=\mathrm{Ind}(P_2-Q_2)=\mathrm{Ind}[(P-Q)P^\pi]$, $l=\mathrm{Ind}(P_1-I)=\mathrm{Ind}[(P-I)PP_D]$.

因为 $P_2Q_4=0$, $P_2Q_2=P_2$, 所以, 根据引理 2.4.1 和定理 2.4.3 得

$$\begin{aligned}(P_2-Q_2)_D(Q_2)_D^jQ_4=&-\sum_{n=0}^{t-1}(Q_2)_DP_2^n(Q_2)_D^jQ_4\\&+\sum_{n=0}^{s-1}Q_2^\pi Q_2^nP_2\left(\sum_{i=0}^{t-2}P_2^i\right)^{n+2}(Q_2)_D^jQ_4\\=&-(Q_2)_D^{j+1}Q_4,\quad j\geqslant 0,\end{aligned}$$

$$(P_2-Q_2)^\pi Q_4=Q_4+(P_2-Q_2)(Q_2)_DQ_4=Q_4-Q_2(Q_2)_DQ_4=Q_2^\pi Q_4,$$

$$P_2Q_2^\pi=0.$$

此时, 有

$$(P_2-Q_2)^\pi\sum_{n=0}^{k-1}(P_2-Q_2)^n(-Q_4)=-\sum_{n=0}^{k-1}(P_2-Q_2)^nQ_2^\pi Q_4=-\sum_{n=0}^{k-1}(-Q_2)^nQ_2^\pi Q_4.$$

因此

$$X=\sum_{n=0}^{l-1}(-1)^{n+1}(Q_2)_D^{n+2}Q_4(P_1-I)^n(P_1-I)^\pi$$
$$-\sum_{n=0}^{k-1}(-1)^n Q_2^n Q_2^\pi Q_4(P_1-I)_D^{n+2}-(Q_2)_D Q_4(P_1-I)_D. \tag{2.4.9}$$

显然

$$P-I=W_1\begin{pmatrix} P_1-I & 0 \\ 0 & P_2-I \end{pmatrix}W_1^{-1},$$

对任意的 $n\geqslant 0$,

$$PP_D(P-I)_D{}^n=W_1\begin{pmatrix} (P_1-I)_D{}^n & 0 \\ 0 & 0 \end{pmatrix}W_1^{-1}, \tag{2.4.10}$$

$$(P-I)^n PP_D(P-I)^\pi=W_1\begin{pmatrix} (P_1-I)^n(P_1-I)^\pi & 0 \\ 0 & 0 \end{pmatrix}W_1^{-1}.$$

于是

$$(QP^\pi)_D=W_1\begin{pmatrix} 0 & 0 \\ 0 & (Q_2)_D \end{pmatrix}W_1^{-1}=Q_D P^\pi,$$

$$(Q-I)PP_D=W_1\begin{pmatrix} 0 & 0 \\ Q_4 & 0 \end{pmatrix}W_1^{-1},$$

$$Y^n P^\pi=W_1\begin{pmatrix} 0 & 0 \\ 0 & Y_2^n \end{pmatrix}W_1^{-1},\quad n\geqslant 0,$$

其中 Y 代表是 Q 或 P, 且

$$P^\pi(QP^\pi)^\pi=P^\pi-P^\pi QP^\pi Q_D P^\pi=P^\pi-QQ_D P^\pi=Q^\pi P^\pi. \tag{2.4.11}$$

注意到 $P^\pi(Q-I)=(Q-I)$, 根据 (2.4.9) 得

$$W_1\begin{pmatrix} 0 & 0 \\ X & 0 \end{pmatrix}W_1^{-1}$$
$$=\sum_{n=0}^{l-1}(-1)^{n+1}Q_D^{n+2}P^\pi(Q-I)PP_D(P-I)^n PP_D(P-I)^\pi$$
$$-\sum_{n=0}^{k-1}(-1)^n Q^n P^\pi(QP^\pi)^\pi(Q-I)PP_D(P-I)_D^{n+2}-Q_D P^\pi(Q-I)PP_D(P-I)_D$$

$$
\begin{aligned}
&=\sum_{n=0}^{l-1}(-1)^{n+1}Q_D^{n+2}(Q-I)PP_D(P-I)^n(P-I)^\pi \\
&\quad-\sum_{n=0}^{k-1}(-1)^nQ^nQ^\pi(Q-I)PP_D(P-I)_D^{n+2}-Q_D(Q-I)PP_D(P-I)_D. \quad (2.4.12)
\end{aligned}
$$

同时注意到 $P^\pi Q^n P^\pi=Q^nP^\pi$. 于是, 由定理 2.4.3 得

$$
\begin{aligned}
&W_1\begin{pmatrix}0 & 0\\ 0 & (P_2-Q_2)_D\end{pmatrix}W_1^{-1}\\
&=\sum_{n=0}^{s-1}\sum_{i=0}^{t-2}(a_i^{[n+2]}I-a_i^{[n+1]}Q_DP^\pi)Q^nP^\pi P^{i+1}P^\pi\\
&\quad-Q_DP^\pi-Q_DP^\pi Q^sP^\pi\sum_{i=0}^{t-2}a_i^{[s+1]}P^{i+1}P^\pi\\
&=\sum_{n=0}^{s-1}\sum_{i=0}^{t-2}(a_i^{[n+2]}I-a_i^{[n+1]}Q_D)Q^nP^{i+1}P^\pi\\
&\quad-Q_DP^\pi-Q_DQ^s\sum_{i=0}^{t-2}a_i^{[s+1]}P^\pi P^{i+1}. \quad (2.4.13)
\end{aligned}
$$

所以, 将 (2.4.10), (2.4.12) 以及 (2.4.13) 代入 (2.4.8) 得 (2.4.7) 成立.

推论 2.4.6 设 $P,Q\in\mathbb{C}^{n\times n}$, $\mathrm{Ind}(QP^\pi)=s,\mathrm{Ind}(P)=t,\mathrm{Ind}[(P+I)PP_D]=l$, $\mathrm{Ind}[(P+Q)P^\pi]=k$. 若 $PQ=P$, 则

$$
\begin{aligned}
(P+Q)_D=&\sum_{n=0}^{s-1}\sum_{i=0}^{t-2}(-1)^i(a_i^{[n+2]}I-a_i^{[n+1]}Q_D)Q^nP^{i+1}P^\pi+Q_DP^\pi\\
&+\sum_{n=0}^{k-1}Q^nQ^\pi(Q-I)PP_D(P+I)_D^{n+2}+(Q^\pi+Q_D)PP_D(P+I)_D\\
&+\sum_{n=0}^{l-1}Q_D^n(Q_D-Q_D^2)PP_D(P+I)^n(P+I)^\pi\\
&-Q_DQ^s\sum_{i=0}^{t-2}(-1)^ia_i^{[s+1]}P^\pi P^{i+1}, \quad (2.4.14)
\end{aligned}
$$

其中 $a_i^{[n]}=\sum_{k=0}^{i}a_k^{[n-1]}, a_i^{[1]}=1, i=0,\cdots,t-1$.

2.5 在 $P^2Q = PQP$, $Q^2P = QPQ$ 条件下矩阵和的 Drazin 逆

在本节中, 我们首先给出了矩阵 $P, Q \in \mathbb{C}^{n\times n}$ 在条件 $P^2Q = PQP$, $Q^2P = QPQ$ 下的一些性质; 然后利用这些性质得到 $(P+Q)_D$ 的表达式, 该条件比之前学者用到的条件 [237] 更弱, 从而将已有的结果推广; 最后我们给出一个数值算例.

下面的引理是矩阵 $P, Q \in \mathbb{C}^{n\times n}$ 在条件 $P^2Q = PQP$, $Q^2P = QPQ$ 下的一些性质结论.

引理 2.5.1 设 $P, Q \in \mathbb{C}^{n\times n}$. 若 $P^2Q = PQP$, 则对任意正整数 i, j,

(i) $P^{i+1}Q = P^iQP = PQP^i$, $P^{2i}Q = P^iQP^i$;

(ii) $P^iQ^i = (PQ)^i$.

此外, 若 $Q^2P = QPQ$, 则

$$PQ^jP^i = P^{i+1}Q^j. \tag{2.5.1}$$

证明 (i) 由归纳法, 易得证明成立.

(ii) 当 $i = 1$ 时, 显然成立. 假设当 $i = k$ 时, 该式成立, 即 $P^kQ^k = (PQ)^k$. 当 $i = k+1$ 时, 由 (i), 有

$$P^{i+1}Q^{i+1} = PQP^iQ^i = PQ(PQ)^i = (PQ)^{i+1}.$$

因此, 由归纳法我们得到对于任意的 i , 都有 $P^iQ^i = (PQ)^i$.

假设 $Q^2P = QPQ$. 对 (2.5.1) 中的 j 进行归纳. 当 $j = 1$ 时, 由 (i) 显然成立. 假设当 $j = k$ 时, 它也成立, 即 $PQ^kP^i = P^{i+1}Q^k$. 当 $j = k+1$ 时,

$$\begin{aligned} PQ^{k+1}P^i &= PQ^{k-1}Q^2PP^{i-1} = PQ^k(PQP^{i-1}) \\ &= PQ^kP^iQ = P^{i+1}Q^kQ = P^{i+1}Q^{k+1}. \end{aligned}$$

因此, (2.5.1) 对任意的 j 都成立.

引理 2.5.2 设 $P, Q \in \mathbb{C}^{n\times n}$. 假如 $P^2Q = PQP$, $Q^2P = QPQ$, 则对任意的正整数 m, 有

$$(P+Q)^m = \sum_{i=0}^{m-1} \mathrm{C}_{m-1}^i (P^{m-i}Q^i + Q^{m-i}P^i), \tag{2.5.2}$$

其中二次项系数 $\mathrm{C}_j^i = \dfrac{j!}{i!(j-i)!}, j \geqslant i$.

此外, 若 P, Q 幂零且 $P^s = 0$, $Q^t = 0$, 则 $P+Q$ 幂零且其指标小于 $s+t$.

证明 用归纳法证明 (2.5.2) 成立. 当 $m=1$ 时, (2.5.2) 成立. 假设当 $m=k$ 时, (2.5.2) 成立, 即

$$(P+Q)^k=\sum_{i=0}^{k-1}\mathrm{C}_{k-1}^i(P^{k-i}Q^i+Q^{k-i}P^i).$$

那么当 $m=k+1$ 时, 由引理 2.5.1, 有

$$\begin{aligned}(P+Q)^{k+1}&=\sum_{i=0}^{k-1}\mathrm{C}_{k-1}^i(P^{k-i}Q^i+Q^{k-i}P^i)(P+Q)\\&=\sum_{i=0}^{k-1}\mathrm{C}_{k-1}^i(P^{k+1-i}Q^i+P^{k-i}Q^{i+1}+Q^{k-i}P^{i+1}+Q^{k+1-i}P^i)\\&=P^{k+1}+\sum_{i=1}^{k-1}(\mathrm{C}_{k-1}^i+\mathrm{C}_{k-1}^{i-1})P^{k+1-i}Q^i+PQ^k\\&\quad+Q^{k+1}+\sum_{i=1}^{k-1}(\mathrm{C}_{k-1}^i+\mathrm{C}_{k-1}^{i-1})Q^{k+1-i}P^i+QP^k\\&=P^{k+1}+\sum_{i=1}^{k-1}\mathrm{C}_k^iP^{k+1-i}Q^i+PQ^k+Q^{k+1}+\sum_{i=1}^{k-1}\mathrm{C}_k^iQ^{k+1-i}P^i+QP^k\\&=\sum_{i=0}^{k}\mathrm{C}_k^iP^{k+1-i}Q^i+\sum_{i=0}^{k}\mathrm{C}_k^iQ^{k+1-i}P^i.\end{aligned}$$

因此, 对任意的 $m\geqslant 1$, (2.5.2) 成立.

若 P,Q 幂零且 $P^s=0$, $Q^t=0$, 那么在 (2.5.2) 中取 $m=s+t-1$ 可以得到 $(P+Q)^{s+t-1}=0$, 即 $P+Q$ 是指标小于 $s+t$ 的幂零矩阵.

引理 2.5.3 设 $P,Q\in\mathbb{C}^{n\times n}$ 且 P 可逆. 若 $PQ=QP$, 则

$$(P+Q)_D=(I+P^{-1}Q)_DP^{-1}=P^{-1}(I+P^{-1}Q)_D.$$

此外, 若 Q 是指标为 t 的幂零矩阵, 则 $P+Q$ 可逆且

$$(P+Q)^{-1}=\sum_{i=0}^{t-1}(-Q)^iP^{-i-1}=\sum_{i=0}^{t-1}P^{-i-1}(-Q)^i.$$

证明 因为 $P+Q=P(I+P^{-1}Q)=(I+P^{-1}Q)P$, 由引理 1.2.4, 得

$$(P+Q)_D=(I+P^{-1}Q)_DP^{-1}=P^{-1}(I+P^{-1}Q)_D.$$

由 Q 的幂零性和与 P 可交换, 我们可以推出 $P^{-1}Q$ 幂零且指标为 t. 这样, $I+P^{-1}Q$ 可逆且可得 $P+Q$ 也可逆, 即

$$\begin{aligned}(P+Q)^{-1} &= (I+P^{-1}Q)^{-1}P^{-1} \\ &= \sum_{i=0}^{t-1}(-Q)^iP^{-i-1} = \sum_{i=0}^{t-1}P^{-i-1}(-Q)^i.\end{aligned}$$

引理 2.5.4 设 $P,Q\in\mathbb{C}^{n\times n}$, 且 $Q=Q_1\oplus Q_2$, 其中 Q_1 可逆且 Q_2 是指标为 t 的幂零矩阵. 按照 Q 的分块, P 分为

$$P=\begin{pmatrix} P_1 & P_3 \\ P_4 & P_2 \end{pmatrix}.$$

假设 $Q^2P=QPQ$ 且 $P^2Q=PQP$, 则 $P_3=0$ 且

$$Q_1P_1=P_1Q_1, \tag{2.5.3}$$

$$Q_2P_4=P_2P_4 = 0, \tag{2.5.4}$$

$$Q_2^2P_2=Q_2P_2Q_2, \tag{2.5.5}$$

$$P_i^2Q_i=P_iQ_iP_i, \quad i=1,2. \tag{2.5.6}$$

此外, 若 P 幂零且指标为 s, 则 $P_4P_1^{s-1}=0$.

证明 因为 $Q^2P=QPQ$, 由引理 2.5.1, 得 $Q^{2t}P=Q^tPQ^t$, 即

$$\begin{pmatrix} Q_1^{2t} & 0 \\ 0 & 0 \end{pmatrix}\begin{pmatrix} P_1 & P_3 \\ P_4 & P_2 \end{pmatrix}=\begin{pmatrix} Q_1^{t} & 0 \\ 0 & 0 \end{pmatrix}\begin{pmatrix} P_1 & P_3 \\ P_4 & P_2 \end{pmatrix}\begin{pmatrix} Q_1^{t} & 0 \\ 0 & 0 \end{pmatrix},$$

于是

$$\begin{pmatrix} Q_1^{2t}P_1 & Q_1^{2t}P_3 \\ 0 & 0 \end{pmatrix}=\begin{pmatrix} Q_1^tP_1Q_1^t & 0 \\ 0 & 0 \end{pmatrix}.$$

由 Q_1 可逆性, 可得 $P_3=0$. 由 $Q^2P=QPQ$ 与 $P^2Q=PQP$ 分别可逆, 可得

$$P_1Q_1=Q_1P_1, \quad Q_2^2P_4=Q_2P_4Q_1, \quad Q_2^2P_2=Q_2P_2Q_2,$$

$$P_2P_4Q_1=P_2Q_2P_4, \quad P_i^2Q_i=P_iQ_iP_i, \quad i=1,2.$$

因 $Q_2^t=0$, 所以

$$Q_2P_4=Q_2^2P_4Q_1^{-1}=Q_2^tP_4Q_1^{-t+1}=0,$$

则 $P_2P_4=P_2Q_2P_4Q_1^{-1}=0$. 由此, 有

$$P^s=\begin{pmatrix} P_1^s & 0 \\ P_4P_1^{s-1} & P_2^s \end{pmatrix}.$$

因此, 若 $P^s=0$, 那么 $P_4P_1^{s-1}=0$.

定理 2.5.5 设 $Q\in\mathbb{C}^{n\times n}$, $\mathrm{Ind}(Q)=t$, $P\in\mathbb{C}^{n\times n}$ 是幂零矩阵且 $P^s=0$. 若 $P^2Q=PQP$, $Q^2P=QPQ$, 则

$$\begin{aligned}(P+Q)_D&=\sum_{i=0}^{s-1}(Q_D)^{i+1}(-P)^i+Q^\pi P\sum_{i=0}^{s-2}(-1)^i(i+1)(Q_D)^{i+2}P^i\\&=QQ_D\sum_{i=0}^{s-1}(-P)^i(Q_D)^{i+1}\\&\quad+Q^\pi PQQ_D\sum_{i=0}^{s-2}(-1)^i(i+1)P^i(Q_D)^{i+2}.\end{aligned}\tag{2.5.7}$$

证明 若 $t=0$, 即 Q 可逆, 所以 $QP=PQ$. 由引理 2.5.3 易得 (2.5.7) 成立.

现假设 $t>0$. 不失一般性, Q 被分解为 $Q=Q_1\oplus Q_2$, 其中 Q_1 可逆, Q_2 幂零且指标为 t. 这样 $Q_D=Q_1^{-1}\oplus 0$. 因为 $P^2Q=PQP$ 且 $Q^2P=QPQ$, 将 P 按照 Q 的分块分解, 由引理 2.5.4, 有

$$P=\begin{pmatrix} P_1 & 0 \\ P_4 & P_2 \end{pmatrix},$$

其中 P_1,P_2 幂零, 因 P 幂零. 我们将单位矩阵 I 按 Q 的分块分解为 $I=I_1\oplus I_2$.

因为 P_1 幂零, Q_1 可逆, 由引理 1.2.1, 有

$$(P_1+Q_1)^{-1}=\sum_{i=0}^{s-1}Q_1^{-i-1}(-P_1)^i=\sum_{i=0}^{s-1}(-P_1)^iQ_1^{-i-1}.\tag{2.5.8}$$

同样, 由引理 2.5.2, 有 P_2, Q_2 的幂零性也蕴涵着 $(P_2+Q_2)_D=0$.

由 (2.5.4) 可得 $(P_2+Q_2)P_4=0$. 由 上面的讨论及 (2.5.3), 有

$$(P+Q)_D=\begin{pmatrix} P_1+Q_1 & 0 \\ P_4 & P_2+Q_2 \end{pmatrix}_D=\begin{pmatrix} Q_1^{-1}(I_1+Q_1^{-1}P_1)^{-1} & 0 \\ P_4Q_1^{-2}(I_1+Q_1^{-1}P_1)^{-2} & 0 \end{pmatrix}.\tag{2.5.9}$$

由 (2.5.8), 很容易证明

$$(I_1+Q_1^{-1}P_1)^{-2}=\sum_{i=0}^{s-1}(-1)^i(i+1)Q_1^{-i}P_1^i=\sum_{i=0}^{s-1}(-1)^i(i+1)P_1^iQ_1^{-i}.\tag{2.5.10}$$

因为 $P^s=0$, 由引理 2.5.4, 有 $P_4P_1^{s-1}=0$, 由 (2.5.10), 有

$$
\begin{aligned}
&Q^\pi P\sum_{i=0}^{s-2}(-1)^i(i+1)(Q_D)^{i+2}P^i\\
=&\sum_{i=0}^{s-2}(-1)^i(i+1)\begin{pmatrix}0&0\\0&I_2\end{pmatrix}\begin{pmatrix}P_1&0\\P_4&P_2\end{pmatrix}\begin{pmatrix}Q_1^{-(i+2)}&0\\0&0\end{pmatrix}\begin{pmatrix}P_1^i&0\\ *&P_2^i\end{pmatrix}\\
=&\sum_{i=0}^{s-2}(-1)^i(i+1)\begin{pmatrix}0&0\\P_4Q_1^{-(i+2)}P_1^i&0\end{pmatrix}\\
=&\begin{pmatrix}0&0\\P_4Q_1^{-2}(I+Q_1^{-1}P_1)^{-2}&0\end{pmatrix}.
\end{aligned}\tag{2.5.11}
$$

类似上面的讨论, 由引理 2.5.3, 可以得到

$$
\sum_{i=0}^{s-1}(Q_D)^{i+1}(-P)^i=\begin{pmatrix}Q_1^{-1}(I_1+Q_1^{-1}P_1)^{-1}&0\\0&0\end{pmatrix}.\tag{2.5.12}
$$

这样, 将 (2.5.11) 与 (2.5.12) 代入 (2.5.9), 得到 (2.5.7) 的第一式.

同理有

$$
QQ_D\sum_{i=0}^{s-1}(-P)^i(Q_D)^{i+1}=\begin{pmatrix}Q_1^{-1}(I+Q_1^{-1}P_1)^{-1}&0\\0&0\end{pmatrix},
$$

且

$$
Q^\pi PQQ_D\sum_{i=0}^{s-2}(-1)^i(i+1)P^i(Q_D)^{i+2}=\begin{pmatrix}0&0\\P_4Q_1^{-2}(I+Q_1^{-1}P_1)^{-2}&0\end{pmatrix},
$$

将其代入 (2.5.9) 就可得到 (2.5.7) 的第二个式子.

下面给出本节的主要定理.

定理 2.5.6　设 $P,Q\in\mathbb{C}^{n\times n}$ 且 $\mathrm{Ind}(P)=s\geqslant 1$, $\mathrm{Ind}(Q)=t$. 若 $P^2Q=PQP$, $Q^2P=QPQ$, 则

(i)

$$
(PQ)_D=P_DQ_D=PP_DQ_DP_D=PQ_D(P_D)^2,\tag{2.5.13}
$$

$$
Q^2P_D=QP_DQ,\tag{2.5.14}
$$

$$
(P_D)^2Q=P_DQP_D.\tag{2.5.15}
$$

(ii)

$$(P+Q)_D=P_D(I+P_DQ)_D+P^{\pi}Q[P_D(I+P_DQ)_D]^2+\sum_{i=0}^{s-1}(Q_D)^{i+1}(-P)^iP^{\pi}$$
$$+Q^{\pi}P\sum_{i=0}^{s-2}(-1)^i(i+1)(Q_D)^{i+2}P^iP^{\pi}. \tag{2.5.16}$$

证明 若 $s=0$, 即 P 可逆且 $PQ=QP$. 这样, 由引理 2.5.4 可分别得到 (2.5.13), (2.5.16) 成立. 因此, 假设 $s>0$, 不失一般性, 设 $P=P_1\oplus P_2$, 其中 P_1 可逆, P_2 幂零且指标为 s. 由假设与引理 2.5.4, 将 Q 按照 P 的分块分为

$$Q=\begin{pmatrix} Q_1 & 0 \\ Q_4 & Q_2 \end{pmatrix},$$

这些等式在引理 2.5.4 中是成立的. 因此, 有

$$Q_D=\begin{pmatrix} Q_{1D} & 0 \\ Q_4(Q_{1D})^2 & Q_{2D} \end{pmatrix} \quad 且 \quad Q^2=\begin{pmatrix} Q_1^2 & 0 \\ Q_4Q_1 & Q_2^2 \end{pmatrix}.$$

(i) 由 (2.5.3) 与 (2.5.4), 有

$$Q^2P_D=\begin{pmatrix} Q_1^2P_1^{-1} & 0 \\ Q_4Q_1P_1^{-1} & 0 \end{pmatrix}=\begin{pmatrix} Q_1P_1^{-1}Q_1 & 0 \\ Q_4P_1^{-1}Q_1 & 0 \end{pmatrix}=QP_DQ,$$

$$(P_D)^2Q=\begin{pmatrix} P_1^{-2}Q_1 & 0 \\ 0 & 0 \end{pmatrix}=\begin{pmatrix} P_1^{-1}Q_1P_1^{-1} & 0 \\ 0 & 0 \end{pmatrix}=P_DQP_D,$$

$$\begin{aligned} PQ_D(P_D)^2&=\begin{pmatrix} P_1Q_{1D}P_1^{-2} & 0 \\ 0 & 0 \end{pmatrix}=\begin{pmatrix} P_1^{-1}Q_{1D} & 0 \\ 0 & 0 \end{pmatrix}=P_DQ_D \\ &=\begin{pmatrix} Q_{1D}P_1^{-1} & 0 \\ 0 & 0 \end{pmatrix}=PP_DQ_DP_D \end{aligned}$$

且有

$$PQ=\begin{pmatrix} P_1Q_1 & 0 \\ 0 & P_2Q_2 \end{pmatrix}=\begin{pmatrix} Q_1P_1 & 0 \\ 0 & P_2Q_2 \end{pmatrix}. \tag{2.5.17}$$

由 (2.5.6) 与引理 2.5.1, 有 $(P_2Q_2)^s=P_2^sQ_2^s=0$. 由引理 2.5.4 与 (2.5.17), 有

$$(PQ)_D=\begin{pmatrix} (Q_1P_1)_D & 0 \\ 0 & (P_2Q_2)_D \end{pmatrix}=\begin{pmatrix} P_1^{-1}Q_{1D} & 0 \\ 0 & 0 \end{pmatrix}=P_DQ_D,$$

由此可得 (2.5.13) 成立.

(ii) 由引理 2.5.4 可得 $(P_2+Q_2)Q_4=0$, 有

$$(P+Q)_D=\begin{pmatrix} P_1+Q_1 & 0 \\ Q_4 & P_2+Q_2 \end{pmatrix}_D$$
$$=\begin{pmatrix} (P_1+Q_1)_D & 0 \\ Q_4[(P_1+Q_1)_D]^2 & (P_2+Q_2)_D \end{pmatrix}. \tag{2.5.18}$$

由引理 2.5.3, 可得

$$P_D(I+P_DQ)_D=\begin{pmatrix} P_1^{-1} & 0 \\ 0 & 0 \end{pmatrix}\begin{pmatrix} I_1+P_1^{-1}Q_1 & 0 \\ 0 & I_2 \end{pmatrix}_D$$
$$=\begin{pmatrix} P_1^{-1}(I_1+P_1^{-1}Q_1)_D & 0 \\ 0 & 0 \end{pmatrix}=\begin{pmatrix} (P_1+Q_1)_D & 0 \\ 0 & 0 \end{pmatrix}. \tag{2.5.19}$$

因此

$$\begin{pmatrix} 0 & 0 \\ Q_4[(P_1+Q_1)_D]^2 & 0 \end{pmatrix}=\begin{pmatrix} 0 & 0 \\ 0 & I_2 \end{pmatrix}\begin{pmatrix} Q_1 & 0 \\ Q_4 & Q_2 \end{pmatrix}\begin{pmatrix} [(P_1+Q_1)_D]^2 & 0 \\ 0 & 0 \end{pmatrix}$$
$$=P^\pi Q[P_D(I+P_DQ)_D]^2. \tag{2.5.20}$$

由 (2.5.7), 可以推出

$$\begin{pmatrix} 0 & 0 \\ 0 & (P_2+Q_2)_D \end{pmatrix}$$
$$=\begin{pmatrix} 0 & 0 \\ 0 & \sum_{i=0}^{s-1}(Q_{2D})^{i+1}(-P_2)^i+Q_2^\pi P_2\sum_{i=0}^{s-2}(-1)^i(i+1)(Q_{2D})^{i+2}P_2^i \end{pmatrix}$$
$$=\sum_{i=0}^{s-1}(Q_D)^{i+1}(-P)^iP^\pi+Q^\pi P\sum_{i=0}^{s-2}(-1)^i(i+1)(Q_D)^{i+2}P^iP^\pi. \tag{2.5.21}$$

这样, 将 (2.5.19), (2.5.21) 与 (2.5.20) 代入 (2.5.18) 可得到 (2.5.16).

例 2.5.7　若

$$P=\begin{pmatrix} 4 & 0 & 0 & 0 \\ 0 & 1 & 0 & 0 \\ 0 & 0 & 0 & 1 \\ 0 & 0 & 0 & 0 \end{pmatrix},\quad Q=\begin{pmatrix} 3 & 0 & 0 & 0 \\ 0 & -1 & 0 & 0 \\ 1 & 5 & 0 & 4 \\ 0 & 0 & 0 & 7 \end{pmatrix},$$

其满足 $P^2Q=PQP$, $Q^2P=QPQ$, 但不满足 $PQ=QP$. 我们易知, $s=\mathrm{Ind}(P)=2$ 且

$$P_D=\begin{pmatrix}\frac{1}{4}&0&0&0\\0&1&0&0\\0&0&0&0\\0&0&0&0\end{pmatrix},\quad Q_D=\begin{pmatrix}\frac{1}{3}&0&0&0\\0&-1&0&0\\\frac{1}{9}&5&0&\frac{4}{49}\\0&0&0&\frac{1}{7}\end{pmatrix},$$

$$(I+P_DQ)_D=\begin{pmatrix}\frac{4}{7}&0&0&0\\0&0&0&0\\0&0&1&0\\0&0&0&1\end{pmatrix}.$$

由 (2.5.16), 有

$$(P+Q)_D=\begin{pmatrix}\frac{1}{7}&0&0&0\\0&0&0&0\\\frac{1}{49}&5&0&\frac{5}{49}\\0&0&0&\frac{1}{7}\end{pmatrix}.$$

注意条件 $PQ=QP$ 蕴涵 $P^2Q=PQP$ 与 $Q^2P=QPQ$, 由此我们得到下面推论.

推论 2.5.8[237] 若 $P,Q\in\mathbb{C}^{n\times n}$ 且 $PQ=QP$, $\mathrm{Ind}(P)=s$, 则

$$(P+Q)_D=(I+P_DQ)_DP_D+P^{\pi}\sum_{i=0}^{s-1}(Q_D)^{i+1}(-P)^i. \tag{2.5.22}$$

证明 由 (2.5.19) 和引理 2.5.3, 可以得到

$$(I+P_DQ)_DP_D=P_D(I+P_DQ)_D.$$

因为存在某个 k 使得 $P^kQ=0$, $P_DQ=0$, 所以有下面推论.

推论 2.5.9 设 $P,Q\in\mathbb{C}^{n\times n}$, 且 $\mathrm{Ind}(P)=s\geqslant 1$, $\mathrm{Ind}(Q)=t$. 假如 $P^2Q=PQP$, $Q^2P=QPQ$, 若存在两个正整数 k,h, 使得 $P^kQ=0$, $Q^hP=0$, 则

$$(P+Q)_D=P_D+Q_D+Q(P_D)^2.$$

若将 Q 看作 P 的一个扰动, 可推出 $||(P+Q)_D - P_D||_2$ 的一个扰动上界. 众所周知, 若 $||A||_2 < 1$, 那么 $I + A$ 可逆且

$$||(I+A)^{-1}||_2 \leqslant \frac{1}{1-||A||_2}, \tag{2.5.23}$$

$$||I-(I+A)^{-1}||_2 \leqslant \frac{||A||_2}{1-||A||_2}. \tag{2.5.24}$$

定理 2.5.10　设 $P, Q \in \mathbb{C}^{n\times n}$ 且 $\operatorname{Ind}(P) = s \geqslant 1$, $\operatorname{Ind}(Q) = t$. 假如 $P^2Q = PQP$, $Q^2P = QPQ$. 若 $||P_DQ||_2 < 1$, 则

$$\begin{aligned}||(P+Q)_D - P_D||_2 \leqslant & \frac{||P_D||_2||P_DQ||_2}{1-||P_DQ||_2} + \frac{||P^\pi||_2||Q||_2||P_D||_2^2}{(1-||P_DQ||_2)^2} \\ & + \frac{||Q_D||_2||P^\pi||_2(1-||Q_D||_2^s||P||_2^s)}{1-||Q_D||_2||P||_2} + \frac{||Q_D||_2^2||Q^\pi||_2||P^\pi||_2||P||_2}{(1-||Q_D||_2||P||_2)^2} \\ & \times \left[1 - s||Q_D||_2^{s-1}||P||_2^{s-1} + (s-1)||Q_D||_2^s||P||_2^s\right].\end{aligned} \tag{2.5.25}$$

证明　因为 $||P_DQ||_2 < 1$, 所以 $I + P_DQ$ 可逆. 由 (2.5.16) 可得

$$\begin{aligned}(P+Q)_D - P_D = & P_D[(I+P_DQ)^{-1} - I] + P^\pi Q[P_D(I+P_DQ)^{-1}]^2 \\ & + \sum_{i=0}^{s-1}(Q_D)^{i+1}(-P)^iP^\pi + Q^\pi P\sum_{i=0}^{s-2}(-1)^i(i+1)(Q_D)^{i+2}P^iP^\pi.\end{aligned}$$

为了证明 (2.5.25), 只需计算上面等式右端的谱范数. 由 (2.5.23) 与 (2.5.24), 有

$$||P_D[(I+P_DQ)^{-1} - I]||_2 \leqslant \frac{||P_D||_2||P_DQ||_2}{1-||P_DQ||_2},$$

$$||P^\pi Q[P_D(I+P_DQ)^{-1}]^2||_2 \leqslant \frac{||P^\pi||_2||Q||_2||P_D||_2^2}{(1-||P_DQ||_2)^2},$$

且

$$\begin{aligned}\left\|\sum_{i=0}^{s-1}(Q_D)^{i+1}(-P)^iP^\pi\right\|_2 & \leqslant \sum_{i=0}^{s-1}||Q_D||_2^{i+1}||P||_2^i||P^\pi||_2 \\ & = \sum_{i=1}^{s}||Q_D||_2^i||P||_2^{i-1}||P^\pi||_2 \\ & = \frac{||Q_D||_2||P^\pi||_2(1-||Q_D||_2^s||P||_2^s)}{1-||Q_D||_2||P||_2},\end{aligned}$$

$$\begin{aligned}\left\|Q^\pi P\sum_{i=0}^{s-2}(-1)^i(i+1)(Q_D)^{i+2}P^iP^\pi\right\|_2 & \leqslant \sum_{i=0}^{s-2}(i+1)||Q_D||_2^{i+2}||P||_2^{i+1}||Q^\pi||_2||P^\pi||_2 \\ & = \sum_{i=1}^{s-1}i||Q_D||_2^{i+1}||P||_2^i||Q^\pi||_2||P^\pi||_2.\end{aligned}$$

令 $q:=||Q_D||_2||P||_2$, $S:=\sum_{i=1}^{s-1} iq^i$. 那么

$$\begin{aligned}(1-q)S &= \sum_{i=1}^{s-1} q^i-(s-1)q^s=\frac{q(1-q^{s-1})}{1-q}-(s-1)q^s\\ &= \frac{q-sq^s+(s-1)q^{s+1}}{1-q},\end{aligned}$$

这样

$$\begin{aligned}&\sum_{i=1}^{s-1} i||Q_D||_2^{i+1}||P||_2^i||Q^\pi||_2||P^\pi||_2\\ =&\frac{||Q_D||_2^2||Q^\pi||_2||P^\pi||_2||P||_2\left[1-s||Q_D||_2^{s-1}||P||_2^{s-1}+(s-1)||Q_D||_2^s||P||_2^s\right]}{(1-||Q_D||_2||P||_2)^2}.\end{aligned}$$

由以上讨论, 可得到 (2.5.25).

例 2.5.11 设

$$P=\begin{pmatrix}1&0&0&0\\0&1&0&0\\0&0&0&1\\0&0&0&0\end{pmatrix},\quad Q=\begin{pmatrix}\frac{1}{5}&0&0&0\\0&0&0&0\\0&0&0&0\\0&0&0&\frac{1}{3}\end{pmatrix},$$

经过验算, 其满足 $P^2Q=PQP$, $Q^2P=QPQ$, 但 $PQ\neq QP$. 我们还可得到 $s=\mathrm{Ind}(P)=2$ 且

$$P_D=\begin{pmatrix}1&0&0&0\\0&1&0&0\\0&0&0&0\\0&0&0&0\end{pmatrix},\quad Q_D=\begin{pmatrix}5&0&0&0\\0&0&0&0\\0&0&0&0\\0&0&0&3\end{pmatrix}.$$

由计算, 可知 $||P_DQ||_2=\frac{1}{5}<1$, 所以 $I+P_DQ$ 可逆且

$$(I+P_DQ)^{-1}=\begin{pmatrix}\frac{5}{6}&0&0&0\\0&1&0&0\\0&0&1&0\\0&0&0&1\end{pmatrix}.$$

由 (2.5.16), 有

$$(P+Q)_D - P_D = \begin{pmatrix} -\frac{1}{6} & 0 & 0 & 0 \\ 0 & 0 & 0 & 0 \\ 0 & 0 & 0 & 9 \\ 0 & 0 & 0 & 3 \end{pmatrix}.$$

通过计算得 $||(P+Q)_D - P_D||_2 = 3\sqrt{10}$. 另一方面, 易得 $||P||_2 = ||P_D||_2 = ||P^\pi||_2 = ||Q^\pi||_2 = 1$, $||Q||_2 = \frac{1}{3}$, $||Q_D||_2 = 5$. 由 (2.5.25), 可以得到 $||(P+Q)_D - P_D||_2$ 的上界为 $55\frac{37}{48}$.

2.6 在 $ABA^\pi = 0$ 条件下矩阵和的 Drazin 逆

定理 2.6.1 令 $A, B \in \mathbb{C}^{n\times n}$ 和 $k = \mathrm{Ind}(A)$. 若 $ABA^\pi = 0$, 则

$$\begin{aligned}(A+B)_D = & W_D + B_D\Delta A^\pi - B_D\Delta A^\pi BW^d + \sum_{j=0}^{n}(B_D\Delta A^\pi)^{j+2}BW^jW^\pi \\ & + \sum_{j=0}^{n}(I_n + B^\pi - \Delta)(A+B)^jA^\pi B(W_D)^{j+2},\end{aligned} \tag{2.6.1}$$

其中

$$W = AA_D(A+B), \quad \Delta = \sum_{i=0}^{k-1}(B_D)^iA^i.$$

证明 设 A 为 $A = P\begin{pmatrix} A_1 & 0 \\ 0 & A_2 \end{pmatrix}P^{-1}$, 其中 P 和 A_1 都是非奇异, A_2 是幂零, 则除 $A_D = P\begin{pmatrix} A_1^{-1} & 0 \\ 0 & 0 \end{pmatrix}P^{-1}$ 和 $\mathrm{Ind}(A) = \mathrm{Ind}(A_2)$. 于是设 $B = P\begin{pmatrix} B_1 & B_2 \\ B_3 & B_4 \end{pmatrix}P^{-1}$, $B_1 \in \mathbb{C}^{r\times r}$.

从 $ABA^\pi = 0$ 得到 $A_1B_2 = 0$. 从 A_1 的非奇异性得到 $B_2 = 0$. 因此

$$B = P\begin{pmatrix} B_1 & 0 \\ B_3 & B_4 \end{pmatrix}P^{-1}, \qquad A+B = P\begin{pmatrix} A_1+B_1 & 0 \\ B_3 & A_2+B_4 \end{pmatrix}P^{-1}. \tag{2.6.2}$$

因此, 通过引理 1.2.1 , 得到

$$(A+B)_D = P\begin{pmatrix} (A_1+B_1)_D & 0 \\ S & (A_2+B_4)_D \end{pmatrix}P^{-1}, \tag{2.6.3}$$

其中

$$S=\sum_{j=0}^{p-1}((A_2+B_4)_D)^{j+2}B_3(A_1+B_1)^j(A_1+B_1)^\pi$$
$$+\sum_{j=0}^{q-1}(A_2+B_4)^\pi(A_2+B_4)^jB_3((A_1+B_1)^d)^{j+2}$$
$$-(A_2+B_4)_DB_3(A_1+B_1)^d, \tag{2.6.4}$$

$p=\mathrm{Ind}(A_1+B_1)$ 和 $q=\mathrm{Ind}(A_2+B_2)$. 对任何 $X\in\mathbb{C}^{m\times m}$, 有 $\mathrm{Ind}(X)\leqslant m$ 和若 $k\geqslant\mathrm{Ind}(X)$, 则 $X^kX^\pi=0$. 所以, 若 (2.6.4) 这些求和的上限可简单被 n 代替. 注意到

$$W=AA_D(A+B)=P\begin{pmatrix}A_1&0\\0&A_2\end{pmatrix}\begin{pmatrix}A_1^{-1}&0\\0&0\end{pmatrix}\begin{pmatrix}A_1+B_1&0\\B_3&A_2+B_4\end{pmatrix}P^{-1}$$
$$=P\begin{pmatrix}A_1+B_1&0\\0&0\end{pmatrix}P^{-1}, \tag{2.6.5}$$

于是 $W_D=P\begin{pmatrix}(A_1+B_1)_D&0\\0&0\end{pmatrix}P^{-1}$. 由 $ABA^\pi=0$, 得到 $A_2B_4=0$. 由于 A_2 是幂零矩阵, 由引理 1.1.2, 得到

$$(A_2+B_4)_D=\sum_{i=0}^{k-1}(B_{4D})^{i+1}A_2^i. \tag{2.6.6}$$

也有 (我们将用星号表达任何项, 这些项无须确切表达)

$$(B_D)^{i+1}A^iA^\pi=P\begin{pmatrix}(B_{1D})^{i+1}&0\\ *&(B_{4D})^{i+1}\end{pmatrix}\begin{pmatrix}A_1^i&0\\0&A_2^i\end{pmatrix}\begin{pmatrix}0&0\\0&I_{n-r}\end{pmatrix}P^{-1}$$
$$=P\begin{pmatrix}0&0\\0&(B_{4D})^{i+1}A_2^i\end{pmatrix}P^{-1}.$$

因此, 从 Δ 的定义, 得到

$$B_D\Delta A^\pi=\sum_{i=0}^{k-1}(B_D)^{i+1}A^iA^\pi=P\begin{pmatrix}0&0\\0&\sum_{i=0}^{k-1}(B_{4D})^{i+1}A_2^i\end{pmatrix}P^{-1}$$
$$=P\begin{pmatrix}0&0\\0&(A_2+B_4)_D\end{pmatrix}P^{-1}. \tag{2.6.7}$$

所以

$$B_D\Delta A^\pi BW^d = P\begin{pmatrix} 0 & 0 \\ 0 & (A_2+B_4)_D \end{pmatrix}\begin{pmatrix} B_1 & 0 \\ B_3 & B_4 \end{pmatrix}\begin{pmatrix} (A_1+B_1)_D & 0 \\ 0 & 0 \end{pmatrix}P^{-1}$$
$$= P\begin{pmatrix} 0 & 0 \\ (A_2+B_4)_D B_3 (A_1+B_1)_D & 0 \end{pmatrix}P^{-1}. \quad (2.6.8)$$

按同样的方式, 对于任何 $j\in\mathbb{N}$, 有

$$(B_D\Delta A^\pi)^{j+2} BW^j W^\pi$$
$$= P\begin{pmatrix} 0 & 0 \\ [(A_2+B_4)_D]^{j+2}\, B_3(A_1+B_1)^j(A_1+B_1)^\pi & 0 \end{pmatrix}P^{-1}. \quad (2.6.9)$$

现在, 讨论 $(A_2+B_4)^\pi$ 的表达式. 为此, 我们用 $A_2B_4=0$ 和 (2.6.6). 我们有 $A_2B_{4D}=A_2B_4(B_{4D})^2=0$. 于是

$$\begin{aligned}
&(A_2+B_4)^\pi \\
&= I_{n-r} - (A_2+B_4)(A_2+B_4)_D \\
&= I_{n-r} - (A_2+B_4)\left[B_{4D} + (B_{4D})^2A_2 + (B_{4D})^3A_2^2 + \cdots + (B_{4D})^kA_2^{k-1}\right] \\
&= I_{n-r} - \left[B_4B_{4D} + B_4(B_{4D})^2A_2 + B_4(B_{4D})^3A_2^2 + \cdots + B_4(B_{4D})^kA_2^{k-1}\right] \\
&= B_4^\pi - \left[B_{4D}A_2 + (B_{4D})^2A_2^2 + \cdots + (B_{4D})^{k-1}A_2^{k-1}\right],
\end{aligned}$$

也有

$$\begin{aligned}
\Delta A^\pi &= A^\pi + B_DAA^\pi + (B_D)^2A^2A^\pi + \cdots + (B_D)^{k-1}A^{k-1}A^\pi \\
&= P\left\{\begin{pmatrix} 0 & 0 \\ 0 & I_{n-r} \end{pmatrix} + \begin{pmatrix} 0 & 0 \\ 0 & B_{4D}A_2 \end{pmatrix} + \cdots + \begin{pmatrix} 0 & 0 \\ 0 & (B_{4D})^{k-1}A_2^{k-1} \end{pmatrix}\right\}P^{-1} \\
&= P\begin{pmatrix} 0 & 0 \\ 0 & I_{n-r} + B_4^\pi - (A_2+B_4)^\pi \end{pmatrix}P^{-1}.
\end{aligned}$$

另外,

$$\begin{aligned}
B^\pi = I - BB_D &= P\left\{\begin{pmatrix} I_r & 0 \\ 0 & I_{n-r} \end{pmatrix} - \begin{pmatrix} B_1 & 0 \\ B_3 & B_4 \end{pmatrix}\begin{pmatrix} B_{1D} & 0 \\ * & B_{4D} \end{pmatrix}\right\}P^{-1} \\
&= P\begin{pmatrix} I_r & 0 \\ * & B_4^\pi \end{pmatrix}P^{-1},
\end{aligned}$$

则 $B^\pi A^\pi = P\begin{pmatrix} 0 & 0 \\ 0 & B_4^\pi \end{pmatrix}P^{-1}$. 因此

$$P\begin{pmatrix}0 & 0\\ 0 & (A_2+B_4)^\pi\end{pmatrix}P^{-1}=P\begin{pmatrix}0 & 0\\ 0 & I_{n-r}+B_4^\pi\end{pmatrix}P^{-1}-\Delta A^\pi$$
$$=A^\pi+B^\pi A^\pi-\Delta A^\pi=(I_n+B^\pi-\Delta)A^\pi.$$

所以, 对于 $j\in\mathbb{N}$, 有

$$P\begin{pmatrix}0 & 0\\ 0 & (A_2+B_4)^\pi(A_2+B_4)^j\end{pmatrix}P^{-1}$$
$$=P\begin{pmatrix}0 & 0\\ 0 & (A_2+B_4)^\pi\end{pmatrix}\begin{pmatrix}0 & 0\\ 0 & (A_2+B_4)^j\end{pmatrix}P^{-1}$$
$$=\left[(I_n+B^\pi-\Delta)A^\pi\right]\left[(A+B)^jA^\pi\right].$$

于是由 (2.6.2) 得 $A^\pi(A+B)^jA^\pi=(A+B)^jA^\pi$. 因此

$$(I_n+B^\pi-\Delta)(A+B)^jA^\pi B(W_D)^{j+2}$$
$$=P\begin{pmatrix}0 & 0\\ 0 & (A_2+B_4)^\pi(A_2+B_4)^j\end{pmatrix}\begin{pmatrix}B_1 & 0\\ B_3 & B_4\end{pmatrix}\begin{pmatrix}[(A_1+B_1)_D]^{j+2} & 0\\ 0 & 0\end{pmatrix}P^{-1}$$
$$=P\begin{pmatrix}0 & 0\\ (A_2+B_4)^\pi(A_2+B_4)^jB_3[(A_1+B_1)_D]^{j+2} & 0\end{pmatrix}P^{-1}. \tag{2.6.10}$$

考虑 (2.6.3)~(2.6.5), (2.6.7)~(2.6.10), 即证.

2.7 幂等矩阵线性组合的群逆

本节我们给出了两不等的非零幂等矩阵 P,Q 的线性组合 $aP+bQ+cPQ+dQP+ePQP+fQPQ+gPQPQ+hQPQP$, 在 $(PQ)^2=(QP)^2$ 等条件下群逆的线性表示, 其中系数满足 $a,b,c,d,e,f,g,h\in\mathbb{C}$ 并且 $a\neq 0,b\neq 0$.

定理 2.7.1 设 $P,Q\in\mathbb{C}^{n\times n}$ 是不等的非零幂等矩阵, 若 $(PQ)^2=(QP)^2$, 对任意的复数 a,b,c,d,e,f 和 g, 其中 $a\neq 0,b\neq 0,\theta=a+b+c+d+e+f+g\neq 0$, 则 $aP+bQ+cPQ+dQP+ePQP+fQPQ+gPQPQ$ 群可逆, 且

$$(aP+bQ+cPQ+dQP+ePQP+fQPQ+gPQPQ)_g$$
$$=\frac{1}{a}P+\frac{1}{b}Q-\left(\frac{1}{a}+\frac{1}{b}+\frac{c}{ab}\right)PQ-\left(\frac{1}{a}+\frac{1}{b}+\frac{d}{ab}\right)QP$$
$$+\left(\frac{2}{a}+\frac{1}{b}+\frac{c+d}{ab}+\frac{cd-be}{a^2b}\right)PQP+\left(\frac{1}{a}+\frac{2}{b}+\frac{c+d}{ab}+\frac{cd-af}{ab^2}\right)QPQ$$
$$-\left(\frac{2}{a}+\frac{2}{b}+\frac{c+d}{ab}+\frac{cd-be}{a^2b}+\frac{cd-af}{ab^2}-\frac{1}{\theta}\right)PQPQ. \tag{2.7.1}$$

证明　令

$$A = aP + bQ + cPQ + dQP + ePQP + fQPQ + gPQPQ,$$

$$M = M_1 + M_2 + M_3 + \frac{1}{\theta}PQPQ,$$

其中

$$M_1 = \frac{1}{a}P - \left(\frac{1}{a} + \frac{1}{b} + \frac{c}{ab}\right)PQ + \left(\frac{2}{a} + \frac{1}{b} + \frac{c+d}{ab} + \frac{cd-be}{a^2b}\right)PQP,$$

$$M_2 = \frac{1}{b}Q - \left(\frac{1}{a} + \frac{1}{b} + \frac{d}{ab}\right)QP + \left(\frac{1}{a} + \frac{2}{b} + \frac{c+d}{ab} + \frac{cd-af}{ab^2}\right)QPQ,$$

且

$$M_3 = -\left(\frac{2}{a} + \frac{2}{b} + \frac{c+d}{ab} + \frac{cd-be}{a^2b} + \frac{cd-af}{ab^2} - \frac{1}{\theta}\right)PQPQ.$$

由 $(PQ)^2 = (QP)^2$, $Q(PQ)^2 = P(QP)^2 = (PQ)^2$ 和 $PM_3 = M_3P = QM_3 = M_3Q = M_3$, 有

$$\begin{aligned}
&A(M_1 + M_2 + M_3)\\
=&P + \frac{a}{b}PQ - a\left(\frac{1}{a} + \frac{1}{b} + \frac{c}{ab}\right)PQ - a\left(\frac{1}{a} + \frac{1}{b} + \frac{d}{ab}\right)PQP\\
&+a\left(\frac{2}{a} + \frac{1}{b} + \frac{c+d}{ab} + \frac{cd-be}{a^2b}\right)PQP + a\left(\frac{1}{a} + \frac{2}{b} + \frac{c+d}{ab} + \frac{cd-af}{ab^2}\right)(PQ)^2\\
&+aM_3 + \frac{b}{a}QP + Q - b\left(\frac{1}{a} + \frac{1}{b} + \frac{c}{ab}\right)QPQ - b\left(\frac{1}{a} + \frac{1}{b} + \frac{d}{ab}\right)QP\\
&+b\left(\frac{2}{a} + \frac{1}{b} + \frac{c+d}{ab} + \frac{cd-be}{a^2b}\right)(PQ)^2 + b\left(\frac{1}{a} + \frac{2}{b} + \frac{c+d}{ab} + \frac{cd-af}{ab^2}\right)QPQ\\
&+bM_3 + \frac{c}{a}PQP + \frac{c}{b}PQ - c\left(\frac{1}{a} + \frac{1}{b} + \frac{c}{ab}\right)(PQ)^2\\
&-c\left(\frac{1}{a} + \frac{1}{b} + \frac{d}{ab}\right)PQP + c\left(\frac{2}{a} + \frac{1}{b} + \frac{c+d}{ab} + \frac{cd-be}{a^2b}\right)(PQ)^2\\
&+c\left(\frac{1}{a} + \frac{2}{b} + \frac{c+d}{ab} + \frac{cd-af}{ab^2}\right)(PQ)^2 + cM_3 + \frac{d}{a}QP + \frac{d}{b}QPQ\\
&-d\left(\frac{1}{a} + \frac{1}{b} + \frac{c}{ab}\right)QPQ - d\left(\frac{1}{a} + \frac{1}{b} + \frac{d}{ab}\right)(PQ)^2\\
&+d\left(\frac{2}{a} + \frac{1}{b} + \frac{c+d}{ab} + \frac{cd-be}{a^2b}\right)(PQ)^2 + d\left(\frac{1}{a} + \frac{2}{b} + \frac{c+d}{ab} + \frac{cd-be}{ab^2}\right)(PQ)^2\\
&+dM_3 + \frac{e}{a}PQP + \frac{e}{b}(PQ)^2 - e\left(\frac{1}{a} + \frac{1}{b} + \frac{c}{ab}\right)(PQ)^2 - e\left(\frac{1}{a} + \frac{1}{b} + \frac{d}{ab}\right)(PQ)^2
\end{aligned}$$

$$
\begin{aligned}
&+e\left(\frac{2}{a}+\frac{1}{b}+\frac{c+d}{ab}+\frac{cd-be}{a^2b}\right)(PQ)^2+e\left(\frac{1}{a}+\frac{2}{b}+\frac{c+d}{ab}+\frac{cd-af}{ab^2}\right)(PQ)^2\\
&+eM_3+\frac{f}{a}(PQ)^2+\frac{f}{b}QPQ-f\left(\frac{1}{a}+\frac{1}{b}+\frac{c}{ab}\right)(PQ)^2\\
&-f\left(\frac{1}{a}+\frac{1}{b}+\frac{d}{ab}\right)(PQ)^2+f\left(\frac{2}{a}+\frac{1}{b}+\frac{c+d}{ab}+\frac{cd-be}{a^2b}\right)(PQ)^2\\
&+f\left(\frac{1}{a}+\frac{2}{b}+\frac{c+d}{ab}+\frac{cd-af}{ab^2}\right)(PQ)^2+fM_3\\
&+\frac{g}{a}(PQ)^2+\frac{g}{b}(PQ)^2-g\left(\frac{1}{a}+\frac{1}{b}+\frac{c}{ab}\right)(PQ)^2-g\left(\frac{1}{a}+\frac{1}{b}+\frac{d}{ab}\right)(PQ)^2\\
&+g\left(\frac{2}{a}+\frac{1}{b}+\frac{c+d}{ab}+\frac{cd-be}{a^2b}\right)(PQ)^2\\
&+g\left(\frac{1}{a}+\frac{2}{b}+\frac{c+d}{ab}+\frac{cd-af}{ab^2}\right)(PQ)^2+gM_3\\
&=P+Q-PQ-QP+PQP+QPQ-2(PQ)^2,
\end{aligned}
\tag{2.7.2}
$$

$$
\begin{aligned}
M_1A=&P+\frac{b}{a}PQ+\frac{c}{a}PQ+\frac{d}{a}PQP+\frac{e}{a}PQP+\frac{f}{a}(PQ)^2+\frac{g}{a}(PQ)^2\\
&-a\left(\frac{1}{a}+\frac{1}{b}+\frac{c}{ab}\right)PQP-b\left(\frac{1}{a}+\frac{1}{b}+\frac{c}{ab}\right)PQ-c\left(\frac{1}{a}+\frac{1}{b}+\frac{c}{ab}\right)(PQ)^2\\
&-d\left(\frac{1}{a}+\frac{1}{b}+\frac{c}{ab}\right)PQP-e\left(\frac{1}{a}+\frac{1}{b}+\frac{c}{ab}\right)(PQ)^2\\
&-f\left(\frac{1}{a}+\frac{1}{b}+\frac{c}{ab}\right)(PQ)^2-g\left(\frac{1}{a}+\frac{1}{b}+\frac{c}{ab}\right)(PQ)^2\\
&+a\left(\frac{2}{a}+\frac{1}{b}+\frac{c+d}{ab}+\frac{cd-be}{a^2b}\right)PQP+b\left(\frac{2}{a}+\frac{1}{b}+\frac{c+d}{ab}+\frac{cd-be}{a^2b}\right)(PQ)^2\\
&+c\left(\frac{2}{a}+\frac{1}{b}+\frac{c+d}{ab}+\frac{cd-be}{a^2b}\right)(PQ)^2+d\left(\frac{2}{a}+\frac{1}{b}+\frac{c+d}{ab}+\frac{cd-be}{a^2b}\right)(PQ)^2\\
&+e\left(\frac{2}{a}+\frac{1}{b}+\frac{c+d}{ab}+\frac{cd-be}{a^2b}\right)(PQ)^2\\
&+f\left(\frac{2}{a}+\frac{1}{b}+\frac{c+d}{ab}+\frac{cd-be}{a^2b}\right)(PQ)^2+g\left(\frac{2}{a}+\frac{1}{b}+\frac{c+d}{ab}+\frac{cd-be}{a^2b}\right)(PQ)^2\\
=&P-PQ+PQP+\left(-1+\frac{2\theta}{a}+\frac{d\theta}{ab}+\frac{\theta(cd-be)}{a^2b}\right)(PQ)^2.
\end{aligned}
\tag{2.7.3}
$$

类似地, 有

$$M_2A=Q-QP+QPQ+\left(-1+\frac{2\theta}{b}+\frac{c\theta}{ab}+\frac{\theta(cd-af)}{ab^2}\right)(PQ)^2 \tag{2.7.4}$$

和

$$M_3A=\theta M_3. \tag{2.7.5}$$

则由 (2.7.3) 和 (2.7.4), 有

$$(M_1+M_2+M_3)A=P+Q-PQ-QP+PQP+QPQ-2(PQ)^2. \tag{2.7.6}$$

并由 (2.7.2), 有

$$AM=P+Q-PQ-QP+PQP+QPQ-(PQ)^2=MA. \tag{2.7.7}$$

再由

$$P(P+Q-PQ-QP+PQP+QPQ-(PQ)^2)=P$$

和

$$Q(P+Q-PQ-QP+PQP+QPQ-(PQ)^2)=Q,$$

显然 $AMA=A$ 和 $MAM=M$ 成立.

因此, A 群可逆, 并且 (2.7.1) 成立.

下面例子说明定理 2.7.1 的条件只是充分性.

例 2.7.2　设

$$P=\begin{pmatrix}1&0&0&0\\0&1&0&0\\0&0&0&0\\0&0&0&0\end{pmatrix},\quad Q=\begin{pmatrix}1&0&0&1\\0&1&0&0\\1&0&0&1\\0&0&0&0\end{pmatrix}.$$

于是 P 和 Q 是两个幂等矩阵, 有

$$(PQ)^2=\begin{pmatrix}1&0&0&1\\0&1&0&0\\0&0&0&0\\0&0&0&0\end{pmatrix}=PQ\neq QP=\begin{pmatrix}1&0&0&0\\0&1&0&0\\1&0&0&0\\0&0&0&0\end{pmatrix}=(QP)^2.$$

考虑 $A=aP+bQ+cPQ+dQP+ePQP+fQPQ+gPQPQ$, 其中 $a+b+c+d+e+f+g\neq 0$.

(i) 若 $a=f=g=1, b=c=d=e=-1$, 则

$$A=\begin{pmatrix} -1 & 0 & 0 & 0 \\ 0 & -1 & 0 & 0 \\ -1 & 0 & 0 & 0 \\ 0 & 0 & 0 & 0 \end{pmatrix}, \quad A^2=\begin{pmatrix} 1 & 0 & 0 & 0 \\ 0 & 1 & 0 & 0 \\ 1 & 0 & 0 & 0 \\ 0 & 0 & 0 & 0 \end{pmatrix},$$

$r(A)=2=r(A^2)$, A 群可逆. 这表示定理必要性不成立.

(ii) 若 $a=b=c=d=e=f=g=1$, 则

$$A=\begin{pmatrix} 7 & 0 & 0 & 4 \\ 0 & 7 & 0 & 0 \\ 3 & 0 & 0 & 2 \\ 0 & 0 & 0 & 0 \end{pmatrix}, \quad A^2=\begin{pmatrix} 49 & 0 & 0 & 28 \\ 0 & 49 & 0 & 0 \\ 21 & 0 & 0 & 12 \\ 0 & 0 & 0 & 0 \end{pmatrix},$$

因此 $r(A)=3\neq 2=r(A^2)$, 则 A 不是群可逆. 这表明条件 $(PQ)^2=(QP)^2$ 在定理 2.7.1 不可以用条件 $(PQ)^2=PQ$ 和 $(QP)^2=QP$ 来替换.

在条件 $PQP=QPQ$ 中, 蕴涵着 $(PQ)^2=(QP)^2$, 由定理 2.7.1, 有下面的结果.

推论 2.7.3 设 $P,Q\in\mathbb{C}^{n\times n}$ 是不等的非零幂等矩阵, 令 $PQP=QPQ$, 对任意的复数 a,b,c,d 和 e, 其中 $a\neq 0, b\neq 0$, $\theta=a+b+c+d+e\neq 0$, 则 $aP+bQ+cPQ+dQP+ePQP$ 群可逆, 且

$$\begin{aligned}&(aP+bQ+cPQ+dQP+ePQP)_g\\ =&\frac{1}{a}P+\frac{1}{b}Q-\left(\frac{1}{a}+\frac{1}{b}+\frac{c}{ab}\right)PQ-\left(\frac{1}{a}+\frac{1}{b}+\frac{d}{ab}\right)QP\\ &+\left(\frac{1}{a}+\frac{1}{b}+\frac{c+d}{ab}+\frac{1}{\theta}\right)PQP.\end{aligned}\tag{2.7.8}$$

如果 $Q=PQP$, 则 $PQ=PQP=QP=Q$, 我们有下面的结论.

推论 2.7.4 设 $P,Q\in\mathbb{C}^{n\times n}$ 是不等的非零幂等矩阵, 令 $PQP=Q$, 对任意的非零复数 a,b, 则 $aP+bQ$ 群可逆, 并且若 $a+b\neq 0$, 则有

$$(aP+bQ)_g=\frac{1}{a}P+\left(\frac{1}{a+b}-\frac{1}{a}\right)Q.$$

下面, 我们将给出两幂等矩阵在某些条件下群逆存在的充分必要条件.

定理 2.7.5 设 $P,Q\in\mathbb{C}^{n\times n}$ 是不等的非零幂等矩阵, 令 $\theta=a+b+c\neq 0$, 其中 $a\neq 0, b\neq 0$, 则

(i) 当 $\theta\neq\pm a,\pm b$ 且 $a\neq\pm b$ 时, 有

$$(aP+bQ+cPQ)_g=\frac{1}{a}P+\frac{1}{b}Q+\left(\frac{1}{\theta}-\frac{1}{a}-\frac{1}{b}\right)PQ\tag{2.7.9}$$

成立的充要条件是 $PQ=QP$.

(ii) 当 $a+b=0$ 且 $a\neq\pm c$ 时, 有

$$(aP-aQ+cPQ)_g=\frac{1}{a}P-\frac{1}{a}Q+\frac{1}{c}PQ \tag{2.7.10}$$

成立的充要条件是 $PQP=QPQ=PQ$.

证明 (i) (充分性) 由 $PQ=QP$, $QPQ=PQP$, 则在 (2.7.8) 中令 $d=e=0$ 则可得到 (2.7.9).

(必要性) 令 $A=aP+bQ+cPQ$, M 为 (2.7.9) 右端的部分, 由 (2.7.9) 知, $AM=MA$, 即

$$\begin{aligned}
&P+Q+\left(\frac{a}{\theta}-1+\frac{c}{b}\right)PQ+\frac{b}{a}QP+\frac{c}{a}PQP+\left(\frac{b}{\theta}-\frac{b}{a}-1\right)QPQ\\
&+\left(\frac{c}{\theta}-\frac{c}{a}-\frac{c}{b}\right)(PQ)^2\\
=&P+Q+\left(\frac{b}{\theta}-1+\frac{c}{a}\right)PQ+\frac{a}{b}QP+\left(\frac{a}{\theta}-1-\frac{a}{b}\right)PQP\\
&+\frac{c}{b}QPQ+\left(\frac{c}{\theta}-\frac{c}{a}-\frac{c}{b}\right)(PQ)^2,
\end{aligned}$$

整理得

$$\begin{aligned}
&\left(\frac{a-b}{\theta}+\frac{c}{b}-\frac{c}{a}\right)PQ+\left(1-\frac{a}{\theta}+\frac{a}{b}+\frac{c}{a}\right)PQP\\
=&\left(\frac{a}{b}-\frac{b}{a}\right)QP+\left(1-\frac{b}{\theta}+\frac{b}{a}+\frac{c}{b}\right)QPQ.
\end{aligned} \tag{2.7.11}$$

用 P 乘以 (2.7.11) 的右端得

$$\left(\frac{\theta}{b}-\frac{b}{\theta}\right)PQP=\left(\frac{a}{b}-\frac{b}{a}\right)QP+\left(1-\frac{b}{\theta}+\frac{b}{a}+\frac{c}{b}\right)QPQP. \tag{2.7.12}$$

用 Q 乘以 (2.7.12) 的左端得

$$\frac{(a+b)(a-b)}{ab}QP=\frac{(a+b)(a-b)}{ab}QPQP.$$

由 $a\neq\pm b$ 知, $(QP)^2=QP$ 成立并由 (2.7.12), 有

$$\left(\frac{\theta}{b}-\frac{b}{\theta}\right)PQP=\left(\frac{\theta}{b}-\frac{b}{\theta}\right)QP.$$

再由 $\theta\neq\pm b$ 知, 上式蕴涵着 $QP=PQP$, 代入 (2.7.11), 再在 (2.7.11) 的右端乘以 Q 得

$$\frac{(a-b)(a+c)(b+c)}{ab\theta}PQ=\frac{(a-b)(a+c)(b+c)}{ab\theta}QPQ.$$

由 $\theta \neq a, \theta \neq b, a \neq b$ 知, 等式蕴涵着 $PQ = QPQ$.

将条件 $QP = PQP$ 和 $PQ = QPQ$ 代入 (2.7.11) 得

$$\left(\frac{a}{\theta} - \frac{\theta}{a}\right) PQ = \left(\frac{a}{\theta} - \frac{\theta}{a}\right) QP.$$

再由 $\theta \neq \pm a$ 知, 等式蕴涵着 $QP = PQ$.

(ii) (必要性) 将 $d = e = 0$ 代入 (2.7.8) 得 (2.7.10).

(充分性) 由 $AM = MA$, 有

$$\begin{aligned}&P + Q + \left(\frac{a}{c} - 1 - \frac{c}{a}\right) PQ - QP + \frac{c}{a}PQP - \frac{a}{c}QPQ + PQPQ \\ =& P + Q + \left(\frac{c}{a} - 1 - \frac{a}{c}\right) PQ - QP + \frac{a}{c}PQP - \frac{c}{a}QPQ + PQPQ,\end{aligned}$$

即

$$2\left(\frac{a}{c} - \frac{c}{a}\right) PQ = \left(\frac{a}{c} - \frac{c}{a}\right) PQP + \left(\frac{a}{c} - \frac{c}{a}\right) QPQ. \tag{2.7.13}$$

分别在 (2.7.13) 的右端乘以 P, 左端乘以 Q, 得 $PQP = QPQP = QPQ$, 由 $a \neq \pm c$ 和 $PQP = QPQ$ 知 (2.7.13) 蕴涵着 $PQP = QPQ = PQ$.

下面例子说明, 如果条件中的 $\theta \neq \pm a, \pm b$ 和 $a \neq \pm b$ 中有一个不成立, 则定理 2.7.5 不成立.

例 2.7.6 设

$$P = \begin{pmatrix} 1 & 0 & 0 & 0 \\ 0 & 1 & 0 & 0 \\ 0 & 0 & 0 & 0 \\ 0 & 0 & 0 & 0 \end{pmatrix}, \quad Q = \begin{pmatrix} 0 & 0 & 1 & 0 \\ 0 & 1 & 0 & 0 \\ 0 & 0 & 1 & 0 \\ 0 & 1 & 0 & 0 \end{pmatrix},$$

P, Q 是幂等矩阵. 令定理 2.1.2 中的 $a = 1, b = -1, c = 1$, 则

$$PQ = \begin{pmatrix} 0 & 0 & 1 & 0 \\ 0 & 1 & 0 & 0 \\ 0 & 0 & 0 & 0 \\ 0 & 0 & 0 & 0 \end{pmatrix} \neq \begin{pmatrix} 0 & 0 & 0 & 0 \\ 0 & 1 & 0 & 0 \\ 0 & 0 & 0 & 0 \\ 0 & 1 & 0 & 0 \end{pmatrix} = QP,$$

于是

$$P - Q + PQ = \begin{pmatrix} 1 & 0 & 0 & 0 \\ 0 & 1 & 0 & 0 \\ 0 & 0 & -1 & 0 \\ 0 & -1 & 0 & 0 \end{pmatrix}, \quad (P - Q + PQ)^2 = \begin{pmatrix} 1 & 0 & 0 & 0 \\ 0 & 1 & 0 & 0 \\ 0 & 0 & 1 & 0 \\ 0 & -1 & 0 & 0 \end{pmatrix}$$

和 $r(P - Q + PQ) = 3 = r((P - Q + PQ)^2)$. 因此, $P - Q + PQ$ 群可逆.

注记 2.7.7 事实上, 若 $PQ = QP$, 则等式 (2.7.9) 成立可以不要求条件 $\theta \neq \pm a, \pm b$ 和 $a \neq \pm b$ 存在.

定理 2.7.8 设 $P, Q \in \mathbb{C}^{n\times n}$ 是不等的非零幂等矩阵, 令 $(PQ)^2 = (QP)^2$, 对于任意的复数 a, b, c, d, e, f 和 g, 其中 $a \neq 0, b \neq 0, \theta = a+b+c+d+e+f+g = 0$, 有 $aP + bQ + cPQ + dQP + ePQP + fQPQ + g(PQ)^2$ 群可逆, 此时有

$$\begin{aligned}
&(aP + bQ + cPQ + dQP + ePQP + fQPQ + g(PQ)^2)_g \\
=&\frac{1}{a}P + \frac{1}{b}Q - \left(\frac{1}{a} + \frac{1}{b} + \frac{c}{ab}\right) PQ - \left(\frac{1}{a} + \frac{1}{b} + \frac{d}{ab}\right) QP \\
&+ \left(\frac{2}{a} + \frac{1}{b} + \frac{c+d}{ab} + \frac{cd-be}{a^2b}\right) PQP + \left(\frac{1}{a} + \frac{2}{b} + \frac{c+d}{ab} + \frac{cd-af}{ab^2}\right) QPQ \\
&- \left(\frac{2}{a} + \frac{2}{b} + \frac{c+d}{ab} + \frac{cd-be}{a^2b} + \frac{cd-af}{ab^2}\right)(PQ)^2.
\end{aligned} \tag{2.7.14}$$

证明 令 $A = aP + bQ + cPQ + dQP + ePQP + fQPQ + g(PQ)^2$, $N = N_1 + N_2 + N_3$, 其中

$$N_1 = \frac{1}{a}P - \left(\frac{1}{a} + \frac{1}{b} + \frac{c}{ab}\right) PQ + \left(\frac{2}{a} + \frac{1}{b} + \frac{c+d}{ab} + \frac{cd-be}{a^2b}\right) PQP,$$

$$N_2 = \frac{1}{b}Q - \left(\frac{1}{a} + \frac{1}{b} + \frac{d}{ab}\right) QP + \left(\frac{1}{a} + \frac{2}{b} + \frac{c+d}{ab} + \frac{cd-af}{ab^2}\right) QPQ$$

和

$$N_3 = -\left(\frac{2}{a} + \frac{2}{b} + \frac{c+d}{ab} + \frac{cd-be}{a^2b} + \frac{cd-af}{ab^2}\right)(PQ)^2.$$

我们发现 (2.7.14) 类似于 (2.7.1). 由假设和 (2.7.2), 有

$$AN = P + Q - PQ - QP + PQP + QPQ - 2(PQ)^2. \tag{2.7.15}$$

由于 $\theta = a+b+c+d+e+f+g = 0$, 根据 (2.7.3) 和 (2.7.4) 知

$$\begin{aligned}
N_1A &= P - PQ + PQP - (PQ)^2, \\
N_2A &= Q - QP + QPQ - (PQ)^2.
\end{aligned}$$

由 (2.7.5), 有 $N_3A = 0$, 并且由 (2.7.15), 有 $AN = NA$.

由于

$$P\left(P + Q - PQ - QP + PQP + QPQ - 2(PQ)^2\right) = P - (PQ)^2,$$

$$Q\left(P + Q - PQ - QP + PQP + QPQ - 2(PQ)^2\right) = Q - (PQ)^2$$

和

$$
\begin{aligned}
N(PQ)^2 = &\left(\frac{1}{a}+\frac{1}{b}-\left(\frac{1}{a}+\frac{1}{b}+\frac{c}{ab}\right)-\left(\frac{1}{a}+\frac{1}{b}+\frac{d}{ab}\right)\right.\\
&+\left(\frac{2}{a}+\frac{1}{b}+\frac{c+d}{ab}+\frac{cd-be}{a^2b}\right)+\left(\frac{1}{a}+\frac{2}{b}+\frac{c+d}{ab}+\frac{cd-af}{ab^2}\right)\\
&\left.-\left(\frac{2}{a}+\frac{2}{b}+\frac{c+d}{ab}+\frac{cd-be}{a^2b}+\frac{cd-af}{ab^2}\right)\right)(PQ)^2=0,
\end{aligned}
$$

于是

$$ANA=A-(a+b+c+d+e+f+g)(PQ)^2 = A,$$

$$NAN=N-N(PQ)^2 = N,$$

因此 A 群可逆, 且等式 (2.7.14) 成立.

例 2.7.9 设

$$
P=\begin{pmatrix}1&0&0&0\\0&1&0&0\\0&0&0&0\\0&0&0&0\end{pmatrix},\quad Q=\begin{pmatrix}1&0&1&0\\0&1&0&0\\0&0&0&0\\0&1&0&0\end{pmatrix},\quad W=\begin{pmatrix}0&0&0&0\\0&1&0&1\\0&0&0&0\\0&0&0&0\end{pmatrix}.
$$

于是 P,Q 和 W 都是幂等矩阵.

(i) 注意到

$$
(PQ)^2=\begin{pmatrix}1&0&1&0\\0&1&0&0\\0&0&0&0\\0&0&0&0\end{pmatrix}=PQ,\quad (QP)^2=\begin{pmatrix}1&0&0&0\\0&1&0&0\\0&0&0&0\\0&1&0&0\end{pmatrix}=QP.
$$

若 $a=c=e=f=1, b=d=-1$, $g=-2$, 则 $a+b+c+d+e+f+e+g=0$. 令 $A=P-Q+PQ-QP+PQP+QPQ-2PQPQ$, 因此有

$$
A=\begin{pmatrix}0&0&-1&0\\0&0&0&0\\0&0&0&0\\0&-1&0&0\end{pmatrix},\quad A^2=\begin{pmatrix}0&0&0&0\\0&0&0&0\\0&0&0&0\\0&0&0&0\end{pmatrix}
$$

和 $r(A)=2\neq 0=r(A^2)$, A 不是群可逆. 这表明条件 $(PQ)^2=(QP)^2$ 在定理 2.1.3 中不能用 $(PQ)^2=PQ$ 和 $(QP)^2=QP$ 来替换.

(ii) 若 $a=d=e=g=1, b=c=-1, f=-2$, 则 $a+b+c+d+e+f+g=0$. 令 $B=W-Q-WQ+QW+WQW-2QWQ+WQWQ$, 有

$$B=\begin{pmatrix}-1&0&-1&0\\0&1&0&4\\0&0&0&0\\0&-4&0&1\end{pmatrix},\quad B^2=\begin{pmatrix}1&0&1&0\\0&-15&0&8\\0&0&0&0\\0&-8&0&-15\end{pmatrix}.$$

则 $r(B)=2=r(B^2)$ 并且 B 群可逆, 但是

$$(WQ)^2=\begin{pmatrix}0&0&0&0\\0&4&0&0\\0&0&0&0\\0&0&0&0\end{pmatrix}\neq(QW)^2=\begin{pmatrix}0&0&0&0\\0&2&0&2\\0&0&0&0\\0&2&0&2\end{pmatrix}.$$

这表明定理反过来不成立.

推论 2.7.10 设 $P,Q\in\mathbb{C}^{n\times n}$ 是两个非零幂等矩阵, 若 $PQP=QPQ$, 对于任意的复数 a,b,c,d 和 e, 其中 $a\neq 0, b\neq 0$. 设 $a+b+c+d+e=0$, 则 $aP+bQ+cPQ+dQP+ePQP$ 群可逆, 且

$$\begin{aligned}&(aP+bQ+cPQ+dQP+ePQP)_g\\=&\frac{1}{a}P+\frac{1}{b}Q-\left(\frac{1}{a}+\frac{1}{b}+\frac{c}{ab}\right)PQ-\left(\frac{1}{a}+\frac{1}{b}+\frac{d}{ab}\right)QP\\&+\left(\frac{1}{a}+\frac{1}{b}+\frac{c+d}{ab}\right)PQP.\end{aligned}\tag{2.7.16}$$

推论 2.7.11 设 $P,Q\in\mathbb{C}^{n\times n}$ 是两个非零幂等矩阵, 且 $PQP=Q$, 对任意的非零复数 a,b, 且 $a+b=0$, $aP+bQ$ 群可逆, 且

$$(aP-aQ)_g=\frac{1}{a}P-\frac{1}{a}Q.$$

定理 2.7.12 设 $P,Q\in\mathbb{C}^{n\times n}$ 是两个非零幂等矩阵, 设 $\theta=a+b+c=0$, 其中 $a\neq 0, b\neq 0$, 则当 $a\neq\pm b$ 时,

$$(aP+bQ+cPQ)_g=\frac{1}{a}P+\frac{1}{b}Q-\left(\frac{1}{a}+\frac{1}{b}\right)PQ\tag{2.7.17}$$

成立的充要条件是 $PQ=QP$.

证明 (必要性) 将 $PQ=QP$, $QPQ=PQP$ 和 $d=e=0$ 代入 (2.7.16) 可得到 (2.7.17).

(充分性) 令 $A = aP + bQ + cPQ$ 并记 M 为 (2.7.17) 的右端. 由 $AM = MA$, 可得到

$$
\begin{aligned}
&P + Q + \left(\frac{c}{b} - 1\right) PQ + \frac{b}{a}QP + \frac{c}{a}PQP + \frac{c}{a}QPQ - \left(\frac{c}{a} + \frac{c}{b}\right) PQPQ \\
=&P + Q + \left(\frac{c}{a} - 1\right) PQ + \frac{a}{b}QP + \frac{c}{b}PQP + \frac{c}{b}QPQ - \left(\frac{c}{a} + \frac{c}{b}\right) PQPQ,
\end{aligned}
$$

即

$$
\left(\frac{c}{b} - \frac{c}{a}\right) PQ + \left(\frac{c}{a} - \frac{c}{b}\right) PQP = \left(\frac{c}{a} - \frac{c}{b}\right) QP + \left(\frac{c}{b} - \frac{c}{a}\right) QPQ. \tag{2.7.18}
$$

分别在 (2.7.18) 的左端和右端用 Q 去乘, 可得到

$$
\left(\frac{c}{b} - \frac{c}{a}\right) PQ = \left(\frac{c}{b} - \frac{c}{a}\right) (PQ)^2,
$$

$$
\left(\frac{c}{b} - \frac{c}{a}\right) QP = \left(\frac{c}{b} - \frac{c}{a}\right) (QP)^2.
$$

根据 $a \neq \pm b$,

$$
(PQ)^2 = PQ, \quad (QP)^2 = QP. \tag{2.7.19}
$$

有

$$
AM = P + Q + \frac{b}{a}PQ + \frac{b}{a}QP + \frac{c}{a}PQP + \frac{c}{a}QPQ,
$$

由 $A^2M = A$ 和 $a + b + c = 0$, 有

$$
\begin{aligned}
A^2M =& aP + aPQ + bPQ + bPQP + cPQP + cPQ \\
&+ bQP + bQ + \frac{b^2}{a}QPQ + \frac{b^2}{a}QP + \frac{bc}{a}QP + \frac{bc}{a}QPQ \\
&+ cPQP + cPQ + \frac{bc}{a}PQ + \frac{bc}{a}PQP + \frac{c^2}{a}PQP + \frac{c^2}{a}PQ \\
=& aP + bQ - aPQP - bQPQ \\
=& A.
\end{aligned}
$$

因此

$$
cPQ = -aPQP - bQPQ
$$

分别在 (2.7.19) 的左端和右端乘以 Q 得到 $PQ = QPQ$ 和 $QP = QPQ$, 因此 $PQ = QP$.

例 2.7.13　设

$$P=\begin{pmatrix}0&0&0&0\\0&1&0&1\\0&0&0&0\\0&0&0&0\end{pmatrix},\quad Q=\begin{pmatrix}0&0&0&0\\0&1&0&0\\0&0&1&0\\0&1&0&0\end{pmatrix}.$$

于是 P 和 Q 是两个幂等矩阵. 定理 2.7.12 中若令 $a=1,b=1,c=-2$, 则 $a+b+c=0$, $a=b$ 且

$$P+Q-2PQ=\begin{pmatrix}0&0&0&0\\0&-2&0&1\\0&0&1&0\\0&1&0&0\end{pmatrix},\quad (P+Q-2PQ)^2=\begin{pmatrix}0&0&0&0\\0&5&0&-2\\0&0&1&0\\0&-2&0&1\end{pmatrix}.$$

事实上, $r(P+Q-2PQ)=3=r((P+Q-2PQ)^2)$, 因此 $P+Q-2PQ$ 群可逆, 而

$$PQ=\begin{pmatrix}0&0&0&0\\0&2&0&0\\0&0&0&0\\0&0&0&0\end{pmatrix}\neq QP=\begin{pmatrix}0&0&0&0\\0&1&0&1\\0&0&0&0\\0&1&0&1\end{pmatrix}.$$

注记 2.7.14　实际上, 若 $PQ=QP$, 则 (2.7.17) 当 $a=\pm b$ 时也成立.

现在, 我们将考虑在条件 $(QP)^2=0$ 或 $(PQ)^2=0$ 下的情况.

定理 2.7.15　设 $P,Q\in\mathbb{C}^{n\times n}$ 是不等的非零幂等矩阵, 若 $(QP)^2=0$, 对任意的复数 a,b,c,d,e,f 和 g, 其中 $a\neq 0,b\neq 0$, 则 $aP+bQ+cPQ+dQP+ePQP+fQPQ+g(PQ)^2$ 群可逆, 且有

$$\begin{aligned}&(aP+bQ+cPQ+dQP+ePQP+fQPQ+g(PQ)^2)_g\\=&\frac{1}{a}P+\frac{1}{b}Q-\left(\frac{1}{a}+\frac{1}{b}+\frac{c}{ab}\right)PQ-\left(\frac{1}{a}+\frac{1}{b}+\frac{d}{ab}\right)QP\\&+\left(\frac{2}{a}+\frac{1}{b}+\frac{c+d}{ab}+\frac{cd-be}{a^2b}\right)PQP+\left(\frac{1}{a}+\frac{2}{b}+\frac{c+d}{ab}+\frac{cd-af}{ab^2}\right)QPQ\\&-\left(\frac{2}{a}+\frac{2}{b}+\frac{2c+d+g}{ab}+\frac{cd-be-ce}{a^2b}+\frac{cd-af-cf}{ab^2}+\frac{c^2d}{a^2b^2}\right)(PQ)^2.\end{aligned}\tag{2.7.20}$$

证明　记 $A=aP+bQ+cPQ+dQP+ePQP+fQPQ+gPQPQ$, $M=M_1+M_2+M_3$, 其中

$$M_1=\frac{1}{a}P-\left(\frac{1}{a}+\frac{1}{b}+\frac{c}{ab}\right)PQ+\left(\frac{2}{a}+\frac{1}{b}+\frac{c+d}{ab}+\frac{cd-be}{a^2b}\right)PQP,$$

$$M_2 = \frac{1}{b}Q - \left(\frac{1}{a} + \frac{1}{b} + \frac{d}{ab}\right)QP + \left(\frac{1}{a} + \frac{2}{b} + \frac{c+d}{ab} + \frac{cd-af}{ab^2}\right)QPQ,$$

$$M_3 = -\left(\frac{2}{a} + \frac{2}{b} + \frac{2c+d+g}{ab} + \frac{cd-be-ce}{a^2b} + \frac{cd-af-cf}{ab^2} + \frac{c^2d}{a^2b^2}\right)(PQ)^2.$$

由 $(QP)^2 = 0$ 知

$$\begin{aligned}
AM =& P + \frac{a}{b}PQ - a\left(\frac{1}{a} + \frac{1}{b} + \frac{c}{ab}\right)PQ - a\left(\frac{1}{a} + \frac{1}{b} + \frac{d}{ab}\right)PQP \\
&+a\left(\frac{2}{a} + \frac{1}{b} + \frac{c+d}{ab} + \frac{cd-be}{a^2b}\right)PQP \\
&+a\left(\frac{1}{a} + \frac{2}{b} + \frac{c+d}{ab} + \frac{cd-af}{ab^2}\right)(PQ)^2 + aM_3 + \frac{b}{a}QP + Q \\
&-b\left(\frac{1}{a} + \frac{1}{b} + \frac{c}{ab}\right)QPQ - b\left(\frac{1}{a} + \frac{1}{b} + \frac{d}{ab}\right)QP \\
&+b\left(\frac{1}{a} + \frac{2}{b} + \frac{c+d}{ab} + \frac{cd-af}{ab^2}\right)QPQ \\
&+\frac{c}{a}PQP + \frac{c}{b}PQ - c\left(\frac{1}{a} + \frac{1}{b} + \frac{c}{ab}\right)(PQ)^2 - c\left(\frac{1}{a} + \frac{1}{b} + \frac{d}{ab}\right)PQP \\
&+c\left(\frac{1}{a} + \frac{2}{b} + \frac{c+d}{ab} + \frac{cd-af}{ab^2}\right)(PQ)^2 \\
&+\frac{d}{a}QP + \frac{d}{b}QPQ - d\left(\frac{1}{a} + \frac{1}{b} + \frac{c}{ab}\right)QPQ \\
&+\frac{e}{a}PQP + \frac{e}{b}(PQ)^2 - e\left(\frac{1}{a} + \frac{1}{b} + \frac{c}{ab}\right)(PQ)^2 + \frac{f}{b}QPQ + \frac{g}{b}(PQ)^2 \\
=& P + Q - PQ - QP + PQP + QPQ - (PQ)^2,
\end{aligned}$$

$$\begin{aligned}
M_1A =& P + \frac{b}{a}PQ + \frac{c}{a}PQ + \frac{d}{a}PQP + \frac{e}{a}PQP + \frac{f}{a}(PQ)^2 + \frac{g}{a}(PQ)^2 \\
&-a\left(\frac{1}{a} + \frac{1}{b} + \frac{c}{ab}\right)PQP - b\left(\frac{1}{a} + \frac{1}{b} + \frac{c}{ab}\right)PQ - c\left(\frac{1}{a} + \frac{1}{b} + \frac{c}{ab}\right)(PQ)^2 \\
&-d\left(\frac{1}{a} + \frac{1}{b} + \frac{c}{ab}\right)PQP - f\left(\frac{1}{a} + \frac{1}{b} + \frac{c}{ab}\right)(PQ)^2 \\
&+a\left(\frac{2}{a} + \frac{1}{b} + \frac{c+d}{ab} + \frac{cd-be}{a^2b}\right)PQP \\
&+b\left(\frac{2}{a} + \frac{1}{b} + \frac{c+d}{ab} + \frac{cd-be}{a^2b}\right)(PQ)^2 + c\left(\frac{2}{a} + \frac{1}{b} + \frac{c+d}{ab} + \frac{cd-be}{a^2b}\right)(PQ)^2
\end{aligned}$$

$$
\begin{aligned}
&= P - PQ + PQP + \left(1 + \frac{2b}{a} + \frac{2c+d+g}{a} + \frac{cd-be-ce}{a^2}\right.\\
&\quad \left. + \frac{cd-af-cf}{ab} + \frac{c^2d}{a^2b}\right)(PQ)^2\\
&= P - PQ + PQP - (PQ)^2 - bM_3\\
&= P - PQ + PQP - (PQ)^2 - M_3A,
\end{aligned}
$$

$$
\begin{aligned}
M_2A =& \frac{a}{b}QP + Q + \frac{c}{b}QPQ + \frac{d}{b}QP + \frac{f}{b}QPQ\\
&-a\left(\frac{1}{a}+\frac{1}{b}+\frac{d}{ab}\right)QP - b\left(\frac{1}{a}+\frac{1}{b}+\frac{d}{ab}\right)QPQ - c\left(\frac{1}{a}+\frac{1}{b}+\frac{d}{ab}\right)QPQ\\
&+b\left(\frac{1}{a}+\frac{2}{b}+\frac{c+d}{ab}+\frac{cd-af}{ab^2}\right)QPQ\\
=& Q - QP + QPQ.
\end{aligned}
$$

因此

$$AM = P + Q - PQ - QP + PQP + QPQ - (PQ)^2 = MA.$$

由

$$P(P + Q - PQ - QP + PQP + QPQ - (PQ)^2) = P$$

和

$$Q(P + Q - PQ - QP + PQP + QPQ - (PQ)^2) = Q$$

可得 $AMA = A$ 和 $MAM = M$.

因此, A 群可逆, 且 (2.7.20) 成立.

推论 2.7.16　设 $P, Q \in \mathbb{C}^{n\times n}$ 是不等的非零幂等矩阵, 若 $QP = 0$, 对任意的复数 a, b 和 c, 其中 $a \neq 0, b \neq 0$, 则 $aP + bQ + cPQ$ 群可逆, 且有

$$(aP + bQ + cPQ)_g = \frac{1}{a}P + \frac{1}{b}Q - \left(\frac{1}{a}+\frac{1}{b}+\frac{c}{ab}\right)PQ. \tag{2.7.21}$$

类似地, 我们也可得到如下的结果.

定理 2.7.17　设 $P, Q \in \mathbb{C}^{n\times n}$ 是不等的非零幂等矩阵, 若 $(PQ)^2 = 0$, 对于任意的复数 a, b, c, d, e, f 和 h, 其中 $a \neq 0, b \neq 0$, $aP + bQ + cPQ + dQP + ePQP + fQPQ + h(QP)^2$ 群可逆, 且有

$$
\begin{aligned}
&(aP + bQ + cPQ + dQP + ePQP + fQPQ + h(QP)^2)_g\\
&= \frac{1}{a}P + \frac{1}{b}Q - \left(\frac{1}{a}+\frac{1}{b}+\frac{c}{ab}\right)PQ - \left(\frac{1}{a}+\frac{1}{b}+\frac{d}{ab}\right)QP
\end{aligned}
$$

$$+\left(\frac{2}{a}+\frac{1}{b}+\frac{c+d}{ab}+\frac{cd-be}{a^2b}\right)PQP+\left(\frac{1}{a}+\frac{2}{b}+\frac{c+d}{ab}+\frac{cd-af}{ab^2}\right)QPQ$$
$$-\left(\frac{2}{a}+\frac{2}{b}+\frac{c+2d+h}{ab}+\frac{cd-be-de}{a^2b}+\frac{cd-af-df}{ab^2}+\frac{cd^2}{a^2b^2}\right)(QP)^2. \quad (2.7.22)$$

推论 2.7.18 设 $P,Q\in\mathbb{C}^{n\times n}$ 是不等的非零幂等矩阵, 若 $PQ=0$, 对于任意的复数 a,b 和 d, 其中 $a\neq 0, b\neq 0$, $aP+bQ+dQP$ 群可逆, 且有

$$(aP+bQ+dQP)_g=\frac{1}{a}P+\frac{1}{b}Q-\left(\frac{1}{a}+\frac{1}{b}+\frac{d}{ab}\right)QP. \quad (2.7.23)$$

2.8 三次幂等矩阵组合的群可逆性

近几年, 很多作者研究了两个幂等矩阵和两个三次幂等矩阵线性组合的群可逆性和可逆性 [5,6,39,126,206]. 在文献 [22] 中作者研究了两个 k 次幂等矩阵 T_1,T_2 的线性组合 $c_1T_1+c_2T_2$ 的群可逆性和可逆性, 其中 $c_1,c_2\in\mathbb{C}^*$. 文献 [251] 中作者研究了幂等矩阵 P 和 Q 的线性组合 $c_1P+c_2Q-c_3PQ$ 的可逆性, 并把这个结果推广到了文献 [252] 中. 本节主要给出了 $(T_1+T_2-T_1T_2)^\#$ 在条件 $T_1T_2=T_2T_1$ 下的表达式和 $aT_1+bT_2+cT_1T_2$ 是群对合矩阵 (即三次幂等矩阵) 的所有充分条件, 其中 $a,b\in\mathbb{C}^*$, 且 $T_1,T_2\in\mathbb{C}^{n\times n}$ 是三次幂等的.

定理 2.8.1 设 $A,B\in\mathbb{C}^{n\times n}$ 是两个非零的可交换矩阵. 若 A 是对合矩阵且 B 是三次幂等矩阵, 则 $A+B-AB$ 可逆且

$$(A+B-AB)^{-1}=A+\frac{1}{3}B-\frac{1}{3}AB+\frac{2}{3}B^2-\frac{2}{3}AB^2.$$

证明 由于 $A^2=I_n$, $B^3=B$ 且 $AB=BA$, 通过计算, 我们得到

$$(A+B-AB)\left(A+\frac{1}{3}B-\frac{1}{3}AB+\frac{2}{3}B^2-\frac{2}{3}AB^2\right)=I_n,$$

$$\left(A+\frac{1}{3}B-\frac{1}{3}AB+\frac{2}{3}B^2-\frac{2}{3}AB^2\right)(A+B-AB)=I_n.$$

定理得证.

推论 2.8.2 设 $A,B\in\mathbb{C}^{n\times n}$ 是两个非零的可交换矩阵. 若 A 是对合矩阵且 B 是幂等矩阵, 则 $A+B-AB$ 是对合矩阵.

证明 由于 B 是幂等矩阵, 则它是三次幂等矩阵, 由定理 2.8.1 可以直接计算得 $(A+B-AB)^{-1}=A+B-AB$, 也即 $(A+B-AB)^2=I$.

在下面的定理中, 我们得到了 $T_1+T_2-T_1T_2$ 的群逆的一般表达式, 其中 T_1 和 T_2 是两个相互交换的三次幂等矩阵.

定理 2.8.3 设 $T_1, T_2 \in \mathbb{C}^{n\times n}$ 是两个非零的可交换三次幂等矩阵, 则 $T_1 + T_2 - T_1T_2$ 群可逆且

$$(T_1 + T_2 - T_1T_2)^{\#} = T_1 + T_2 - \frac{1}{3}T_1T_2 - \frac{2}{3}T_1^2T_2 - \frac{2}{3}T_1T_2^2 + \frac{2}{3}T_1^2T_2^2. \tag{2.8.1}$$

证明 由于 T_1, T_2 是两个可交换的矩阵, 于是可同时对角化, 即存在一个非奇异矩阵 $S \in \mathbb{C}^{n\times n}$ 使得 T_1, T_2 有如下的形式:

$$T_1 = S\begin{pmatrix} A & 0 \\ 0 & 0 \end{pmatrix}S^{-1}, \quad T_2 = S\begin{pmatrix} B & 0 \\ 0 & C \end{pmatrix}S^{-1},$$

其中 $A, B \in \mathbb{C}^{r\times r}$, r 是 T_1 的秩. 由 T_1 和 T_2 的可交换性和三次幂等性, 我们可以得到 $AB = BA$, $A^2 = I_r$, 且 B, C 都是三次幂等矩阵, 由定理 2.8.1, $A + B - AB$ 可逆, 且从 $C^3 = C$ 得知 C 是群对合矩阵, 即 $C^{\#} = C$. 由此可知

$$T_1 + T_2 - T_1T_2 = S\begin{pmatrix} A + B - AB & 0 \\ 0 & C \end{pmatrix}S^{-1}$$

是群可逆的, 即 (2.8.1) 左边为

$$\begin{aligned}
(T_1 + T_2 - T_1T_2)^{\#} &= S\begin{pmatrix} (A + B - AB)^{-1} & 0 \\ 0 & C^{\#} \end{pmatrix}S^{-1} \\
&= S\begin{pmatrix} A + \frac{1}{3}B - \frac{1}{3}AB + \frac{2}{3}B^2 - \frac{2}{3}AB^2 & 0 \\ 0 & C \end{pmatrix}S^{-1} \\
&= S\begin{pmatrix} A & 0 \\ 0 & 0 \end{pmatrix}S^{-1} + \frac{1}{3}S\begin{pmatrix} B & 0 \\ 0 & 0 \end{pmatrix}S^{-1} + S\begin{pmatrix} 0 & 0 \\ 0 & C \end{pmatrix}S^{-1} \\
&\quad -\frac{1}{3}S\begin{pmatrix} AB & 0 \\ 0 & 0 \end{pmatrix}S^{-1} + \frac{2}{3}S\begin{pmatrix} B^2 & 0 \\ 0 & 0 \end{pmatrix}S^{-1} \\
&\quad -\frac{2}{3}S\begin{pmatrix} AB^2 & 0 \\ 0 & 0 \end{pmatrix}S^{-1}.
\end{aligned}$$

由 T_1, T_2 的分块形式, 我们可以得到 (2.8.1) 右边各项的分块形式, 即

$$T_1^2 = S\begin{pmatrix} A^2 & 0 \\ 0 & 0 \end{pmatrix}S^{-1} = S\begin{pmatrix} I_r & 0 \\ 0 & 0 \end{pmatrix}S^{-1},$$

$$T_1^2T_2 = S\begin{pmatrix} I_r & 0 \\ 0 & 0 \end{pmatrix}\begin{pmatrix} B & 0 \\ 0 & C \end{pmatrix}S^{-1} = S\begin{pmatrix} B & 0 \\ 0 & 0 \end{pmatrix}S^{-1},$$

$$(I-T_1^2)T_2=S\begin{pmatrix}0&0\\0&I_{n-r}\end{pmatrix}\begin{pmatrix}B&0\\0&C\end{pmatrix}S^{-1}=S\begin{pmatrix}0&0\\0&C\end{pmatrix}S^{-1},$$

$$T_1T_2=S\begin{pmatrix}A&0\\0&0\end{pmatrix}\begin{pmatrix}B&0\\0&C\end{pmatrix}S^{-1}=S\begin{pmatrix}AB&0\\0&0\end{pmatrix}S^{-1},$$

$$T_1^2T_2^2=S\begin{pmatrix}I_r&0\\0&0\end{pmatrix}\begin{pmatrix}B^2&0\\0&C^2\end{pmatrix}S^{-1}=S\begin{pmatrix}B^2&0\\0&0\end{pmatrix}S^{-1},$$

$$T_1T_2^2=S\begin{pmatrix}A&0\\0&0\end{pmatrix}\begin{pmatrix}B^2&0\\0&C^2\end{pmatrix}S^{-1}=S\begin{pmatrix}AB^2&0\\0&0\end{pmatrix}S^{-1},$$

将以上这些矩阵的分块形式代入 $(T_1+T_2-T_1T_2)^{\#}$ 中, 则容易得到 (2.8.1) 成立.

在定理 2.8.3 中, 若 T_1 是幂等矩阵, 我们有以下推论.

推论 2.8.4 设 $T_1,T_2\in\mathbb{C}^{n\times n}$ 是两个非零的可交换矩阵. 若 T_1 是幂等矩阵, T_2 是三次幂等矩阵, 则 $T_1+T_2-T_1T_2$ 是群对合矩阵.

下面这个定理说明了 $aT_1+bT_2+cT_1T_2$ 在给定的前提下何时是群对合的, 其中 $a,b\in\mathbb{C}^*$, 且 $T_1,T_2\in\mathbb{C}^{n\times n}$ 是三次幂等矩阵.

定理 2.8.5 设 $T_1,T_2\in\mathbb{C}^{n\times n}$ 是两个三次幂等矩阵, 且设 T 是如下形式的一个组合:

$$T=aT_1+bT_2+cT_1T_2, \tag{2.8.2}$$

其中 $a,b\in\mathbb{C}^*$, $c\in\mathbb{C}$. 下面列出了 T 为群对合矩阵的所有情况.

(a) 当

$$T_1T_2=T_2T_1, \tag{2.8.3}$$

下列 $(\mathrm{a}_1)\sim(\mathrm{a}_{18})$ 中任一条也成立时, 则 T 为群对合矩阵

(a_1) $a=1$, $b=1$, $c=0$ 且 $T_1T_2^2=-T_1^2T_2$;

(a_2) $a=1$, $b=1$, $c=\pm1$ 且 $\pm T_1T_2+T_1^2T_2+T_1T_2^2\pm T_1^2T_2^2=0$;

(a_3) $a=1$, $b=1$, $T_1T_2^2=T_1^2T_2$ 且 $(c^3+11c)T_1T_2+(6c^2+6)T_1^2T_2=0$;

(a_4) $a=1$, $b=-1$, $c=0$ 且 $T_1T_2^2=T_1^2T_2$;

(a_5) $a=1$, $b=-1$, $c=\pm1$ 且 $\pm T_1T_2-T_1^2T_2+T_1T_2^2\mp T_1^2T_2^2=0$;

(a_6) $a=1$, $b=-1$, $T_1T_2^2=-T_1^2T_2$ 且 $(c^3+11c)T_1T_2-(6c^2+6)T_1^2T_2=0$;

(a_7) $a=-1$, $b=1$, $c=0$ 且 $T_1T_2^2=T_1^2T_2$;

(a_8) $a=-1$, $b=1$, $c=\pm1$ 且 $\pm T_1T_2+T_1^2T_2-T_1T_2^2\mp T_1^2T_2^2=0$;

(a_9) $a=-1$, $b=1$, $T_1T_2^2=-T_1^2T_2$ 且 $(c^3+11c)T_1T_2+(6c^2+6)T_1^2T_2=0$;

(a_{10}) $a=-1$, $b=-1$, $c=0$ 且 $T_1T_2^2=-T_1^2T_2$;

(a_{11}) $a=-1$, $b=-1$, $c=\pm1$ 且 $\pm T_1T_2-T_1^2T_2-T_1T_2^2\pm T_1^2T_2^2=0$;

(a_{12}) $a=-1$, $b=-1$, $T_1T_2^2=T_1^2T_2$ 且 $(c^3+11c)T_1T_2-(6c^2+6)T_1^2T_2=0$;

(a_{13}) $a=\pm1$, $T_2=T_1^2T_2$, $b\neq c$ 且 $(b^3+2b+3bc^2)T_2+(c^3+2c+3b^2c)T_1T_2\pm 3(b^2+c^2)T_1T_2^2\pm 6bcT_2^2=0$;

(a_{14}) $a=\pm1$, $T_2=T_1^2T_2$, $b=c$ 且 $(2b^2+1)(T_2+T_1T_2)\pm3b(T_1T_2^2+T_2^2)=0$;

(a_{15}) $b=\pm1$, $T_1=T_1T_2^2$, $a\neq c$ 且 $(a^3+2a+3ac^2)T_1+(c^3+2c+3a^2c)T_1T_2\pm 3(a^2+c^2)T_1T_2^2\pm 6acT_2^2=0$;

(a_{16}) $b=\pm1$, $T_1=T_1T_2^2$, $a=c$ 且 $(2a^2+1)(T_1+T_1T_2)\pm3a(T_1^2T_2+T_1^2)=0$;

(a_{17}) $T_1=T_1T_2^2$, $T_2=T_1^2T_2$, $a\neq b$ 且 $a(a^2+3b^2+3c^2-1)T_1+b(b^2+3a^2+3c^2-1)T_2+c(3a^2+3b^2+c^2-1)T_1T_2+6abT_1^2=0$;

(a_{18}) $T_1=T_1T_2^2$, $T_2=T_1^2T_2$, $a=b$ 且 $a(4a^2+3c^2-1)(T_1+T_2)+c(c^2+6a^2-1)T_1T_2+6a^2cT_1^2=0$.

(b) 当

$$T_1T_2=T_2T_1^2, \tag{2.8.4}$$

下列 (b_1) ~ (b_7) 中任一条也成立时, 则 T 为群对合矩阵.

(b_1) $a=\pm1$, $b=1$ 且 $c=-1$ 或 $\pm(c+1)T_2^2T_1+T_2T_1+(c^2+2c+2)T_1T_2\pm 2(c+1)T_2T_1T_2=0$;

(b_2) $a=\pm1$, $b=-1$ 且 $c=1$ 或 $\pm(c-1)T_2^2T_1+T_2T_1+(c^2-2c-2)T_1T_2\pm 2(c-1)T_2T_1T_2=0$;

(b_3) $a=\pm1$, $b+c=0$ 且 $T_2=T_1T_2$;

(b_4) $a=\pm1$, $b+c\neq0$, $T_2=T_1T_2$ 且 $(b+c)^2+1]T_2\pm(b+c)T_2^2T_1+T_2T_1\pm2(b+c)T_2^2=0$;

(b_5) $b=1$, $T_1=T_2^2T_1$ 且 $a(a^2+2c+c^2)T_1+a^2(c+1)T_2T_1+(c+1)(c^2+2c+2a^2)T_1T_2+2a(c+1)^2T_1^2=0$;

(b_6) $b=-1$, $T_1=T_2^2T_1$ 且 $a(a^2-2c+c^2-2)T_1+a^2(c-1)T_2T_1+(c-1)(c^2-2c+2a^2)T_1T_2+2a(c-1)^2T_1^2=0$;

(b_7) $b+c\neq0$, $T_1=T_2^2T_1$, $T_2=T_1T_2$ 且 $a[(a^2-1)+(b+c)^2]T_1+(b+c)[2a^2+(b+c)^2-1]T_2+a^2(b+c)T_2T_1+2a(b+c)^2T_2^2=0$.

证明　(a) 通过直接计算可以知道: 在条件 (2.8.3) 下, 矩阵 T 是群对合矩阵 (即三次幂等) 当且仅当

$$a(a^2-1)T_1+b(b^2-1)T_2+(3a^2c+3b^2c+c^3-c)T_1T_2$$
$$+3(a^2b+bc^2)T_1^2T_2+3(ab^2+ac^2)T_1T_2^2+6abcT_1^2T_2^2=0. \tag{2.8.5}$$

对 (2.8.5) 式两边分别乘以 T_2^2, T_1^2, 得到下面两个等式:

$$a(a^2-1)T_1T_2^2+b(b^2-1)T_2+(3a^2c+3b^2c+c^3-c)T_1T_2$$
$$+3(a^2b+bc^2)T_1^2T_2+3(ab^2+ac^2)T_1T_2^2+6abcT_1^2T_2^2=0, \tag{2.8.6}$$
$$a(a^2-1)T_1+b(b^2-1)T_1^2T_2+(3a^2c+3b^2c+c^3-c)T_1T_2$$
$$+3(a^2b+bc^2)T_1^2T_2+3(ab^2+ac^2)T_1T_2^2+6abcT_1^2T_2^2=0, \tag{2.8.7}$$

分别比较 (2.8.5) 和 (2.8.6),(2.8.5) 和 (2.8.7), 可以得到

$$a(a^2-1)(T_1-T_1T_2^2)=0, \tag{2.8.8}$$
$$b(b^2-1)(T_2-T_1^2T_2)=0. \tag{2.8.9}$$

由于 $a,b\neq 0$, 所以从 (2.8.8),(2.8.9) 可以得到以下几种情况:

(1) $a=\pm1$, $b=\pm1$;

(2) $a=\pm1$, $T_2=T_1^2T_2$;

(3) $b=\pm1$, $T_1=T_1T_2^2$;

(4) $T_1=T_1T_2^2$, $T_2=T_1^2T_2$.

(1) 当 $a=\pm1$, $b=\pm1$. 若 $a=1$, $b=1$, 那么 (2.8.5) 可以化解为

$$(c^3+5c)T_1T_2+(3+3c^2)T_1^2T_2+(3+3c^2)T_1T_2^2+6cT_1^2T_2^2=0. \tag{2.8.10}$$

对 (2.8.10) 式两边分别乘以 T_1, T_2 得到

$$(c^3+5c)T_1^2T_2+(3+3c^2)T_1T_2+(3+3c^2)T_1^2T_2^2+6cT_1T_2^2=0,$$

$$(c^3+5c)T_1T_2^2+(3+3c^2)T_1^2T_2^2+(3+3c^2)T_1T_2+6cT_1^2T_2=0.$$

从以上两个等式可以推出

$$c(c^2-1)(T_1T_2^2-T_1^2T_2)=0,$$

即 $c=0$ 或 1 或 -1 或 $T_1T_2^2=T_1^2T_2$.

若 $c=0$, 有 $T_1T_2^2=-T_1^2T_2$; 若 $c=\pm1$, 有 $\pm T_1T_2+T_1^2T_2+T_1T_2^2\pm T_1^2T_2^2=0$; 若 $T_1T_2^2=T_1^2T_2$, 则 $(c^3+11c)T_1T_2+(6c^2+6)T_1^2T_2=0$. 这样, 就得到 $(\mathrm{a}_1)\sim(\mathrm{a}_3)$. 那么我们可以利用相同的方法得到 $(\mathrm{a}_4)\sim(\mathrm{a}_{12})$, 这里就省略了.

(2) 当 $a=\pm 1$, $T_2=T_1^2T_2$, 有关系式 $T_2^2=T_1^2T_2^2$. 若 $b\neq c$, (2.8.5) 化解成

$$(b^3+2b+3bc^2)T_2+(c^3+2c+3b^2c)T_1T_2\pm 3(b^2+c^2)T_1T_2^2\pm 6bcT_2^2=0.$$

若 $b=c$, 且由于 $b\neq 0$, 则 (2.8.5) 变为

$$(2b^2+1)(T_2+T_1T_2)\pm 3b(T_1T_2^2+T_2^2)=0.$$

显然得到 (a_{13}), (a_{14}).

(3) 当 $b=\pm 1$, $T_1=T_1T_2^2$. 类似于 (2), 可以得到 (a_{15}), (a_{16}).

(4) 当 $T_1=T_1T_2^2$, $T_2=T_1^2T_2$, 有关系式 $T_1^2=T_2^2=T_1^2T_2^2$. 若 $a\neq b$, 那么 (2.8.5) 变为

$$\begin{aligned}&a(a^2+3b^2+3c^2-1)T_1+b(b^2+3a^2+3c^2-1)T_2\\&+c(3a^2+3b^2+c^2-1)T_1T_2+6abT_1^2=0.\end{aligned}\tag{2.8.11}$$

若 $a=b$, (2.8.5) 化解为

$$a(4a^2+3c^2-1)(T_1+T_2)+c(c^2+6a^2-1)T_1T_2+6a^2cT_1^2=0.$$

因此, 我们得到 (a_{17}), (a_{18}).

(b) 通过计算我们知道 T 在条件 (2.8.3) 下是群对合矩阵的充要条件是

$$\begin{aligned}&a(a^2-1)T_1+b(b^2-1)T_2+a(b+c)^2T_2^2T_1+a^2(b+c)T_2T_1\\&+(2a^2b+2a^2c+3bc^2+3b^2c+c^3-c)T_1T_2+2a(b+c)^2T_2T_1T_2=0.\end{aligned}\tag{2.8.12}$$

对 (2.8.12) 分别左乘和右乘 T_2^2, T_1^2, 又因关系式 $T_1T_2=T_1T_2T_1^2=T_2^2T_1T_2$, $T_2T_1T_2=T_2T_1T_2T_1^2$, 所以可以得到下列两个等式:

$$\begin{aligned}&a(a^2-1)T_2^2T_1+b(b^2-1)T_2+a(b+c)^2T_2^2T_1+a^2(b+c)T_2T_1\\&+(2a^2b+2a^2c+3bc^2+3b^2c+c^3-c)T_1T_2+2a(b+c)^2T_2T_1T_2=0,\end{aligned}\tag{2.8.13}$$

$$\begin{aligned}&a(a^2-1)T_1+b(b^2-1)T_2T_1^2+a(b+c)^2T_2^2T_1+a^2(b+c)T_2T_1\\&+(2a^2b+2a^2c+3bc^2+3b^2c+c^3-c)T_1T_2+2a(b+c)^2T_2T_1T_2=0.\end{aligned}\tag{2.8.14}$$

对 (2.8.13), (2.8.14) 和 (2.8.12) 分别进行比较, 推出

$$(a^2-1)(T_1-T_2^2T_1)=0,\quad (b^2-1)(T_2-T_1T_2)=0.$$

显然存在下列几种情况使得上面两式同时成立:

(1) $a = \pm 1$, $b = \pm 1$;

(2) $a = \pm 1$, $T_2 = T_1T_2$;

(3) $b = \pm 1$, $T_1 = T_2^2T_1$;

(4) $T_1 = T_2^2T_1$, $T_2 = T_1T_2$.

(1) 当 $a = \pm 1$, $b = \pm 1$. 若 $a = \pm 1$, $b = 1$, 那么 (2.8.12) 变为如下形式:

$$(c+1)[\pm(c+1)T_2^2T_1 + T_2T_1 + (c^2+2c+2)T_1T_2 \pm 2(c+1)T_2T_1T_2] = 0,$$

很明显 $c = -1$ 或 $\pm(c+1)T_2^2T_1 + T_2T_1 + (c^2+2c+2)T_1T_2 \pm 2(c+1)T_2T_1T_2 = 0$ 才能使上式成立. 这样就得到了 (b_1).

若 $a = \pm 1$, $b = -1$, 则 (2.8.12) 化解为

$$(c-1)[\pm(c-1)T_2^2T_1 + T_2T_1 + (c^2-2c-2)T_1T_2 \pm 2(c-1)T_2T_1T_2] = 0,$$

其解为 $c = 1$ 或 $\pm(c-1)T_2^2T_1 + T_2T_1 + (c^2-2c-2)T_1T_2 \pm 2(c-1)T_2T_1T_2 = 0$. 因此有 ($\mathrm{b}_2$).

(2) 当 $a = \pm 1$, $T_2 = T_1T_2$, 得到关系式 $T_2^2 = T_2T_1T_2$, (2.8.12) 变为

$$(b+c)[(b+c)^2+1]T_2 \pm (b+c)^2T_2^2T_1 + (b+c)T_2T_1 \pm 2(b+c)^2T_2^2 = 0.$$

由上式可知, 可以得到 (b_3), (b_4).

(3) 当 $b = \pm 1$, $T_1 = T_2^2T_1$. 若 $b = 1$, $T_1 = T_2^2T_1$, 则 (2.8.12) 转化为

$$a(a^2+2c+c^2)T_1 + a^2(c+1)T_2T_1 + (c+1)(c^2+2c+2a^2)T_1T_2 + 2a(c+1)^2T_1^2 = 0.$$

若 $b = -1$, $T_1 = T_2^2T_1$, 那么 (2.8.12) 化解为

$$a(a^2-2c+c^2-2)T_1 + a^2(c-1)T_2T_1 + (c-1)(c^2-2c+2a^2)T_1T_2 + 2a(c-1)^2T_1^2 = 0.$$

这就找到条件 (b_5) 和 (b_6).

(4) 当 $T_1 = T_2^2T_1$, $T_2 = T_1T_2$, 得到关系式 $T_1^2 = T_2^2 = T_2T_1T_2$, 那么 (2.8.12) 有如下形式:

$$\begin{aligned}&a[(a^2-1)+(b+c)^2]T_1 + (b+c)[2a^2+(b+c)^2-1]T_2\\&+a^2(b+c)T_2T_1 + 2a(b+c)^2T_2^2 = 0.\end{aligned}$$

由上式可知, 若 $b + c = 0$, 则 $a^2 = 1$, 这种情况属于 (b_3); 若 $b + c \neq 0$, 那么就得到 (b_7).

注记 2.8.6　令 $c = 0$, 则我们得到文献 [10] 的主要结果.

2.9　k 次幂等矩阵线性组合的奇异性

设

$$T_1 = \begin{pmatrix} 1 & 0 \\ 0 & 1 \end{pmatrix}, \quad T_2 = \begin{pmatrix} 1 & 1 \\ 0 & 0 \end{pmatrix},$$

则对任意 $c_1, c_2 \in \mathbb{C}^*$ 且满足 $c_1 + c_2 \neq 0$, 有

$$c_1 T_1 + c_2 T_2 = \begin{pmatrix} c_1 + c_2 & c_2 \\ 0 & c_2 \end{pmatrix}$$

是非奇异的, 而 $T_1 - T_2$ 是奇异矩阵. 本节将讨论 $S_1 = \{c_1 T_1 + c_2 T_2 | c_1 + c_2 \neq 0, c_1, c_2 \in \mathbb{C}^*\}$ 与 $S_2 = \{T_1 - T_2\}$ 之间的关系.

定理 2.9.1　*设 $T_1, T_2 \in \mathbb{C}^{n\times n}$ 为 k 次幂等矩阵, $k > 1$. 若存在 $a_1, a_2, a_3, a_4 \in \mathbb{C}$ 满足*

$$a_1 T_1 + a_2 T_2 + a_3 T_1^{k-1} T_2 + a_4 T_2^{k-1} T_1 = 0, \tag{2.9.1}$$

则对任意满足 $c_1(a_2 + a_3) \neq c_2(a_1 + a_4)$ 的 $c_1, c_2 \in \mathbb{C}^*$, 有

$$\mathcal{N}(c_1 T_1 + c_2 T_2) = \mathcal{N}(T_1) \cap \mathcal{N}(T_2). \tag{2.9.2}$$

证明　对任意的 $c_1, c_2 \in \mathbb{C}^*$, 有 $\mathcal{N}(T_1) \cap \mathcal{N}(T_2) \subseteq \mathcal{N}(c_1 T_1 + c_2 T_2)$.

下证 $\mathcal{N}(T_1) \cap \mathcal{N}(T_2) \supseteq \mathcal{N}(c_1 T_1 + c_2 T_2)$ 成立. 任意的 $x \in \mathcal{N}(c_1 T_1 + c_2 T_2)$ 及 c_1, $c_2 \in \mathbb{C}^*$ 满足 (2.9.1), 则有

$$c_1 T_1 x + c_2 T_2 x = 0. \tag{2.9.3}$$

对 (2.9.3) 分别左乘 T_1^{k-1} 与 T_2^{k-1} 得到

$$c_1 T_1 x + c_2 T_1^{k-1} T_2 x = 0, \quad c_1 T_2^{k-1} T_1 x + c_2 T_2 x = 0. \tag{2.9.4}$$

注意到 $T_1^k = T_1, T_2^k = T_2$, 对 (2.9.1) 右乘 x 可得

$$a_1 T_1 x + a_2 T_2 x + a_3 T_1^{k-1} T_2 x + a_4 T_2^{k-1} T_1 x = 0, \tag{2.9.5}$$

则

$$(T_1 x \;\; T_2 x \;\; T_1^{k-1} T_2 x \;\; T_2^{k-1} T_1 x) \begin{pmatrix} c_1 & c_1 & 0 & a_1 \\ c_2 & 0 & c_2 & a_2 \\ 0 & c_2 & 0 & a_3 \\ 0 & 0 & c_1 & a_4 \end{pmatrix} = (0 \;\; 0 \;\; 0 \;\; 0). \tag{2.9.6}$$

又

$$\det\begin{pmatrix} c_1 & c_1 & 0 & a_1 \\ c_2 & 0 & c_2 & a_2 \\ 0 & c_2 & 0 & a_3 \\ 0 & 0 & c_1 & a_4 \end{pmatrix} = c_1c_2[c_1(a_2+a_3)-c_2(a_1+a_4)] \neq 0, \tag{2.9.7}$$

则由 (2.9.6) 可得 $T_1x = T_2x = 0$.

由定理 2.9.1 可得如下结论.

定理 2.9.2 设 $T_1, T_2 \in \mathbb{C}^{n\times n}$ 为 k 次幂等矩阵, $k>1$. 若存在 $a_1, a_2, a_3, a_4 \in \mathbb{C}$, 使得 $a_1T_1 + a_2T_2 + a_3T_1^{k-1}T_2 + a_4T_2^{k-1}T_1 = 0$, 则对所有满足 $c_1(a_2+a_3) \neq c_2(a_1+a_4)$ 和 $d_1(a_2+a_3) \neq d_2(a_1+a_4)$ 的 $c_1, c_2, d_1, d_2 \in \mathbb{C}^*$, 有

$$r(c_1T_1 + c_2T_2) = r(d_1T_1 + d_2T_2)$$

成立. 特别地, 若存在 $d_1, d_2 \in \mathbb{C}^*$, $d_1(a_2+a_3) \neq d_2(a_1+a_4)$ 使得 $d_1T_1 + d_2T_2$ 非奇异, 则存在 $c_1, c_2 \in \mathbb{C}^*$, $c_1(a_2+a_3) \neq c_2(a_1+a_4)$ 使得 $c_1T_1 + c_2T_2$ 非奇异.

文献[197]中有如下结果: 对任意的正交投影 $P, Q \in \mathbb{C}^{n\times n}$(即 $P^2 = P = P^*$, $Q^2 = Q = Q^*$), 有 $\mathcal{N}(P+Q) = \mathcal{N}(P) \cap \mathcal{N}(Q)$, $\mathcal{R}(P+Q) = \mathcal{R}(P) + \mathcal{R}(Q)$. 对于 k 次幂等矩阵, 则有如下结果.

定理 2.9.3 设 $T_1, T_2 \in \mathbb{C}^{n\times n}$ 为 k 次幂等矩阵, $k>1$. 若存在 $b_1, b_2, b_3, b_4 \in \mathbb{C}$ 满足

$$b_1T_1 + b_2T_2 + b_3T_1T_2^{k-1} + b_4T_2T_1^{k-1} = 0, \tag{2.9.8}$$

则对任意满足 $c_1(b_2+b_4) \neq c_2(b_1+a_3)$ 的 $c_1, c_2 \in \mathbb{C}^*$, 有

$$\mathcal{R}(c_1T_1 + c_2T_2) = \mathcal{R}(T_1) + \mathcal{R}(T_2). \tag{2.9.9}$$

证明 令 $S_1 = T_1^*$, $S_2 = T_2^*$. 则 (2.9.8) 可以改成

$$\overline{b_1}S_1 + \overline{b_2}S_2 + \overline{b_3}S_2^{k-1}S_2 + \overline{b_4}S_1^{k-1}S_2 = 0.$$

另外, 显然 S_1, S_2 也是 k 次幂等矩阵. 任意的 $c_1, c_2 \in \mathbb{C}^*$ 满足 (2.9.9), 则 $c_1(b_2+b_4) \neq c_2(b_1+a_3)$. 由定理 2.9.1 可得 $\mathcal{N}(\overline{c_1}S_1 + \overline{c_2}S_2) = \mathcal{N}(S_1) \cap \mathcal{N}(S_2)$, 所以

$$\begin{aligned} \mathcal{R}(c_1T_1 + c_2T_2)^{\perp} &= \mathcal{N}((c_1T_1 + c_2T_2)^*) = \mathcal{N}(\overline{c_1}S_1 + \overline{c_2}S_2) \\ &= \mathcal{N}(S_1) \cap \mathcal{N}(S_2) = \mathcal{N}(T_1^*) \cap \mathcal{N}(T_2^*) \\ &= \mathcal{R}(T_1)^{\perp} \cap \mathcal{R}(T_2)^{\perp} = \mathcal{R}(T_1 + T_2)^{\perp}. \end{aligned}$$

定理 2.9.4　设 $T_1, T_2 \in \mathbb{C}^{n\times n}$ 为 k 次幂等矩阵, $k>1$. 若存在 $b_1, b_2, b_3, b_4 \in \mathbb{C}$ 满足 $b_1T_1+b_2T_2+b_3T_1T_2^{k-1}+b_4T_2T_1^{k-1}=0$, 则对所有满足 $c_1(b_2+b_4)\neq c_2(b_2+b_3)$ 和 $d_1(b_2+b_4)\neq d_2(b_1+b_3)$ 的 c_1, c_2, d_1, $d_2 \in \mathbb{C}^*$, 有

$$r(c_1T_1+c_2T_2)=r(d_1T_1+d_2T_2)$$

成立. 特别地, 若存在 d_1, $d_2 \in C^*$, $d_1(b_2+b_4)\neq d_2(b_1+b_3)$ 使得 $d_1T_1+d_2T_2$ 非奇异, 则存在 $c_1, c_2 \in \mathbb{C}^*$, $c_1(b_2+b_4)\neq c_2(b_1+b_3)$ 使得 $c_1T_1+c_2T_2$ 非奇异.

由条件 (2.9.2) 和 (2.9.9) 可以推出 $c_1+c_2\neq 0$, 所以有如下推论.

推论 2.9.5　设 $T_1, T_2 \in \mathbb{C}^{n\times n}$ 为 k 次幂等矩阵, 满足 $T_1^{k-1}T_2=T_2^{k-1}T_1$ 或 $T_2T_1^{k-1}=T_1T_2^{k-1}$, $k>1$. 若对满足 $d_1+d_2\neq 0$ 的 d_1, $d_2 \in \mathbb{C}^*$, 有线性组合 $d_1T_1+d_2T_2$ 非奇异, 则对所有的满足 $c_1+c_2\neq 0$ 的 c_1, $c_2\in\mathbb{C}^*$, 有 $c_1T_1+c_2T_2$ 非奇异.

若 $P_1, P_2 \in \mathbb{C}^{n\times n}$ 是幂等的, P_1-P_2 是非奇异的充要条件是 P_1+P_2 与 $I_n-P_1P_2$ 是非奇异的[157]. Baksalary 通过用线性组合 $c_1P_1+c_2P_2$ 替换 P_1+P_2 加强了这个结果, 其中 $c_1+c_2\neq 0$. 注意到, 若 T_1, $T_2 \in \mathbb{C}^{n\times n}$ 为 k 次幂等矩阵, $k>1$, 且满足 (2.9.1), 则 $\mathcal{N}(c_1T_1+c_2T_2)=\mathcal{N}(T_1)\cap\mathcal{N}(T_2)$ 对所有满足 (2.9.2) 的 $c_1, c_2 \in \mathbb{C}^*$ 成立. 又因为 $\mathcal{N}(T_1)\cap\mathcal{N}(T_2)\subseteq\mathcal{N}(T_1-T_2)$, 则由 T_1-T_2 的非奇异性可以得到 $c_1T_1+c_2T_2$ 的非奇异性. 当 T_1, T_2 满足条件 (2.9.8) 常数 c_1, c_2 满足 (2.9.9) 时, 一个类似的结果也是成立的. 下面定理类似于文献 [22, 定理 2], 但是它是建立在 k 次幂等矩阵基础上.

定理 2.9.6　设 T_1, T_2 为 k 次幂等矩阵且满足 $I_n-T_1^{k-1}T_2^{k-1}$ 非奇异, 若存在 c_1, $c_2\in\mathbb{C}^*$ 使得 $c_1T_1+c_2T_2$ 非奇异性, 则 T_1-T_2 非奇异.

证明　令 $x\in N(T_1-T_2)$, 对 $T_1x=T_2x$ 分别左乘 T_1^{k-1}, T_2^{k-1}, 得到 $T_1x=T_1^{k-1}T_2x$ 和 $T_2^{k-1}T_1x=T_2x$. 于是有

$$\begin{aligned}
&(I_n-T_1^{k-1}T_2^{k-1})(c_1T_1+c_2T_2)x\\
=&c_1T_1x+c_2T_2x-T_1^{k-1}T_2^{k-1}(c_1T_1+c_2T_2)x\\
=&c_1T_1x+c_2T_2x-c_1T_1^{k-1}T_2x+c_2T_1x,\\
=&c_1T_1x+c_2T_2x-c_1T_1x+c_2T_1x\\
=&c_2(T_2x-T_1x)\\
=&0.
\end{aligned}\tag{2.9.10}$$

由假设 $c_1T_1+c_2T_2$ 与 $I_n-T_1^{k-1}T_2^{k-1}$ 是非奇异的, 则可以由 (2.9.10) 推出 $x=0$, 于是得到 $\mathcal{N}(T_1-T_2)=\{0\}$.

对任意两个 k 次幂等矩阵 $T_1, T_2 \in \mathbb{C}^{n\times n}$, 有 $T_1 - T_2$ 非奇异而 $I_n - T_1^{k-1}T_2^{k-1}$ 奇异, 甚至 T_1, T_2 满足条件 (2.9.1) 或者它们可交换. 看下面的例子: 设 $T_1 = 1, T_2 = -1$. 很显然, T_1, T_2 是三次幂等矩阵, 事实上 $(T_1^2 = T_2^2 = 1)$, 它们可交换且满足 (2.9.1), 其中 $a_1 = 1, a_2 = -1, a_3 = a_4 = 0$, 有 $T_1 - T_2 = 2$ 非奇异, 然而 $1 - T_1^2T_2^2 = 0$ 奇异.

下面证明如下定理.

定理 2.9.7 设 T_1, T_2 为两个可交换的 k 次幂等矩阵, $k > 1$. 若存在 $a \in \mathbb{C}^*$ 使得 $T_1 + aT_2$ 非奇异, 则对所有满足 $-c_1/c_2$ 不属于 $\sqrt[k-1]{1}$ 的 $c_1, c_2 \in \mathbb{C}^*$, 有 $c_1T_1 + c_2T_2$ 与 $c_1I_n - c_2T_1^{k-1}T_2^{k-1}$ 是非奇异的.

证明 因为 T_1, T_2 可对角化且可交换, 则可同时对角化, 即存在非奇异矩阵 S 使得 $S^{-1}T_1S$ 与 $S^{-1}T_2S$ 为可对角矩阵.

$$T_1 = S\text{diag}(\lambda_1, \cdots, \lambda_n)S^{-1}, \quad T_2 = S\text{diag}(\mu_1, \cdots, \mu_n)S^{-1}.$$

由 T_1 与 T_2 都是为 k 次幂等矩阵, 我们得到 $\lambda_i, \mu_1 \in \{0\} \cup \sqrt[k-1]{1}, i = 1, \cdots, n$. 由 $T_1 + aT_2 = S\text{diag}(\lambda_1 + \alpha\mu_1, \cdots, \lambda_n + \alpha\mu_n)S^{-1}$ 是非奇异的可得

$$\lambda_i + \alpha\mu_i \neq 0, \quad i = 1, \cdots, n. \tag{2.9.11}$$

任意选取 $c_1, c_2 \in \mathbb{C}^*$, 满足 $-c_1/c_2$ 不属于 $\sqrt[k-1]{1}$, 有

$$\det(c_1T_1 + c_2T_2) = \prod_{i=1}^{n}(c_1\lambda_i + c_2\mu_i), \quad \det(c_1T_n + c_2T_1T_2) = \prod_{i=1}^{n}(c_1 + c_2\lambda_i\mu_i).$$

要证此定理, 需证 $c_1\lambda_i + c_2\mu_i \neq 0$ 与 $c_1 + c_2\lambda_i\mu_i \neq 0$ 对 $i = 1, \cdots, n$ 都成立.

假设存在 $j \in \{1, \cdots, n\}$ 且 $c_1\lambda_j + c_2\mu_j = 0$, 若 $\lambda_j = 0$, 则 $\mu_j = 0$, 这与 (2.9.11) 矛盾. 同理我们可以证明 $\mu_j \neq 0$. 所以 $-c_1/c_2 = \mu_j/\lambda_j \in \sqrt[k-1]{1}$. 这与 c_1,c_2 的选择矛盾. 类似地, 我们可以证明 $c_1 + c_2\lambda_i\mu_i \neq 0$ 对 $i = 1, \cdots, n$ 都成立.

若 $P_1, P_2 \in \mathbb{C}^{n\times n}$ 是两幂等矩阵, $P_1 + P_2$ 非奇异的充要条件是 $\mathcal{R}(P_1) \cap \mathcal{R}(P_2(I - P_1)) = \{0\}$ 且 $\mathcal{N}(P_1) \cap \mathcal{N}(P_2) = \{0\}$[126, 157]. 更一般的情形, $c_1P_1 + c_2P_2$ 非奇异的充要条件是 $\mathcal{N}(P_1) \cap \mathcal{N}(P_2) = \{0\}$ 与 $\mathcal{R}(P_1(I - P_2)) \cap \mathcal{R}(P_2(I - P_1)) = \{0\}$, 其中 $c_1, c_2 \in \mathbb{C}^*$ 满足 $c_1 + c_2 \neq 0$[8]. 对于 k 次幂等矩阵同样有如下的结果.

定理 2.9.8 设 T_1, T_2 为两个可交换的 k 次幂等矩阵, $k > 1$. $c_1, c_2 \in \mathbb{C}^*$ 且 $c_1 + c_2 \neq 0$. 则

(i) 若 $c_1T_1 + c_2T_2$ 非奇异的, 则 $\mathcal{N}(T_1) \cap \mathcal{N}(T_2) = \{0\}$;

(ii) 若 $\mathcal{R}(T_1(I - T_1^{k-2}T_2)) \cap \mathcal{R}(T_2(I - T_2^{k-2}T_1)) = \{0\}$ 且 $\mathcal{N}(T_1) \cap \mathcal{N}(T_2) = \{0\}$, 则 $c_1T_1 + c_2T_2$ 非奇异.

证明　(i) 很显然, $\mathcal{N}(T_1)\cap\mathcal{N}(T_2)\subseteq\mathcal{N}(c_1T_1+c_2T_2)$. 若 $c_1T_1+c_2T_2$ 非奇异, 则 $\mathcal{N}(T_1)\cap\mathcal{N}(T_2)=\{0\}$. 结论成立.

(i) 下证 $\mathcal{N}(c_1T_1+c_2T_2)=\{0\}$. 若 $x\in\mathcal{N}(c_1T_1+c_2T_2)$, 则有

$$c_1T_1x+c_2T_2x=0. \tag{2.9.12}$$

对 (2.9.12) 分别左乘 T_1^{k-1} 与 T_2^{k-1} 得到

$$c_1T_1x+c_2T_1^{k-1}T_2x=0,\quad c_1T_2^{k-1}T_1x+c_2T_2x=0. \tag{2.9.13}$$

由 (2.9.11) 和 (2.9.12) 的二式可得 $c_1T_1x=-c_2T_2x=c_1T_2^{k-1}T_1x$, 有 $T_1x=T_2^{k-1}T_1x$ 成立. 由 (2.9.11) 和 (2.9.12) 的一式可得 $-c_2T_2x=c_1T_1x=-c_2T_1^{k-1}T_2x$, 有 $T_2x=T_1^{k-1}T_2x$. 于是有

$$(c_1+c_2)T_1x=c_1T_1+c_2T_1x=-c_2T_1^{k-1}T_2x+c_2T_1x=c_2T_1(I_n-T_1^{k-2}T_2)x. \tag{2.9.14}$$

由 (2.9.12) 及 $T_1x=T_2^{k-1}T_1x$, 有

$$(c_1+c_2)T_1x=c_1T_1+c_2T_1x=c_2T_1x+c_2T_2^{k-1}T_1x=-c_2T_2(I_n-T_2^{k-2}T_1)x. \tag{2.9.15}$$

由 (2.9.14), (2.9.15), 有

$$T_1x\in\mathcal{R}(T_1(I-T_1^{k-2}T_2))\cap\mathcal{R}(T_2(I-T_2^{k-2}T_1)).$$

由 (ii) 的第一个条件可得 $T_1x=0$. 同理 $T_2x=0$, 则 $x\in\mathcal{N}(T_1+T_2)$, 由 (ii) 的第二个条件可得 $x=0$, 所以 $c_1T_1+c_2T_2$ 非奇异.

下面定理说明了线性组合 $T=c_1T_1+c_2T_2$ 的非奇异性与这两个线性组合 $c_1T_1T_2^{k-1}+c_2T_2T_1^{k-1}$, $c_1T_2^{k-1}T_1+c_2T_1^{k-1}T_2$ 的非奇异性有关, 其中 T_1, T_2 是 k 次幂等矩阵.

定理 2.9.9　*设 $T_1,T_2\in\mathbb{C}^{n\times n}$ 为 k 次幂等矩阵, $k>1$. c_1, $c_2\in\mathbb{C}^*$, 则下面命题是等价的:*

(i) $c_1T_1T_2^{k-1}+c_2T_2T_1^{k-1}$ *非奇异;*

(ii) $c_1T_2^{k-1}T_1+c_2T_1^{k-1}T_2$ *非奇异;*

(iii) $c_1T_1+c_2T_2$, $I_n-T_1^{k-1}-T_2^{k-1}$ *非奇异.*

证明　由下面两个等式即可得到

$$(c_1T_1+c_2T_2)(I_n-T_1^{k-1}-T_2^{k-1})=-(c_1T_1T_2^{k-1}+c_2T_2T_1^{k-1}),$$
$$(I_n-T_1^{k-1}-T_2^{k-1})(c_1T_1+c_2T_2)=-(c_1T_2^{k-1}T_1+c_2T_1^{k-1}T_2).$$

2.10　k 次幂等矩阵线性组合的群逆

现在将研究两个 k 次幂等矩阵的线性组合的群逆表示. 近几年, 对于两个矩阵或 Hilbert 空间两个算子和的 Drazin 逆的表示已经有了很多好的结果. 群逆作为

Drazin 逆的特殊情形, 下面我们将讨论两个 k 次幂等矩阵的线性组合是否群逆和可逆. 若是群可逆的, 我们将给出线性组合的群逆表示.

设 $T_1, T_2 \in \mathbb{C}^{n\times n}$ 为 k 次幂等矩阵, $k>1$. 因为 T_1 是 k 次幂等矩阵, 则可对角化且谱包含在 $\{0\}\cup \sqrt[k-1]{1}$ 内. 所以, 存在非奇异矩阵 $S\in\mathbb{C}^{n\times n}$, 使得

$$T_1 = S\begin{pmatrix} A & 0 \\ 0 & 0 \end{pmatrix} S^{-1},\quad A=\operatorname{diag}(\lambda_1,\cdots,\lambda_r),\quad \lambda_i^{k-1}=1,\ i=1,\cdots,r. \tag{2.10.1}$$

注意到 A 是非奇异的, 且 $A^{k-1}=I_r$, 则 T_2 可表示为

$$T_2 = S\begin{pmatrix} B & C \\ D & E \end{pmatrix} S^{-1},\quad B\in\mathbb{C}^{r\times r},\ E\in\mathbb{C}^{(n-r)\times(n-r)}. \tag{2.10.2}$$

定理 2.10.1 设 $T_1, T_2 \in \mathbb{C}^{n\times n}$ 为 k 次幂等矩阵, $k>1$, 且满足 $T_1^{k-1}T_2 = T_2^{k-1}T_1$, $c_1, c_2\in\mathbb{C}^*$. 若 T_1 或 T_2 非奇异, 则

(i) $c_1T_1+c_2T_2$ 非奇异当且仅当 $c_1+c_2\neq 0$, 此时

(a) 若 T_1 非奇异, 则 $(c_1+c_2)(c_1T_1+c_2T_2)^{-1} = T_1^{-1}+c_2c_1^{-1}T_1^{-1}(I_n-T_2^{k-1})$;

(b) 若 T_2 非奇异, 则 $(c_1+c_2)(c_1T_1+c_2T_2)^{-1} = T_2^{-1}+c_1c_2^{-1}T_2^{-1}(I_n-T_1^{k-1})$.

(ii) 对任意 $c_1, c_2\in\mathbb{C}^*$, $c_1T_1+c_2T_2$ 群可逆.

(a) 若 T_1 非奇异, 则 $(T_1-T_2)^{\#} = T_1^{-2}(T_1-T_2)$;

(b) 若 T_2 非奇异, 则 $(T_2-T_1)^{\#} = T_2^{-2}(T_2-T_1)$.

证明 由假设可设 T_2 非奇异, (i) 之 (a) 和 (ii) 之 (a) 的证明类似, 则由 T_2 的非奇异性可得 $T_2^{k-1}=I_n$, 于是 $T_1^{k-1}T_2=T_2^{k-1}T_1$, $T_1^{k-1}T_2=T_1$. 下面将 T_1, T_2 写成 (2.10.1),(2.10.2) 的形式, 则由 $T_1^{k-1}T_2=T_1$ 可得 $B=A$, $C=0$, 于是

$$T_2 = S\begin{pmatrix} A & 0 \\ D & E \end{pmatrix} S^{-1},\quad c_1T_1+c_2T_2 = S\begin{pmatrix} (c_1+c_2)A & 0 \\ c_1D & c_2E \end{pmatrix} S^{-1},\quad \forall c_1,c_2\in\mathbb{C}^*. \tag{2.10.3}$$

若存在序列 $(D_m)_{m=1}^{\infty}\subset\mathbb{C}^{(n-r)\times r}$ 满足

$$T_2^m = S\begin{pmatrix} A^m & 0 \\ D_m & E^m \end{pmatrix} S^{-1},\quad \forall m\in\mathbb{N}.$$

由 $T_2^{k-1}=I_n$, 则 $E^{k-1}=I_{n-r}$, 得到 E 非奇异.

(i) 因为 A 与 E 非奇异, $c_2\neq 0$, 由 (2.10.3) 中 $c_1T_1+c_2T_2$ 的表示可知, $c_1T_1+c_2T_2$ 非奇异当且仅当 $c_1+c_2\neq 0$.

若 $c_1,c_2\in\mathbb{C}^*$ 满足于 $c_1+c_2\neq 0$, 则由 (2.10.3) 直接得到

$$T_2^{-1} = S\begin{pmatrix} A^{-1} & 0 \\ -E^{-1}DA^{-1} & E^{-1} \end{pmatrix} S^{-1},$$

$$(c_1T_1+c_2T_2)^{-1}=S\begin{pmatrix}(c_1+c_2)^{-1}A^{-1} & 0\\ -(c_1+c_2)^{-1}E^{-1}DA^{-1} & c_2^{-1}E^{-1}\end{pmatrix}S^{-1}. \tag{2.10.4}$$

于是

$$\begin{aligned}&(c_2+c_2)(c_1T_1+c_2T_2)^{-1}\\ =&S\begin{pmatrix}A^{-1} & 0\\ E^{-1}DA^{-1} & \dfrac{c_1+c_2}{c_2}E^{-1}\end{pmatrix}S^{-1}\\ =&S\left\{\begin{pmatrix}A^{-1} & 0\\ E^{-1}DA^{-1} & E^{-1}\end{pmatrix}+\begin{pmatrix}0 & 0\\ 0 & \left(\dfrac{c_1+c_2}{c_2}-1\right)E^{-1}\end{pmatrix}\right\}S^{-1}\\ =&T_2^{-1}+\frac{c_1}{c_2}S\begin{pmatrix}0 & 0\\ 0 & E^{-1}\end{pmatrix}S^{-1}.\end{aligned} \tag{2.10.5}$$

另一方面, 由 (2.10.1), (2.10.4) 可得

$$\begin{aligned}T_2^{-1}(I_n-T_1^{k-1})&=S\begin{pmatrix}A^{-1} & 0\\ -E^{-1}DA^{-1} & E^{-1}\end{pmatrix}\begin{pmatrix}0 & 0\\ 0 & I_{n-r}\end{pmatrix}S^{-1}\\ &=S\begin{pmatrix}0 & 0\\ 0 & E^{-1}\end{pmatrix}S^{-1}.\end{aligned} \tag{2.10.6}$$

所以由 (2.10.5), (2.10.6) 可得 (i) 之 (b) 成立.

(ii) 若 $c_1, c_2 \in \mathbb{C}^*$ 满足于 $c_1+c_2 \neq 0$, 由前面证明可知, $c_1T_1+c_2T_2$ 非奇异. 特别地, $c_1T_1+c_2T_2$ 群可逆.

下面将证当 $c_1, c_2 \in \mathbb{C}^*$ 满足于 $c_1+c_2=0$ 时, $c_1T_1+c_2T_2$ 群可逆. 因为对任意方阵 X 及常数 $c\in\mathbb{C}^*$ 有 X 群可逆, 当且仅当 cX 群可逆. 不妨设 $c_1=-1, c_2=1$, 即下证 T_2-T_1 群可逆. 因此, 令

$$M=\begin{pmatrix}0 & 0\\ D & E\end{pmatrix},\quad N=\begin{pmatrix}0 & 0\\ E^{-2}D & E^{-1}\end{pmatrix}.$$

由群逆定义易得 $N=M^{\#}$, 由 (2.10.3) 有 $T_2-T_1=SMS^{-1}$ 群可逆且 $(T_2-T_1)^{\sharp}=(SMS^{-1})^{\#}=SM^{\sharp}S^{-1}=SNS^{-1}$.

由 (2.10.4) 的第一个等式可知

$$T_2^{-1}=S\begin{pmatrix}A^{-2} & 0\\ X & E^{-2}\end{pmatrix}S^{-1},$$

其中 $X \in \mathbb{C}^{(n-r)\times r}$, 所以

$$T_2^{-2}(T_2-T_1)=S\begin{pmatrix} A^{-2} & 0 \\ X & E^{-2} \end{pmatrix}\begin{pmatrix} 0 & 0 \\ D & E \end{pmatrix}S^{-1}$$
$$=S\begin{pmatrix} 0 & 0 \\ E^{-2}D & E^{-1} \end{pmatrix}S^{-1}=SNS^{-1},$$

(ii) 之 (b) 等式证得.

定理 2.10.2　设 $T_1, T_2 \in \mathbb{C}^{n\times n}$ 为 k 次幂等矩阵, $k>1$, 且满足 $T_2T_1^{k-1}=T_1T_2^{k-1}$. $c_1, c_2 \in \mathbb{C}^*$, 若 T_1 或 T_2 非奇异, 则

(i) $c_1T_1+c_2T_2$ 非奇异当且仅当 $c_1+c_2\neq 0$, 此时

(a) 如果 T_1 非奇异, 则

$$(c_1+c_2)(c_1T_1+c_2T_2)^{-1}=2(T_1+T_2)^{-1}+\left(\frac{c_2-c_1}{c_1}\right)(I_n-T_2^{k-1})T_1^{-1};$$

(b) 如果 T_2 非奇异, 则

$$(c_1+c_2)(c_1T_1+c_2T_2)^{-1}=2(T_1+T_2)^{-1}+\left(\frac{c_1-c_2}{c_2}\right)(I_n-T_1^{k-1})T_2^{-1};$$

(ii) 对任意 $c_1, c_2 \in \mathbb{C}^*$, $c_1T_1+c_2T_2$ 群可逆.

(a) 若 T_1 非奇异, 则 $(T_1-T_2)^\sharp=(T_1-T_2)T_1^{-2}$;

(b) 若 T_2 非奇异, 则 $(T_2-T_1)^\sharp=(T_2-T_1)T_2^{-2}$.

下面将在另外条件下给出关于两个 k 次幂等矩阵线性组合群可逆性的结果.

定理 2.10.3　设 $T_1, T_2 \in \mathbb{C}^{n\times n}$ 为 k 次幂等矩阵, $k>1$, $T_1T_2=0$, $c_1, c_2 \in \mathbb{C}^*$, 则

(i) $\mathcal{N}(c_1T_1+c_2T_2)=\mathcal{N}(T_1+T_2)$, $\mathcal{R}(c_1T_1+c_2T_2)=\mathcal{R}(T_1+T_2)$. 特别地, $c_1T_1+c_2T_2$ 非奇异当且仅当 T_1+T_2 非奇异, 此时有

$$(c_1T_1+c_2T_2)^{-1}=c_1^{-1}(T_1+T_2)^{-1}+(c_2^{-1}-c_1^{-1})T_2^{k-2}(I_n-T_1^{k-1}). \tag{2.10.7}$$

(ii) $c_1T_1+c_2T_2$ 群可逆且

$$(c_1T_1+c_2T_2)^\sharp=c_1^{-1}(I_n-T_2^{k-1})T_1^{k-2}+c_2^{-1}T_2^{k-2}(I_n-T_1^{k-1}). \tag{2.10.8}$$

证明　令 T_1, T_2 如 (2.10.1), (2.10.2) 表示, 由 $T_1T_2=0$ 及 A 的非奇异性, 可得 $B=0$, $C=0$, 于是

$$T_2=S\begin{pmatrix} 0 & 0 \\ D & E \end{pmatrix}S^{-1}.$$

从而有

$$c_1T_1 + c_2T_2 = S\begin{pmatrix} c_1A & 0 \\ c_2D & c_2E \end{pmatrix}S^{-1}, \quad T_1 + T_2 = S\begin{pmatrix} A & 0 \\ D & E \end{pmatrix}S^{-1}. \quad (2.10.9)$$

经过归纳法计算可知

$$T_2^m = S\begin{pmatrix} 0 & 0 \\ E^{m-1}D & E^m \end{pmatrix}S^{-1}, \quad \forall m \in \mathbb{N}. \quad (2.10.10)$$

由 $T_2^k = T_2$ 可知

$$E^{k-1}D = D, \quad E^k = E. \quad (2.10.11)$$

(i) 由 $T_1T_2 = 0$ 可知 $T_1^{k-1}T_2 = 0$, $T_1T_2^{k-1} = 0$, 则由定理 2.9.1 及定理 2.9.3 可得 $\mathcal{N}(c_1T_1 + c_2T_2) = \mathcal{N}(T_1 + T_2)$, $\mathcal{R}(c_1T_1 + c_2T_2) = \mathcal{R}(T_1 + T_2)$.

假设 $T_1 + T_2$ 非奇异, 由 (2.10.9) 的第二个等式可知 E 非奇异. 易得

$$(c_1T_1 + c_2T_2)^{-1} = S\begin{pmatrix} c_1^{-1}A^{-1} & 0 \\ -c_1^{-1}E^{-1}DA^{-1} & c_2^{-1}E^{-1} \end{pmatrix}S^{-1},$$

$$(T_1 + T_2)^{-1} = S\begin{pmatrix} A^{-1} & 0 \\ -E^{-1}DA^{-1} & E^{-1} \end{pmatrix}S^{-1}.$$

于是

$$(c_1T_1 + c_2T_2)^{-1} - c_1^{-1}(T_1 + T_2)^{-1} = (c_2^{-1} - c_1^{-1})S\begin{pmatrix} 0 & 0 \\ 0 & E^{-1} \end{pmatrix}S^{-1}.$$

要证等式 (2.10.7) 成立, 需证 $T_2^{k-2}(I_n - T_1^{k-1}) = S(0 \oplus E^{-1})S^{-1}$, 下面分 $k = 2$ 与 $k > 2$ 来讨论:

若 $k = 2$, 则 $T_2^{k-2}(I_n - T_1^{k-1}) = I_n - T_1 = S(0 \oplus I_{n-r})S^{-1}$. 由 (2.10.1) 可得, $T_1 = S(A \oplus 0)S^{-1} = S(I_r \oplus 0)S^{-1}$. 另外, 由 E 的非奇异性及 (2.10.1) 的第二个等式可得 $E = I_{n-r}$, 则有 $T_2^{k-2}(I_n - T_1^{k-1}) = S(0 \oplus E^{-1})S^{-1}$ 成立.

若 $k > 2$, 应用 (2.9.15) 计算 T_2^{k-2}, 由 (2.16) 的分解可得 $T_1^{k-1} = S(A^{k-1} \oplus 0)S^{-1}S(I_r \oplus 0)S^{-1}$, 则

$$T_2^{k-2}(I_n - T_1^{k-1}) = S\begin{pmatrix} 0 & 0 \\ E^{k-3}D & E^{k-2} \end{pmatrix}\begin{pmatrix} 0 & 0 \\ 0 & I_{n-r} \end{pmatrix}S^{-1} = S\begin{pmatrix} 0 & 0 \\ 0 & E^{k-2} \end{pmatrix}S^{-1}.$$

由 $E^k = E$ 及 E 非奇异可得 $T_2^{k-2}(I_n - T_1^{k-1}) = S(0 \oplus E^{-1})S^{-1}$.

(ii) 要证 $c_1T_1+c_2T_2$ 群可逆, 可设

$$M=\begin{pmatrix} c_1A & 0 \\ c_2D & c_2E \end{pmatrix},\quad N=\begin{pmatrix} c_1^{-1}A^{-1} & 0 \\ -c_1^{-1}E^{k-2}DA^{-1} & c_2^{-1}E^{k-2} \end{pmatrix}.$$

下证 $MN=NM$, 首先由 (2.10.11) 的第一个等式得到 $DA^{-1}-E^{k-1}DA^{-1}=0$, 则有

$$MN=\begin{pmatrix} I_t & 0 \\ 0 & E^{k-1} \end{pmatrix}=NM.$$

另外, 由 (2.10.11) 可得 $MNM=M$, 由 $E^{k-2}E^{k-1}=E^{k-2}$ 可得 $NMN=N$. 于是 M 是群可逆的, 且 $M^{\#}=N$. 因为 $c_1T_1+c_2T_2=SMS^{-1}$, 则 $c_1T_1+c_2T_2$ 群可逆且 $(c_1T_1+c_2T_2)^{\#}=SNS^{-1}$. 注意到

$$SNS^{-1}=c_1S\begin{pmatrix} A^{-1} & 0 \\ E^{k-2}DA^{-1} & 0 \end{pmatrix}S^{-1}+c_2^{-1}S\begin{pmatrix} 0 & 0 \\ 0 & E^{k-2} \end{pmatrix}S^{-1}. \quad (2.10.12)$$

由 (2.10.1), (2.10.10), 可得

$$\begin{aligned}(I_n-T_2^{k-1})T_1^{k-2}&=S\left\{\begin{pmatrix} I_r & 0 \\ 0 & I_{n-r} \end{pmatrix}-\begin{pmatrix} 0 & 0 \\ E^{k-2}D & E^{k-1} \end{pmatrix}\right\}\begin{pmatrix} A^{-1} & 0 \\ 0 & 0 \end{pmatrix}S^{-1}\\ &=S\begin{pmatrix} I_r & 0 \\ E^{k-2}D & I_{n-r}-E^{k-1} \end{pmatrix}\begin{pmatrix} A^{-1} & 0 \\ 0 & 0 \end{pmatrix}S^{-1}\\ &=S\begin{pmatrix} A^{-1} & 0 \\ -E^{k-2}DA^{-1} & 0 \end{pmatrix}S^{-1}. \end{aligned} \quad (2.10.13)$$

下证

$$T_2^{k-2}(I_n-T_1^{k-1})=S\begin{pmatrix} 0 & 0 \\ 0 & E^{k-2} \end{pmatrix}S^{-1}. \quad (2.10.14)$$

当 $k=2$ 时, 由 (2.10.1), 得到 $T_1=S(I_r\oplus 0)S^{-1}$, 于是

$$T_2^{k-2}(I_n-T_1^{k-1})=I_r-T_1=S(0\oplus I_{n-r})S^{-1}=S(0\oplus E^{k-2})S^{-1};$$

当 $k>2$ 时, 应用 (2.10.10), (2.10.1), 可得

$$T_2^{k-2}(I_n-T_1^{k-1})=S\begin{pmatrix} 0 & 0 \\ E^{k-3}D & E^{k-2} \end{pmatrix}\begin{pmatrix} 0 & 0 \\ 0 & I_{n-r} \end{pmatrix}S^{-1}=S\begin{pmatrix} 0 & 0 \\ 0 & E^{k-2} \end{pmatrix}S^{-1}.$$

综合 (2.10.12), (2.10.13), (2.10.14), 可得 (2.10.8).

下面, 我们进一步研究在一定条件下, 线性组合的群逆的表示式.

引理 2.10.4[22, 习题5.10.12] 设 $T \in \mathbb{C}^{n\times n}$. 则 T 群可逆当且仅当存在非奇异矩阵 $U \in \mathbb{C}^{n\times n}$ 和 $A \in \mathbb{C}^{r\times r}$ 使得 $T = U(A \oplus 0)U^{-1}$, 其中 r 为 T 的秩. 进一步有 $T^{\#} = U(A^{-1} \oplus 0)U^{-1}$.

下面的叙述可以作为引理 2.10.4 的推论.

设 $T \in \mathbb{C}^{n\times n}$ 是一个 k 次幂等矩阵且 $r(T) = r$, 则 T 群可逆且存在非奇异矩阵 $U \in \mathbb{C}^{n\times n}$ 和 $A \in \mathbb{C}^{r\times r}$ 使得 $T = U(A \oplus 0)U^{-1}$, 其中 $A^{k-1} = I_r$. 此外, 当 $k > 2$ 时, $T^{\#} = U(A^{k-2} \oplus 0)U^{-1}$.

引理 2.10.5[14] 设 $M \in \mathbb{C}^{n\times n}$ 的分块矩阵形式是 $M = \begin{pmatrix} A & B \\ 0 & C \end{pmatrix}$, 其中 $A \in \mathbb{C}^{m\times m}$, $B \in \mathbb{C}^{m\times(n-m)}$, $C \in \mathbb{C}^{(n-m)\times(n-m)}$. 则 $M^{\#}$ 存在当且仅当 $A^{\#}$ 和 $C^{\#}$ 存在且 $A^{\pi}BC^{\pi} = 0$. 此时有

$$M^{\#} = \begin{pmatrix} A^{\#} & X \\ 0 & C^{\#} \end{pmatrix},$$

其中, $X = (A^{\#})^2BC^{\pi} + A^{\pi}B(C^{\#})^2 - A^{\#}BC^{\#}$.

若 $AA^{\dagger} = A^{\dagger}A$, 则 $A \in \mathbb{C}^{n\times n}$ 是 EP 矩阵. EP 矩阵的表征见文献 [52, 定理 4.3.1].

引理 2.10.6 设 $T \in \mathbb{C}^{n\times n}$. 则 A 是 EP 矩阵当且仅当存在酉矩阵 $U \in \mathbb{C}^{n\times n}$ 和非奇异矩阵 $A \in \mathbb{C}^{r\times r}$ 使得 $T = U(A \oplus 0)U^{*}$, 其中 $r = r(A)$. 很显然, $A^{\dagger} = U(A^{-1} \oplus 0)U^{*}$.

设 $T \in \mathbb{C}^{n\times n}$ 是超广义幂等矩阵且 $r = r(T)$. 由于 T 是 EP 矩阵, 由引理 2.10.6, 存在酉矩阵 $U \in \mathbb{C}^{n\times n}$ 和非奇异矩阵 $A \in \mathbb{C}^{r\times r}$, 使得 $T = U(A \oplus 0)U^{*}$. 根据 $T^{\dagger} = T^2$ 可得 $A^3 = I_r$.

设 $M, N \in \mathbb{C}^{n\times n}$, q 是正整数, 则

$$MN = NM \Rightarrow (M - N)\sum_{i=0}^{q} M^iN^{q-i} = M^{q+1} - N^{q+1}. \tag{2.10.15}$$

我们利用上面的关系式 (2.10.15) 来计算 k 次幂等矩阵线性组合群逆的表达式.

定理 2.10.7 设 $T_1, T_2 \in \mathbb{C}^{n\times n}$ 是非零的 k 次幂等矩阵且 $T_1T_2T_1 = T_2$, $k \geqslant 3$, $c_1, c_2 \in \mathbb{C} \setminus \{0\}$. 则以下结论成立:

(i) 当 k 为奇数, 若 $c_1^{k-1} - c_2^{k-1} \neq 0$, 则 $c_1T_1 + c_2T_2$ 群可逆且

$$\begin{aligned}&(c_1T_1 + c_2T_2)^{\#}\\ =&\frac{1}{c_1^{k-1} - c_2^{k-1}}T_1^{k-2}\left[\sum_{i=0}^{k-3} c_1^i(-c_2T_1T_2)^{k-2-i} + c_1^{k-2}T_2^{k-1}\right] + \frac{1}{c_1}T_1^{k-2}(I_n - T_2^{k-1});\end{aligned}$$

(ii) **当 k 为偶数, 若 $c_1^{k-1}+c_2^{k-1}\neq 0$, 则 $c_1T_1+c_2T_2$ 群可逆且**

$$\begin{aligned}&(c_1T_1+c_2T_2)^{\#}\\&=\frac{1}{c_1^{k-1}+c_2^{k-1}}T_2^{k-1}\left[\sum_{i=0}^{k-2}(c_1T_1)^i(-c_2T_2)^{k-2-i}\right]+\frac{1}{c_1}T_1^{k-2}(I_n-T_2^{k-1}).\end{aligned}$$

证明 设 $t=r(T_1)$. 由于 T_1 是 k 次幂等矩阵, 则存在非奇异矩阵 $U\in\mathbb{C}^{n\times n}$ 和 $X_1\in\mathbb{C}^{t\times t}$ 使得 $T_1=U(X_1\oplus 0)U^{-1}$, 其中 $X_1^{k-1}=I_t$. 令 T_2 有如下形式:

$$T_2=U\begin{pmatrix}Y_1&Y_2\\Y_3&Y_4\end{pmatrix}U^{-1},\quad Y_1\in\mathbb{C}^{t\times t}.$$

利用表达式 $T_1T_2T_1=T_2$ 得到 T_2 的分块矩阵形式, 即 $T_2=U(Y_1\oplus 0)U^{-1}$, 其中 $X_1Y_1X_1=Y_1$. 因此

$$Y_1X_1=X_1^{k-2}Y_1. \tag{2.10.16}$$

由 T_2 是 k 次幂等矩阵, 可知 Y_1 是 k 次幂等矩阵, 于是存在非奇异矩阵 $V_1\in\mathbb{C}^{t\times t}$ 和 $B_1\in\mathbb{C}^{s\times s}$, 使得 $Y_1=V_1(B_1\oplus 0)V_1^{-1}$, 其中 $B_1^{k-1}=I_s$. 设

$$X_1=V_1\begin{pmatrix}A_1&A_2\\A_3&A_4\end{pmatrix}V_1^{-1},\quad X_1^{k-2}=V_1\begin{pmatrix}Z_1&Z_2\\Z_3&Z_4\end{pmatrix}V_1^{-1},\quad A_1,Z_1\in\mathbb{C}^{s\times s}.$$

结合 (2.10.16) 和 B_1 的非奇异性得

$$A_2=0,\quad Z_3=0. \tag{2.10.17}$$

又由 $X_1^{k-1}=I_t$ 和 (2.10.17) 的第一个等式, 得到

$$A_1^{k-1}=I_s,\quad A_4^{k-1}=I_{t-s}.$$

再根据 $X_1X_1^{k-2}=I_t$ 和 (2.10.17) 的两个等式, 得到 $I_s=A_1Z_1$, $0=A_3Z_1$. 于是 A_1 可逆, $A_3=0$. 即 X_1 化简为 $X_1=V_1(A_1\oplus A_4)V_1^{-1}$.

令 $V=U(V_1\oplus I_{n-t})$, 则

$$T_1=U\begin{pmatrix}V_1\begin{pmatrix}A_1&0\\0&A_4\end{pmatrix}V_1^{-1}&0\\0&0\end{pmatrix}U^{-1}$$

$$
\begin{aligned}
&=U(V_1 \oplus I_{n-t}) \begin{pmatrix} A_1 & 0 & 0 & 0 \\ 0 & A_4 & 0 & 0 \\ 0 & 0 & 0 & 0 \\ 0 & 0 & 0 & 0 \end{pmatrix} (V_1^{-1} \oplus I_{n-t})U^{-1} \\
&=V \begin{pmatrix} A_1 & 0 & 0 & 0 \\ 0 & A_4 & 0 & 0 \\ 0 & 0 & 0 & 0 \\ 0 & 0 & 0 & 0 \end{pmatrix} V^{-1},
\end{aligned}
$$

同理可得

$$
T_2 = V \begin{pmatrix} B_1 & 0 & 0 & 0 \\ 0 & 0 & 0 & 0 \\ 0 & 0 & 0 & 0 \\ 0 & 0 & 0 & 0 \end{pmatrix} V^{-1},
$$

经过计算, 得到如下等式

$$
c_1T_1 + c_2T_2 = V \begin{pmatrix} c_1A_1 + c_2B_1 & 0 & 0 & 0 \\ 0 & c_1A_4 & 0 & 0 \\ 0 & 0 & 0 & 0 \\ 0 & 0 & 0 & 0 \end{pmatrix} V^{-1}. \tag{2.10.18}
$$

已知条件 $T_1T_2T_1 = T_2$ 蕴涵着 $A_1B_1A_1 = B_1$.

(i) 当 k 是奇数. 若 m 是偶数, 则有 $(A_1B_1)^m = B_1^m$. 于是, $(A_1B_1)^{k-1} = B_1^{k-1} = I_s$. 利用 (2.10.15) 易得如下结论:

$$
\begin{aligned}
&(c_1I_s + c_2A_1B_1) \sum_{i=0}^{k-2} c_1^i I_s (-c_2A_1B_1)^{k-2-i} \\
=&c_1^{k-1} I_s - (-c_2A_1B_1)^{k-1} \\
=&\left(c_1^{k-1} - c_2^{k-1}\right) I_s,
\end{aligned}
$$

因此, $c_1I + c_2A_1B_1$ 非奇异且

$$
(c_1I_s + c_2A_1B_1)^{-1} = \frac{1}{c_1^{k-1} - c_2^{k-1}} \sum_{i=0}^{k-2} c_1^i (-c_2A_1B_1)^{k-2-i}.
$$

这意味着

$$\begin{aligned}(c_1A_1+c_2B_1)^{-1}&=(c_1A_1+c_2A_1B_1A_1)^{-1}\\&=A_1^{-1}(c_1I_s+c_2A_1B_1)^{-1}\\&=\frac{1}{c_1^{k-1}-c_2^{k-1}}A_1^{k-2}\sum_{i=0}^{k-2}c_1^i(-c_2A_1B_1)^{k-2-i}.\end{aligned}$$

应用 (2.10.18), 显然可知 $c_1T_1+c_2T_2$ 群可逆且

$$\begin{aligned}&(c_1T_1+c_2T_2)^{\#}\\&=V\begin{pmatrix}\frac{1}{c_1^{k-1}-c_2^{k-1}}\left[A_1^{k-2}\sum_{i=0}^{k-2}c_1^i(-c_2A_1B_1)^{k-2-i}\right] & 0 & 0 & 0\\ 0 & \frac{1}{c_1}A_4^{k-2} & 0 & 0\\ 0 & 0 & 0 & 0\\ 0 & 0 & 0 & 0\end{pmatrix}V^{-1},\end{aligned} \tag{2.10.19}$$

根据 (2.10.19), 得到 (i) 成立.

(ii) 当 k 是偶数时. 若 m 是奇数, 则有 $(A_1B_1)^m=A_1B_1^m$ 和 $(A_1B_1)^m=B_1^mA_1^{-1}$. 令 $m=k-1$, 则 $A_1=A_1^{-1}$. 利用关系式 $A_1B_1A_1=B_1$, 从而有 $A_1B_1=B_1A_1^{-1}=B_1A_1$. 由 (2.10.15) 可得

$$\begin{aligned}&(c_1A_1+c_2B_1)\sum_{i=0}^{k-2}(c_1A_1)^i(-c_2B_1)^{k-2-i}\\&=(c_1A_1)^{k-1}-(-c_2B_1)^{k-1}\\&=c_1^{k-1}A_1^{k-1}+c_2^{k-1}B_1^{k-1}=\left(c_1^{k-1}+c_2^{k-1}\right)I_s,\end{aligned}$$

这表明 $c_1A_1+c_2B_1$ 非奇异且

$$(c_1A_1+c_2B_1)^{-1}=\frac{1}{c_1^{k-1}+c_2^{k-1}}\sum_{i=0}^{k-2}(c_1A_1)^i(-c_2B_1)^{k-2-i},$$

于是得到 (ii) 中的表达式.

推论 2.10.8 设 $T_1,T_2\in\mathbb{C}^{n\times n}$ 是非零的立方幂等矩阵, $c_1,c_2\in\mathbb{C}\setminus\{0\}$ 且满足 $c_1^2-c_2^2\neq 0$. 若 $T_1T_2T_1=T_2$, 则 $c_1T_1+c_2T_2$ 群可逆且

$$(c_1T_1+c_2T_2)^{\#}=\frac{1}{c_1^2-c_2^2}(c_1T_1T_2^2-c_2T_1^2T_2)+\frac{1}{c_1}T_1(I_n-T_2^2).$$

在文献 [100] 中, 作者考虑了一般逆的情况, 下面我们考虑群逆的情形.

定理 2.10.9　设 $T_1, T_2 \in \mathbb{C}^{n\times n}$ 是非零的 k 次幂等矩阵, $c_1, c_2 \in \mathbb{C}\setminus\{0\}$ 且满足 $c_1+c_2\neq 0$. 若 $T_2T_1^{k-1}=T_1T_2^{k-1}$, 其中 $k\geqslant 3$, 则 $c_1T_1+c_2T_2$ 群可逆且

$$\begin{aligned}(c_1T_1+c_2T_2)^{\#}=&\frac{1}{c_1+c_2}T_2^{k-1}T_1^{k-2}+\frac{1}{c_1}(I_n-T_2^{k-1})T_1^{k-2}\\&+\frac{1}{c_2}(I_n-T_1^{k-1})T_2^{k-2}-\frac{1}{c_1+c_2}T_1^{k-1}T_2^{k-2}(T_1^{k-1}-T_2^{k-1}).\end{aligned}$$

证明　设 $t=r(T_1)$. 因为 T_1 是 k 次幂等矩阵, 所以 T_1 群可逆, 根据引理 2.10.4 存在非奇异矩阵 $U\in\mathbb{C}^{n\times n}$ 和 $X_1\in\mathbb{C}^{t\times t}$ 使得 $T_1=U(X_1\oplus 0)U^{-1}$, 其中 $X_1^{k-1}=I_t$.

在 $T_2T_1^{k-1}=T_1T_2^{k-1}$ 两边左乘 $I_n-T_1T_1^{\#}$, 于是 $T_2T_1^{k-1}=T_1T_1^{\#}T_2T_1^{k-1}$; 再右乘 T_1 则有

$$T_2T_1=T_1T_1^{\#}T_2T_1. \tag{2.10.20}$$

记

$$T_2=U\begin{pmatrix}Y_1 & Y_2\\ Y_3 & Y_4\end{pmatrix}U^{-1},\quad Y_1\in\mathbb{C}^{t\times t}. \tag{2.10.21}$$

利用 (2.10.20) 和 X_1 的非奇异性, 得到 $Y_3=0$. 因此, 存在 $Z\in\mathbb{C}^{t\times(n-t)}$ 使得

$$T_2^{k-1}=U\begin{pmatrix}Y_1^{k-1} & Z\\ 0 & Y_4^{k-1}\end{pmatrix}U^{-1}. \tag{2.10.22}$$

结合 $T_2T_1^{k-1}=T_1T_2^{k-1}$ 和 X_1 的非奇异性, 从而有

$$Y_1=X_1Y_1^{k-1}\qquad 和 \qquad Z=0. \tag{2.10.23}$$

因为 $T_2^k=T_2$, 故 $Y_1^k=Y_1$, $Y_4^k=Y_4$. 另外, 利用关系式 $T_2=T_2T_2^{k-1}=T_2^{k-1}T_2$, $Z=0$ 可得

$$Y_2=Y_2Y_4^{k-1}=Y_1^{k-1}Y_2. \tag{2.10.24}$$

应用引理 2.10.4 可知, 存在非奇异矩阵 $V_1\in\mathbb{C}^{t\times t}$, $V_2\in\mathbb{C}^{(n-t)\times(n-t)}$, $B_1\in\mathbb{C}^{s\times s}$ 和 $D_1\in\mathbb{C}^{p\times p}$ 使得 $Y_1=V_1(B_1\oplus 0)V_1^{-1}$, $Y_4=V_2(D_1\oplus 0)V_2^{-1}$, 其中 $B_1^{k-1}=I_s$, $D_1^{k-1}=I_p$. 记

$$X_1=V_1\begin{pmatrix}A_1 & A_2\\ A_3 & A_4\end{pmatrix}V_1^{-1},\quad 其中 A_1\in\mathbb{C}^{s\times s}.$$

由 (2.10.23) 中的第一个等式得 $A_1=B_1$, $A_3=0$. 于是

$$X_1=V_1\begin{pmatrix}B_1 & A_2\\ 0 & A_4\end{pmatrix}V_1^{-1}. \tag{2.10.25}$$

关系式 $X_1^{k-1}=I_t$ 蕴涵着 A_4 是非奇异的矩阵且 $A_4^{k-1}=I_{t-s}$.

设 Y_2 的表达式为

$$Y_2=V_1\begin{pmatrix} E_1 & E_2 \\ E_3 & E_4 \end{pmatrix}V_2^{-1},\quad E_1\in\mathbb{C}^{s\times p},$$

由 (2.10.24), 则有 $E_2=0$, $E_3=0$, $E_4=0$. 从而有 $Y_2=V_1(E_1\oplus 0)V_2^{-1}$. 定义 $V=U(V_1\oplus V_2)$, 则

$$\begin{aligned} T_1 &= U\begin{pmatrix} V_1\begin{pmatrix} B_1 & A_2 \\ 0 & A_4 \end{pmatrix}V_1^{-1} & 0 \\ 0 & 0 \end{pmatrix}U^{-1} \\ &= U(V_1\oplus V_2)\begin{pmatrix} B_1 & A_2 & 0 & 0 \\ 0 & A_4 & 0 & 0 \\ 0 & 0 & 0 & 0 \\ 0 & 0 & 0 & 0 \end{pmatrix}(V_1^{-1}\oplus V_2^{-1})U^{-1} \\ &= V\begin{pmatrix} B_1 & A_2 & 0 & 0 \\ 0 & A_4 & 0 & 0 \\ 0 & 0 & 0 & 0 \\ 0 & 0 & 0 & 0 \end{pmatrix}V^{-1}, \end{aligned}$$

同理

$$T_2=V\begin{pmatrix} B_1 & 0 & E_1 & 0 \\ 0 & 0 & 0 & 0 \\ 0 & 0 & D_1 & 0 \\ 0 & 0 & 0 & 0 \end{pmatrix}V^{-1},$$

因此

$$c_1T_1+c_2T_2=V\begin{pmatrix} (c_1+c_2)B_1 & c_1A_2 & c_2E_1 & 0 \\ 0 & c_1A_4 & 0 & 0 \\ 0 & 0 & c_2D_1 & 0 \\ 0 & 0 & 0 & 0 \end{pmatrix}V^{-1}.$$

记

$$H=\begin{pmatrix} (c_1+c_2)B_1 & c_1A_2 \\ 0 & c_1A_4 \end{pmatrix},\quad M=\begin{pmatrix} c_2E_1 & 0 \\ 0 & 0 \end{pmatrix},\quad J=\begin{pmatrix} c_2D_1 & 0 \\ 0 & 0 \end{pmatrix},$$

于是得到 $c_1T_1+c_2T_2=V\begin{pmatrix} H & M \\ 0 & J \end{pmatrix}V^{-1}$. 注意到, H 非奇异性 (特别地, H 是群可逆的), 因此, $H^\pi=I_t-HH^\#=0$. 同时 J 群可逆, 根据引理 2.10.5, 则 $c_1T_1+c_2T_2$ 群可逆且

$$(c_1T_1+c_2T_2)^\#=V\begin{pmatrix} H^{-1} & (H^{-1})^2MJ^\pi-H^{-1}MJ^\# \\ 0 & J^\# \end{pmatrix}V^{-1}. \tag{2.10.26}$$

下面计算 $(c_1T_1+c_2T_2)^\#$ 中每个分块的形式,

$$H^{-1}=\begin{pmatrix} \dfrac{1}{c_1+c_2}B_1^{k-2} & -\dfrac{1}{c_1+c_2}B_1^{k-2}A_2A_4^{k-2} \\ 0 & \dfrac{1}{c_1}A_4^{k-2} \end{pmatrix}, \tag{2.10.27}$$

$$J^\#=\begin{pmatrix} \dfrac{1}{c_2}D_1^{k-2} & 0 \\ 0 & 0 \end{pmatrix} \tag{2.10.28}$$

和

$$(H^{-1})^2MJ^\pi-H^{-1}MJ^\#=\begin{pmatrix} -\dfrac{1}{c_1+c_2}B_1^{k-2}E_1D_1^{k-2} & 0 \\ 0 & 0 \end{pmatrix}. \tag{2.10.29}$$

结合 (2.10.26)~(2.10.29), 从而有

$$\begin{aligned}&(c_1T_1+c_2T_2)^\# \\ =&V\begin{pmatrix} \dfrac{1}{c_1+c_2}B_1^{k-2} & -\dfrac{1}{c_1+c_2}B_1^{k-2}A_2A_4^{k-2} & -\dfrac{1}{c_1+c_2}B_1^{k-2}E_1D_1^{k-2} & 0 \\ 0 & \dfrac{1}{c_1}A_4^{k-2} & 0 & 0 \\ 0 & 0 & \dfrac{1}{c_2}D_1^{k-2} & 0 \\ 0 & 0 & 0 & 0 \end{pmatrix}V^{-1}.\end{aligned}$$

注意到, 由 (2.10.25) 可得

$$\begin{aligned}X_1^{k-2}=X_1^{-1}&=V_1\begin{pmatrix} B_1^{-1} & -B_1^{-1}A_2A_4^{-1} \\ 0 & A_4^{-1} \end{pmatrix}V_1^{-1} \\ &=V_1\begin{pmatrix} B_1^{k-2} & -B_1^{k-2}A_2A_4^{k-2} \\ 0 & A_4^{k-2} \end{pmatrix}V_1^{-1},\end{aligned}$$

于是, 由 $T_1 = U(X_1 \oplus 0)U^{-1}$, (2.10.22) 和 (2.10.23) 可得

$$\begin{aligned} T_2^{k-1}T_1^{k-2} &= U(Y_1^{k-1} \oplus Y_2^{k-1})(X_1^{k-2} \oplus 0)U^{-1} \\ &= U(Y_1^{k-1}X_1^{k-2} \oplus 0)U^{-1} \\ &= V\begin{pmatrix} B_1^{k-2} & -B_1^{k-2}A_2A_4^{k-2} & 0 & 0 \\ 0 & 0 & 0 & 0 \\ 0 & 0 & 0 & 0 \\ 0 & 0 & 0 & 0 \end{pmatrix}V^{-1}. \end{aligned}$$

下面, 我们计算 $T_1^{k-1}T_2^{k-2}(T_1^{k-1} - T_2^{k-1})$. 注意到, 根据引理 2.10.5 和 (2.10.21), (2.10.23) 得

$$T_2^{k-2} = T_2^{\#} = U\begin{pmatrix} Y_1^{k-2} & N \\ 0 & Y_4^{k-2} \end{pmatrix}U^{-1},$$

其中 $N = (Y_1^{\#})^2Y_2Y_4^{\pi} + Y_1^{\pi}Y_2(Y_4^{\#})^2 - Y_1^{\#}Y_2Y_4^{\#}$. 由 (2.10.24), 得到 $Y_2Y_4^{\pi} = Y_2(I_{n-t} - Y_4Y_4^{\#}) = Y_2(I_{n-2} - Y_4^{k-1}) = 0$, $Y_1^{\pi}Y_2 = 0$. 因此, N 化简为 $N = -Y_1^{k-2}Y_2Y_4^{k-2}$. 于是

$$\begin{aligned} &T_1^{k-1}T_2^{k-2}(T_1^{k-1} - T_2^{k-1}) \\ &= U\begin{pmatrix} I_t & 0 \\ 0 & 0 \end{pmatrix}\begin{pmatrix} Y_1^{k-2} & N \\ 0 & Y_4^{k-2} \end{pmatrix}\left[\begin{pmatrix} I_t & 0 \\ 0 & 0 \end{pmatrix} - \begin{pmatrix} Y_1^{k-1} & 0 \\ 0 & Y_4^{k-1} \end{pmatrix}\right]U^{-1} \\ &= U\begin{pmatrix} Y_1^{k-2} & N \\ 0 & 0 \end{pmatrix}\begin{pmatrix} I_t - Y_1^{k-1} & 0 \\ 0 & -Y_4^{k-1} \end{pmatrix}U^{-1} \\ &= U\begin{pmatrix} Y_1^{k-2}(I_t - Y_1^{k-1}) & -NY_4^{k-1} \\ 0 & 0 \end{pmatrix}U^{-1}, \end{aligned}$$

又

$$Y_1^{k-2}(I_t - Y_1^{k-1}) = V_1\begin{pmatrix} B_1^{k-2} & 0 \\ 0 & 0 \end{pmatrix}\begin{pmatrix} 0 & 0 \\ 0 & I_{t-s} \end{pmatrix}V_1^{-1} = 0,$$

且

$$-NY_4^{k-1} = Y_1^{k-2}Y_2Y_4^{k-2}Y_4^{k-1} = V_1\begin{pmatrix} B_1^{k-2}E_1D_1^{k-2} & 0 \\ 0 & 0 \end{pmatrix}V_2^{-1}.$$

定理得证.

推论 2.10.10　设 $T_1, T_2 \in \mathbb{C}^{n\times n}$ 是非零的 k 次幂等矩阵, $c_1, c_2 \in \mathbb{C} \setminus \{0\}$ 且

满足 $c_1+c_2\neq 0$. 若 $T_1^{k-1}T_2=T_2^{k-1}T_1$, 其中 $k\geqslant 3$, 则 $c_1T_1+c_2T_2$ 群可逆且

$$\begin{aligned}(c_1T_1+c_2T_2)^{\#}=&\frac{1}{c_1+c_2}T_1^{k-2}T_2^{k-1}+\frac{1}{c_1}T_1^{k-2}(I_n-T_2^{k-1})\\&+\frac{1}{c_2}T_2^{k-2}(I_n-T_1^{k-1})-\frac{1}{c_1+c_2}(T_1^{k-1}-T_2^{k-1})T_2^{k-2}T_1^{k-1}.\end{aligned}$$

将 T_1^*,T_2^* 和 $\bar{c}_1,\bar{c}_2$ 代入定理 2.10.9, 推论得证.

推论 2.10.11　设 $T_1,T_2\in\mathbb{C}^{n\times n}$ 是非零的立方幂等矩阵, $c_1,c_2\in\mathbb{C}\setminus\{0\}$ 且满足 $c_1+c_2\neq 0$. 若 $T_2T_1^2=T_1T_2^2$, 则 $c_1T_1+c_2T_2$ 群可逆且

$$\begin{aligned}(c_1T_1+c_2T_2)^{\#}=&\frac{1}{c_1+c_2}T_2^2T_1+\frac{1}{c_1}(I_n-T_2^2)T_1\\&+\frac{1}{c_2}(I_n-T_1^2)T_2-\frac{1}{c_1+c_2}T_1^2T_2(T_1^2-T_2^2).\end{aligned}$$

定理 2.10.12　设 $T_1,T_2\in\mathbb{C}^{n\times n}$ 是非零的 k 次幂等矩阵, $c_1,c_2\in\mathbb{C}\setminus\{0\}$ 且满足 $c_1^{k-1}-(-c_2)^{k-1}\neq 0$, 其中 $k\geqslant 3$. 若 $T_1T_2T_1=T_2T_1$, 则 $c_1T_1+c_2T_2$ 群可逆且

$$\begin{aligned}&(c_1T_1+c_2T_2)^{\#}\\=&\alpha\left[\sum_{i=0}^{k-3}c_1^i(-c_2T_2T_1^{k-1})^{k-2-i}+c_1^{k-2}T_2^{k-1}T_1^{k-1}\right]T_1^{k-2}\\&+\frac{1}{c_1}(I_n-T_2^{k-1})T_1^{k-2}+\frac{1}{c_2}(I_n-T_1^{k-1})T_2^{k-2}-\frac{1}{c_1}(T_1^{k-1}-T_2^{k-1}T_1^{k-1})T_1^{k-2}T_2^{k-1}\\&-\alpha\left[\sum_{i=0}^{k-3}c_1^i(-c_2T_2T_1^{k-1})^{k-2-i}+c_1^{k-2}T_2^{k-1}T_1^{k-1}\right]T_2^{k-1}T_1^{k-2}T_2(I_n-T_1^{k-1})T_2^{k-2}\\&+c_2\alpha^2\left[\sum_{i=0}^{k-3}c_1^i(-c_2T_2T_1^{k-1})^{k-2-i}+c_1^{k-2}T_2^{k-1}T_1^{k-1}+\right]^2T_2(I_n-T_1^{k-1})(I_n-T_2^{k-1}),\end{aligned}$$

其中, $\alpha=\left(c_1^{k-1}-(c_2)^{k-1}\right)^{-1}$.

证明　设 $t=r(T_1)$. 因为 T_1 是 k 次幂等矩阵, 利用引理 2.10.4 可推出存在非奇异矩阵 $U\in\mathbb{C}^{n\times n}$ 和 $X_1\in\mathbb{C}^{t\times t}$ 使得

$$T_1=U\begin{pmatrix}X_1&0\\0&0\end{pmatrix}U^{-1},\quad X_1^{k-1}=I_t.\tag{2.10.30}$$

令

$$T_2=U\begin{pmatrix}Y_1&Y_2\\Y_3&Y_4\end{pmatrix}U^{-1},\quad Y_1\in\mathbb{C}^{t\times t}.$$

考虑到等式 $T_1T_2T_1 = T_2T_1$, 经过计算可知 T_2 形式, 即

$$T_2 = U\begin{pmatrix} Y_1 & Y_2 \\ 0 & Y_4 \end{pmatrix}U^{-1}, \quad X_1Y_1 = Y_1. \tag{2.10.31}$$

另外, 因为 $T_2^k = T_2$, 于是 $Y_1^k = Y_1$, $Y_4^k = Y_4$. 从而, 存在非奇异矩阵 $V_1 \in \mathbb{C}^{t\times t}$, $V_2 \in \mathbb{C}^{(n-t)\times(n-t)}$, $B_1 \in \mathbb{C}^{s\times s}$, $D_1 \in \mathbb{C}^{p\times p}$ 使得

$$Y_1 = V_1(B_1 \oplus 0)V_1^{-1}, \quad B_1^{k-1} = I_s, \quad Y_4 = V_2(D_1 \oplus 0)V_2^{-1}, \quad D_1^{k-1} = I_p. \tag{2.10.32}$$

又令

$$X_1 = V_1\begin{pmatrix} A_1 & A_2 \\ A_3 & A_4 \end{pmatrix}V_1^{-1}, \quad A_1 \in \mathbb{C}^{s\times s}.$$

$X_1Y_1 = Y_1$, 则 $A_1 = I_s$, $A_3 = 0$. 又 $X_1^{k-1} = I_t$, 于是 $A_4^{k-1} = I_{t-s}$.

由 (2.10.31), 则存在矩阵 N 使得 $T_2^{k-1} = U\begin{pmatrix} Y_1^{k-1} & N \\ 0 & Y_4^{k-1} \end{pmatrix}U^{-1}$. 由 (2.10.31) 上面的表达式以及 $T_2 = T_2T_2^{k-1}$, 有

$$Y_2 = Y_1N + Y_2Y_4^{k-1}. \tag{2.10.33}$$

记

$$Y_2 = V_1\begin{pmatrix} E_1 & E_2 \\ E_3 & E_4 \end{pmatrix}V_2^{-1}, \quad N = V_1\begin{pmatrix} N_1 & N_2 \\ N_3 & N_4 \end{pmatrix}V_2^{-1},$$

其中, $E_1, N_1 \in \mathbb{C}^{s\times p}$. 由 Y_2, N, (2.10.32), (2.10.33), 可以计算出 $E_4 = 0$. 定义 $V = U(V_1 \oplus V_2)$, 则

$$\begin{aligned} T_1 &= U\begin{pmatrix} V_1\begin{pmatrix} I_s & A_2 \\ 0 & A_4 \end{pmatrix}V_1^{-1} & 0 \\ 0 & 0 \end{pmatrix}U^{-1} \\ &= U(V_1 \oplus V_2)\begin{pmatrix} I_s & A_2 & 0 & 0 \\ 0 & A_4 & 0 & 0 \\ 0 & 0 & 0 & 0 \\ 0 & 0 & 0 & 0 \end{pmatrix}(V_1^{-1} \oplus V_2^{-1})U^{-1} \\ &= V\begin{pmatrix} I_s & A_2 & 0 & 0 \\ 0 & A_4 & 0 & 0 \\ 0 & 0 & 0 & 0 \\ 0 & 0 & 0 & 0 \end{pmatrix}V^{-1}, \end{aligned}$$

且

$$T_2 = V \begin{pmatrix} B_1 & 0 & E_1 & E_2 \\ 0 & 0 & E_3 & 0 \\ 0 & 0 & D_1 & 0 \\ 0 & 0 & 0 & 0 \end{pmatrix} V^{-1},$$

从而得到

$$c_1T_1 + c_2T_2 = V \begin{pmatrix} c_1I_s + c_2B_1 & c_1A_2 & c_2E_1 & c_2E_2 \\ 0 & c_1A_4 & c_2E_3 & 0 \\ 0 & 0 & c_2D_1 & 0 \\ 0 & 0 & 0 & 0 \end{pmatrix} V^{-1}.$$

为了方便计算, 接下来定义

$$E = \begin{pmatrix} c_1I_s + c_2B_1 & c_1A_2 \\ 0 & c_1A_4 \end{pmatrix}, \quad F = \begin{pmatrix} c_2E_1 & c_2E_2 \\ c_2E_3 & 0 \end{pmatrix}, \quad G = \begin{pmatrix} c_2D_1 & 0 \\ 0 & 0 \end{pmatrix},$$

显然

$$c_1T_1 + c_2T_2 = V \begin{pmatrix} E & F \\ 0 & G \end{pmatrix} V^{-1}.$$

注意到 (2.10.15) 和 (2.10.32), 故

$$(c_1I_s + c_2B_1)\sum_{i=0}^{k-2} c_1^i(-c_2B_1)^{k-2-i} = \left(c_1^{k-1} - (-c_2)^{k-1}\right) I_s,$$

于是 $c_1I_s + c_2B_1$ 非奇异, 记 $\alpha = \left(c_1^{k-1} - (-c_2)^{k-1}\right)^{-1}$, 这意味着

$$(c_1I_s + c_2B_1)^{-1} = \alpha \sum_{i=0}^{k-2} c_1^i(-c_2B_1)^{k-2-i}.$$

根据引理 2.10.5, $c_1T_1 + c_2T_2$ 群可逆且

$$(c_1T_1 + c_2T_2)^{\#} = V \begin{pmatrix} E^{-1} & (E^{-1})^2F(I - GG^{\#}) - E^{-1}FG^{\#} \\ 0 & G^{\#} \end{pmatrix} V^{-1},$$

进而

$$E^{-1} = \begin{pmatrix} \alpha \sum\limits_{i=0}^{k-2} c_1^i(-c_2B_1)^{k-2-i} & -\alpha \sum\limits_{i=0}^{k-2} c_1^i(-c_2B_1)^{k-2-i} A_2A_4^{k-2} \\ 0 & \dfrac{1}{c_1}A_4^{k-2} \end{pmatrix},$$

$$G^{\#}=\begin{pmatrix}\dfrac{1}{c_2}D_1^{k-2} & 0\\ 0 & 0\end{pmatrix},$$

$$\begin{aligned}&(E^{-1})^2F(I-GG^{\#})-E^{-1}FG^{\#}\\ =&\begin{pmatrix}\alpha\left[\sum_{i=0}^{k-2}c_1^i(-c_2B_1)^{k-2-i}\right]A_2A_4^{k-2}E_3D_1^{k-2}-E_1D_1^{k-2} \\ \qquad -\dfrac{1}{c_1}A_4^{k-2}E_3D_1^{k-2} & c_2\alpha^2\left[\sum_{i=0}^{k-2}c_1^i(-c_2B_1)^{k-2-i}\right]^2E_2\\ 0 & 0\end{pmatrix}.\end{aligned}$$

为了得到结论进行下面的计算,

$$X_1^{k-2}=X_1^{-1}=V_1\begin{pmatrix}I_s & -A_2A_4^{-1}\\ 0 & A_4^{-1}\end{pmatrix}V_1^{-1}=V_1\begin{pmatrix}I_s & -A_2A_4^{k-2}\\ 0 & A_4^{k-2}\end{pmatrix}V_1^{-1}, \tag{2.10.34}$$

根据引理 2.10.5, 可知

$$T_2^{k-2}=T_2^{\#}=U\begin{pmatrix}Y_1^{k-2} & Q\\ 0 & Y_4^{k-2}\end{pmatrix}U^{-1},$$

其中, $Q=(Y_1^{\#})^2Y_2Y_4^{\pi}+Y_1^{\pi}Y_2(Y_4^{\#})^2-Y_1^{\#}Y_2Y_4^{\#}$. 故

$$T_2^{k-1}=U\begin{pmatrix}Y_1^{k-1} & Y_1^{k-2}Y_2+QY_4\\ 0 & Y_4^{k-1}\end{pmatrix}U^{-1}.$$

经过计算得

$$\begin{aligned}&\sum_{i=0}^{k-3}c_1^i(-c_2T_2T_1^{k-1})^{k-2-i}+c_1^{k-2}T_2^{k-1}T_1^{k-1}\\ =&U\begin{pmatrix}\sum_{i=0}^{k-3}c_1^i(-c_2Y_1)^{k-2-i} & 0\\ 0 & 0\end{pmatrix}U^{-1}+U\begin{pmatrix}c_1^{k-2}Y_1^{k-1} & 0\\ 0 & 0\end{pmatrix}U^{-1}\\ =&V\begin{pmatrix}\sum_{i=0}^{k-2}c_1^i(-c_2B_1)^{k-2-i} & 0 & 0 & 0\\ 0 & 0 & 0 & 0\\ 0 & 0 & 0 & 0\\ 0 & 0 & 0 & 0\end{pmatrix}V^{-1},\end{aligned} \tag{2.10.35}$$

结合 (2.10.30), (2.10.34), (2.10.35), 可推出

$$
\begin{aligned}
&\left[\sum_{i=0}^{k-3} c_1^i(-c_2T_2T_1^{k-1})^{k-2-i} + c_1^{k-2}T_2^{k-1}T_1^{k-1}\right]T_1^{k-2} \\
&= V\begin{pmatrix} \sum\limits_{i=0}^{k-2} c_1^i(-c_2B_1)^{k-2-i} & -\left[\sum\limits_{i=0}^{k-2} c_1^i(-c_2B_1)^{k-2-i}\right]A_2A_4^{k-2} & 0 & 0 \\ 0 & 0 & 0 & 0 \\ 0 & 0 & 0 & 0 \\ 0 & 0 & 0 & 0 \end{pmatrix}V^{-1},
\end{aligned}
$$

注意到

$$
\begin{aligned}
&(T_1^{k-1} - T_2^{k-1}T_1^{k-1})T_1^{k-2}T_2^{k-1} \\
&= U\begin{pmatrix} I_t - Y_1^{k-1} & 0 \\ 0 & 0 \end{pmatrix}\begin{pmatrix} X_1^{k-2}Y_1^{k-1} & X_1^{k-2}(Y_1^{k-2}Y_2 + QY_4) \\ 0 & 0 \end{pmatrix}U^{-1} \\
&= U\begin{pmatrix} (I_t - Y_1^{k-1})X_1^{k-2}Y_1^{k-1} & (I_t - Y_1^{k-1})X_1^{k-2}(Y_1^{k-2}Y_2 + QY_4) \\ 0 & 0 \end{pmatrix}U^{-1} \\
&= V\begin{pmatrix} 0 & 0 & 0 & 0 \\ 0 & 0 & A_4^{k-2}E_3D_1^{k-2} & 0 \\ 0 & 0 & 0 & 0 \\ 0 & 0 & 0 & 0 \end{pmatrix}V^{-1},
\end{aligned}
$$

$$
\begin{aligned}
T_2^{k-1}T_1^{k-2}T_2(I_n - T_1^{k-1})T_2^{k-2} &= U\begin{pmatrix} 0 & Y_1^{k-1}X_1^{k-2}Y_2Y_4^{k-2} \\ 0 & 0 \end{pmatrix}U^{-1} \\
&= V\begin{pmatrix} 0 & 0 & E_1D_1^{k-2} - A_2A_4^kE_3D_1^{k-2} & 0 \\ 0 & 0 & 0 & 0 \\ 0 & 0 & 0 & 0 \\ 0 & 0 & 0 & 0 \end{pmatrix}V^{-1}.
\end{aligned}
$$

根据上面的分块矩阵形式可得到 $(c_1T_1 + c_2T_2)^{\#}$ 的表达式.

应用上述结论, 我们很容易能得到 $(c_1T_1 + c_2T_2)^{\#}$ 的表达式, 其中 c_1, c_2 是非零复数且使得 $c_1^{k-1} \neq (-c_2)^{k-1}$, T_1, T_2 是 k 次幂等矩阵使得 $T_1T_2T_1 = T_1T_2$, $k \geqslant 2$. 由定理 2.10.12, 即有如下结论.

推论 2.10.13　设 $T_1, T_2 \in \mathbb{C}^{n\times n}$ 是非零的立方幂等矩阵, $c_1, c_2 \in \mathbb{C}\setminus\{0\}$ 且满

足 $c_1^2-c_2^2\neq 0$. 若 $T_1T_2T_1=T_2T_1$, 则 $c_1T_1+c_2T_2$ 群可逆且

$$\begin{aligned}(c_1T_1+c_2T_2)^{\#}=&\frac{1}{c_1^2-c_2^2}[c_1T_2^2T_1^2-c_2T_2T_1^2]T_1\\&+\frac{1}{c_1}(I_n-T_2^2)T_1+\frac{1}{c_2}(I_n-T_1^2)T_2-\frac{1}{c_1}(T_1^2-T_2^2T_1^2)T_1T_2^2\\&-\frac{1}{c_1^2-c_2^2}(c_1T_2^2T_1^2-c_2T_2T_1^2)T_2^2T_1T_2(I_n-T_1^2)T_2\\&+\frac{c_2}{(c_1^2-c_2^2)^2}(c_1T_2^2T_1^2-c_2T_2T_1^2)^2T_2(I_n-T_1^2)(I_n-T_2^2).\end{aligned}$$

2.11 两个群可逆矩阵与两个三次幂等矩阵组合的非奇异性

在文献 [25, 推论 2.6] 中, 已经证明 $P-Q$ 是非奇异的当且仅当 $aP+bQ-cPQ$ 与 I_n-PQ 是非奇异的, 其中 $P,Q\in\mathbb{C}^{n\times n}$ 是任意两个幂等矩阵, $a,b\in\mathbb{C}^*$. 下面这个定理给出了三次幂等矩阵的一个相似结论.

定理 2.11.1 设 $T_1,T_2\in\mathbb{C}^{n\times n}$ 是两个可交换的三次幂等矩阵, 那么 T_1-T_2 是非奇异的当且仅当 $I_n-T_1T_2$ 与 $T_1^2+(I_n-T_1^2)T_2$ 是非奇异的.

证明 由题意可知, 存在矩阵 $S\in\mathbb{C}^{n\times n}$ 使得 T_1 与 T_2 同时对角化, 即 $T_1=S\operatorname{diag}(\lambda_1,\cdots,\lambda_n)S^{-1}$ 与 $T_2=S\operatorname{diag}(\mu_1,\cdots,\mu_n)S^{-1}$, 其中 $\{\lambda_i\}_{i=1}^n$ 与 $\{\mu_i\}_{i=1}^n$ 分别是 T_1,T_2 特征值的集合. 由于 T_1 与 T_2 是三次幂等矩阵, 那么 $\lambda_i,\mu_j\in\{-1,0,1\}$,$1\leqslant i,j\leqslant nt$. 同时有

$$T_1-T_2=S\operatorname{diag}(\lambda_1-\mu_1,\cdots,\lambda_n-\mu_n)S^{-1},$$

$$I_n-T_1T_2=S\operatorname{diag}(1-\lambda_1\mu_1,\cdots,1-\lambda_n\mu_n)S^{-1}$$

与

$$T_1^2+(I_n-T_1^2)T_2=S\operatorname{diag}(\lambda_1^2+(1-\lambda_1^2)\mu_1,\cdots,\lambda_n^2+(1-\lambda_n^2)\mu_n)S^{-1}. \quad (2.11.1)$$

若 T_1-T_2 是非奇异的, 则 $\lambda_i\neq\mu_i$, $i\in\{1,\cdots,n\}$. 因此

$$(\lambda_i,\mu_i)\in\{(1,-1),(1,0),(-1,1),(-1,0),(0,1),(0,-1)\},\quad i=1,\cdots,n.$$

对于任意的 $1\leqslant i\leqslant n$, 易知 $1-\lambda_i\mu_i\neq 0$, $\lambda_i^2+(1-\lambda_i^2)\mu_i\neq 0$, 所以 $I_n-T_1T_2$ 与 $T_1^2+(I_n-T_1^2)T_2$ 是非奇异的.

若 $I_n-T_1T_2$ 与 $T_1^2+(I_n-T_1^2)T_2$ 是非奇异的, 又由于 $I_n-T_1T_2$ 也是非奇异的, 那么对于任意的 $1\leqslant i\leqslant n$, $\lambda_i\mu_i\neq 1$. 假设 T_1-T_2 是奇异的, 则存在一个

$j \in \{1, \cdots, n\}$ 使得 $\lambda_j = \mu_j$. 又考虑到 $\lambda_j \mu_j \neq 1$, 可以得出 $\lambda_j = \mu_j = 0$. 但是由 $\lambda_j^2 + (1-\lambda_j^2)\mu_j = 0$ 推出 $T_1^2 + (I_n - T_1^2)T_2$ 是奇异的, 产生矛盾. 即得证.

注记 2.11.2　设 $p: \mathbb{C}^2 \to \mathbb{C}$ 是复数域上的多项式:

$$\begin{aligned} p(z,w) = & a_{1,0}z + a_{2,0}z^2 + a_{0,1}w + a_{1,1}zw + a_{2,1}z^2w \\ & + a_{0,2}w^2 + a_{1,2}zw^2 + a_{2,2}z^2w^2, \end{aligned} \tag{2.11.2}$$

其中 $a_{i,j}$ 是复数, 有

$$p(T_1, T_2) = S\,\mathrm{diag}(p(\lambda_1, \mu_1), \cdots, p(\lambda_n, \mu_n))S^{-1}.$$

若 $T_1^2 + (I_n - T_1^2)T_2$ 是奇异的, 那么由 (2.11.1) 可知, 必存在 $j \in \{1, \cdots, n\}$ 使得

$$\lambda_j^2 + (1-\lambda_j^2)\mu_j = 0. \tag{2.11.3}$$

这与 $\lambda_j = \pm 1$ 是矛盾的. 那么 $\lambda_j = 0$. 又由 (2.11.3), 可得 $\mu_j = 0$. 因此, 由 $p(0,0) = 0$ 可推出 $p(T_1, T_2)$ 是奇异的. 这样可以得到以下推论.

推论 2.11.3　设 $T_1, T_2 \in \mathbb{C}^{n \times n}$ 是两个可交换的三次幂等矩阵. 若 $I_n - T_1T_2$ 是非奇异的, 且存在多项式 (2.11.2) 使得 $p(T_1, T_2)$ 是非奇异的, 那么 $T_1 - T_2$ 也是非奇异的.

我们可以弱化上面矩阵的可交换性与三次幂等性, 得到以下结论.

定理 2.11.4　设 $T_1, T_2 \in \mathbb{C}^{n \times n}$ 是群可逆矩阵, 且 $T_2T_1T_1^\# = T_1T_1^\#T_2$. 若 $I_n - T_1^\#T_2$ 是非奇异的, 给定多项式 p(其中的两个变量不可交换), 且 $p(0,0) = 0$, $p(T_1, T_2)$ 是非奇异的, 则 $T_1 - T_2$ 非奇异.

证明　设 $x \in \mathcal{N}(T_1 - T_2)$, 即 $T_1x = T_2x$, 两端同时左乘 $T_1T_1^\#$ 可得

$$T_1x = T_1T_1^\#T_2x. \tag{2.11.4}$$

若对 $T_1x = T_2x$ 两端同时左乘 $T_2T_1^\#$, 并利用 $T_2T_1T_1^\# = T_1T_1^\#T_2$ 可得 $T_1T_1^\#T_2x = T_2T_1^\#T_2x$. 由于 $T_1T_1^\#T_2x = T_1x = T_2x$, 则有

$$T_2T_1^\#T_2x = T_2x. \tag{2.11.5}$$

由 (2.11.4) 与 (2.11.5) 可推出

$$T_1(I_n - T_1^\#T_2)x = 0, \quad T_2(I_n - T_1^\#T_2)x = 0. \tag{2.11.6}$$

因为 $p(0,0) = 0$, 则存在两个多项式 p_1 与 p_2(其中的两个变量不可交换) 使得 $p(T_1, T_2) = p_1(T_1, T_2)T_1 + p_2(T_1, T_2)T_2$. 因此由 (2.11.6) 有

$$\begin{aligned} p(T_1, T_2)(I_n - T_1^\#T_2)x = & (p_1(T_1, T_2)T_1 + p_2(T_1, T_2)T_2)(I_n - T_1^\#T_1)x \\ = & p_1(T_1, T_2)T_1(I_n - T_1^\#T_2)x + p_2(T_1, T_2)T_2(I_n - T_1^\#T_2)x \\ = & 0. \end{aligned}$$

条件中给出 $I_n - T_1^{\#}T_2$ 与 $p(T_1,T_2)$ 是非奇异的, 那么通过前面的计算可以得到 $x=0$, 即 T_1-T_2 是非奇异的.

注记 2.11.5　设 $T_1,T_2\in\mathbb{C}^{n\times n}$ 是群可逆的且 r 为 T_1 的秩. 若 $T_1T_2=T_2T_1$, 那么由 $T_1=S(C\oplus 0)S^{-1}$(其中 $S\in\mathbb{C}^{n\times n}$, $C\in\mathbb{C}^{r\times r}$) 是非奇异的, 我们可将 T_2 写成 $T_2=S(D\oplus E)S^{-1}$, 且 $CD=DC$ 与 $D\in\mathbb{C}^{r\times r}$. 因此, $T_1T_1^{\#}T_2=S(D\oplus 0)S^{-1}=T_2T_1T_1^{\#}$. 然而, 条件 $T_1T_1^{\#}T_2=T_2T_1T_1^{\#}$ 比 $T_1T_2=T_2T_1$ 更具有一般性 (同样可以考虑 T_1 是非奇异的且 $T_1T_2\neq T_2T_1$ 的情况).

本段中, 假设 $T_1,T_2\in\mathbb{C}^{n\times n}$ 是两个可交换的群可逆矩阵. 利用条件 $T_1^2T_2=T_2^2T_1$, 我们可以得到定理 2.11.4 的一些逆定理. 由 $T_1^2T_2=T_2^2T_1$ 与 $T_1T_2=T_2T_1$, 可推出 $(T_1-T_2)T_1T_2=0$, 又根据 T_1-T_2 的可逆性, 得到 $T_1T_2=0$. 因此, $c_1T_1+c_2T_2-c_3T_1T_2=c_1T_1+c_2T_2$. 我们将给出在弱条件下的 $(c_1T_1+c_2T_2)^{-1}$ 关于 $(T_1-T_2)^{-1}$ 的具体表达式.

定理 2.11.6　设 $T_1,T_2\in\mathbb{C}^{n\times n}$ 是群可逆矩阵且 $c_1,c_2\in\mathbb{C}^*$. 若 $T_2T_1=0$ 且 T_1-T_2 是非奇异的, 那么 $c_1T_1+c_2T_2$ 也是非奇异的, 且

$$(c_1T_1+c_2T_2)^{-1}=[(c_1^{-1}+c_2^{-1})T_1T_1^{\#}-c_2^{-1}I_n](T_1-T_2)^{-1}.$$

证明　由式子

$$\begin{aligned}&(c_1T_1+c_2T_2)\left[(c_1^{-1}+c_2^{-1})T_1T_1^{\#}-c_2^{-1}I_n\right]\\=&\left(1+c_1c_2^{-1}\right)T_1-c_1c_2^{-1}T_1+\left(c_2c_1^{-1}+1\right)T_2T_1T_1^{\#}-T_2=T_1-T_2\end{aligned}$$

可得证.

注记 2.11.7　在上述定理中, $c_1+c_2=0$ 的情况显然成立, 并且这里不需要条件 $T_2T_1=0$.

文献 [251] 中, 已经给出了两个幂等矩阵 $P,Q\in\mathbb{C}^{n\times n}$ 的组合 $aP+bQ-(a+b)PQ$(其中 $a,b\in\mathbb{C}^*$) 是非奇异的充要条件是 $\mathbb{C}^n=\mathcal{R}(P(I_n-Q))\oplus\mathcal{R}((I_n-P)Q)$ 也等价于 $\mathbb{C}^n=\mathcal{N}(P(I_n-Q))\oplus\mathcal{N}((I_n-P)Q)$. 下面这个定理给出了一个相似结论.

定理 2.11.8　设 $T_1,T_2\in\mathbb{C}^{n\times n}$, $c_1,c_2,r_1,r_2\in\mathbb{C}$. 若 $c_1T_1+c_2T_2+(r_1c_1+r_2c_2)T_1T_2$ 是非奇异的, 则有

$$\mathcal{N}[T_1(I_n+r_1T_2)]\cap\mathcal{N}[(I_n+r_2T_1)T_2]=0,\tag{2.11.7}$$

且

$$\mathcal{R}(T_1(I_n+r_1T_2))+\mathcal{R}((I_n+r_2T_1)T_2)=\mathbb{C}^n.\tag{2.11.8}$$

证明　记 $\alpha = r_1c_1 + r_2c_2$. 设 $x \in \mathcal{N}(T_1(I_n + r_1T_2)) \cap \mathcal{N}((I_n + r_2T_1)T_2)$. 因为 $T_1(I_n + r_1T_2)x = 0$, $(I_n + r_2T_1)T_2x = 0$, 则

$$\begin{aligned}[c_1T_1 + c_2T_2 + \alpha T_1T_2]x &= (c_1T_1 + c_2T_2 + r_1c_1T_1T_2 + r_2c_2T_1T_2)x \\ &= c_1T_1(I_n + r_1T_2)x + c_2(I_n + r_2T_1)T_2x = 0.\end{aligned}$$

由 $c_1T_1 + c_2T_2 + \alpha T_1T_2$ 的非奇异性推出 $x = 0$. 因此 (2.11.7) 成立.

因为 $c_1T_1 + c_2T_2 + \alpha T_1T_2$ 是非奇异的, 那么 $\overline{c}_1T_1^* + \overline{c}_2T_2^* + \overline{\alpha}T_2^*T_1^*$ 也是非奇异的. 利用前面的证明有

$$\mathcal{N}(T_2^*(I_n + \overline{r}_2T_1^*)) \cap \mathcal{N}((I_n + \overline{r}_1T_2^*)T_1^*) = 0. \tag{2.11.9}$$

又因为对于任意矩阵 X, $[\mathcal{N}(X^*)]^{\perp} = \mathcal{R}(X)$ 总是成立的, 那么由 (2.11.9) 可得 (2.11.8) 成立.

以下结论给出了在特定条件下 $c_1T_1 + c_2T_2 - c_3T_1T_2$ 逆的表达式.

定理 2.11.9　设 $T_1, T_2 \in \mathbb{C}^{n\times n}$ 是非零的三次幂等矩阵, $T_1^2T_2 = T_2^2T_1$, $c_1, c_2 \in \mathbb{C}^*$, $c_3 \in \mathbb{C}$. 假设 T_1 或 T_2 是非奇异的. 若 $(c_1+c_2)^2 = c_3^2$, 那么 $c_1T_1 + c_2T_2 - c_3T_1T_2$ 或 $c_1T_1 + c_2T_2 + c_3T_1T_2$ 是奇异的. 若 $(c_1 + c_2)^2 \neq c_3^2$, 那么 $c_1T_1 + c_2T_2 - c_3T_1T_2$ 是非奇异的, 且

(i) 若 T_1 是非奇异的, 则

$$\begin{aligned}&[(c_1 + c_2)^2 - c_3^2](c_1T_1 + c_2T_2 - c_3T_1T_2)^{-1} \\ =&(c_1 + c_2)T_1 + c_3T_2^2 + c_1^{-1}c_2c_3(T_2^2 - T_1T_2) + c_1^{-1}c_3^2(T_2 - T_1T_2^2) \\ &+c_1^{-1}(c_2^2 + c_1c_2 - c_3^2)(T_1 - T_1T_2^2).\end{aligned} \tag{2.11.10}$$

(ii) 若 T_2 是非奇异的, 则

$$\begin{aligned}&[(c_1 + c_2)^2 - c_3^2](c_1T_1 + c_2T_2 - c_3T_1T_2)^{-1} \\ =&(c_1 + c_2)T_2 - c_3(2T_1^2 - T_2T_1) + c_2^{-1}(c_1^2 + c_1c_2 - c_3^2)(T_2 - T_2T_1^2).\end{aligned} \tag{2.11.11}$$

证明　(i) 假设 T_1 是非奇异的. 首先, 证明定理的第一部分. 由 T_1 的非奇异性可得 $T_1^2 = I_n$, 因此 $T_1^2T_2 = T_2^2T_1$ 化简为 $T_2^2T_1 = T_2$. 因为 T_2 是三次幂等的, 则存在非奇异矩阵 $S \in \mathbb{C}^{n\times n}$ 使得

$$T_2 = S\begin{pmatrix} A & 0 \\ 0 & 0 \end{pmatrix}S^{-1}, \qquad A \in \mathbb{C}^{r\times r},$$

其中 r 是 T_2 的秩. 又由于 A 是非奇异的且 $T_2^3 = T_2$, 那么 $A^2 = I_r$. 记

$$T_1 = S\begin{pmatrix} B & C \\ D & E \end{pmatrix}S^{-1}, \qquad B \in \mathbb{C}^{r\times r}.$$

由 $T_2^2T_1 = T_2$ 可推出 $B = A$ 和 $C = 0$, 即

$$T_1 = S\begin{pmatrix} A & 0 \\ D & E \end{pmatrix}S^{-1} \tag{2.11.12}$$

与

$$c_1T_1 + c_2T_2 - c_3T_1T_2 = S\begin{pmatrix} (c_1+c_2)A - c_3I_r & 0 \\ c_1D - c_3DA & c_1E \end{pmatrix}S^{-1}. \tag{2.11.13}$$

因为 $T_1^2 = I_n$, 可得 E 是非奇异的且 $E^2 = I_{n-r}$. 从 (2.11.13) 可得到 $c_1T_1 + c_2T_2 - c_3T_1T_2$ 是非奇异的当且仅当 $(c_1+c_2)A - c_3I_r$ 是非奇异的 ((2.11.13) 中的分块矩阵的第一行必须有非零块, 否则 $T_2 = 0$).

因为

$$[(c_1+c_2)A - c_3I_r]\,[(c_1+c_2)A + c_3I_r] = \left[(c_1+c_2)^2 - c_3^2\right] I_r, \tag{2.11.14}$$

若 $(c_1+c_2)^2 - c_3^2 = 0$, 那么 $(c_1+c_2)A - c_3I_r$ 或 $(c_1+c_2)A + c_3I_r$ 是奇异的, 再由 (2.11.13) 可知 $c_1T_1 + c_2T_2 - c_3T_1T_2$ 或 $c_1T_1 + c_2T_2 + c_3T_1T_2$ 是奇异的.

其次, 证明定理的第二部分. 即对于任意的 $c_1, c_2 \in \mathbb{C}^*$, 当 $(c_1+c_2)^2 \neq c_3^2$ 时, (2.11.10) 成立. 利用 (2.11.14), 由 $(c_1+c_2)^2 - c_3^2 \neq 0$ 可推出 $(c_1+c_2)A - c_3I_r$ 的非奇异性及

$$[(c_1+c_2)A - c_3I_r]^{-1} = \frac{1}{(c_1+c_2)^2 - c_3^2}\,[(c_1+c_2)A + c_3I_r]\,.$$

因为 $T_1^2 = I_n$, 有 $T_1^{-1} = T_1$, 利用 (2.11.12) 得

$$T_1^{-1} = S\begin{pmatrix} A & 0 \\ -EDA & E \end{pmatrix}S^{-1}, \tag{2.11.15}$$

由此可以推出 $D = -EDA$, 即 $-DA = ED$.

若 $c_1, c_2 \in \mathbb{C}^*$ 满足 $(c_1+c_2)^2 \neq c_3^2$, 那么利用 (2.11.13) 有

$$\begin{aligned}
&(c_1T_1 + c_2T_2 - c_3T_1T_2)^{-1} \\
=&S\begin{pmatrix} [(c_1+c_2)A - c_3I_r]^{-1} & 0 \\ -c_1^{-1}E(c_1D - c_3DA)[(c_1+c_2)A - c_3I_r]^{-1} & c_1^{-1}E \end{pmatrix}S^{-1} \\
=&S\begin{pmatrix} [(c_1+c_2)^2 - c_3^2]^{-1}[(c_1+c_2)A + c_3I_r] & 0 \\ -c_1^{-1}E(c_1D - c_3DA)[(c_1+c_2)^2 - c_3^2]^{-1}[(c_1+c_2)A + c_3I_r] & c_1^{-1}E \end{pmatrix}S^{-1}.
\end{aligned}$$

因此

$$
\begin{aligned}
&[(c_1+c_2)^2-c_3^2](c_1T_1+c_2T_2-c_3T_1T_2)^{-1}\\
=&(c_1+c_2)S\begin{pmatrix} A & 0\\ -EDA & E\end{pmatrix}S^{-1}+c_3S\begin{pmatrix} I_r & 0\\ 0 & 0\end{pmatrix}S^{-1}\\
&+c_1^{-1}c_2c_3S\begin{pmatrix} 0 & 0\\ ED & 0\end{pmatrix}S^{-1}\\
&+c_1^{-1}c_3^2S\begin{pmatrix} 0 & 0\\ EDA & 0\end{pmatrix}S^{-1}+c_1^{-1}(c_2^2+c_1c_2-c_3^2)S\begin{pmatrix} 0 & 0\\ 0 & E\end{pmatrix}S^{-1}.
\end{aligned}
\tag{2.11.16}
$$

另一方面, 又有

$$
T_2^2=S\begin{pmatrix} I_r & 0\\ 0 & 0\end{pmatrix}S^{-1}, \tag{2.11.17}
$$

$$
T_2^2-T_1T_2=S\begin{pmatrix} 0 & 0\\ ED & 0\end{pmatrix}S^{-1}, \tag{2.11.18}
$$

$$
T_2-T_1T_2^2=S\begin{pmatrix} 0 & 0\\ EDA & 0\end{pmatrix}S^{-1}, \tag{2.11.19}
$$

$$
T_1-T_1T_2^2=S\begin{pmatrix} 0 & 0\\ 0 & E\end{pmatrix}S^{-1}. \tag{2.11.20}
$$

根据 (2.11.16)~(2.11.20), 可知 (2.11.10) 成立.

(ii) 假设 T_2 是非奇异的. 首先, 证明定理的第一部分. 与 (i) 类似, 交换 T_1 与 T_2 的位置, 可写成

$$
T_1=S\begin{pmatrix} A & 0\\ 0 & 0\end{pmatrix}S^{-1},\quad T_2=S\begin{pmatrix} A & 0\\ D & E\end{pmatrix}S^{-1},\quad A\in\mathbb{C}^{r\times r},
$$

其中 r 是 T_1 的秩. 因为 $T_2^2=I_n$, 则有 $A^2=I_r$ 与 $E^2=I_{n-r}$. 与 (i) 不同的是

$$
c_1T_1+c_2T_2\pm c_3T_1T_2=S\begin{pmatrix} (c_1+c_2)A\pm c_3I_r & 0\\ c_2D & c_2E\end{pmatrix}S^{-1}. \tag{2.11.21}
$$

若 $(c_1+c_2)^2=c_3^2$, 由 (2.11.14) 与 (2.11.21), 可得 $c_1T_1+c_2T_2+c_3T_1T_2$ 或 $c_1T_1+c_2T_2-c_3T_1T_2$ 是奇异的.

再次, 证明对于任意的 $c_1, c_2 \in \mathbb{C}^*$, 当 $(c_1+c_2)^2 \neq c_3^2$ 时, (2.11.11) 成立. 由 (2.11.21), 可得到

$$
\begin{aligned}
&(c_1T_1+c_2T_2-c_3T_1T_2)^{-1}\\
=&S\begin{pmatrix} [(c_1+c_2)A-c_3I_r]^{-1} & 0 \\ -ED[(c_1+c_2)A-c_3I_r]^{-1} & c_2^{-1}E \end{pmatrix}S^{-1}\\
=&S\begin{pmatrix} [(c_1+c_2)^2-c_3^2]^{-1}[(c_1+c_2)A+c_3I_r] & 0 \\ -ED[(c_1+c_2)^2-c_3^2]^{-1}[(c_1+c_2)A+c_3I_r] & c_2^{-1}E \end{pmatrix}S^{-1}.
\end{aligned}
$$

因此

$$
\begin{aligned}
&[(c_1+c_2)^2-c_3^2](c_1T_1+c_2T_2-c_3T_1T_2)^{-1}\\
=&S\begin{pmatrix} (c_1+c_2)A+c_3I_r & 0 \\ -ED[(c_1+c_2)A+c_3I_r] & c_2^{-1}[(c_1+c_2)^2-c_3^2]E \end{pmatrix}S^{-1}\\
=&(c_1+c_2)S\begin{pmatrix} A & 0 \\ -EDA & E \end{pmatrix}S^{-1}+S\begin{pmatrix} c_3I_r & 0 \\ -c_3ED & c_2^{-1}(c_1^2+c_1c_2-c_3^2)E \end{pmatrix}S^{-1}\\
=&(c_1+c_2)T_2+c_3S\begin{pmatrix} I_r & 0 \\ -ED & 0 \end{pmatrix}S^{-1}+c_2^{-1}(c_1^2+c_1c_2-c_3^2)S\begin{pmatrix} 0 & 0 \\ 0 & E \end{pmatrix}S^{-1}.
\end{aligned}
$$

另一方面, 易知

$$
2T_1^2-T_2T_1=S\begin{pmatrix} I_r & 0 \\ ED & 0 \end{pmatrix}S^{-1} \text{ 与 } T_2-T_2T_1^2=S\begin{pmatrix} 0 & 0 \\ 0 & E \end{pmatrix}S^{-1}.
$$

得证.

若 $c_3=0$, 则有以下推论.

推论 2.11.10[22,定理 3.1] 设 $T_1, T_2 \in \mathbb{C}^{n\times n}$ 是非零的三次幂等矩阵, $T_1^2T_2 = T_2^2T_1$ 且 $c_1, c_2 \in \mathbb{C}^*$. 若 T_1 或 T_2 是非奇异的, 那么 $c_1T_1+c_2T_2$ 是非奇异的当且仅当 $c_1+c_2 \neq 0$. 此时,

(i) 若 T_1 是非奇异的, 则

$$
(c_1+c_2)(c_1T_1+c_2T_2)^{-1}=T_1+c_2c_1^{-1}T_1(I_n-T_2^2);
$$

(ii) 若 T_2 是非奇异的, 则

$$
(c_1+c_2)(c_1T_1+c_2T_2)^{-1}=T_2+c_2c_1^{-1}T_2(I_n-T_1^2).
$$

下面的定理说明了, $c_1T_1+c_2T_2-c_3T_1T_2$ 的非奇异性与 $T_1^2T_2$ 和 $T_2^2T_1$ 或 $T_2T_1^2$ 和 $T_1T_2^2$ 的组合的非奇异性有联系.

定理 2.11.11　设 $T_1, T_2 \in \mathbb{C}^{n\times n}$ 是三次幂等矩阵且对于任意的 $c_1, c_2 \in \mathbb{C}^*$, 下列命题等价:

(i) $c_1T_2^2T_1 + c_2T_1^2T_2 - c_3T_2^2T_1T_2$ 是非奇异的;

(ii) $c_1T_1T_2^2 + c_2T_2T_1^2 - c_3T_1T_2T_1^2$ 是非奇异的;

(iii) $c_1T_1 + c_2T_2 - c_3T_1T_2$ 与 $I_n - T_1^2 - T_2^2$ 是非奇异的.

证明　由以下等式很容易证明结论

$$(I_n - T_1^2 - T_2^2)(c_1T_1 + c_2T_2 - c_3T_1T_2) = -(c_1T_2^2T_1 + c_2T_1^2T_2 - c_3T_2^2T_1T_2)$$

与

$$(c_1T_1 + c_2T_2 - c_3T_1T_2)(I_n - T_1^2 - T_2^2) = -(c_1T_1T_2^2 + c_2T_2T_1^2 - c_3T_1T_2T_1^2).$$

2.12　群可逆矩阵组合的群逆

下面的结论给出了两个群可逆矩阵的线性组合的充分条件.

定理 2.12.1　设 $P, Q \in \mathbb{C}^{n\times n}$ 是两个群可逆的矩阵和设 a, b 为两个非零复数. 若 $PQQ^{\#} = QPP^{\#}$, 则 $aP + bQ$ 是群可逆. 若 $a + b \neq 0$, 则

$$\begin{aligned}&(aP+bQ)^{\#}\\ &= \frac{1}{a+b}\left(P^{\#} + Q^{\#} - P^{\#}QQ^{\#}\right) + \left(\frac{1}{a} - \frac{1}{a+b}\right)(I_n - QQ^{\#})P^{\#}\\ &\quad + \left(\frac{1}{b} - \frac{1}{a+b}\right)(I_n - PP^{\#})Q^{\#}.\end{aligned}$$

进一步,

$$(P-Q)^{\#} = (P-Q)(P^{\#} - Q^{\#})^2.$$

证明　设 r 为 P 的秩. 因为 P 是群可逆, 存在非零矩阵 $U \in \mathbb{C}^{n\times n}$ 和 $A \in \mathbb{C}^{r\times r}$ 使得

$$P = U(A \oplus 0)U^{-1}. \tag{2.12.1}$$

设

$$Q = U\begin{pmatrix} Q_1 & Q_2 \\ Q_3 & Q_4 \end{pmatrix}U^{-1}, \quad QQ^{\#} = U\begin{pmatrix} X_1 & X_2 \\ X_3 & X_4 \end{pmatrix}U^{-1}, \quad Q_1, X_1 \in \mathbb{C}^{r\times r}. \tag{2.12.2}$$

因为

$$PQQ^{\#} = U\begin{pmatrix} AX_1 & AX_2 \\ 0 & 0 \end{pmatrix}U^{-1}, \quad QPP^{\#} = U\begin{pmatrix} Q_1 & 0 \\ Q_3 & 0 \end{pmatrix}U^{-1},$$

由假设条件和矩阵 A 的非奇异性, 得

$$X_2 = 0, \quad Q_3 = 0, \quad AX_1 = Q_1. \tag{2.12.3}$$

因为

$$Q = U\begin{pmatrix} Q_1 & Q_2 \\ 0 & Q_4 \end{pmatrix}U^{-1}, \tag{2.12.4}$$

应用引理 2.10.5, 有 Q_1 和 Q_4 是群可逆和

$$Q^{\#} = U\begin{pmatrix} Q_1^{\#} & M \\ 0 & Q_4^{\#} \end{pmatrix}U^{-1}, \tag{2.12.5}$$

其中 M 为集合 $\mathbb{C}^{r\times(n-r)}$ 中的某些矩阵, 下面证明不受它的形式影响. 利用 (2.12.4), (2.12.5) 以及 $QQ^{\#}$ 的表示, 得

$$X_1 = Q_1Q_1^{\#}, \quad X_3 = 0, \quad X_4 = Q_4Q_4^{\#}. \tag{2.12.6}$$

由 (2.12.2) 中 $QQ^{\#}$ 的表示, (2.12.3) 的第一个等式以及 (2.12.6), 得

$$QQ^{\#} = U\begin{pmatrix} Q_1Q_1^{\#} & 0 \\ 0 & Q_4Q_4^{\#} \end{pmatrix}U^{-1}. \tag{2.12.7}$$

利用等式 $Q = Q(QQ^{\#}) = (QQ^{\#})Q$ 和 (2.12.4), (2.12.7) 中 $QQQ^{\#}$ 的表示, 有

$$Q_2 = Q_2Q_4Q_4^{\#} = Q_1Q_1^{\#}Q_2.$$

设 x 和 y 为 Q_1 和 Q_4 的秩. 因为 Q_1 和 Q_4 是群可逆矩阵, 存在非奇异矩阵 $W\in\mathbb{C}^{r\times r}$, $B_1\in\mathbb{C}^{x\times x}$, $V\in\mathbb{C}^{(n-r)\times(n-r)}$, 以及 $B_2\in\mathbb{C}^{y\times y}$ 使得

$$Q_1 = W(B_1\oplus 0)W^{-1}, \quad Q_4 = V(B_2\oplus 0)V^{-1}. \tag{2.12.8}$$

设 $Q_2\in\mathbb{C}^{r\times(n-r)}$ 表示如下:

$$Q_2 = W\begin{pmatrix} B_3 & B_4 \\ B_5 & B_6 \end{pmatrix}V^{-1}, \quad B_3\in\mathbb{C}^{x\times y}. \tag{2.12.9}$$

由 $Q_2 = Q_1Q_1^{\#}Q_2$, (2.12.8) 以及 (2.12.9) 得 $B_5 = 0$ 和 $B_6 = 0$. 利用 $Q_2 = Q_2Q_4Q_4^{\#}$, (2.12.8) 以及 (2.12.9) 推导出 $B_4 = 0$. 因此

$$Q_2 = W\begin{pmatrix} B_3 & 0 \\ 0 & 0 \end{pmatrix}V^{-1}. \tag{2.12.10}$$

此时, 设 A 为

$$A = W\begin{pmatrix} A_1 & A_2 \\ A_3 & A_4 \end{pmatrix}W^{-1}, \quad A_1 \in \mathbb{C}^{x\times x}. \tag{2.12.11}$$

由 (2.12.3) 最后的等式, (2.12.6) 的第一式子, (2.12.8) 中 Q_1 的表示以及 (2.12.11) 中 A 的表示, 有

$$A_1 = B_1, \quad A_3 = 0. \tag{2.12.12}$$

由 (2.12.11) 中的表示, $A_3 = 0$, 以及 A 非奇异性导出 A_1 和 A_4 非奇异的和

$$A^{-1} = W\begin{pmatrix} A_1^{-1} & -A_1^{-1}A_2A_4^{-1} \\ 0 & A_4^{-1} \end{pmatrix}W^{-1}.$$

设非奇异矩阵 $Z = U(W \oplus V)$. 由 (2.12.1) 和 (2.12.4), 有

$$P = Z\begin{pmatrix} W^{-1}AW & 0 \\ 0 & 0 \end{pmatrix}Z^{-1}, \quad Q = Z\begin{pmatrix} W^{-1}Q_1W & W^{-1}Q_2V \\ 0 & V^{-1}Q_4V \end{pmatrix}Z^{-1}.$$

此时用 (2.12.8), (2.12.10), (2.12.11) 以及 (2.12.12), 有

$$P = Z\begin{pmatrix} B_1 & A_2 & 0 & 0 \\ 0 & A_4 & 0 & 0 \\ 0 & 0 & 0 & 0 \\ 0 & 0 & 0 & 0 \end{pmatrix}Z^{-1}, \quad Q = Z\begin{pmatrix} B_1 & 0 & B_3 & 0 \\ 0 & 0 & 0 & 0 \\ 0 & 0 & B_2 & 0 \\ 0 & 0 & 0 & 0 \end{pmatrix}Z^{-1}, \tag{2.12.13}$$

且

$$aP + bQ = Z\begin{pmatrix} (a+b)B_1 & aA_2 & bB_3 & 0 \\ 0 & aA_4 & 0 & 0 \\ 0 & 0 & bB_2 & 0 \\ 0 & 0 & 0 & 0 \end{pmatrix}Z^{-1}.$$

由群逆定义和 (2.12.13), 有

$$P^{\#} = Z\begin{pmatrix} B_1^{-1} & -B_1^{-1}A_2A_4^{-1} & 0 & 0 \\ 0 & A_4^{-1} & 0 & 0 \\ 0 & 0 & 0 & 0 \\ 0 & 0 & 0 & 0 \end{pmatrix}Z^{-1},$$

$$Q^{\#} = Z\begin{pmatrix} B_1^{-1} & 0 & -B_1^{-1}B_3B_2^{-1} & 0 \\ 0 & 0 & 0 & 0 \\ 0 & 0 & B_2^{-1} & 0 \\ 0 & 0 & 0 & 0 \end{pmatrix}Z^{-1}. \tag{2.12.14}$$

由 (2.12.1) 和 Z 的定义, 得

$$PP^{\#}=U(I_r\oplus 0)U^{-1}=Z(W^{-1}\oplus V^{-1})(I_r\oplus 0)(W\oplus V)Z^{-1}=Z(I_r\oplus 0)Z^{-1}.$$

因此

$$PP^{\#}=Z(I_x\oplus I_{r-x}\oplus 0\oplus 0)Z^{-1}. \tag{2.12.15}$$

由 (2.12.7) 和 (2.12.8), 则

$$QQ^{\#}=U(Q_1Q_1^{\#}\oplus Q_4Q_4^{\#})U^{-1}=Z(I_x\oplus 0\oplus I_y\oplus 0)Z^{-1}. \tag{2.12.16}$$

假设 $a+b\neq 0$. 不难看出矩阵

$$X=Z\begin{pmatrix} (a+b)^{-1}B_1^{-1} & -(a+b)^{-1}B_1^{-1}A_2A_4^{-1} & -(a+b)^{-1}B_1^{-1}B_3B_2^{-1} & 0\\ 0 & a^{-1}A_4^{-1} & 0 & 0\\ 0 & 0 & b^{-1}B_2^{-1} & 0\\ 0 & 0 & 0 & 0\end{pmatrix}Z^{-1}$$

满足 $(aP+bQ)X=X(aP+bQ)$, $(aP+bQ)X(aP+bQ)=aP+bQ$, 以及 $X(aP+bQ)X=X$. 因此, $aP+bQ$ 是群可逆和 $(aP+bQ)^{\#}=X$. 我们将利用包含 P 和 Q 给出 X 的表示. 为此, 注意到

$$X=\frac{1}{a+b}Z\begin{pmatrix} B_1^{-1} & -B_1^{-1}A_2A_4^{-1} & -B_1^{-1}B_3B_2^{-1} & 0\\ 0 & 0 & 0 & 0\\ 0 & 0 & 0 & 0\\ 0 & 0 & 0 & 0\end{pmatrix}Z^{-1}$$

$$+\frac{1}{a}Z\begin{pmatrix} 0 & 0 & 0 & 0\\ 0 & A_4^{-1} & 0 & 0\\ 0 & 0 & 0 & 0\\ 0 & 0 & 0 & 0\end{pmatrix}Z^{-1}+\frac{1}{b}Z\begin{pmatrix} 0 & 0 & 0 & 0\\ 0 & 0 & 0 & 0\\ 0 & 0 & B_2^{-1} & 0\\ 0 & 0 & 0 & 0\end{pmatrix}Z^{-1}.$$

下面计算 $(I_n-QQ^{\#})P^{\#}$ 和 $(I_n-PP^{\#})Q^{\#}$. 由 (2.12.14) 和 (2.12.16), 得

$$(I_n-QQ^{\#})P^{\#}=Z\begin{pmatrix} 0 & 0 & 0 & 0\\ 0 & I_{r-x} & 0 & 0\\ 0 & 0 & 0 & 0\\ 0 & 0 & 0 & I_{n-r-y}\end{pmatrix}\begin{pmatrix} B_1^{-1} & -B_1^{-1}A_2B_4^{-1} & 0 & 0\\ 0 & A_4^{-1} & 0 & 0\\ 0 & 0 & 0 & 0\\ 0 & 0 & 0 & 0\end{pmatrix}Z^{-1}$$

$$=Z\begin{pmatrix} 0 & 0 & 0 & 0\\ 0 & A_4^{-1} & 0 & 0\\ 0 & 0 & 0 & 0\\ 0 & 0 & 0 & 0\end{pmatrix}Z^{-1}. \tag{2.12.17}$$

应用 (2.12.14) 和 (2.12.15), 得

$$
\begin{aligned}
(I_n - PP^{\#})Q^{\#} &= Z\begin{pmatrix} 0 & 0 & 0 & 0 \\ 0 & 0 & 0 & 0 \\ 0 & 0 & I_y & 0 \\ 0 & 0 & 0 & I_{n-r-y} \end{pmatrix}\begin{pmatrix} B_1^{-1} & 0 & -B_1^{-1}B_3B_2^{-1} & 0 \\ 0 & 0 & 0 & 0 \\ 0 & 0 & B_2^{-1} & 0 \\ 0 & 0 & 0 & 0 \end{pmatrix}Z^{-1} \\
&= Z\begin{pmatrix} 0 & 0 & 0 & 0 \\ 0 & 0 & 0 & 0 \\ 0 & 0 & B_2^{-1} & 0 \\ 0 & 0 & 0 & 0 \end{pmatrix}Z^{-1}. \qquad (2.12.18)
\end{aligned}
$$

此时,

$$
\begin{aligned}
P^{\#}QQ^{\#} &= Z\begin{pmatrix} B_1^{-1} & -B_1^{-1}A_2B_4^{-1} & 0 & 0 \\ 0 & A_4^{-1} & 0 & 0 \\ 0 & 0 & 0 & 0 \\ 0 & 0 & 0 & 0 \end{pmatrix}\begin{pmatrix} I_x & 0 & 0 & 0 \\ 0 & 0 & 0 & 0 \\ 0 & 0 & I_y & 0 \\ 0 & 0 & 0 & 0 \end{pmatrix}Z^{-1} \\
&= Z\begin{pmatrix} B_1^{-1} & 0 & 0 & 0 \\ 0 & 0 & 0 & 0 \\ 0 & 0 & 0 & 0 \\ 0 & 0 & 0 & 0 \end{pmatrix}Z^{-1}, \qquad (2.12.19)
\end{aligned}
$$

我们还可证明 $P^{\#}QQ^{\#} = Q^{\#}PP^{\#}$. 因此

$$
\begin{aligned}
X =& \frac{1}{a+b}\left(P^{\#} + Q^{\#} - P^{\#}QQ^{\#}\right) + \left(\frac{1}{a} - \frac{1}{a+b}\right)(I_n - QQ^{\#})P^{\#} \\
&+ \left(\frac{1}{b} - \frac{1}{a+b}\right)(I_n - PP^{\#})Q^{\#}.
\end{aligned}
$$

下面, 我们证明 $P - Q$ 是群可逆和给出 $(P-Q)^{\#}$ 的表示. 由 (2.12.13), 有

$$
P - Q = Z\begin{pmatrix} 0 & A_2 & -B_3 & 0 \\ 0 & A_4 & 0 & 0 \\ 0 & 0 & -B_2 & 0 \\ 0 & 0 & 0 & 0 \end{pmatrix}Z^{-1}.
$$

不难看出矩阵

$$
Y = Z\begin{pmatrix} 0 & A_2(A_4^{-1})^2 & -B_3(B_2^{-1})^2 & 0 \\ 0 & A_4^{-1} & 0 & 0 \\ 0 & 0 & -B_2^{-1} & 0 \\ 0 & 0 & 0 & 0 \end{pmatrix}Z^{-1}
$$

满足 $(P-Q)Y=Y(P-Q)$, $(P-Q)Y(P-Q)=P-Q$ 以及 $Y(P-Q)Y=Y$. 因此, $P-Q$ 是群可逆且 $(P-Q)^{\#}=Y$. 利用 (2.12.14), 得

$$P^{\#}-Q^{\#}=Z\begin{pmatrix} 0 & -B_1^{-1}A_2A_4^{-1} & B_1^{-1}B_3B_2^{-1} & 0 \\ 0 & A_4^{-1} & 0 & 0 \\ 0 & 0 & -B_2^{-1} & 0 \\ 0 & 0 & 0 & 0 \end{pmatrix}Z^{-1}. \tag{2.12.20}$$

此时, 利用 (2.12.20) 计算

$$(P^{\#}-Q^{\#})^2=Z\begin{pmatrix} 0 & -B_1^{-1}A_2(A_4^{-1})^2 & -B_1^{-1}B_3(B_2^{-1})^2 & 0 \\ 0 & (A_4^{-1})^2 & 0 & 0 \\ 0 & 0 & (B_2^{-1})^2 & 0 \\ 0 & 0 & 0 & 0 \end{pmatrix}Z^{-1},$$

得到

$$(P-Q)(P^{\#}-Q^{\#})^2=Z\begin{pmatrix} 0 & A_2(A_4^{-1})^2 & -B_3(B_2^{-1})^2 & 0 \\ 0 & A_4^{-1} & 0 & 0 \\ 0 & 0 & -B_2^{-1} & 0 \\ 0 & 0 & 0 & 0 \end{pmatrix}Z^{-1}=Y.$$

证毕.

定理 2.12.2 设 $P,Q\in\mathbb{C}^{n\times n}$ 是两个群可逆的矩阵, 设 a,b 为非零复数. 若 $QQ^{\#}P=PP^{\#}Q$, 则 $aP+bQ$ 是群可逆. 如果 $a+b\neq 0$, 则

$$\begin{aligned}(aP+bQ)^{\#}=&\frac{1}{a+b}\left(P^{\#}+Q^{\#}-Q^{\#}QP^{\#}\right)+\left(\frac{1}{a}-\frac{1}{a+b}\right)P^{\#}(I_n-QQ^{\#})\\&+\left(\frac{1}{b}-\frac{1}{a+b}\right)Q^{\#}(I_n-PP^{\#}).\end{aligned}$$

进一步, 有

$$(P-Q)^{\#}=(P^{\#}-Q^{\#})^2(P-Q).$$

证明 充分利用定理 2.12.1. 对线性组合 $\overline{a}P^*+\overline{b}Q^*$, 矩阵 C 群可逆当且仅当 C^* 群可逆, 且 $(C^*)^{\#}=(C^{\#})^*$.

推论 2.12.3 设 $P,Q\in\mathbb{C}^{n\times n}$ 两个群可逆矩阵, 设 a,b 非零复数. 若 $PQQ^{\#}=QPP^{\#}$ 且 $QQ^{\#}P=PP^{\#}Q$, 则 $aP+bQ$ 和 PQ 是群可逆. 若 $a+b\neq 0$, 则

$$(aP+bQ)^{\#}=\frac{1}{a+b}P^{\#}QQ^{\#}+\frac{1}{a}(I_n-QQ^{\#})P^{\#}+\frac{1}{b}(I_n-PP^{\#})Q^{\#}.$$

进一步, 有

$$(P-Q)^{\#}=P^{\#}-Q^{\#}$$

和

$$(PQ)^{\#}=(P^{\#}QQ^{\#})^2=(QP)^{\#}.$$

证明　因为 $PQQ^{\#}=QPP^{\#}$, 由定理 2.12.1, 得 P 和 Q 可写成如 (2.12.13), 将 $PP^{\#}$ 写成如 (2.12.15), 以及将 $QQ^{\#}$ 写成 (2.12.16). 由 $QQ^{\#}P=PP^{\#}Q$, 得 $A_2=0$ 和 $B_3=0$. 因此

$$P=Z(B_1\oplus A_4\oplus 0\oplus 0)Z^{-1},\quad Q=Z(B_1\oplus 0\oplus B_2\oplus 0)Z^{-1},$$

以及

$$aP+bQ=Z\left((a+b)B_1\oplus aA_4\oplus bB_4\oplus 0\right)Z^{-1},\quad PQ=Z(B_1^2\oplus 0\oplus 0\oplus 0)Z^{-1},$$

即 $aP+bQ$ 和 PQ 是群可逆, 且

$$(aP+bQ)^{\#}=Z\left((a+b)^{\#}B_1^{-1}\oplus\frac{1}{a}A_4^{-1}\oplus\frac{1}{b}B_4^{-1}\oplus 0\right)Z^{-1},$$

$$(PQ)^{\#}=Z(B_1^{-2}\oplus 0\oplus 0\oplus 0)Z^{-1},$$

其中, 对于 $\lambda\in\mathbb{C}\setminus\{0\}$ 得到 $\lambda^{\#}=\lambda^{-1}$, $0^{\#}=0$. 此时, 考虑 (2.12.17)~(2.12.19) 可以完成证明.

若 P 和 Q 是幂等矩阵, 则 P 和 Q 是群可逆, $P^{\#}=P$, $Q^{\#}=Q$. 利用定理 2.12.1 得到如下结论

推论 2.12.4[85,定理 3.4]　设 $P,Q\in\mathbb{C}^{n\times n}$ 是两个幂等矩阵满足 $PQ=QP$, 则

$$(P+Q)^{\#}=P+Q-\frac{3}{2}PQ,\quad (P-Q)^{\#}=P-Q.$$

若 P 和 Q 是三次幂等矩阵, 则 P 和 Q 是群可逆, $P^{\#}=P$ 和 $Q^{\#}=Q$. 利用定理 2.12.1 得到如下推论.

推论 2.12.5　设 $P,Q\in\mathbb{C}^{n\times n}$ 为三次幂等矩阵满足 $PQ^2=QP^2$, 则

$$(P+Q)^{\#}=P+Q-\frac{1}{2}PQ^2-\frac{1}{2}P^2Q-\frac{1}{2}Q^2P,$$

$$(P-Q)^{\#}=(P-Q)^3=(P-Q)+(Q^2P-P^2Q)+(QPQ-PQP).$$

利用定理 2.12.2, 得到如下推论.

推论 2.12.6 设 $P, Q \in \mathbb{C}^{n\times n}$ 两个三次幂等矩阵满足 $P^2Q = Q^2P$, 则

$$(P+Q)^{\#} = P + Q - \frac{1}{2}PQ^2 - \frac{1}{2}P^2Q - \frac{1}{2}QP^2,$$

且

$$(P-Q)^{\#} = (P-Q)^3 = (P-Q) + (QP^2 - PQ^2) + (QPQ - PQP).$$

下面结论是关于两个可逆矩阵线性组合的群可逆.

定理 2.12.7 令 $P, Q \in \mathbb{C}^{n\times n}$ 为两个群可逆矩阵, $PQ = QP$, 则有非奇异矩阵 $Z \in \mathbb{C}^{n\times n}$, $A_1, B_1 \in \mathbb{C}^{x\times x}$, $A_2 \in \mathbb{C}^{y\times y}$, 和 $B_2 \in \mathbb{C}^{z\times z}$ 使得

$$P = Z(A_1 \oplus A_2 \oplus 0 \oplus 0)Z^{-1}, \quad Q = Z(B_1 \oplus 0 \oplus B_2 \oplus 0)Z^{-1}, \quad A_1B_1 = B_1A_1. \tag{2.12.21}$$

证明 令 r 为 P 的秩. 由于 P 是群逆, 通过应用引理 2.10.4, 有非奇异矩阵 $U \in \mathbb{C}^{n\times n}$ 和 $A \in \mathbb{C}^{r\times r}$ 使得 $P = U(A \oplus 0)U^{-1}$. 我们可以写出

$$Q = U\begin{pmatrix} Q_1 & Q_2 \\ Q_3 & Q_4 \end{pmatrix}U^{-1}.$$

由于

$$QP = U\begin{pmatrix} Q_1A & 0 \\ Q_3A & 0 \end{pmatrix}U^{-1}, \quad PQ = U\begin{pmatrix} AQ_1 & AQ_2 \\ 0 & 0 \end{pmatrix}U^{-1}, \quad PQ = QP,$$

从 A 的非奇异性知道 $Q_1A = AQ_1$, $Q_2 = 0$ 和 $Q_3 = 0$. 由于 $Q = U(Q_1 \oplus Q_4)U^{-1}$, 通过应用引理 2.10.5, 我们知道 Q_1 和 Q_4 是群逆. 令 x 和 y 分别为 Q_1, Q_4 的列. 通过引理 2.10.4, 存在非奇异矩阵 $B_1 \in \mathbb{C}^{x\times x}$, $W \in \mathbb{C}^{r\times r}$, $B_2 \in \mathbb{C}^{y\times y}$, $V \in \mathbb{C}^{(n-r)\times(n-r)}$ 使得 $Q_1 = W(B_1 \oplus 0)W^{-1}$ 和 $Q_4 = V(B_2 \oplus 0)V^{-1}$. 若定义 $Z = U(W \oplus V)$, 则有 $Q = Z(B_1 \oplus 0 \oplus B_2 \oplus 0)Z^{-1}$ 和

$$\begin{aligned} P &= U(A \oplus 0)U^{-1} \\ &= U\begin{pmatrix} W & 0 \\ 0 & V \end{pmatrix}\begin{pmatrix} W^{-1}AW & 0 \\ 0 & 0 \end{pmatrix}\begin{pmatrix} W^{-1} & 0 \\ 0 & V^{-1} \end{pmatrix}U^{-1} \\ &= Z(W^{-1}AW \oplus 0)Z^{-1}. \end{aligned}$$

我们可以写出

$$W^{-1}AW = \begin{pmatrix} A_1 & A_2 \\ A_3 & A_4 \end{pmatrix}, \quad A_1 \in \mathbb{C}^{x\times x}.$$

从 $PQ = QP$ 得到

$$\begin{pmatrix} A_1 & A_2 \\ A_3 & A_4 \end{pmatrix}\begin{pmatrix} B_1 & 0 \\ 0 & 0 \end{pmatrix} = \begin{pmatrix} B_1 & 0 \\ 0 & 0 \end{pmatrix}\begin{pmatrix} A_1 & A_2 \\ A_3 & A_4 \end{pmatrix},$$

其中有 B_1 的非奇异性, 必需 $A_1B_1 = B_1A_1$, $A_2 = 0$ 和 $A_3 = 0$. 为了证明定理, 它足够去证明 A_1 和 A_4 是非奇异的; 但这是遵循 $W^{-1}AW = A_1 \oplus A_4$ 和 A 的非奇异性.

推论 2.12.8 令 $P, Q \in \mathbb{C}^{n\times n}$ 为两个群可逆矩阵使得 $PQ = QP$, 则通过 $P, Q, P^{\#}$ 生成代数和 $Q^{\#}$ 是可交换的.

推论 2.12.9 令 $P, Q \in \mathbb{C}^{n\times n}$ 为两个群可逆矩阵使得 $PQ = QP$ 和 $a, b \in \mathbb{C}\setminus\{0\}$, 则 $aP + bQ$ 是群可逆当且仅当 $aPQQ^{\#} + bQPP^{\#}$ 是群可逆. 在这个情况下有

$$(aP + bQ)^{\#} = (aPQQ^{\#} + bQPP^{\#})^{\#} + \frac{1}{a}P^{\#}(I_n - QQ^{\#}) + \frac{1}{b}Q^{\#}(I_n - PP^{\#}).$$

证明 通过用表达式 (2.12.21) 有

$$aP + bQ = Z((aA_1 + bB_1) \oplus aA_1 \oplus bB_1 \oplus 0)Z^{-1}$$

和

$$aPQQ^{\#} + bQPP^{\#} = Z(aA_1 + bB_1 \oplus 0 \oplus 0 \oplus 0)Z^{-1}.$$

由于 A_1 和 B_1 是非奇异的, 则 $aP + bQ$ 是群可逆当且仅当 $aPQQ^{\#} + bQPP^{\#}$ 是群可逆; 而在这个情况下有

$$\begin{aligned}
&(aP + bQ)^{\#} \\
=&Z((aA_1 + bB_1)^{\#} \oplus 0 \oplus 0 \oplus 0)Z^{-1} \\
&+\frac{1}{a}Z(0 \oplus A_1^{-1} \oplus 0 \oplus 0)Z^{-1} + \frac{1}{b}Z(0 \oplus 0 \oplus B_1^{-1} \oplus 0)Z^{-1} \\
=&(aPQQ^{\#} + bQPP^{\#})^{\#} + \frac{1}{a}P^{\#}(I_n - QQ^{\#}) + \frac{1}{b}Q^{\#}(I_n - PP^{\#}).
\end{aligned}$$

证毕.

2.13 在 $aba = a$, $bab = b$ 条件下环上元素交换子 $ab - ba$ 的可逆性

若在环 $\mathcal{R}$ 中 $* : a \mapsto a^*$ 使得 $(a+b)^* = a^* + b^*$, $(ab)^* = b^*a^*$ 和 $(a^*)^* = a$ 对任意 $a, b \in \mathcal{R}$, 则称 $*$ 为一个对合. 在一个有对合 $*$ 环 $\mathcal{R}$ 上的元素称 a 为自伴随，如果 $a = a^*$.

当对 $a \in \mathcal{R}$, 易证得存在至多一个 $x \in \mathcal{R}$ 使得

$$axa = a, \quad xax = x, \quad (ax)^* = ax, \quad (xa)^* = xa. \tag{2.13.1}$$

如果存在 x, 记 $x = a^\dagger$ 且称 a 是 Moore-Penrose 可逆. 在对合环中对于一个元素 a 可能 $a^\dagger$ 不存在. 如果 $x \in \mathcal{R}$ 满足 (2.13.1) 的第一个方程, 则称 x 是 a 的一个内广义逆 . 如果 a 有内广义逆, 则称 a 是正则. 如果 x 满足 (2.13.1) 的第二个方程, 则称 x 是 a 的一个广义逆 . 定义 $\mathcal{R}^{-1}$ 和 $\mathcal{R}^\dagger$ 分别为包含可逆的和 Moore-Penrose 可逆的 $\mathcal{R}$ 的子集. 环上广义逆研究见文献 [32,111].

相比于普通的逆, 如果 $a \in \mathcal{R}^\dagger$, 则 $aa^\dagger \neq a^\dagger a$. 在 [18, 147] 中研究了 C^* -代数上的元素 a 使得 $aa^\dagger = a^\dagger a$. 由文献 [27] 给出下列定义.

定义 2.13.1 设 $\mathcal{R}$ 有对合的环. 当 $a \in \mathcal{R}^\dagger$ 和 $aa^\dagger - a^\dagger a$ 是可逆的称 $a \in \mathcal{R}$ 是co-ep 元. 包含 co-ep 元素的 $\mathcal{R}$ 的子集称为 $\mathcal{R}_{\text{co}}^{\text{ep}}$, 即

$$\mathcal{R}_{\text{co}}^{\text{ep}} = \{x \in \mathcal{R}^\dagger : xx^\dagger - x^\dagger x \in \mathcal{R}^{-1}\}.$$

对于 co-ep 阵的研究, 见文献 [26].

本节是从两个方面在 C^* -代数研究了 co-ep 元素:

a) 改变条件至环上;

b) 削弱广义逆在 (2.13.1) 的条件.

环中的 p 元素称为幂等元, 当 $p^2=p$ 和称为投影 当环中有对合 $*$ 且 $p^2=p=p^*$.

定理 2.13.2[151,定理 3.2] 设 $\mathcal{R}$ 是有单位 1 的环且 $p, q \in \mathcal{R}$ 有幂等元. 下列条件为等价的:

(i) $p - q$ 是可逆的;

(ii) 存在幂等元 $h, k \in \mathcal{R}$ 使得 $ph = h$, $hp = p$, $q(1-h) = 1-h$, $(1-h)q = q$, $kp = k$, $pk = p$, $(1-k)q = 1-k$ 和 $q(1-k) = q$.

证明 (i) $\Rightarrow$ (ii) 因为 $(p-q)p = p - qp = (1-q)(p-q)$ 有

$$p(p-q)^{-1} = (p-q)^{-1}(1-q).$$

设 $h = p(p-q)^{-1} = (p-q)^{-1}(1-q)$. 证明 $h^2 = h$.

$$\begin{aligned} h^2 &= (p-q)^{-1}(1-q)p(p-q)^{-1} \\ &= (p-q)^{-1}(p-qp)(p-q)^{-1} \\ &= (p-q)^{-1}(p-q)p(p-q)^{-1} \\ &= p(p-q)^{-1} = h. \end{aligned}$$

得到

$$ph = pp(p-q)^{-1} = p(p-q)^{-1} = h,$$

$$hp = (p-q)^{-1}(1-q)p = (p-q)^{-1}(p-qp) = (p-q)^{-1}(p-q)p = p$$

和

$$(1-h)q = q - hq = q - (p-q)^{-1}(1-q)q = q,$$

$$\begin{aligned} q(1-h) &= (1-1+q)(1-h) = 1-h-1+q+(1-q)h \\ &= 1-h-1+q+(1-q)ph \\ &= 1-h-1+q+(p-q)h \\ &= 1-h-1+q+(p-q)(p-q)^{-1}(1-q) = 1-h. \end{aligned}$$

记 $p-q=(1-q)-(1-p)$ 且 $1-q, 1-p$ 为幂等. 对于 k 的结果类似于下面证明 h 的结果.

(ii) $\Rightarrow$ (i) 由等式 $(p-q)(h+k-1)=1$ 和 $(h+k-1)(p-q)=1$ 易得结论.

推论 2.13.3 设 $\mathcal{R}$ 是一个单位环且 $p,q\in\mathcal{R}$ 是幂等元使得 $p-q$ 是可逆的. 定理 5.2.1 中的 h, k 是唯一的且满足

(i) $h=(p-q)^{-1}(1-q)=p(p-q)^{-1}$;

(ii) $k=(1-q)(p-q)^{-1}=(p-q)^{-1}p$;

(iii) $(p-q)^{-1}=h+k-1$.

证明 仅需证明唯一性, 因为 (i), (ii) 和 (iii) 的表达式来自之前定理的证明. 因为 $hp=p$ 和 $hq=0$ 得 $h(p-q)=p$, 即 $h=p(p-q)^{-1}$, h 是唯一的. k 的唯一性同理可证.

当 $a,b\in R$,b 为 a 的内逆又是外逆, 下面给出 $ab-ba$ 是可逆的充要条件.

定理 2.13.4 设 $\mathcal{R}$ 是一个单位环. 设 $a,b\in\mathcal{R}$ 使得 $aba=a$ 和 $bab=b$. 下列条件为等价的:

(i) $ab-ba$ 是可逆的;

(ii) $a+b$ 是可逆的且存在幂等 $h,k\in\mathcal{R}$ 使得 $ha=a$, $hb=0$, $ak=0$, $bk=b$;

(iii) $a-b$ 是可逆的且存在幂等 $h,k\in\mathcal{R}$ 使得 $ha=a$, $hb=0$, $ak=0$, $bk=b$;

(iv) $ab+ba$ 是可逆的, $a\mathcal{R}\cap b\mathcal{R}=\{0\}$, 且 $\mathcal{R}a\cap\mathcal{R}b=\{0\}$;

(v) $a+b$ 是可逆的且 $a(a+b)^{-1}a=a$;

(vi) $a-b$ 是可逆的且 $a(a-b)^{-1}a=a$;

(vii) $a\mathcal{R}\oplus b\mathcal{R}=\mathcal{R}$ 和 $\mathcal{R}a\oplus\mathcal{R}b=\mathcal{R}$.

证明 已知 ab 和 ba 是幂等的.

(i) $\Rightarrow$ (ii) 由定理 2.13.2, 存在幂等元素 $h,k\in\mathcal{R}$ 使得

$$abh=h, \quad hab=ab, \quad ba(1-h)=1-h, \quad (1-h)ba=ba, \tag{2.13.2}$$

且

$$kab=k, \quad abk=ab, \quad (1-k)ba=1-k, \quad ba(1-k)=ba. \tag{2.13.3}$$

第二个等式 (2.13.2) 右乘 a 得 $ha=a$ 和最后一个等式 (2.13.2) 右乘 b 得 $hb=0$. 第二个等式 (2.13.3) 左乘 b 得 $bk=b$ 和最后一个等式 (2.13.3) 左乘 a 得 $ak=0$.

使用推论 2.13.3 的条件 (iii) 和 $bk=b$, $ak=0$, 有

$$1=(ab-ba)(h+k-1)=abh+abk-ab-bah-bak+ba=abh-bah+ba,$$

$$\begin{aligned}(a+b)[(1-k)bh+ka(1-h)]&=a(1-k)bh+aka(1-h)+b(1-k)bh+bka(1-h)\\&=abh+0+0+ba(1-h)\\&=1.\end{aligned}$$

再次由推论 2.13.3 的条件 (iii) 和 $ha=a$, $hb=0$, 有

$$1=(h+k-1)(ab-ba)=hab+kab-ab-hba-kba+ba=kab-kba+ba,$$

$$\begin{aligned}[(1-k)bh+ka(1-h)](a+b)&=(1-k)bha+ka(1-h)a+(1-k)bhb+ka(1-h)b\\&=(1-k)ba+0+0+kab\\&=1.\end{aligned}$$

(ii) $\Rightarrow$ (i) 证明 $(ab-ba)(h+k-1)=1$. 因为 $h(a+b)=a=aba=abh(a+b)$, 由 $a+b$ 的非奇异性得 $h=abh$. $(1-h)(a+b)=b=bab=ba(1-h)(a+b)$, 再次使用 $a+b$ 的非奇异性得 $1-h=ba-bah$. 因此

$$(ab-ba)(h+k-1)=abh+abk-ab-bah-bak+ba=h-bah+ba=1.$$

同理证明 $(h+k-1)(ab-ba)=1$. 因为 $(a+b)k=b=bab=(a+b)kab$, $a+b$ 的非奇异性得 $k=kab$. 而且, 因为 $(a+b)(1-k)=a=aba=(a+b)(1-k)ba$, 同上, 有 $1-k=(1-k)ba$. 得

$$(h+k-1)(ab-ba)=hab+kab-ab-hba-kba+ba=k-kba+ba=1.$$

(ii) $\Leftrightarrow$ (iii) 假设 h 和 k 是幂等的使得 $ha=a$, $hb=0$, $ak=0$ 和 $bk=b$. 因为有 $(a+b)(2k-1)=2ak-a+2bk-b=-a+b$ 和 $2k-1$ 是可逆的 (因为 $(2k-1)^2=1$) 有 $a+b$ 是非奇异的当且仅当 $a-b$ 是非奇异的.

(ii) $\Rightarrow$ (iv) 因为有 (ii), 则有 (i) 和 (iii) 成立. 由 (ii) $\Rightarrow$ (i) 的证明可知 $h+k-1$ 是可逆的. 有

$$\begin{aligned}(a+b)(h+k-1)(a-b)&=(ah+ak-a+bh+bk-b)(a-b)\\&=[-a(1-h)+bh](a-b)\\&=-a(1-h)a+a(1-h)b+bha-bhb=ab+ba,\end{aligned}$$

得 $ab+ba$ 是可逆的.

为证明 $a\mathcal{R}\cap b\mathcal{R}=\{0\}$, 取 $x\in a\mathcal{R}\cap b\mathcal{R}$. 存在 $u,v\in\mathcal{R}$ 使得 $x=au=bv$. $au=bv$ 左乘 h 有 $au=0$, 因此, $x=0$. 为证明 $\mathcal{R}a\cap\mathcal{R}b=\{0\}$, 取 $y\in\mathcal{R}a\cap\mathcal{R}b$. 存在 $u',v'\in\mathcal{R}$ 使得 $y=u'a=v'b$. $u'a=v'b$ 左乘 k 有 $0=v'b$, 因此, $y=0$.

(iv) $\Rightarrow$ (v) 由 $3ab+ba$ 是可逆的, 存在 $x\in\mathcal{R}$ 使得 $1=(ab+ba)x\in ab\mathcal{R}+ba\mathcal{R}$, 得 $ab\mathcal{R}+ba\mathcal{R}=\mathcal{R}$. 由 $ab\mathcal{R}\subset a\mathcal{R}$, $ba\mathcal{R}\subset b\mathcal{R}$ 和 $a\mathcal{R}\cap b\mathcal{R}=\{0\}$, 有 $ab\mathcal{R}\cap ba\mathcal{R}=\{0\}$. 因此, $ab\mathcal{R}\oplus ba\mathcal{R}=\mathcal{R}$ 是成立的. 同理, 证明 $\mathcal{R}ab\oplus\mathcal{R}ba=\mathcal{R}$. 因为 ab 和 ba 是幂等的, [151, 定理 3.2] 保证存在幂等 h 和 k 使得 (2.13.2) 和 (2.13.3) 成立. 由计算 (i) $\Rightarrow$ (ii) 有 $a+b$ 是可逆的和

$$ha=a,\quad hb=0,\quad bk=b,\quad ak=0. \tag{2.13.4}$$

加上 (2.13.4) 中的前两个等式和 $a+b$ 的可逆, 得 $h=a(a+b)^{-1}$. 则有 $a(a+b)^{-1}a=ha=a$.

(v) $\Rightarrow$ (vi) 设 $q=a(a+b)^{-1}$. 由假设, 显然得 $q^2=q$ 和 $qa=a$. 进一步, 由 $a=a(a+b)^{-1}(a+b)=a(a+b)^{-1}a+a(a+b)^{-1}b$ 得 $qb=0$. 因此 $(2q-1)(a+b)=2qa+2qb-a-b=a-b$, 由 $(2q-1)^2=1$, 得 $a-b$ 是可逆的且 $(a-b)^{-1}=(a+b)^{-1}(2q-1)$. 进一步, $a(a-b)^{-1}a=a(a+b)^{-1}(2q-1)a=a(a+b)^{-1}a=a$.

(vi) $\Rightarrow$ (vii) 证明 $\mathcal{R}=a\mathcal{R}+b\mathcal{R}$, 只须 $1\in a\mathcal{R}+b\mathcal{R}$: 事实上, 因为 $a-b$ 是可逆的, 存在 $x\in\mathcal{R}$ 使得 $1=(a-b)x$, 得 $1=ax+b(-x)\in a\mathcal{R}+b\mathcal{R}$. 为证明 $a\mathcal{R}\cap b\mathcal{R}=\{0\}$, 设 $y\in a\mathcal{R}\cap b\mathcal{R}$. 有 $u,v\in\mathcal{R}$ 使得 $y=au=bv$. 由 $au=bv$ 和 $a(a-b)^{-1}a=a$ 得

$$\begin{aligned}au&=a(a-b)^{-1}au=a(a-b)^{-1}bv\\&=a(a-b)^{-1}(a-a+b)v\\&=a(a-b)^{-1}av-a(a-b)^{-1}(a-b)v=0.\end{aligned}$$

得 $y=0$. $\mathcal{R}=\mathcal{R}a\oplus\mathcal{R}b$ 的证明同理得.

(vii) $\Rightarrow$ (i) 因为 $a\mathcal{R}\cap b\mathcal{R}=\{0\}$ 和 $ab\mathcal{R}\subset a\mathcal{R}$, $ba\mathcal{R}\subset b\mathcal{R}$, 有 $ab\mathcal{R}\cap ba\mathcal{R}=\{0\}$. 因为 $a\mathcal{R}+b\mathcal{R}=\mathcal{R}$ 和 $a=aba$, $b=bab$, 则 $ab\mathcal{R}+ba\mathcal{R}=\mathcal{R}$. 因此, $ab\mathcal{R}\oplus ba\mathcal{R}=\mathcal{R}$. 同理证明 $\mathcal{R}ab\oplus\mathcal{R}ba=\mathcal{R}$. 已知 ab 和 ba 是幂等的, 又由 [151, 定理 3.2] 得 $ab-ba$ 是可逆的.

推论 2.13.5 设 $\mathcal{R}$ 是一个单位环和 $a,b\in\mathcal{R}$ 使得 $aba=a$, $b=bab$. 如果 $ab-ba$ 是可逆的, 则之前定理里面的幂等 h,k 是唯一的且满足

(i) $h=a(a+b)^{-1}$;

(ii) $k=(a+b)^{-1}b$;

(iii) $(ab-ba)^{-1}=h+k-1$;

(iv) $(a+b)(h+k-1)(a-b)=ab+ba$;

(v) $(a+b)(2k-1)=(2h-1)(a+b)=a-b$;

(vi) $(a+b)^{-1}=(1-k)bh+ka(1-h)$.

注记 2.13.6 设 $\mathcal{R}$ 是一个环且 $a,b\in\mathcal{R}$ 使得 $aba=a$, $bab=b$. 子集 $a\mathcal{R}$ 和 $b\mathcal{R}$ 为向量空间里的同构. 事实上, 易得线性映射 $\Phi: a\mathcal{R}\to b\mathcal{R}$ 和 $\Phi(x)=bx$ 给出的 $\Psi: b\mathcal{R}\to a\mathcal{R}$ 和 $\Psi(x)=ax$ 满足 $\Phi\Psi=\mathrm{Id}_{b\mathcal{R}}$ 和 $\Psi\Phi=\mathrm{Id}_{a\mathcal{R}}$. 同理, 有 $\mathcal{R}a\cong\mathcal{R}b$. 因此, 直和的被加数由之前的定理 2.13.4 条件 (vii) 给出的为同构. 如果将定理 2.13.4 具体到由复 $n\times n$ 矩阵组成的环, 则如果存在两个复 $n\times n$ 矩阵 A,B 使得 $ABA=A$, $BAB=B$ 和 $AB-BA$ 是非奇异的, 则 n 必为相等的.

推论 2.13.7 设 $\mathcal{R}$ 定义为一个有对合的环且 $p,q\in\mathcal{R}$ 为投影. 下列条件为等价的:

(i) $p-q$ 是可逆的;

(ii) 存在幂等 $h\in\mathcal{R}$ 使得 $ph=p$, $hp=p$, $q(1-h)=1-h$ 和 $(1-h)q=q$;

(iii) 存在幂等 $k\in\mathcal{R}$ 使得 $kp=k$, $pk=p$, $(1-k)q=1-k$ 和 $q(1-k)=q$.

而且, 这些投影是唯一的且满足

$$h=(p-q)^{-1}(1-q)=p(p-q)^{-1},\quad k=h^*,\quad (p-q)^{-1}=h+h^*-1.$$

证明 由定理 2.13.2 易得推论.

显然, 由定理 2.13.4 和推论 2.13.7 描述对合环 $\mathcal{R}$ 中的元素 $a\in\mathcal{R}^\dagger$ 使得 $aa^\dagger-a^\dagger a$ 是可逆的 (i.e., 当 $a\in\mathcal{R}_{\mathrm{co}}^{\mathrm{ep}}$) 成立时. 观察得, $a^\dagger$ 是相关联的. 在定理 2.13.8 给出了关于 $a\in\mathcal{R}_{\mathrm{co}}^{\mathrm{ep}}$ 但与 $a^\dagger$ 无关几个等价条件.

引理 2.13.8 设 $\mathcal{R}$ 为一个对合环且 $a\in\mathcal{R}^\dagger$. 存在 $a_1,a_2,a_3,a_4\in\mathcal{R}$ 使得 $a^*=a^\dagger a_1$, $a^\dagger=a^*a_2$, $a^*=a_3a^\dagger$ 和 $a^\dagger=a_4a^*$.

证明 直接计算得: $a^*=(aa^\dagger a)^*=[a(a^\dagger a)]^*=(a^\dagger a)^*a^*=a^\dagger aa^*$; $a^\dagger=a^\dagger aa^\dagger=(a^\dagger a)a^\dagger=(a^\dagger a)^*a^\dagger=a^*(a^\dagger)^*a^\dagger$; $a^*=(aa^\dagger a)^*=[(aa^\dagger)a]^*=a^*(aa^\dagger)^*=a^*aa^\dagger$; 以及 $a^\dagger=a^\dagger aa^\dagger=a^\dagger(aa^\dagger)=a^\dagger(aa^\dagger)^*=a^\dagger(a^\dagger)^*a^*$.

定理 2.13.9 设 $\mathcal{R}$ 是一个对合环和 $a\in\mathcal{R}^\dagger$. 下面的条件是等价的:

(i) $a\in\mathcal{R}_{\mathrm{co}}^{\mathrm{ep}}$;

(ii) $a+a^*$ 是可逆的且存在幂等 $h\in\mathcal{R}$ 使得 $ha=a$, $ha^*=0$;

(iii) $a-a^*$ 是可逆的且存在幂等 $p\in\mathcal{R}$ 使得 $ha=a$, $ha^*=0$;

(iv) aa^*+a^*a 是可逆的 $a\mathcal{R}\cap a^*\mathcal{R}=\{0\}$;

(v) $a+a^*$ 是可逆的, $a(a+a^*)^{-1}a=a$;

(vi) $a-a^*$ 是可逆的, $a(a-a^*)^{-1}a=a$;

(vii) $a\mathcal{R}\oplus a^*\mathcal{R}=\mathcal{R}$.

证明　设 1 为 $\mathcal{R}$ 的单位.

(i) $\Rightarrow$ (ii)　由定理 2.13.2, 存在幂等 h 使得

$$aa^\dagger h = h, \quad haa^\dagger = aa^\dagger, \quad a^\dagger a(1-h) = 1-h, \quad (1-h)a^\dagger a = a^\dagger a. \tag{2.13.5}$$

(2.13.5) 中的第二个等式右乘 a 得 $ha = a$, 等价于 $a^*h^* = a^*$. (2.13.5) 中的第四个表达式等价于 $ha^\dagger a = 0$, 右乘 $a^\dagger$ 得 $ha^\dagger = 0$, 由引理 2.13.8 得 $ha^* = 0$, 等价于, $ah^* = 0$. 下证 $a + a^*$ 是可逆的且 $(a+a^*)^{-1} = (1-h^*)a^\dagger h + h^*(a^\dagger)^*(1-h)$.

$$\begin{aligned}
&(a+a^*)\left((1-h^*)a^\dagger h + h^*(a^\dagger)^*(1-h)\right)\\
&= a(1-h^*)a^\dagger h + ah^*(a^\dagger)^*(1-h) + a^*(1-h^*)a^\dagger h + a^*h^*(a^\dagger)^*(1-h)\\
&= aa^\dagger h + a^*(a^\dagger)^*(1-h)\\
&= aa^\dagger h + a^\dagger a(1-h)\\
&= h + (1-h) = 1.
\end{aligned}$$

记 $u = a + a^*$ 和 $v = (1-h)^*a^\dagger h + h^*(a^\dagger)^*(1-h)$. 因为 $uv = 1$ 和 u 和 v 是自伴随, 得 $1 = 1^* = (uv)^* = v^*u^* = vu$. 因此, $v = u^{-1}$.

(ii) $\Rightarrow$ (i)　由推论 2.13.7 中的 $p = aa^\dagger$ 和 $q = a^\dagger a$ 得 $aa^\dagger - a^\dagger a \in \mathcal{R}^{-1}$. 因为 $h(a+a^*) = a$ 和 $a = aa^\dagger a$, 有 $h(a+a^*) = aa^\dagger h(a+a^*)$, 由 $a+a^*$ 的可逆性得 $h = aa^\dagger h$. $haa^\dagger = aa^\dagger$ 等式显然成立. 因为 $(1-h)(a+a^*) = a^*$ 和 $a^* = [a(a^\dagger a)]^* = a^\dagger aa^*$ 有 $(1-h)(a+a^*) = a^\dagger a(1-h)(a+a^*)$, $a+a^*$ 的可逆性得 $1-h = a^\dagger a(1-h)$. 最后, 因为 $[(1-h)a^\dagger a]^* = a^\dagger a(1-h^*) = a^\dagger a$, 得 $(1-h)a^\dagger a = a^\dagger a$.

(ii) $\Leftrightarrow$ (iii)　假设在 $\mathcal{R}$ 中 h 是幂等使得 $ha = a$ 和 $ha^* = 0$. $(2h-1)(a+a^*) = a - a^*$ 和 $(2h-1)^2 = 1$ 的同一性证明 (ii) $\Leftrightarrow$ 定理 (iii) .

(ii) $\Rightarrow$ (iv)　因为我们已证明 (ii) $\Leftrightarrow$ (iii), 由于 $a - a^*$ 是可逆的, 由 (ii) $\Rightarrow$ (i) 和推论 2.13.7 的证明得 $h + h^* - 1$ 的可逆性. 注意到

$$\begin{aligned}
(a+a^*)(h+h^*-1)(a-a^*) &= (ah + ah^* - a + a^*h + a^*h^* - a^*)(a-a^*)\\
&= (ah - a + a^*h)(a-a^*)\\
&= aha - a^2 + a^*ha - aha^* + aa^* - a^*ha^*\\
&= a^*a + aa^*.
\end{aligned}$$

之前的计算得 $aa^* + a^*a$ 是可逆的.

为证明 $a\mathcal{R} \cap a^*\mathcal{R} = \{0\}$, 取 $x \in a\mathcal{R} \cap a^*\mathcal{R}$. 存在有 $x = au = a^*v$ 的 $u, v \in \mathcal{R}$, 因此 $hau = ha^*v$ 和 $au = 0$, 因为 $ha = a$ 和 $ha^* = 0$, 得 $x = au = 0$.

(iv) $\Rightarrow$ (vii) 因为 $aa^* + a^*a$ 是可逆的, 存在 $x \in \mathcal{A}$ 使得 $1 = (aa^* + a^*a)x = a(a^*x) + a^*(ax) \in a\mathcal{R} + a^*\mathcal{R}$. 因此 $\mathcal{R} = a\mathcal{R} + a^*\mathcal{R}$. 因为由假设有 $a\mathcal{R} \cap a^*\mathcal{R} \cap \{0\}$, 于是 $a\mathcal{R} \oplus a^*\mathcal{R} = \mathcal{R}$.

(vii) $\Rightarrow$ (i) 由引理 2.13.8, 有 $a^*\mathcal{R} = a^\dagger\mathcal{R}$, 则 $a\mathcal{R} \oplus a^\dagger\mathcal{R} = \mathcal{R}$. 假设显然由 $\mathcal{R}a \oplus \mathcal{R}a^* = \mathcal{R}$ 和引理 2.13.8 有 $\mathcal{R}a^* = \mathcal{R}a^\dagger$, 因此 $\mathcal{R}a \oplus \mathcal{R}a^\dagger = \mathcal{R}$. 由定理 2.13.4 有 $aa^\dagger - a^\dagger a \in \mathcal{R}^{-1}$.

(ii) $\Rightarrow$ (v) 由 $h(a+a^*) = ha + ha^* = a$ 得到 $h = a(a+a^*)^{-1}$, 有 $a(a+a^*)^{-1}a = ha = a$.

(v) $\Rightarrow$ (vi) 定义 $q = a(a+a^*)^{-1}$. 由假设得, 显然 $q^2 = q$ 和 $qa = a$. 由于

$$a = a(a+a^*)^{-1}(a+a^*) = q(a+a^*) = qa + qa^* = a + qa^*,$$

得 $qa^* = 0$. 由等式 $(2q-1)(a+a^*) = a - a^*$ 和 $(2q-1)^2 = 1$ 得到 $a - a^*$ 的可逆性和 $(a-a^*)^{-1} = (a+a^*)^{-1}(2q-1)$. 于是有

$$a(a-a^*)^{-1}a = a(a+a^*)^{-1}(2q-1)a = a(a+a^*)^{-1}a = a.$$

(vi) $\Rightarrow$ (vii) 为证明 $a\mathcal{R} + a^*\mathcal{R} = \mathcal{R}$ 足可以证明 $1 \in a\mathcal{R} + a^*\mathcal{R}$: 实际上, 因为 $a - a^* \in \mathcal{R}^{-1}$, 存在 $x \in \mathcal{R}$ 使得 $1 = (a-a^*)x$, 则 $1 = ax + a^*(-x) \in a\mathcal{R} + a^*\mathcal{R}$. 现在, 证明 $a\mathcal{R} \cap a^*\mathcal{R} = \{0\}$: 如果 $y \in a\mathcal{R} \cap a^*\mathcal{R}$, 存在 $u, v \in \mathcal{A}$, $y = au = a^*v$, 有

$$\begin{aligned} y &= au = a(a-a^*)^{-1}au = a(a-a^*)^{-1}a^*v \\ &= a(a-a^*)^{-1}(a-a+a^*)v = -av + a(a-a^*)av = 0. \end{aligned}$$

证毕.

下面给出一些公式.

推论 2.13.10 设 $\mathcal{R}$ 是一个对合环且 $a \in \mathcal{R}^{\mathrm{ep}}_{\mathrm{co}}$. 定理 2.13.9 的幂等 h 在条件 (ii) 和 (iii) 中是唯一的. 进一步, 有

(i) $h = a(a+a^*)^{-1} = a(a-a^*)^{-1}$;

(ii) $(aa^\dagger - a^\dagger a)^{-1} = h + h^* - 1$;

(iii) $(aa^\dagger - a^\dagger a)^{-1} = (a+a^*)^{-1}(aa^* + a^*a)(a-a^*)^{-1}$;

(iv) $(aa^\dagger - a^\dagger a)^{-1} = (a+a^*)^{-1}(aa^* - a^*a)(a+a^*)^{-1} = (a-a^*)^{-1}(aa^* - a^*a)(a-a^*)^{-1}$;

(v) $(a+a^*)^{-1} = (1-h)^*a^\dagger h + h^*(a^\dagger)^*(1-h)$;

(vi) $(a-a^*)^{-1} = (1-h)^*a^\dagger h - h^*(a^\dagger)^*(1-h)$;

证明 下证幂等 h 的唯一性. 由 $h(a \pm a^*) = ha \pm ha^* = a \pm 0 = a$ 和 $a \pm a^*$ 的可逆性, 得 $h = a(a \pm a^*)^{-1}$. 由定理 2.13.9 (ii), (iii) 和 (v) 的证明. 条件 (iv) 的证明类

似于定理 2.13.9 中的 (ii) $\Rightarrow$ (iv) . 最后, 条件 (vi) 的证明由 $(2h-1)(a+a^*)=a-a^*$, $(2h-1)^2=1$ 和条件 (v) 得出.

接下来, 将讨论怎样改变定理 2.13.9 中的假设 $a\in\mathcal{R}^\dagger$. 如果 $\mathcal{R}$ 是复 $n\times n$ 矩阵, 已知 $\mathcal{R}=\mathcal{R}^\dagger$ (任意矩阵的 Moore-Penrose 逆的存在可以被证明, 例如, 使用奇异值分解). 然而在任意环中 (事实上, 在任意 C^*-代数), 可能得到 $\mathcal{R}\neq\mathcal{R}^\dagger$. 已知结果 (见文献 [111, 定理 1.4.11]) 如下: 设 $\mathcal{R}$ 是一个服从 Gelfand-Naymark 性质的对合环, 则 $a\in\mathcal{R}$ 是 Moore-Penrose 当且仅当 a 是正则的. 已知一个有对合环 $\mathcal{R}$ 有 Gelfand-Naymark 性质如果 $1+x^*x\in\mathcal{R}^{-1}$ 对所有 $x\in\mathcal{R}$. 已知任意 C^*-代数有 Gelfand-Naymark 性质.

定理 2.13.11　设 $\mathcal{R}$ 是一个有对合的单位环且满足 Gelfand-Naymark 性质和 $a\in\mathcal{R}$, 则出现在定理 2.13.9 中的条件 (i)~(vii) 是等价的.

证明　我们只须证明定理 2.13.9 中的任意条件 (i)~(vii) 都可以得到 a 是正则的. 对于条件 (i), (v) 和 (vi) 易得.

如果在 (ii) 或 (iii) h 是幂等的, 则 $h(a\pm a^*)=a$, 因此 $h=a(a\pm a^*)^{-1}$, 并且 $a(a\pm a^*)^{-1}a=ha=a$.

假设 $aa^*+a^*a\in\mathcal{R}^{-1}$ 和 $\mathcal{R}\cap a^*\mathcal{R}=\{0\}$. 存在 $x\in\mathcal{R}$ 使得 $1=(aa^*+a^*a)x$, 因此 $a(1-a^*xa)=a^*axa\in a\mathcal{R}\cap a^*\mathcal{R}=\{0\}$, 得 $a=aa^*xa$.

假设 $a\mathcal{R}\oplus a^*\mathcal{R}=\mathcal{R}$. 因为 $1\in\mathcal{R}=a\mathcal{R}+a^*\mathcal{R}$, 存在 $y,z\in\mathcal{R}$ 使得 $1=ay+a^*z$, 并且 $a(1-ya)=a^*za\in a\mathcal{R}\cap a^*\mathcal{R}=\{0\}$. 因此, $a=aya$.

定义 2.13.12　设 $\mathcal{R}$ 是一个有对合单位环且 $a\in\mathcal{R}_{\rm co}^{\rm ep}$.

$$\mathcal{R}_{\rm co}^{{\rm ep}_\perp}=\{a\in\mathcal{R}_{\rm co}^{\rm ep}:a(a+a^*)^{-1}\ \text{是自伴随}\}.$$

进一步, 使用下列概念: 如果 $X,Y\subset\mathcal{R}$, 则

$$X\perp Y\iff x^*y=0,\quad\forall\,(x,y)\in X\times Y.$$

下列定理 2.13.13 描述了集合 $\mathcal{R}_{\rm co}^{{\rm ep}_\perp}$.

定理 2.13.13　设 $\mathcal{R}$ 是一个有对合的单位环且 $a\in\mathcal{R}$. 则下列的条件是等价的:

(i) $a+a^*\in\mathcal{R}^{-1}$ 且存在一个投影 h 使得 $ha=a$, $ah=0$;

(ii) $a\in\mathcal{R}^\dagger$ 且 $aa^\dagger+a^\dagger a=1$;

(iii) $a\in\mathcal{R}^\dagger$ 且 $a\mathcal{R}=\{x\in\mathcal{R}:ax=0\}$;

(iv) $a\in\mathcal{R}^\dagger$, $a\mathcal{A}\perp a^*\mathcal{R}$, 且 $a\mathcal{R}+a^*\mathcal{R}=\mathcal{R}$.

证明　(i) $\Rightarrow$ (ii)　证明 $a=\begin{pmatrix}a_1 & a_2\\ a_3 & a_4\end{pmatrix}_h$. 由 $ha=a$ 得 $a_3=a_4=0$. 由

$ah=0$ 得 $a_1=0$. 因此

$$a=\begin{pmatrix}0&a\\0&0\end{pmatrix}_h,\quad a^*=\begin{pmatrix}0&0\\a^*&0\end{pmatrix}_h. \tag{2.13.6}$$

令

$$(a+a^*)^{-1}=\begin{pmatrix}x&y\\z&t\end{pmatrix}_h. \tag{2.13.7}$$

等式 $1=(a+a^*)(a+a^*)^{-1}=(a+a^*)^{-1}(a+a^*)$ 可以写为

$$\begin{pmatrix}h&0\\0&1-h\end{pmatrix}_h=\begin{pmatrix}0&a\\a^*&0\end{pmatrix}_h\begin{pmatrix}x&y\\z&t\end{pmatrix}_h=\begin{pmatrix}x&y\\z&t\end{pmatrix}_h\begin{pmatrix}0&a\\a^*&0\end{pmatrix}_h. \tag{2.13.8}$$

特别地, 得到 $az=h$ 和 $za=1-h$. 进一步, $aza=ha=a$ 和 $zaz=zh=z$ (最后一个等式成立因为 $(a+a^*)^{-1}$ 矩阵表达有 $z\in(1-h)\mathcal{R}h$). 注意到, 我们已证明 $z=a^\dagger$. 即 $aa^\dagger+a^\dagger a=az+za=h+1-h=1$.

(ii) $\Rightarrow$ (iii) $aa^\dagger+a^\dagger a=1$ 右乘 a 得 $a^\dagger a^2=0$, 再左乘 a 得 $a^2=0$, 由最后一个等式得 $a\mathcal{R}\subset\{x\in\mathcal{R}:ax=0\}$. 为证明反过来的结论取 $x\in\mathcal{R}$, 其中 $ax=0$; 由 $1=aa^\dagger+a^\dagger a$ 得 $x=(aa^\dagger+a^\dagger a)x=aa^\dagger x\in a\mathcal{R}$.

(iii) $\Rightarrow$ (iv) 因为 $a\in a\mathcal{R}=\{x\in\mathcal{R}:ax=0\}$, 得 $a^2=0$. 因为对任意 $x,y\in\mathcal{R}$ 有 $(ax)^*(a^*y)=x^*(a^2)^*y=0$, 得 $a\mathcal{R}\perp a^*\mathcal{R}$. 为证明 $a\mathcal{R}+a^*\mathcal{R}=\mathcal{R}$, 只需证明 $1\in a\mathcal{R}+a^*\mathcal{R}$: 事实上, 由 $a^\dagger a-1\in\{x\in\mathcal{R}:ax=0\}=a\mathcal{R}$, 存在 $u\in\mathcal{R}$ 使得 $a^\dagger a-1=au$. 因此, $1=a^\dagger a-au=(a^\dagger a)^*-au=a(-u)+a^*(a^\dagger)^*\in a\mathcal{R}+a^*\mathcal{R}$.

(iv) $\Rightarrow$ (ii) 因为 $a\mathcal{R}\perp a^*\mathcal{R}$ 有 $a^2=0$. 由引理 2.13.8, 存在 $y\in\mathcal{R}$, 使得 $a^\dagger=ya^*$. 接下来证明 $a\mathcal{R}\cap a^*\mathcal{R}=\{0\}$: 事实上, 取 $x=a\mathcal{R}\cap a^*\mathcal{R}$, 存在 $u,v\in\mathcal{R}$, 使得 $x=au=a^*v$, 左乘 $aa^\dagger$ 得 $au=aa^\dagger a^*v=aya^*a^*v=0$. 因此, $x=0$. 因为 $a\mathcal{A}\oplus a^*\mathcal{A}=\mathcal{A}$, 由定理 2.13.9, 存在唯一的幂等 h, 使得 $ha=a$ 和 $ha^*=0$. 由 $aa^\dagger$ 是幂等, 且

$$(aa^\dagger)a=a,\quad (aa^\dagger)a^*=(a(aa^\dagger))^*=0,$$

因此, h 的唯一性得 $h=aa^\dagger$. 进一步, 注意到 $1-a^\dagger a$ 是另一个幂等元, 且

$$(1-a^\dagger a)a=a-a^\dagger a^2=a,\quad (1-a^\dagger a)a^*=[a(1-a^\dagger a)]^*=0.$$

此外, h 的唯一性得 $h=1-a^\dagger a$. 因此, $aa^\dagger+a^\dagger a=h+1-h=1$.

(ii) $\Rightarrow$ (i) $aa^\dagger+a^\dagger a=1$ 右乘 a 得 $a^\dagger a^2=0$, 再左乘 a 得 $a^2=0$. 记

$$\begin{aligned}(a+a^*)(a^\dagger+(a^\dagger)^*)&=aa^\dagger+a(a^\dagger)^*+a^*a^\dagger+a^*(a^\dagger)^*\\&=aa^\dagger+(a^\dagger a^*)^*+a^*a^\dagger+a^\dagger a.\end{aligned} \tag{2.13.9}$$

由 $a^2 = 0$ 和引理 2.13.8, 得 $a^\dagger a^* = a^* a^\dagger = 0$. 因此 (2.13.9) 归纳为 $(a+a^*)(a^\dagger + (a^\dagger)^*) = aa^\dagger + a^\dagger a = 1$. 同理得 $(a^\dagger + (a^\dagger)^*)(a+a^*) = 1$. 因此, $a + a^* \in \mathcal{R}^{-1}$. 为证明 (i) 的最后一部分, 取 $h = aa^\dagger$.

若环 $\mathcal{R}$ 是 $*$-reducing, 我们得到子集 $\mathcal{R}_{\text{co}}^{\text{ep}_\perp}$ 的更进一步表征. 已知有对合的环 $\mathcal{R}$ 称为 $*$-reducing, 当 $x^*x = 0$, 有 $x = 0$ 对任意 $x \in \mathcal{R}$.

定理 2.13.14　设 $\mathcal{R}$ 是一个有对合的单位环且设 $a \in \mathcal{R}$.

(i) 如果 $a \in \mathcal{R}_{\text{co}}^{\text{ep}_\perp}$, 则 $(aa^\dagger - a^\dagger a)^2 = 1$;

(ii) 如果 $(aa^\dagger - a^\dagger a)^2 = 1$ 和 $\mathcal{R}$ 是 $*$-reducing, 则 $a \in \mathcal{R}_{\text{co}}^{\text{ep}_\perp}$.

证明　(i) 易证, 如果 p, q 是单位环中任意两个幂等使得 $p+q=1$, 则 $(p-q)^2 = 1$. 由已知和定理 2.13.13 中的条件 (ii), 立刻得 (i).

(ii) 因为 $(aa^\dagger - a^\dagger a)^2 = 1$ 得 $aa^\dagger - a^\dagger a \in \mathcal{R}^{-1}$. 由推论 2.13.10, 得 $(aa^\dagger - a^\dagger a)^{-1} = 1 - h - h^*$, 定理 2.13.9 中得是 h 幂等. 因此

$$1 = (aa^\dagger - a^\dagger a)^{-2} = (1 - h - h^*)^2 = 1 - h - h^* + hh^* + h^*h.$$

因此, $h + h^* = hh^* + h^*h$, 易得 $(h - h^*)(h - h^*)^* = 0$. 因为 $\mathcal{R}$ 是 $*$-reducing, 得 $h = h^*$.

例如, 在 $a \in \mathcal{R}_{\text{co}}^{\text{ep}_\perp}$ 中, 下列推论中 $a^\dagger$ 与 $(a+a^*)^{-1}$ 和 $(a-a^*)^{-1}$ 相关的一些公式.

推论 2.13.15　设 $\mathcal{R}$ 是一个对合环且 $a \in \mathcal{R}_{\text{co}}^{\text{ep}_\perp}$, 则

(i) 投影 h 在定理 2.13.13 中给出是 $h = aa^\dagger$.

(ii) $(a+a^*)^{-1} = a^\dagger + (a^\dagger)^*$, $(a-a^*)^{-1} = a^\dagger - (a^\dagger)^*$

(iii) $a^\dagger = (a+a^*)^{-1}a(a+a^*)^{-1} = (a+a^*)^{-1}a(a-a^*)^{-1} = (a-a^*)^{-1}a(a+a^*)^{-1} = (a-a^*)^{-1}a(a-a^*)^{-1}$.

证明　(i) 由定理 2.13.13 中 (iv) ⇒ (ii) 的证明得到. (ii) 中的第一个式子在定理 2.13.13 中 (ii) ⇒ (i) 已证明了 (ii) 中的第二个式子同理可得.

证明 (iii), 表征 (2.13.6) 中的 a, 其中 $h = aa^\dagger$. 由 Moore-Penrose 逆的定义, 易证

$$a^\dagger = \begin{pmatrix} 0 & 0 \\ a^\dagger & 0 \end{pmatrix}_h.$$

因此

$$(a+a^*)a^\dagger(a+a^*) = \begin{pmatrix} 0 & a \\ a^* & 0 \end{pmatrix}_h \begin{pmatrix} 0 & 0 \\ a^\dagger & 0 \end{pmatrix}_h \begin{pmatrix} 0 & a \\ a^* & 0 \end{pmatrix}_h = \begin{pmatrix} 0 & a \\ 0 & 0 \end{pmatrix}_h = a.$$

$a + a^*$ 的可逆性证毕.

设 $\mathcal{R}$ 是一个对合环. 一个元素 $a\in\mathcal{R}$ 是支撑，如果存在一个投影 $p\in\mathcal{R}$ 使得 $ap=a$ 和 $a^*a+1-p\in\mathcal{R}^{-1}$. 这个投影 p 称为的 a 支撑元. 支撑元素的支撑元是唯一的. 类似地, 一个元素 $a\in\mathcal{R}$ 称为共轭支撑, 如果存在一个投影 $q\in\mathcal{R}$, 使得 $qa=a$ 和 $aa^*+1-q\in\mathcal{R}^{-1}$. 同上, 可以证得至多存在一个投影 q, 使得 $qa=a$, $aa^*+1-q\in\mathcal{R}^{-1}$ 和这个投影 (若存在) 称为 a 的共轭支撑.

定理 2.13.16 设 $\mathcal{R}$ 为一个对合环且 $a\in\mathcal{R}$. 如果 $a\in\mathcal{R}_{\rm co}^{{\rm ep}_\perp}$, 则 a 为 $a^\dagger a$ 的支撑且 a 是 $aa^\dagger$ 的支撑.

证明 由定理 2.3.13, 只需证明 $a^*a+aa^\dagger, aa^*+1-aa^\dagger\in\mathcal{R}^{-1}$. 由 (2.13.6) 和 (2.13.7) 的表征, 其中 $h=aa^\dagger$. 观察

$$a^*a+aa^\dagger=\begin{pmatrix} h & 0\\ 0 & a^*a\end{pmatrix}_h.$$

因为 $hy=y$, $zh=z$ (因为 $y\in h\mathcal{R}(1-h)$ 和 $z\in(1-h)\mathcal{R}h$) 和 (2.13.8), 有 $a^*azy=a^*hy=a^*y=1-h$ 和 $zya^*a=zha=za=1-h$. 证明

$$a^*a+aa^\dagger\in\mathcal{R}^{-1},\quad (a^*a+aa^\dagger)^{-1}=\begin{pmatrix} h & 0\\ 0 & zy\end{pmatrix}_h.$$

同理可证

$$aa^*+1-aa^\dagger\in\mathcal{R}^{-1},\quad (aa^*+1-aa^\dagger)^{-1}=\begin{pmatrix} yz & 0\\ 0 & 1-h\end{pmatrix}_h.$$

证毕.

接下来, 我们将给出在对合环 $\mathcal{R}$ 中和 C^* 代数上 co-ep 元素更进一步的结果. 当 $a^*=a^\dagger$, 元素 $a\in\mathcal{R}^\dagger$ 称为 partial isometry. 当 $a^*a^\dagger=a^\dagger a^*$, 元素 $a\in\mathcal{R}^\dagger$ 称为 star-dagger. 当 $(aa^\dagger)(a^\dagger a)=(a^\dagger a)(aa^\dagger)$, 元素 $a\in\mathcal{R}^\dagger$ 称为 bi-ep.

定理 2.13.17 设 $\mathcal{R}$ 是一个对合环且 $a\in\mathcal{R}_{\rm co}^{\rm ep}$.

(i) 如果 $a\in\mathcal{R}_{\rm co}^{{\rm ep}_\perp}$, 则 $a^*a^\dagger=a^\dagger a^*=0$ (特别地, a 是 star-dagger);

(ii) 如果 $a^*a^\dagger=0$ (or $a^\dagger a^*=0$), 则 $a\in\mathcal{R}_{\rm co}^{{\rm ep}_\perp}$;

(iii) 如果 h 是定理 2.13.9 中给出的幂等元素, 则 $a^*=a^\dagger\Leftrightarrow(a+a^*)^{-1}=(1-h^*)a^*h+h^*a(1-h)$;

(iv) 如果 $a\in\mathcal{R}_{\rm co}^{{\rm ep}_\perp}$, 则 $(aa^\dagger)(a^\dagger a)=(a^\dagger a)(aa^\dagger)=0$.

证明 (i) 因为, $a\in\mathcal{R}_{\rm co}^{{\rm ep}_\perp}$ 和定理 2.13.13 中条件 (i), 有 $a^2=aha=0$. (i) 由引理 2.13.8 可以推出.

(ii) 假设 $a^*a^\dagger=0$ 和 $a\in\mathcal{R}_{\rm co}^{\rm ep}$. 易得

$$a^*a^\dagger=0\ \Rightarrow\ a^*a^\dagger a=0\ \Rightarrow\ [(a^\dagger a)a]^*=0\ \Rightarrow\ a^\dagger a^2=0\ \Rightarrow\ aa^\dagger a^2=0\ \Rightarrow\ a^2=0.$$

投影 $h = aa^\dagger$ 满足定理 2.13.13 中的条件 (i). 由 $a + a^* \in \mathcal{R}^{-1}$, 于是 $a \in \mathcal{R}_{co}^{ep_\perp}$.

(iii) ⇒ 由推论 2.13.10 中的条件 (v) 得.

(iii) ⇐ 由假设则 $1 = [(1-h^*)a^*h + h^*a(1-h)](a+a^*)$, 由 $ha = a$ 和 $ha^* = 0$, $1 = (1-h^*)a^*a + h^*aa^*$. 左乘 a 且取转置 $*$ 得

$$a = aa^*a, \quad a^* = a^*aa^* \tag{2.13.10}$$

因为, aa^* 和 a^*a 是自伴随, 由 (2.13.10) 得 $a^* = a^\dagger$.

(iv) 设 $e = aa^\dagger$ 和 $f = a^\dagger a$. 由定理 2.13.13, 条件 (ii) 有 $e + f = 1$. 左乘 e 和 f 得 $ef = fe = 0$.

我们也可以找出与定理 2.13.17 中的条件 (iv) 彼此相反的一类. C^*-代数给出这个结果且它的证明需要值域投影的概念. 设 $\mathcal{A}$ 是一个 C^*- 代数且 $f \in \mathcal{A}$ 为幂等的. 我们称 $p \in \mathcal{A}$ 是 f 一个值域投影. 如果 p 是投影满足 $pf = f$ 和 $fp = p$. 在 [148, 定理 1.3] 和 [156, 定理 1.3] 中, 对于每一个幂等 $f \in \mathcal{A}$ 存在 f 唯一的值域投影, 记为 $f^\perp$. 在文献 [52, 定理 3.1] 中已证明对于任何一个非平凡的幂等 $h \in \mathcal{A}$, 有

$$\|h\|^2 = \frac{1}{1 - \|h^\perp(1-h)^\perp\|}. \tag{2.13.11}$$

定理 2.13.18　设 $\mathcal{A}$ 是一个 C^*-代数. 如果 $a \in \mathcal{A}_{co}^{ep}$ 满足 $(aa^\dagger)(a^\dagger a) = (a^\dagger a)(aa^\dagger)$, 则 $a \in \mathcal{A}_{co}^{ep_\perp}$ 和 $(aa^\dagger)(a^\dagger a) = (a^\dagger a)(aa^\dagger) = 0$.

证明　在定理 2.13.9 证明中已证明 (2.13.5). 由值域投影定义, 有 $aa^\dagger = h^\perp$ 和 $a^\dagger a = (1-h)^\perp$.

设 $e = aa^\dagger$ 和 $f = a^\dagger a$. 由假设得 ef 是投影. 因此, $ef = 0$ 或 $\|ef\| = 1$. 设幂等 h 由定理 2.13.9 给出的. 明显 h 是平凡的 (如果 $h = 0$, 则 $a = ha = 0$; 如果 $h = 1$, 则 $a^* = ha^* = 0$, 两种情况有, $a = 0$ 与 $a \in \mathcal{A}_{co}^{ep}$, 矛盾). 所以, 由 (2.13.11), 得 $\|h\|^2(1 - \|ef\|) = 1$, 有 $\|ef\| \neq 1$. 因此, $ef = 0$. 也可以说, $aa^\dagger a^\dagger a = 0$. 左右都乘以 $a^\dagger$, 得 $(a^\dagger)^2 = 0$. 由引理 2.13.8, 得 $(a^*)^2 = 0$, 或者等价于 $a^2 = 0$. 现在, 由定理 2.13.2 中的条件 (i), 对于投影 $aa^\dagger$ (由假设有 $a \in a \in \mathcal{A}_{co}^{ep}$, 因此, $a + a^* \in \mathcal{A}^{-1}$) 有 $a \in \mathcal{A}_{co}^{ep_\perp}$.

第 3 章　分块矩阵的广义逆

3.1　在 $AB = 0$ 和 $DC = 0$ 条件下分块矩阵的 Drazin 逆

本节我们将给出分块矩阵

$$M = \begin{pmatrix} A & B \\ C & D \end{pmatrix} \tag{3.1.1}$$

在不同条件下的 Dazin 逆的表达式. 下面的结果是我们的主要定理, 它是文献 [102, 定理 3.1] 的推广.

定理 3.1.1　设 M 有形如 (3.1.1) 的分块形式, 如果 $AB = 0, DC = 0$, 则

$$M_D = \begin{pmatrix} XA & BY \\ CX & YD \end{pmatrix}, \tag{3.1.2}$$

其中

$$X = (BC)^{\pi} \sum_{i=0}^{p-1} (BC)^i (A_D)^{2i+2} + \sum_{i=0}^{\lceil \frac{s}{2} \rceil - 1} [(BC)_D]^{i+1} A^{2i} A^{\pi}, \tag{3.1.3}$$

$$Y = (CB)^{\pi} \sum_{i=0}^{q-1} (CB)^i (D_D)^{2i+2} + \sum_{i=0}^{\lceil \frac{t}{2} \rceil - 1} [(CB)_D]^{i+1} D^{2i} D^{\pi}, \tag{3.1.4}$$

且 $s = \mathrm{Ind}(A), t = \mathrm{Ind}(D), p = \mathrm{Ind}(BC), q = \mathrm{Ind}(CB)$.

证明　令 $M = P + Q$, 则

$$P = \begin{pmatrix} A & 0 \\ 0 & D \end{pmatrix}, \quad Q = \begin{pmatrix} 0 & B \\ C & 0 \end{pmatrix}. \tag{3.1.5}$$

由 $AB = 0$ 和 $DC = 0$, 有 $PQ = 0$. 由引理 1.1.2, 有

$$M_D = (P+Q)_D = \sum_{i=0}^{\lceil \frac{k}{2} \rceil - 1} Q^{\pi} Q^{2i} (I + QP_D)(P_D)^{2i+1} + \sum_{i=0}^{\lceil \frac{h}{2} \rceil - 1} (Q_D)^{2i+1} (I + Q_D P) P^{2i} P^{\pi},$$

其中 $h = s + t \geqslant \mathrm{Ind}(P)$ 且 $k = 2p + 1 \geqslant \mathrm{Ind}(Q)$ (根据引理 1.1.2).

现在我们考虑上面提到的分块矩阵. 显然

$$P_D = \begin{pmatrix} A_D & 0 \\ 0 & D_D \end{pmatrix}, \quad P^\pi = \begin{pmatrix} A^\pi & 0 \\ 0 & D^\pi \end{pmatrix}.$$

根据引理 1.2.2, 可得

$$Q_D = \begin{pmatrix} 0 & (BC)_D B \\ C(BC)_D & 0 \end{pmatrix}.$$

于是, 由引理 1.1.1, 有

$$Q^\pi = \begin{pmatrix} (BC)^\pi & 0 \\ 0 & (CB)^\pi \end{pmatrix}.$$

因为

$$Q^2 = \begin{pmatrix} BC & 0 \\ 0 & CB \end{pmatrix},$$

对任意的正整数 $i \geqslant 1$,

$$Q^{2i} = \begin{pmatrix} (BC)^i & 0 \\ 0 & (CB)^i \end{pmatrix},$$

所以

$$(Q_D)^{2i} = \begin{pmatrix} [(BC)_D]^i & 0 \\ 0 & [(CB)_D]^i \end{pmatrix},$$

$$(Q_D)^{2i+1} = \begin{pmatrix} 0 & B[(CB)_D]^{i+1} \\ [(CB)_D]^{i+1}C & 0 \end{pmatrix}.$$

通过计算可得

$$\begin{aligned}
&\sum_{i=0}^{\lceil \frac{k}{2} \rceil - 1} Q^\pi Q^{2i}(I + QP_D)(P_D)^{2i+1} \\
&= \sum_{i=0}^{\lceil \frac{k}{2} \rceil - 1} Q^\pi Q^{2i} \begin{pmatrix} I & BD_D \\ CA_D & I \end{pmatrix} (P_D)^{2i+1} \\
&= \sum_{i=0}^{\lceil \frac{k}{2} \rceil - 1} \begin{pmatrix} (BC)^\pi (BC)^i (A_D)^{2i+1} & (BC)^\pi (BC)^i B (D_D)^{2i+2} \\ (CB)^\pi (CB)^i C (A_D)^{2i+2} & (CB)^\pi (CB)^i (D_D)^{2i+1} \end{pmatrix} \\
&= \begin{pmatrix} \sum\limits_{i=0}^{p-1} (BC)^\pi (BC)^i (A_D)^{2i+2} A & B \sum\limits_{i=0}^{p-1} (CB)^\pi (CB)^i (D_D)^{2i+2} \\ C \sum\limits_{i=0}^{q-1} (BC)^\pi (BC)^i (A_D)^{2i+2} & \sum\limits_{i=0}^{q-1} (CB)^\pi (CB)^i (D_D)^{2i+2} D \end{pmatrix}.
\end{aligned} \tag{3.1.6}$$

类似地,

$$\begin{aligned}
&\sum_{i=0}^{\lceil\frac{h}{2}\rceil-1}(Q_D)^{2i+1}(I+Q_DP)P^{2i}P^{\pi}\\
=&\sum_{i=0}^{\lceil\frac{h}{2}\rceil-1}\begin{pmatrix}[(BC)_D]^{i+1}A^{2i+1}A^{\pi} & [(BC)_D]^{i+1}BD^{2i}D^{\pi}\\ [(CB)_D]^{i+1}CA^{2i}A^{\pi} & [(CB)_D]^{i+1}D^{2i+1}D^{\pi}\end{pmatrix}\\
=&\begin{pmatrix}\sum\limits_{i=0}^{\lceil\frac{s}{2}\rceil-1}[(BC)_D]^{i+1}A^{2i+1}A^{\pi} & B\sum\limits_{i=0}^{\lceil\frac{s}{2}\rceil-1}[(CB)_D]^{i+1}D^{2i}D^{\pi}\\ C\sum\limits_{i=0}^{\lceil\frac{t}{2}\rceil-1}[(BC)_D]^{i+1}A^{2i}A^{\pi} & \sum\limits_{i=0}^{\lceil\frac{t}{2}\rceil-1}[(CB)_D]^{i+1}D^{2i+1}D^{\pi}\end{pmatrix}.
\end{aligned}\tag{3.1.7}$$

因此, 定理成立.

注记 3.1.2 (i) 由引理 1.1.2, (3.1.3) 和 (3.1.4), (3.1.2) 可以化简为

$$M_D=\begin{pmatrix}(A^2+BC)_DA & B(CB+D^2)_D\\ C(A^2+BC)_D & (CB+D^2)_DD\end{pmatrix}.\tag{3.1.8}$$

(ii) 如果 $AB=0, DC=0$, 则

$$\max\{\mathrm{Ind}(A),\mathrm{Ind}(D),\mathrm{Ind}(BC)\}\leqslant \mathrm{Ind}(M)\leqslant \mathrm{Ind}(A)+\mathrm{Ind}(D)+2\mathrm{Ind}(BC)+1.$$

根据定理 3.1.1 和引理 1.1.1, 我们有下面的推论.

推论 3.1.3 设 M 有形如 (3.1.1) 的分块形式, 其中 $A=0$. 如果 $DC=0$, 则

$$M_D=\begin{pmatrix}0 & BY\\ (CB)_DC & YD\end{pmatrix},\tag{3.1.9}$$

其中, Y 如 (3.1.4) 式所示.

由 (3.1.8), 我们很容易得到下面的推论.

推论 3.1.4 设 M 有形如 (3.1.1) 的分块形式.

(i) 如果 $AB=0$, $DC=0$ 和 $BC=0$, 则

$$M_D=\begin{pmatrix}A_D & B(D_D)^2\\ C(A_D)^2 & D_D+CB(D_D)^3\end{pmatrix};\tag{3.1.10}$$

(ii) 如果 $AB=0$, $DC=0$, 和 $CB=0$, 则

$$M_D=\begin{pmatrix}A_D+BC(A_D)^3 & B(D_D)^2\\ C(A_D)^2 & D_D\end{pmatrix}.\tag{3.1.11}$$

证明 (i) 因为 $BC=0$, 所以 (3.1.8) 可以化简为

$$M_D=\begin{pmatrix} (A_D)^2A & B(CB+D^2)_D \\ C(A_D)^2 & (CB+D^2)_DD \end{pmatrix}, \tag{3.1.12}$$

根据引理 1.1.1 可知 $(CB)_D=0$. 由引理 1.2.1, 且 $D^2CB=0$, 则 $(CB+D^2)_D=(D_D)^2+CB(D_D)^4$. 于是 $B(CB+D^2)_D=B(D_D)^2$ 且 $(CB+D^2)_DD=D_D+CB(D_D)^3$. 所以, (3.1.10) 成立.

(ii) 证明方法与 (i) 类似.

定理 3.1.5 设 M 有形如 (3.1.1) 的分块形式, 如果 $AB=0, BD=0$, 则

$$M_D=\begin{pmatrix} XA & (BC)_DB \\ Z+T+R+(D^d)^2CA^\pi & \\ -(D^d)^2CBCX-D_DCXA & S+D_D(CB)^\pi \end{pmatrix}, \tag{3.1.13}$$

其中 X 如 (1.2.2) 所示,

$$\begin{cases} Z=\displaystyle\sum_{n=0}^{\lceil\frac{t}{2}\rceil-1}\left(D^\pi D^{2n+1}C[(BC)^d]^nX^2A+D^\pi D^{2n}C[(BC)^d]^nX\right), \\ T=\displaystyle\sum_{n=1}^{\lceil\frac{t}{2}\rceil-1}(L(n)+DL(n)A_D)+\sum_{n=0}^{\lceil\frac{k}{2}\rceil-1}(H(n)+D_DH(n)A), \\ S=\displaystyle\sum_{n=0}^{\lceil\frac{t}{2}\rceil-1}D^\pi D^{2n+1}[(CB)_D]^{n+1}+\sum_{n=0}^{q-1}(D_D)^{2n+1}(CB)^\pi(CB)^n, \\ R=\displaystyle\sum_{n=0}^{p-1}(D^d)^{2n+2}C(BC)^\pi(BC)^n, \\ L(n)=D^\pi D^{2n}CX^2(A_D)^{2n-1}A-D^\pi D^{2n}\displaystyle\sum_{i=1}^{n-1}C[(BC)^d]^{i+1}(A_D)^{2n-2i}, \\ H(n)=(D_D)^{2n+1}C(BC)^\pi\displaystyle\sum_{i=0}^{n-1}(BC)^iA^{2n-2i-1}-(D_D)^{2n+1}CXA^{2n+1}, \end{cases} \tag{3.1.14}$$

且 $s=\operatorname{Ind}(A), t=\operatorname{Ind}(D), p=\operatorname{Ind}(BC), q=\operatorname{Ind}(CB)$, $k=s+2p+1$.

证明 令 $M=P+Q$, 其中

$$P=\begin{pmatrix} A & B \\ C & 0 \end{pmatrix},\quad Q=\begin{pmatrix} 0 & 0 \\ 0 & D \end{pmatrix}.$$

显然

$$Q_D=\begin{pmatrix} 0 & 0 \\ 0 & D_D \end{pmatrix},\quad Q^\pi=\begin{pmatrix} I & 0 \\ 0 & D^\pi \end{pmatrix}.$$

因为 $BD=0$, 所以 $PQ=0$, 故由引理 1.1.2 可得

$$\begin{aligned} M_D=(P+Q)_D=&\sum_{n=0}^{\lceil\frac{t}{2}\rceil-1}Q^{\pi}Q^{2n}(I+QP_D)(P_D)^{2n+1}\\ &+\sum_{n=0}^{\lceil\frac{k}{2}\rceil-1}(Q_D)^{2n+1}(I+Q_DP)P^{2n}P^{\pi}, \end{aligned} \tag{3.1.15}$$

其中 $k\geqslant \mathrm{Ind}(P)$.

因为 $AB=0$, 所以由定理 3.1.1, 有

$$P_D=\begin{pmatrix} XA & (BC)_DB\\ CX & 0\end{pmatrix},\quad P^{\pi}=\begin{pmatrix} A^{\pi}-BCX & 0\\ -CXA & (CB)^{\pi}\end{pmatrix},$$

其中, X 如 (3.1.3) 中所示, 再依据注 3.1.2(ii), 可得

$$\max\{\mathrm{Ind}(A),\mathrm{Ind}(BC)\}\leqslant \mathrm{Ind}(P)\leqslant \mathrm{Ind}(A)+2\mathrm{Ind}(BC)+1.$$

由 $AB=0$, 有

$$AX=A_D,$$

$$(XA)^k=X(AX)^{k-1}A=X(A_D)^{k-1}A,\quad k\geqslant 1,$$

$$XB=(BC)_DB,$$

$$X^2=(BC)^{\pi}\sum_{i=0}^{p-1}(BC)^i(A_D)^{2i+4}+\sum_{i=0}^{\lceil\frac{s}{2}\rceil-1}[(BC)_D]^{i+2}A^{2i}A^{\pi}-(BC)_D(A_D)^2,$$

$$(BC)_DX^2A_D=-[(BC)_D]^2(A_D)^3.$$

于是, 通过数学归纳法, 对任意的正整数 $n\geqslant 1$, 有

$$(P_D)^{2n+1}=\begin{pmatrix} X(A_D)^{2n}A-\sum_{i=1}^{n-1}[(BC)_D]^{i+1}BC(A_D)^{2n+2-2i}A+[(BC)_D]^nBCX^2A & [(BC)_D]^{n+1}B\\ CX^2(A_D)^{2n-1}A-\sum_{i=1}^{n-1}C[(BC)_D]^{i+1}(A_D)^{2n+1-2i}A+C[(BC)_D]^nX & 0\end{pmatrix} \tag{3.1.16}$$

以及

$$P^{2n} = \begin{pmatrix} \sum_{i=0}^{n}(BC)^i A^{2n-2i} & 0 \\ \sum_{i=0}^{n-1} C(BC)^i A^{2n-2i-1} & (CB)^n \end{pmatrix}, \tag{3.1.17}$$

当 $i > j$, $\sum_i^j = 0$.

现在考虑 (3.1.15) 的第一个和式. 显然,

$$Q^\pi(I+QP_D)P_D = \begin{pmatrix} XA & (BC)_D B \\ D^\pi DCX^2A + D^\pi CX & D^\pi D(CB)_D \end{pmatrix}, \tag{3.1.18}$$

$$Q^\pi Q^{2n}(I+QP_D) = \begin{pmatrix} 0 & 0 \\ D^\pi D^{2n+1}CX & D^\pi D^{2n} \end{pmatrix}. \tag{3.1.19}$$

根据 (3.1.16) 和 (3.1.19), 对任意的正整数 $n \geqslant 1$, 有

$$\begin{aligned}
&Q^\pi Q^{2n}(I+QP_D)(P_D)^{2n+1} \\
&= \begin{pmatrix} 0 & 0 \\ D^\pi D^{2n+1}CX^2(A_D)^{2n-1} + D^\pi D^{2n}CX^2(A_D)^{2n-1}A & D^\pi D^{2n+1}[(CB)_D]^{n+1} \end{pmatrix} \\
&\quad + \begin{pmatrix} 0 & 0 \\ \begin{matrix} -D^\pi D^{2n+1}CX\sum_{i=1}^{n-1}[(BC)_D]^i(A_D)^{2n+1-2i} \\ -D^\pi D^{2n}\sum_{i=1}^{n-1}C[(BC)_D]^{i+1}(A_D)^{2n-2i} \end{matrix} & 0 \end{pmatrix} \\
&\quad + \begin{pmatrix} 0 & 0 \\ D^\pi D^{2n+1}CX[(BC)_D]^n BCX^2A + D^\pi D^{2n}C[(BC)_D]^n X & 0 \end{pmatrix} \\
&= \begin{pmatrix} 0 & 0 \\ L(n) + DL(n)A_D & 0 \end{pmatrix} \\
&\quad + \begin{pmatrix} 0 & 0 \\ \begin{matrix} D^\pi D^{2n+1}C[(BC)^d]^n X^2 A \\ +D^\pi D^{2n}C[(BC)_D]^n X \end{matrix} & D^\pi D^{2n+1}[(CB)_D]^{n+1} \end{pmatrix},
\end{aligned} \tag{3.1.20}$$

其中 $L(n)$ 如 (3.1.14) 中所示.

因此 (3.1.15) 的第一个和式为

$$\begin{pmatrix} XA & (BC)_D B \\ D^{\pi}DCX^2A+D^{\pi}CX & D^{\pi}D(CB)_D \end{pmatrix}+\sum_{n=1}^{\lceil \frac{t}{2}\rceil-1}\begin{pmatrix} 0 & 0 \\ L(n)+DL(n)A_D & 0 \end{pmatrix}$$

$$+\sum_{n=1}^{\lceil \frac{t}{2}\rceil-1}\begin{pmatrix} 0 & 0 \\ \begin{array}{c} D^{\pi}D^{2n+1}C[(BC)_D]^nX^2A \\ +D^{\pi}D^{2n}C[(BC)_D]^nX \end{array} & D^{\pi}D^{2n+1}[(CB)_D]^{n+1} \end{pmatrix}$$

$$=\sum_{n=0}^{\lceil \frac{t}{2}\rceil-1}\begin{pmatrix} 0 & 0 \\ \begin{array}{c} D^{\pi}D^{2n+1}C[(BC)_D]^nX^2A \\ +D^{\pi}D^{2n}C[(BC)_D]^nX \end{array} & D^{\pi}D^{2n+1}[(CB)_D]^{n+1} \end{pmatrix}$$

$$+\sum_{n=1}^{\lceil \frac{t}{2}\rceil-1}\begin{pmatrix} 0 & 0 \\ L(n)+DL(n)A_D & 0 \end{pmatrix}+\begin{pmatrix} XA & (BC)_DB \\ 0 & 0 \end{pmatrix}. \tag{3.1.21}$$

下面考虑 (3.1.15) 中的第二个和式. 对任意的非负整数 n, 有

$$(Q_D)^{2n+1}(I+Q_DP)P^{\pi}$$

$$=\begin{pmatrix} 0 & 0 \\ \begin{array}{c} (D_D)^{2n+2}CA^{\pi}-(D_D)^{2n+2}CBCX \\ -(D_D)^{2n+1}CXA \end{array} & (D_D)^{2n+1}(CB)^{\pi} \end{pmatrix}. \tag{3.1.22}$$

因为 $PP_D=P_DP$, 所以 $(BC)^{\pi}-XA^2=A^{\pi}-BCX$, 对任意的正整数 $n\geqslant 1$, 有

$$(Q_D)^{2n+1}(I+Q_DP)P^{2n}P^{\pi}$$

$$=\begin{pmatrix} 0 & 0 \\ (D_D)^{2n+2}CA^{\pi}A^{2n}+(D_D)^{2n+2}C\sum_{i=1}^{n}(BC)^iA^{2n-2i} & 0 \end{pmatrix}$$

$$+\begin{pmatrix} 0 & 0 \\ -(D_D)^{2n+2}CBCXA^{2n}-(D_D)^{2n+2}C(BC)_D\sum_{i=1}^{n}(BC)^{i+1}A^{2n-2i} & 0 \end{pmatrix}$$

$$+\begin{pmatrix} 0 & 0 \\ (D_D)^{2n+1}(CB)^{\pi}\sum_{i=0}^{n-1}C(BC)^iA^{2n-2i-1} & \\ -(D_D)^{2n+1}CXA^{2n+1} & (D_D)^{2n+1}(CB)^{\pi}(CB)^n \end{pmatrix}$$

$$=\begin{pmatrix} 0 & 0 \\ (D_D)^{2n+2}C(BC)^{\pi}A^{2n}-(D_D)^{2n+2}CXA^{2n+2} & \\ +(D_D)^{2n+2}C(BC)^{\pi}\sum_{i=1}^{n}(BC)^iA^{2n-2i} & 0 \end{pmatrix}$$

$$+\begin{pmatrix} 0 & 0 \\ H(n) & (D_D)^{2n+1}(CB)^{\pi}(CB)^n \end{pmatrix}$$

$$=\begin{pmatrix} 0 & 0 \\ H(n)+D_DH(n)A & 0 \end{pmatrix}$$

$$+\begin{pmatrix} 0 & 0 \\ (D_D)^{2n+2}C(BC)^{\pi}(BC)^n & (D_D)^{2n+1}(CB)^{\pi}(CB)^n \end{pmatrix},$$

其中, $H(n)$ 如 (3.1.14) 中所示.

所以 (3.1.15) 第二个和式为

$$\sum_{n=0}^{\lceil\frac{k}{2}\rceil-1}\begin{pmatrix} 0 & 0 \\ H(n)+D_DH(n)A & 0 \end{pmatrix}$$

$$+\sum_{n=0}^{\lceil\frac{k}{2}\rceil-1}\begin{pmatrix} 0 & 0 \\ (D_D)^{2n+2}C(BC)^{\pi}(BC)^n & (D_D)^{2n+1}(CB)^{\pi}(CB)^n \end{pmatrix}$$

$$+\begin{pmatrix} 0 & 0 \\ (D_D)^2CA^{\pi}-(D_D)^2CBCX-D_DCXA & D_D(CB)^{\pi} \end{pmatrix}, \tag{3.1.23}$$

其中, $k=\mathrm{Ind}(A)+2\mathrm{Ind}(BC)+1$.

将 (3.1.21) 和 (3.1.23) 代入到 (3.1.15), 可得 M_D.

由于

$$\begin{pmatrix} A & B \\ C & D \end{pmatrix}=\begin{pmatrix} 0 & I_n \\ I_m & 0 \end{pmatrix}\begin{pmatrix} D & C \\ B & A \end{pmatrix}\begin{pmatrix} 0 & I_m \\ I_n & 0 \end{pmatrix}, \tag{3.1.24}$$

应用定理 3.1.5 到分块矩阵 $\begin{pmatrix} D & C \\ B & A \end{pmatrix}$ 上, 立刻可以得到下面的定理.

定理 3.1.6 设 M 有形如 (3.1.1) 的分块形式. 若 $DC=0$ 且 $CA=0$, 则

$$M_D=\begin{pmatrix} S+A_D(BC)^\pi & Z+T+R+(A^d)^2BD^\pi \\ & -(A^d)^2BCBY-A_DBYD \\ (CB)_DC & YD \end{pmatrix}, \tag{3.1.25}$$

其中, Y 如 (3.1.4) 所示,

$$\begin{cases} Z=\sum\limits_{n=0}^{\lceil \frac{s}{2}\rceil-1}\left(A^\pi A^{2n+1}B[(CB)^d]^nY^2D+A^\pi A^{2n}B[(CB)^d]^nY\right), \\ T=\sum\limits_{n=1}^{\lceil \frac{s}{2}\rceil-1}(L(n)+AL(n)D_D)+\sum\limits_{n=0}^{\lceil \frac{k}{2}\rceil-1}(H(n)+A_DH(n)D), \\ S=\sum\limits_{n=0}^{\lceil \frac{s}{2}\rceil-1}A^\pi A^{2n+1}[(BC)_D]^{n+1}+\sum\limits_{n=0}^{p-1}(A_D)^{2n+1}(BC)^\pi(BC)^n, \\ R=\sum\limits_{n=0}^{q-1}(A_D)^{2n+2}B(CB)^\pi(CB)^n, \\ L(n)=A^\pi A^{2n}BY^2(D_D)^{2n-1}D-A^\pi A^{2n}\sum\limits_{i=1}^{n-1}B[(CB)^d]^{i+1}(D_D)^{2n-2i}, \\ H(n)=(A_D)^{2n+1}B(CB)^\pi\sum\limits_{i=0}^{n-1}(CB)^iD^{2n-2i-1}-(A_D)^{2n+1}BYD^{2n+1}, \end{cases} \tag{3.1.26}$$

且 $s=\mathrm{Ind}(A), t=\mathrm{Ind}(D), p=\mathrm{Ind}(BC), q=\mathrm{Ind}(CB)$, $k=t+2q+1$.

下面, 我们将利用定理 3.1.1 和推论 3.1.4, 在更弱条件下给出 M_D 的表达式. 首先我们给出本节的另外一个重要定理.

定理 3.1.7 设 M 有形如 (3.1.1) 的分块形式. 若 $AA^\pi B=0$, $DD^\pi C=0$, $CA_D=0$ 且 $BD_D=0$, 则

$$M_D=\begin{pmatrix} A_D+A^\pi XA+L & A^\pi BY+N \\ D^\pi CX+\widetilde{N} & D_D+D^\pi YD+\widetilde{L} \end{pmatrix}, \tag{3.1.27}$$

其中, $s=\mathrm{Ind}(A)$, $t=\mathrm{Ind}(D), p=\mathrm{Ind}(BC), k=s+t+2p+1$, 且

$$\left\{\begin{array}{l}
L=\sum_{n=0}^{k-1}(A_D)^{2n+1}[BC(S(n)-XA^{2n})+A_DBC(S(n)-XA^{2n})A],\\
\widetilde{L}=\sum_{n=0}^{k-1}(D_D)^{2n+1}[CB(\widetilde{S}(n)-YD^{2n})+D_DCB(\widetilde{S}(n)-YD^{2n})D],\\
N=\sum_{n=0}^{k-1}(A_D)^{2n+1}[B(\widetilde{S}(n)-YD^{2n})D+A_DBCB(\widetilde{S}(n)-YD^{2n})+A_DBD^{2n}],\\
\widetilde{N}=\sum_{n=0}^{k-1}(D_D)^{2n+1}[C(Z-XA^{2n})A+D_DCBC(Z-XA^{2n})+D_DCA^{2n}],\\
X=\sum_{i=0}^{\lceil\frac{s}{2}\rceil-1}[(BC)_D]^{i+1}A^{2i},\quad Y=\sum_{i=0}^{\lceil\frac{t}{2}\rceil-1}[(CB)_D]^{i+1}D^{2i},\\
S(n)=\sum_{i=0}^{n-1}(BC)^{\pi}(BC)^iA^{2n-2i-2},\\
\widetilde{S}(n)=\sum_{i=0}^{n-1}(CB)^{\pi}(CB)^iD^{2n-2i-2}.
\end{array}\right. \tag{3.1.28}$$

证明　令分块矩阵 $M=P+Q$, 则

$$P=\begin{pmatrix} AA^{\pi} & B \\ C & DD^{\pi} \end{pmatrix},\quad Q=\begin{pmatrix} A^2A_D & 0 \\ 0 & D^2D_D \end{pmatrix}.$$

显然, $PQ=0$. 由引理 1.1.2, 可得

$$Q_D=\begin{pmatrix} A_D & 0 \\ 0 & D_D \end{pmatrix},\quad Q^{\pi}=\begin{pmatrix} A^{\pi} & 0 \\ 0 & D^{\pi} \end{pmatrix},$$

且 $QQ^{\pi}=0$, 对任意的正整数 $n\geqslant 1$, 有

$$(Q_D)^n=\begin{pmatrix} (A_D)^n & 0 \\ 0 & (D_D)^n \end{pmatrix}.$$

由于 $AA^{\pi}B=0$ 且 $DD^{\pi}C=0$, 故由定理 3.1.1, 有

$$P_D=\begin{pmatrix} XAA^{\pi} & BY \\ CX & YDD^{\pi} \end{pmatrix}=\begin{pmatrix} XA & BY \\ CX & YD \end{pmatrix},$$

其中 $X=\sum_{i=0}^{\lceil\frac{s}{2}\rceil-1}[(BC)_D]^{i+1}A^{2i}$, $Y=\sum_{i=0}^{\lceil\frac{t}{2}\rceil-1}[(CB)_D]^{i+1}D^{2i}$, $CA_D=0$ 和 $BD_D=0$, 由注 3.1.2, 则 $k=s+t+2p+1$. 因此, $AA^{\pi}X=0$ 和 $DD^{\pi}Y=0$. 从而, 有

$$P^{\pi}=\begin{pmatrix} I-BCX & -BYD \\ -CXA & I-CBY \end{pmatrix}.$$

于是, 对于任意的正整数 $n\geqslant 1$, 有

$$P^{2n}=\begin{pmatrix}\sum\limits_{i=0}^{n}(BC)^iA^{2n-2i}A^\pi & \sum\limits_{i=0}^{n-1}B(CB)^iD^{2n-2i-1}\\ \sum\limits_{i=0}^{n-1}C(BC)^iA^{2n-2i-1} & \sum\limits_{i=0}^{n}(CB)^iD^{2n-2i}D^\pi\end{pmatrix},$$

因为 $CA_D=0$ 和 $BD_D=0$, 所以 $PQ=0$. 应用引理 1.1.2, 可得

$$\begin{aligned}M_D=&(P+Q)_D=Q^\pi P_D+Q_D(I+Q_DP)P^\pi\\&+\sum_{n=1}^{k-1}(Q_D)^{2n+1}(I+Q_DP)P^{2n}P^\pi.\end{aligned}$$

显然,

$$Q^\pi P_D=\begin{pmatrix}A^\pi XA & A^\pi BY\\ D^\pi CX & D^\pi YD\end{pmatrix},\tag{3.1.29}$$

$$I+Q_DP=\begin{pmatrix}I & A_DB\\ D_DC & I\end{pmatrix}.$$

对任意的非负整数 n, 有

$$\begin{aligned}&(Q_D)^{2n+1}(I+Q_DP)P^\pi\\&=\begin{pmatrix}(A_D)^{2n+1} & (A_D)^{2n+2}B\\ (D_D)^{2n+2}C & (D_D)^{2n+1}\end{pmatrix}\begin{pmatrix}I-BCX & -BYD\\ -CXA & I-CBY\end{pmatrix}\\&=\left(\begin{matrix}(A_D)^{2n+1}-(A_D)^{2n+1}BCX-(A_D)^{2n+2}BCXA\\ (D_D)^{2n+2}C-(D_D)^{2n+2}CBCX-(D_D)^{2n+1}CXA\end{matrix}\right.\\&\qquad\left.\begin{matrix}(A_D)^{2n+2}B-(A_D)^{2n+2}BCBY-(A_D)^{2n+1}BYD\\ (D_D)^{2n+1}-(D_D)^{2n+1}CBY-(D_D)^{2n+2}CBYD\end{matrix}\right).\end{aligned}\tag{3.1.30}$$

由于 $BD^kC=BD^\pi D^kC=0$ 和 $CA^kB=CA^\pi A^kB=0$, 且对任意的正整数 $k\geqslant 1$ 和 $n\geqslant 1$, 有

$$\begin{aligned}&(Q_D)^{2n+1}(I+Q_DP)P^\pi P^{2n}\\&=\sum_{i=0}^{n-1}\begin{pmatrix}(A_D)^{2n+1}(BC)^{i+1}(BC)^\pi A^{2n-2i-2} & (A_D)^{2n+1}B(CB)^i(CB)^\pi D^{2n-2i-1}\\ (D_D)^{2n+2}C(BC)^{i+1}(BC)^\pi A^{2n-2i-2} & (D_D)^{2n+2}(CB)^{i+1}(CB)^\pi D^{2n-2i-1}\end{pmatrix}\end{aligned}$$

$$+\sum_{i=0}^{n-1}\begin{pmatrix} (A_D)^{2n+2}(BC)^{i+1}(BC)^{\pi}A^{2n-2i-1} & (A_D)^{2n+2}B(CB)^{i+1}(CB)^{\pi}D^{2n-2i-2} \\ (D_D)^{2n+1}C(BC)^{i}(BC)^{\pi}A^{2n-2i-1} & (D_D)^{2n+1}(CB)^{i+1}(CB)^{\pi}D^{2n-2i-2} \end{pmatrix}$$

$$-\begin{pmatrix} (A_D)^{2n+1}BCXA^{2n} & (A_D)^{2n+1}BYD^{2n+1} \\ (D_D)^{2n+2}(CBCX-C)A^{2n} & (D_D)^{2n+2}CBYD^{2n+1} \end{pmatrix}$$

$$-\begin{pmatrix} (A_D)^{2n+2}BCXA^{2n+1} & A(A_D)^{2n+2}(BCBY-B)D^{2n} \\ (D_D)^{2n+1}CXA^{2n+1} & (D_D)^{2n+1}CBYD^{2n} \end{pmatrix}$$

$$=\begin{pmatrix} (A_D)^{2n+1}(BCS(n)+A_DBCS(n)A) & (A_D)^{2n+1}(A_DBCB\widetilde{S}(n)+B\widetilde{S}(n)D) \\ (D_D)^{2n+1}(D_DCBCS(n)+CS(n)A) & (D_D)^{2n+1}(CB\widetilde{S}(n)+D_DCB\widetilde{S}(n)D) \end{pmatrix}$$

$$-\begin{pmatrix} (A_D)^{2n+1}(BCX+A_DBCXA)A^{2n} & (A_D)^{2n+1}\left(BYD+A_D(BCBY-B)\right)D^{2n} \\ (D_D)^{2n+1}\left(CXA+D_D(CBCX-C)\right)A^{2n} & (D_D)^{2n+1}(CBY+D_DCBYD)D^{2n} \end{pmatrix}, \tag{3.1.31}$$

其中, $S(n)$ 和 $\widetilde{S}(n)$ 如 (3.1.28) 所示.

根据 (3.1.30) 和 (3.1.31), 有

$$\sum_{n=0}^{k-1}(Q_D)^{2n+1}(I+Q_DP)P^{\pi}P^{2n}$$

$$=\sum_{n=1}^{k-1}\begin{pmatrix} (A_D)^{2n+1}(BCS(n)+A_DBCS(n)A) & (A_D)^{2n+1}(A_DBCB\widetilde{S}(n)+B\widetilde{S}(n)D) \\ (D_D)^{2n+1}(D_DCBCS(n)+CS(n)A) & (D_D)^{2n+1}(CB\widetilde{S}(n)+D_DCB\widetilde{S}(n)D) \end{pmatrix}$$

$$-\sum_{n=0}^{k-1}\begin{pmatrix} (A_D)^{2n+1}(BCX+A_DBCXA)A^{2n} \\ (D_D)^{2n+1}\left(CXA+D_D(CBCX-C)\right)A^{2n} \end{pmatrix}$$

$$\begin{array}{c}(A_D)^{2n+1}\left(BYD+A_D(BCBY-B)\right)D^{2n} \\ (D_D)^{2n+1}(CBY+D_DCBYD)D^{2n}\end{array}\Bigg)$$

$$=\begin{pmatrix} A_D+L & N \\ \widetilde{N} & D_D+\widetilde{L}\end{pmatrix}, \tag{3.1.32}$$

其中 $N, \widetilde{N}, L$ 和 $\widetilde{L}$ 如 (3.1.28) 所示.

因此, 联合 (3.1.29) 和 (3.1.32), 可推出 (3.1.27) 的表达式.

下面的结论为文献 [102, 定理 3.8] 的一个推广.

定理 3.1.8 设 M 有形如 (3.1.1) 的分块形式. 若 $AA^\pi B=0$, $BC(I-A^\pi)=0$ 且 $DC=0$, 则

$$M_D=\begin{pmatrix} T & \widetilde{T} \\ CA_DT+CA^\pi X-CA_DXA & CA_D\widetilde{T}+YD-CA_DBY\end{pmatrix}, \tag{3.1.33}$$

其中 $k=s+t+2p+1$, $s=\mathrm{Ind}(A), t=\mathrm{Ind}(D), p=\mathrm{Ind}(BC)$, $q=\mathrm{Ind}(CA^\pi B)$, 且

$$\begin{cases} T=A^\pi XA+A_D+\displaystyle\sum_{n=0}^{\lceil\frac{k}{2}\rceil-1}(G(n)-J(n)), \\ \widetilde{T}=A^\pi BY+\displaystyle\sum_{n=0}^{\lceil\frac{k}{2}\rceil-1}(H(n)-K(n)), \\ G(n)=\displaystyle\sum_{i=0}^{n-1}(A_D)^{2n+1}[(BC)^{i+1}+A_D(BC)^{i+1}A]A^{2n-2i-2}, \\ H(n)=(A_D)^{2n+2}B(CB)^nD^\pi+\displaystyle\sum_{i=0}^{n-1}(A_D)^{2n+1}[B(CB)^i \\ \qquad +A_DB(CB)^iD]D^{2n-2i-1}D^\pi, \\ J(n)=(A_D)^{2n+1}(BC)^{n+1}X+(A_D)^{2n+2}(BC)^{n+1}XA, \\ K(n)=(A_D)^{2n+1}B(CB)^nYD+(A_D)^{2n+2}B(CB)^{n+1}Y, \\ X=\displaystyle\sum_{i=0}^{\lceil\frac{s}{2}\rceil-1}[(BC)_D]^{i+1}A^{2i}, \\ Y=(CA^\pi B)^\pi\displaystyle\sum_{i=0}^{q-1}(CA^\pi B)^i(D_D)^{2i+2}+\sum_{i=0}^{\lceil\frac{t}{2}\rceil-1}[(CA^\pi B)_D]^{i+1}D^{2i}D^\pi. \end{cases} \tag{3.1.34}$$

证明 令 $M=P+Q$, 则

$$P=\begin{pmatrix} AA^\pi & B \\ CA^\pi & D\end{pmatrix},\quad Q=\begin{pmatrix} A^2A_D & 0 \\ CAA_D & 0\end{pmatrix}.$$

由引理 1.2.1, 对任意的正整数 $n \geqslant 1$, 有

$$(Q_D)^n = \begin{pmatrix} (A_D)^n & 0 \\ C(A_D)^{n+1} & 0 \end{pmatrix}.$$

于是

$$Q^\pi = \begin{pmatrix} A^\pi & 0 \\ -CA_D & I \end{pmatrix}, \quad Q^\pi Q = 0.$$

由 $PQ = 0$, 可得

$$M_D = (P+Q)_D = Q^\pi P_D + \sum_{i=0}^{\lceil \frac{k}{2} \rceil - 1} (Q_D)^{2i+1}(I + Q_D P)P^{2i}P^\pi, \tag{3.1.35}$$

其中 $k \geqslant \mathrm{Ind}(P)$.

由于 $AA^\pi B = 0$ 且 $DCA^\pi = 0$, 故由定理 3.1.1, 有

$$P_D = \begin{pmatrix} XAA^\pi & BY \\ CA^\pi X & YD \end{pmatrix},$$

其中

$$\begin{aligned} X &= (BCA^\pi)^\pi \sum_{i=0}^{p-1} (BCA^\pi)^i [(AA^\pi)_D]^{2i+2} \\ &\quad + \sum_{i=0}^{\lceil \frac{s}{2} \rceil - 1} [(BCA^\pi)_D]^{i+1} (AA^\pi)^{2i} (AA^\pi)^\pi \\ &= \sum_{i=0}^{\lceil \frac{s}{2} \rceil - 1} [(BC)_D]^{i+1} A^{2i}, \\ Y &= (CA^\pi B)^\pi \sum_{i=0}^{q-1} (CA^\pi B)^i (D_D)^{2i+2} + \sum_{i=0}^{\lceil \frac{t}{2} \rceil - 1} [(CA^\pi B)_D]^{i+1} D^{2i} D^\pi, \end{aligned}$$

且 $s = \mathrm{Ind}(AA^\pi) = \mathrm{Ind}(A), t = \mathrm{Ind}(D), p = \mathrm{Ind}(BCA^\pi) = \mathrm{Ind}(BC), q = \mathrm{Ind}(CA^\pi B) \leqslant p+1$, 依据注 3.1.2(ii), 则 $\mathrm{Ind}(P) \leqslant s + t + 2p + 1$.

由于 $XA^\pi = X$, 则

$$P_D = \begin{pmatrix} XA & BY \\ CA^\pi X & YD \end{pmatrix}.$$

因为 $AA^\pi B = 0$, $DC = 0$, $AA^\pi (BC)_D = 0$ 且 $D(CA^\pi B)_D = 0$, 因此 $AA^\pi X = 0$ 且 $DY = D_D$. 所以

$$P^\pi = I - \begin{pmatrix} AA^\pi & B \\ CA^\pi & D \end{pmatrix} \begin{pmatrix} XA & BY \\ CA^\pi X & YD \end{pmatrix} = \begin{pmatrix} I - BCX & -BYD \\ -CA^\pi XA & D^\pi - CA^\pi BY \end{pmatrix}.$$

对任意的非负整数 n, 有

$$(Q_D)^{2n+1}(I+Q_DP)=(Q_D)^{2n+1}\begin{pmatrix} I & A_DB \\ 0 & I+C(A_D)^2B \end{pmatrix}$$

$$=\begin{pmatrix} (A_D)^{2n+1} & (A_D)^{2n+2}B \\ C(A_D)^{2n+2} & C(A_D)^{2n+3}B \end{pmatrix}. \tag{3.1.36}$$

通过计算可得

$$P^2=\begin{pmatrix} A^2A^\pi+BCA^\pi & BD \\ CAA^\pi & CA^\pi B+D^2 \end{pmatrix}.$$

所以对任意的正整数 $n\geqslant 1$, 有

$$P^{2n}=\begin{pmatrix} \sum\limits_{i=0}^{n}(BC)^iA^{2n-2i}A^\pi & \sum\limits_{i=0}^{n-1}B(CB)^iD^{2n-2i-1} \\ \sum\limits_{i=0}^{n-1}CA^\pi(BC)^iA^{2n-2i-1} & \sum\limits_{i=0}^{n}(CA^\pi B)^iD^{2n-2i} \end{pmatrix}. \tag{3.1.37}$$

依据归纳法, 联合 (3.1.36) 和 (3.1.37), 对任意的正整数 $n\geqslant 1$, 可以得到

$$\begin{aligned}
&(Q_D)^{2n+1}\left(I+Q_DP\right)P^{2n}\\
=&\sum_{i=0}^{n-1}\left(\begin{matrix} (A_D)^{2n+1}[(BC)^{i+1}+A_D(BC)^{i+1}A]A^{2n-2i-2} \\ C(A_D)^{2n+2}[(BC)^{i+1}+A_D(BC)^{i+1}A]A^{2n-2i-2} \end{matrix}\right.\\
&\qquad\left.\begin{matrix} (A_D)^{2n+1}[B(CB)^i+A_DB(CB)^iD]D^{2n-2i-1} \\ C(A_D)^{2n+2}[B(CB)^i+A_DB(CB)^iD]D^{2n-2i-1} \end{matrix}\right)\\
&+\begin{pmatrix} 0 & (A_D)^{2n+2}B(CB)^n \\ 0 & C(A_D)^{2n+3}B(CB)^n \end{pmatrix}\\
=&\begin{pmatrix} G(n) & \overline{H}(n) \\ CA_DG(n) & CA_D\overline{H}(n) \end{pmatrix},
\end{aligned}$$

其中

$$\overline{H}(n)=(A_D)^{2n+2}B(CB)^n+\sum_{i=0}^{n-1}(A_D)^{2n+1}[B(CB)^i+A_DB(CB)^iD]D^{2n-2i-1}.$$

注意, $\overline{H}(n)C=(A_D)^{2n+2}(BC)^{n+1}$. 由于 $BCABC=BCA^\pi AB=0$, $G(n)B=(A_D)^{2n+1}(BC)^nB$, 所以对任意的正整数 $n\geqslant 1$, 有

$$
\begin{aligned}
&(Q_D)^{2n+1}(I+Q_DP)P^{2n}P^{\pi}\\
&=\left(\begin{matrix} G(n)(I-BCX)-(A_D)^{2n+2}(BC)^{n+1}XA \\ CA_DG(n)(I-BCX)-C(A_D)^{2n+3}(BC)^{n+1}XA \end{matrix}\right.\\
&\qquad\left.\begin{matrix} \overline{H}(n)D^{\pi}-(A_D)^{2n+2}(BC)^{n+1}BY-G(n)BYD \\ CA_D\overline{H}(n)D^{\pi}-C(A_D)^{2n+3}(BC)^{n+1}BY-CA_DG(n)BYD \end{matrix}\right)\\
&=\begin{pmatrix} G(n) & \overline{H}(n)D^{\pi} \\ CA_DG(n) & CA_D\overline{H}(n)D^{\pi} \end{pmatrix}\\
&\quad-\left(\begin{matrix} (A_D)^{2n+1}(BC)^{n+1}X+(A_D)^{2n+2}(BC)^{n+1}XA \\ C(A_D)^{2n+2}(BC)^{n+1}X+C(A_D)^{2n+3}(BC)^{n+1}XA \end{matrix}\right.\\
&\qquad\left.\begin{matrix} (A_D)^{2n+1}(BC)^{n}BYD+(A_D)^{2n+2}(BC)^{n+1}BY \\ C(A_D)^{2n+2}(BC)^{n}BYD+C(A_D)^{2n+3}(BC)^{n+1}BY) \end{matrix}\right)\\
&=\begin{pmatrix} G(n) & H(n) \\ CA_DG(n) & CA_DH(n) \end{pmatrix}-\begin{pmatrix} J(n) & K(n) \\ CA_DJ(n) & CA_DK(n) \end{pmatrix}.
\end{aligned}
\tag{3.1.38}
$$

由 (3.1.36) 且 $G(0)=0$，$H(0)=(A_D)^2BD^{\pi}$, 有

$$
\begin{aligned}
Q_D(I+Q_DP)P^{\pi}&=\left(\begin{matrix} A_D(I-BCX)-(A_D)^2BCXA \\ C(A_D)^2(I-BCX)-(A_D)^3BCXA \end{matrix}\right.\\
&\qquad\left.\begin{matrix} (A_D)^2B(D^{\pi}-CBY)-A_DBYD \\ (A_D)^3B(D^{\pi}-CBY)-(A_D)^2BYD \end{matrix}\right)\\
&=\begin{pmatrix} A_D & 0 \\ C(A_D)^2 & 0 \end{pmatrix}+\begin{pmatrix} G(0) & H(0) \\ CA_DG(0) & CA_DH(0) \end{pmatrix}\\
&\quad-\begin{pmatrix} J(0) & K(0) \\ CA_DJ(0) & CA_DK(0) \end{pmatrix},
\end{aligned}
\tag{3.1.39}
$$

$$
Q^{\pi}P_D=\begin{pmatrix} A^{\pi}XA & A^{\pi}BY \\ CA^{\pi}X-CA_DXA & YD-CA_DBY \end{pmatrix}. \tag{3.1.40}
$$

于是, 将 (3.1.38)~(3.1.40) 代入 (3.1.35), 得

$$
\begin{aligned}
M_D=&\begin{pmatrix} A_D+A^\pi XA & A^\pi BY \\ C(A_D)^2+CA^\pi X-CA_DXA & YD-CA_DBY \end{pmatrix}\\
&+\sum_{n=0}^{\lceil\frac{k}{2}\rceil-1}\begin{pmatrix} G(n) & H(n) \\ CA_DG(n) & CA_DH(n) \end{pmatrix}\\
&-\sum_{n=0}^{\lceil\frac{k}{2}\rceil-1}\begin{pmatrix} J(n) & K(n) \\ CA_DJ(n) & CA_DK(n) \end{pmatrix}\\
=&\begin{pmatrix} T & \widetilde{T} \\ CA_DT+CA^\pi X-CA_DXA & CA_D\widetilde{T}+YD-CA_DBY \end{pmatrix}.
\end{aligned}
$$

从而定理得证.

应用 (3.1.24) 和定理 3.1.8, 我们可以得到下面的结论.

定理 3.1.9 设 M 有形如 (3.1.1) 的分块形式. 若 $DD^\pi C=0, CB(I-D^\pi)=0$ 且 $AB=0$, 则

$$
M_D=\begin{pmatrix} BD_D\widetilde{T}+XA-BD_DCX & BD_DT+BD^\pi Y-BD_DYD \\ \widetilde{T} & T \end{pmatrix}, \tag{3.1.41}
$$

其中 $k=s+t+2q+1$, $s=\mathrm{Ind}(A), t=\mathrm{Ind}(D), q=\mathrm{Ind}(CB)$, $P=\mathrm{Ind}(BD^\pi C)$, 且

$$
\begin{cases}
T=D^\pi YD+D_D+\displaystyle\sum_{n=0}^{\lceil\frac{k}{2}\rceil-1}(G(n)-J(n)),\\
\widetilde{T}=D^\pi CX+\displaystyle\sum_{n=0}^{\lceil\frac{k}{2}\rceil-1}(H(n)-K(n)),\\
G(n)=\displaystyle\sum_{i=0}^{n-1}(D_D)^{2n+1}[(CB)^{i+1}+D_D(CB)^{i+1}D]D^{2n-2i-2},\\
H(n)=(D_D)^{2n+2}C(BC)^nA^\pi+\displaystyle\sum_{i=0}^{n-1}(D_D)^{2n+1}[C(BC)^i\\
\qquad +D_DC(BC)^iA]A^{2n-2i-1}A^\pi,\\
J(n)=(D_D)^{2n+1}(CB)^{n+1}Y+(D_D)^{2n+2}(CB)^{n+1}YD,\\
K(n)=(D_D)^{2n+1}C(BC)^nXA+(D_D)^{2n+2}C(BC)^{n+1}X,\\
X=(BD^\pi C)^\pi\displaystyle\sum_{i=0}^{p-1}(BD^\pi C)^i(A_D)^{2i+2}+\sum_{i=0}^{\lceil\frac{s}{2}\rceil-1}[(BD^\pi C)_D]^{i+1}A^{2i}A^\pi,\\
Y=\displaystyle\sum_{i=0}^{\lceil\frac{t}{2}\rceil-1}[(CB)_D]^{i+1}D^{2i}.
\end{cases} \tag{3.1.42}
$$

由推论 3.1.4, 可以得到下面的定理.

定理 3.1.10 设 M 有形如 (3.1.1) 的分块形式. 若 $AA^\pi B=0$, $D_D C=0$, $CA_D=0$ 且 $BD^\pi=0$, 则

$$M_D=\begin{pmatrix} A_D & -A_D B D_D + A^\pi B (D_D)^2 \\ 0 & D_D+\sum_{n=0}^{t} D^n CB(D_D)^{n+3} \end{pmatrix}, \tag{3.1.43}$$

其中 $t=\mathrm{Ind}(D)$.

证明 令 $M=P+Q$, 则

$$P=\begin{pmatrix} AA^\pi & B \\ C & D^2 D_D \end{pmatrix},\quad Q=\begin{pmatrix} A^2 A_D & 0 \\ 0 & DD^\pi \end{pmatrix}.$$

通过计算可得

$$\begin{aligned} P^n&=\begin{pmatrix} A^n A^\pi & BD^{n-1} \\ CA^{n-1}A^\pi & CBD^{n-2}+D^{n+1}D_D \end{pmatrix},\quad n\geqslant 2,\\ Q^n&=\begin{pmatrix} A^{n+1}A_D & 0 \\ 0 & D^n D^\pi \end{pmatrix},\quad n\geqslant 1. \end{aligned} \tag{3.1.44}$$

且 $\mathrm{Ind}(Q)\leqslant \mathrm{Ind}(A^2A_D)+\mathrm{Ind}(DD^\pi)=1+t$.

由引理 1.2.2, 有

$$Q_D=\begin{pmatrix} A_D & 0 \\ 0 & 0 \end{pmatrix},\quad Q^\pi=\begin{pmatrix} A^\pi & 0 \\ 0 & I \end{pmatrix},\quad Q^\pi Q^n=\begin{pmatrix} 0 & 0 \\ 0 & D^n D^\pi \end{pmatrix},\quad n\geqslant 1.$$

因为 $BD^\pi=0$ 和 $DD_DC=0$, 所以 $BD^jC=BD^{j+1}D_DC=0$. 对任意非负整数 $j\geqslant 0$, P 满足推论 3.1.4(i) 的条件. 依据推论 3.1.4(i) 可得

$$P_D=\begin{pmatrix} 0 & B(D_D)^2 \\ 0 & D_D+CB(D_D)^3 \end{pmatrix},$$

$$(P_D)^n=\begin{pmatrix} 0 & B(D_D)^{n+1} \\ 0 & (D^d)^n+CB(D_D)^{n+2} \end{pmatrix},\quad n\geqslant 1,$$

$$P^\pi=\begin{pmatrix} I & -BD_D \\ 0 & D^\pi-CB(D_D)^2 \end{pmatrix}$$

且

$$P^nP^\pi=\begin{cases} \begin{pmatrix} AA^\pi & 0 \\ C & -CBD_D \end{pmatrix}, & n=1,\\ \begin{pmatrix} A^nA^\pi & 0 \\ CA^{n-1}A^\pi & 0 \end{pmatrix}, & n\geqslant 2. \end{cases}$$

因此 $Q_DP^nP^\pi=0$, 其中 $n\geqslant 1$.

已知 $AA^\pi B=0, CA_D=0$ 且 $BD^\pi=0$, 所以 $PQ=0$. 因此

$$
\begin{aligned}
M_D=&\sum_{n=0}^{(t+1)-1}Q^\pi Q^n(P_D)^{n+1}+Q_DP^\pi\\
=&\begin{pmatrix} A^\pi & 0\\ 0 & I\end{pmatrix}\begin{pmatrix} 0 & B(D_D)^2\\ 0 & D_D+CB(D_D)^3\end{pmatrix}\\
&+\sum_{n=1}^{t}\begin{pmatrix} 0 & 0\\ 0 & D^nD^\pi\end{pmatrix}\begin{pmatrix} 0 & B(D_D)^{n+2}\\ 0 & (D_D)^{n+1}+CB(D_D)^{n+3}\end{pmatrix}\\
&+\begin{pmatrix} A_D & 0\\ 0 & 0\end{pmatrix}\begin{pmatrix} I & -BD_D\\ 0 & D^\pi-CB(D_D)^2\end{pmatrix}\\
=&\begin{pmatrix} 0 & A^\pi B(D_D)^2\\ 0 & D_D+CB(D_D)^3\end{pmatrix}\\
&+\sum_{n=1}^{t}\begin{pmatrix} 0 & 0\\ 0 & D^nCB(D_D)^{n+3}\end{pmatrix}+\begin{pmatrix} A_D & -A_DBD_D\\ 0 & 0\end{pmatrix}.
\end{aligned}
$$

从而 (3.1.43) 的结论可证.

3.2 在 $D^2=\dfrac{1}{2}CB$ 和 $AB=0$ 条件下分块矩阵的 Drazin 逆

在这节中, 主要是应用两个矩阵和的 Drazin 逆表示, 得出了 2×2 的分块矩阵

$$
M=\begin{pmatrix} A & B\\ C & D\end{pmatrix} \tag{3.2.1}
$$

的 Drazin 逆的表示.

定理 3.2.1 设 $M=\begin{pmatrix} A & B\\ C & D\end{pmatrix}$, $t=\mathrm{Ind}(A)$, $s=\mathrm{Ind}\left(\begin{pmatrix} A & \frac{1}{2}B\\ C & 0\end{pmatrix}\right)$, $q=\mathrm{Ind}\left(\begin{pmatrix} 0 & \frac{1}{2}B\\ 0 & D\end{pmatrix}\right)$, $h=\mathrm{Ind}\left(\begin{pmatrix} A & 0\\ C & -D\end{pmatrix}\right)$, $r=\mathrm{Ind}(BC)$. 如果 $D^2=\dfrac{1}{2}CB$

和 $AB=0$, 则 $h\leqslant s+1$,

$$
\begin{aligned}
M_D=&\frac{1}{2}\begin{pmatrix} L & B{D_D}^2 \\ 2K(1,r)+S(t) & 0 \end{pmatrix}\\
&+\sum_{n=1}^{q-1}2^{n-1}\begin{pmatrix} \frac{1}{2}BK(n,r)A_D & 0 \\ K(n+1,r) & 0 \end{pmatrix}\\
&-\frac{1}{3}(1-4^{-\lceil\frac{h}{2}\rceil})G(0,t)-\frac{1}{6}(1-4^{-\lfloor\frac{h}{2}\rfloor})G(1,t)\\
&+\sum_{n=2}^{h-1}2^{-(n+2)}G(n,n)\\
&+2^{-(h+1)}[G(h-1,h-1)-G(h-1,t)].
\end{aligned}\tag{3.2.2}
$$

特别地, 当 $h=s+1$ 时,

$$
\begin{aligned}
M_D=&\frac{1}{2}\begin{pmatrix} L & B{D_D}^2 \\ 2K(1,r)+S(t) & 0 \end{pmatrix}\\
&+\sum_{n=1}^{q-1}2^{n-1}\begin{pmatrix} \frac{1}{2}BK(n,r)A_D & 0 \\ K(n+1,r) & 0 \end{pmatrix}\\
&-\frac{1}{3}(1-4^{-\lceil\frac{s}{2}\rceil})G(0,t)-\frac{1}{6}(1-4^{-\lfloor\frac{s}{2}\rfloor})G(1,t)\\
&+\sum_{n=2}^{s-1}2^{-(n+2)}G(n,n).
\end{aligned}\tag{3.2.3}
$$

其中, 仅当 $m<k$ 时, $\sum\limits_{n=k}^{m}=0$.

$$
\begin{aligned}
L=&(2I-B{D_D}^2C)A_D+BK(1,r-1)A_D\\
&+B{D_D}^2S(t)A-\frac{1}{2}BD_DS(t),
\end{aligned}\tag{3.2.4}
$$

$$
S(n)=\sum_{k=0}^{\lceil\frac{n}{2}\rceil-1}{D_D}^{2k+2}CA^{2k}A^{\pi},\tag{3.2.5}
$$

$$
G(n,m)=\begin{cases}\begin{pmatrix} \frac{1}{2}B{D_D}^2S(m)A & 0 \\ D_DS(m)A & 0 \end{pmatrix}, & n=2k,k\in\mathbb{N};\\ \begin{pmatrix} \frac{1}{2}B{D_D}^3S(m-2)A^2 & 0 \\ {D_D}^2S(m-2)A^2 & 0 \end{pmatrix}, & n=2k-1,k\in\mathbb{N},\end{cases}\tag{3.2.6}
$$

$$K(n,m)=D^{\pi}\sum_{k=0}^{m-1}D^{n+2k-1}CA_D{}^{n+2k+1}. \tag{3.2.7}$$

证明 假设

$$W=\begin{pmatrix} Y_0 & Y_1 \\ Y_2 & 0 \end{pmatrix}=\begin{pmatrix} Y_0 & 0 \\ 0 & 0 \end{pmatrix}+\begin{pmatrix} 0 & Y_1 \\ Y_2 & 0 \end{pmatrix}:=W_1+W_2,$$

其中 $Y_0Y_1=0$. 因此, 对于 $k\geqslant 1$, 有

$$W_1^k=\begin{pmatrix} Y_0^k & 0 \\ 0 & 0 \end{pmatrix},\quad W_2^{2k}=\begin{pmatrix} (Y_1Y_2)^k & 0 \\ 0 & (Y_2Y_1)^k \end{pmatrix},$$

$$W_2^{2k-1}=\begin{pmatrix} 0 & (Y_1Y_2)^{k-1}Y_1 \\ (Y_2Y_1)^{k-1}Y_2 & 0 \end{pmatrix}.$$

于是

$$W_2^{2k}W_1^{n-2k}=\begin{pmatrix} (Y_1Y_2)^kY_0^{n-2k} & 0 \\ 0 & 0 \end{pmatrix},$$

$$W_2^{2k-1}W_1^{n-2k+1}=\begin{pmatrix} 0 & 0 \\ (Y_2Y_1)^{k-1}Y_2Y_0^{n-2k+1} & 0 \end{pmatrix},$$

$$HW_2^{2j}W_1^k=0,\quad j>1,$$

其中 $H=\begin{pmatrix} 0 & * \\ 0 & * \end{pmatrix}$ 的分块形式与 W 保持一致. 对于 $n\geqslant 2$, 由引理 1.2.1 和 $HW_2^{2j}W_1^k=0$ 得

$$\begin{aligned} HW^n &= H\left(W_1^n+W_2^n+\sum_{i=1}^{n-1}W_2^iW_1^{n-i}\right) \\ &= HW_2^n+\sum_{k=1}^{\lfloor \frac{n}{2}\rfloor}HW_2^{2k-1}W_1^{n-2k+1} \\ &= HW_2^n+\sum_{k=1}^{\lfloor \frac{n}{2}\rfloor}H\begin{pmatrix} 0 & 0 \\ (Y_2Y_1)^{k-1}Y_2Y_0^{n-2k+1} & 0 \end{pmatrix}. \end{aligned} \tag{3.2.8}$$

把 M 写为 $M=\begin{pmatrix} A & \frac{1}{2}B \\ C & 0 \end{pmatrix}+\begin{pmatrix} 0 & \frac{1}{2}B \\ 0 & D \end{pmatrix}:=P+Q$. 从条件 $2D^2=CB$ 和 $AB=0$ 中, 可以推出 $PQ=Q^2$, 即 $Q^{\mathrm{T}}P^{\mathrm{T}}=(Q^{\mathrm{T}})^2$, 其中符号 F^{T} 是矩阵 F 的转

置. 记 $\mathrm{Ind}\begin{pmatrix} A_1 & 0 \\ A_3 & A_2 \end{pmatrix} \geqslant 1$, 只要方阵 A_1 或 A_2 奇异 [182,定理2.1], 于是 $q \geqslant 1$. 如果 A 非奇异, 则 $B=0(AB=0)$. 因此 $D^2=0$ 且 D 奇异. 故 $h \geqslant 1$. 我们有

$$h=\mathrm{Ind}(P-Q) \leqslant \mathrm{Ind}(P)+1=s+1,$$

$$\begin{aligned} M_D= & \frac{1}{2}P_D+Q^\pi \sum_{n=0}^{q-1} 2^{n-1}Q^n {P_D}^{n+1} \\ & +\sum_{n=0}^{h-1} 2^{-(n+2)}{Q_D}^{n+1}P^nP^\pi+2^{-(h+1)}{Q_D}^hP^{h-1}P^\pi. \end{aligned} \tag{3.2.9}$$

显然地, 对 $n \geqslant 1$, 有

$$Q^n=\begin{pmatrix} 0 & \frac{1}{2}BD^{n-1} \\ 0 & D^n \end{pmatrix}, \quad {Q_D}^n=\begin{pmatrix} 0 & \frac{1}{2}B{D_D}^{n+1} \\ 0 & {D_D}^n \end{pmatrix},$$

$$Q^\pi=\begin{pmatrix} I & -\frac{1}{2}BD_D \\ 0 & D^\pi \end{pmatrix}.$$

由引理 1.1.1 得

$$C\left(\frac{1}{2}BC\right)_D=C\left(\frac{1}{2}BC\right)_D{}^2\left(\frac{1}{2}BC\right)=\left(\frac{1}{2}CB\right)_DC = {D_D}^2C, \tag{3.2.10}$$

$$C(BC)_DB=\frac{1}{2}{D_D}^2CB = D_DD, \tag{3.2.11}$$

$$D_DC(BC)^\pi=D_DC(I-(BC)_DBC) = D_DC-{D_D}^2DC = 0. \tag{3.2.12}$$

因此, 由 (3.2.11) 得

$$P_D=\begin{pmatrix} XA & (BC)_DB \\ CX & 0 \end{pmatrix}, \quad P^\pi=\begin{pmatrix} (BC)^\pi-XA^2 & 0 \\ -CXA & D^\pi \end{pmatrix}.$$

其中

$$X=\left(\frac{1}{2}BC\right)^\pi \sum_{m=0}^{r-1}\left(\frac{1}{2}BC\right)^m {A_D}^{2m+2}+\sum_{m=0}^{\lceil \frac{t}{2}\rceil-1}\left(\frac{1}{2}BC\right)_D{}^{m+1}A^{2m}A^\pi$$

和 $AX=A_D$. 现在取 $W=P$, 有 $W_1=\begin{pmatrix} A & 0 \\ 0 & 0 \end{pmatrix}$ 和 $W_2=\begin{pmatrix} 0 & \frac{1}{2}B \\ C & 0 \end{pmatrix}$, 相应地, $Y_0=A, Y_1=\frac{1}{2}B$, $Y_2=C$. 于是, $(Y_2Y_1)^{k-1}=\left(\frac{1}{2}CB\right)^{k-1}=D^{2k-2}$. 在 (3.2.8) 中, 对于 $n\geqslant 2$, 取 $H={Q_D}^{n+1}$, 由 $A[(BC)^\pi-XA^2]=AA^\pi$, $k\leqslant\frac{n}{2}$, 得到

$$\begin{aligned}
{Q_D}^{n+1}P^nP^\pi =& {Q_D}^{n+1}W_2^nP^\pi \\
&+\sum_{k=1}^{\lfloor\frac{n}{2}\rfloor}\begin{pmatrix} 0 & \frac{1}{2}B{D_D}^{n+2} \\ 0 & {D_D}^{n+1}\end{pmatrix}\begin{pmatrix} 0 & 0 \\ D^{2k-2}CA^{n-2k+1} & 0\end{pmatrix}P^\pi \\
=& {Q_D}^{n+1}W_2^nP^\pi \\
&+\sum_{k=1}^{\lfloor\frac{n}{2}\rfloor}\begin{pmatrix} \frac{1}{2}B{D_D}^{n-2k+4}CA^{n-2k+1}[(BC)^\pi-XA^2] & 0 \\ {D_D}^{n-2k+3}CA^{n-2k+1}[(BC)^\pi-XA^2] & 0\end{pmatrix} \\
=& {Q_D}^{n+1}W_2^nP^\pi \\
&+\sum_{k=0}^{\lfloor\frac{n}{2}\rfloor-1}\begin{pmatrix} \frac{1}{2}B{D_D}^{n-2k+2}CA^{n-2k-1}A^\pi & 0 \\ {D_D}^{n-2k+1}CA^{n-2k-1}A^\pi & 0\end{pmatrix}.
\end{aligned} \tag{3.2.13}$$

为了进一步简化上面的计算, 记

$$V(n)=\sum_{k=0}^{\lfloor\frac{n}{2}\rfloor-1}{D_D}^{n-2k+1}CA^{n-2k-1}A^\pi,\quad n\geqslant 2.$$

由 n 的奇偶性来讨论 $V(n)$, 如下: 若 $n=2w+1, w\geqslant 1$, 那么因为

$$S((2w+1)-2)=\sum_{k=0}^{\lceil\frac{2w-1}{2}\rceil-1}{D_D}^{2k+2}CA^{2k}A^\pi=\sum_{k=0}^{w-1}{D_D}^{2k+2}CA^{2k}A^\pi,$$

从而有

$$\begin{aligned}
V(2w+1)=&\sum_{k=0}^{w-1}{D_D}^{2w-2k+2}CA^{2w-2k}A^\pi = \sum_{i=0}^{w-1}{D_D}^{2i+4}CA^{2i+2}A^\pi \\
=&{D_D}^2S((2w+1)-2)A^2.
\end{aligned}$$

若 $n=2w, w\geqslant 1$, 则

$$\begin{aligned}
V(2w)=&\sum_{k=0}^{w-1}{D_D}^{2w-2k+1}CA^{2w-2k-1}A^\pi = \sum_{i=0}^{w-1}{D_D}^{2i+3}CA^{2i+1}A^\pi \\
=&D_DS(2w)A.
\end{aligned}$$

因此

$$G(n,m)=\begin{cases} D_D S(n)A, & n=2k,k\in\mathbb{N},\\ {D_D}^2S(n-2)A^2, & n=2k-1,k\in\mathbb{N}.\end{cases}$$

并且对 $n\geqslant 2$, 有

$$G(n,n)=\begin{pmatrix} \frac{1}{2}BD_DV(n) & 0\\ V(n) & 0\end{pmatrix}=\begin{pmatrix} \frac{1}{2}B{D_D}^{n-2k+2}CA^{n-2k-1}A^{\pi} & 0\\ {D_D}^{n-2k+1}CA^{n-2k-1}A^{\pi} & 0\end{pmatrix}. \quad (3.2.14)$$

下面简化 ${Q_D}^{n+1}W_2^nP^{\pi}$ 的计算. 同样, 对 n 的奇偶性来讨论 ${Q_D}^{n+1}W_2^nP^{\pi}$, 如下:

当 $n=2k$ 时,

$$\begin{aligned}&{Q_D}^{2k+1}W_2^{2k}P^{\pi}\\ &=\begin{pmatrix} 0 & \frac{1}{2}B{D_D}^{2k+2}\\ 0 & {D_D}^{2k+1}\end{pmatrix}\begin{pmatrix} \left(\frac{1}{2}BC\right)^k & 0\\ 0 & D^{2k}\end{pmatrix}\\ &\quad\times\begin{pmatrix} (BC)^{\pi}-XA^2 & 0\\ -CXA & D^{\pi}\end{pmatrix}\\ &=\begin{pmatrix} -\frac{1}{2}B{D_D}^2CXA & 0\\ -D_DCXA & 0\end{pmatrix}.\end{aligned}$$

当 $n=2k-1$ 时, 由 (3.2.12) 得

$$\begin{aligned}&{Q_D}^{2k}W_2^{2k-1}P^{\pi}\\ &=\begin{pmatrix} 0 & \frac{1}{2}B{D_D}^{2k+1}\\ 0 & {D_D}^{2k}\end{pmatrix}\begin{pmatrix} 0 & \left(\frac{1}{2}BC\right)^{k-1}B\\ D^{2k-2}C & 0\end{pmatrix}\\ &\quad\times\begin{pmatrix} (BC)^{\pi}-XA^2 & 0\\ -CXA & D^{\pi}\end{pmatrix}\\ &=\begin{pmatrix} -\frac{1}{2}B{D_D}^3CXA^2 & 0\\ -{D_D}^2CXA^2 & 0\end{pmatrix}.\end{aligned}$$

在由 (3.2.10) 和 (3.2.12) 得

$$
\begin{aligned}
D_DCXA &= D_DC\sum_{k=0}^{\lceil\frac{t}{2}\rceil-1}\left(\frac{1}{2}BC\right)_D{}^{k+1}A^{2k+1}A^{\pi}\\
&= D_D\sum_{k=0}^{\lceil\frac{t}{2}\rceil-1}D_D{}^{2k+2}CA^{2k+1}A^{\pi}\\
&= D_DS(t)A,
\end{aligned}
$$

$$
\begin{aligned}
D_D{}^2CXA^2 &= D_D{}^2\sum_{k=0}^{\lceil\frac{t}{2}\rceil-1}D_D{}^{2k+2}CA^{2k+2}A^{\pi}\\
&= D_D{}^2\sum_{k=0}^{\lceil\frac{t}{2}\rceil-2}D_D{}^{2k+2}CA^{2k+2}A^{\pi}\\
&= D_D{}^2\sum_{k=0}^{\lceil\frac{t-2}{2}\rceil-1}D_D{}^{2k+2}CA^{2k+2}A^{\pi}\\
&= D_D{}^2S(t-2)A^2.
\end{aligned}
$$

因此

$$
Q_D{}^{n+1}W_2^nP^{\pi}=-G(n,t). \tag{3.2.15}
$$

于是, 把 (3.2.14) 和 (3.2.15) 代入 (3.2.13) 得到

$$
Q_D{}^{n+1}P^nP^{\pi}=G(n,n)-G(n,t), \tag{3.2.16}
$$

其中 $n\geqslant 2$. 特别地,

$$
Q_D{}^hP^{h-1}P^{\pi}=G(h-1,h-1)-G(h-1,t). \tag{3.2.17}
$$

由 (3.2.12) 知

$$
\begin{aligned}
&\frac{1}{4}Q_DP^{\pi}+\frac{1}{8}Q_D{}^2PP^{\pi}\\
&=\frac{1}{4}\begin{pmatrix}0 & \frac{1}{2}BD_D{}^2\\ 0 & D_D\end{pmatrix}\begin{pmatrix}(BC)^{\pi}-XA^2 & 0\\ -CXA & D^{\pi}\end{pmatrix}\\
&\quad+\frac{1}{8}\begin{pmatrix}0 & \frac{1}{2}BD_D{}^3\\ 0 & D_D{}^2\end{pmatrix}\begin{pmatrix}A & \frac{1}{2}B\\ C & 0\end{pmatrix}\begin{pmatrix}(BC)^{\pi}-XA^2 & 0\\ -CXA & D^{\pi}\end{pmatrix}\\
&=\frac{1}{4}\begin{pmatrix}-\frac{1}{2}BD_D{}^2CXA & 0\\ -D_DCXA & 0\end{pmatrix}+\frac{1}{8}\begin{pmatrix}-\frac{1}{2}BD_D{}^3CXA^2 & 0\\ -D_D{}^2CXA^2 & 0\end{pmatrix}\\
&=-2^{-2}G(0,t)-2^{-3}G(1,t).
\end{aligned} \tag{3.2.18}
$$

从而, 由 (3.2.16) 和 (3.2.18) 得

$$\begin{aligned}
&\sum_{n=0}^{h-1} 2^{-(n+2)} Q_D{}^{n+1} P^n P^\pi \\
=&\frac{1}{4} Q_D P^\pi + \frac{1}{8} Q_D{}^2 P P^\pi \\
&+\sum_{n=2}^{h-1} 2^{-(n+2)} [G(n,n) - G(n,t)] \\
=&\sum_{n=2}^{h-1} 2^{-(n+2)} G(n,n) - \sum_{n=0}^{h-1} 2^{-(n+2)} G(n,t). \qquad (3.2.19)
\end{aligned}$$

特别地, 当 $h < 3$ 时, 在 (3.2.19) 中第一个和式 $\sum_{n=2}^{h-1} = 0$.

因为 $G(n,m) = G(n+2,m)$, 所以有

$$\begin{aligned}
&\sum_{n=0}^{h-1} 2^{-(n+2)} G(n,t) \\
=&\sum_{k=0}^{\lceil \frac{h}{2} \rceil -1} 2^{-(2k+2)} G(2k,t) \\
&+\sum_{k=0}^{\lfloor \frac{h}{2} \rfloor -1} 2^{-(2k+3)} G(2k-1,t) \\
=&\frac{1}{3}(1 - 4^{-\lceil \frac{h}{2} \rceil}) G(0,t) + \frac{1}{6}(1 - 4^{-\lfloor \frac{h}{2} \rfloor}) G(1,t). \qquad (3.2.20)
\end{aligned}$$

在取 $W = P_D$, 有 $W_1 = \begin{pmatrix} XA & 0 \\ 0 & 0 \end{pmatrix}$, $W_2 = \begin{pmatrix} 0 & (BC)_D B \\ CX & 0 \end{pmatrix}$, 相应地, $Y_0 = XA, Y_1 = (BC)_D B$, $Y_2 = CX$. 则 $(XA)^i = X(AX)^{i-1}A = XA_D{}^{i-1}A, i \geqslant 1$, 由 $AB = 0$ 和引理 3.1.4 得, $Y_2 Y_1 = CX(BC)_D B = C\left(\frac{1}{2}BC\right)_D (BC)_D B = \left(\frac{1}{2}CB\right)_D = D_D{}^2$.

记

$$Q^\pi Q^n = \begin{pmatrix} I & -\frac{1}{2}BD_D \\ 0 & I - DD_D \end{pmatrix} \begin{pmatrix} 0 & \frac{1}{2}BD^{n-1} \\ 0 & D^n \end{pmatrix} = \begin{pmatrix} 0 & \frac{1}{2}BD^{n-1}D^\pi \\ 0 & D^n D^\pi \end{pmatrix}.$$

因此, 在 (3.2.8) 中对于 $n\geqslant 1$ 取 $H=Q^n$, 有

$$
\begin{aligned}
Q^\pi Q^n {P_D}^{n+1} = & Q^\pi Q^n W_2^{n+1} \\
& + \sum_{k=1}^{\lfloor \frac{n+1}{2} \rfloor} \begin{pmatrix} 0 & \frac{1}{2}BD^{n-1}D^\pi \\ 0 & D^nD^\pi \end{pmatrix} \begin{pmatrix} 0 & 0 \\ {D_D}^{2k-2}CX(XA)^{n-2k+2} & 0 \end{pmatrix} \\
= & Q^\pi Q^n W_2^{n+1} + \begin{pmatrix} \frac{1}{2}BD^{n-1}D^\pi CX^2A{A_D}^{n-1} & 0 \\ D^nD^\pi CX^2A{A_D}^{n-1} & 0 \end{pmatrix}.
\end{aligned} \tag{3.2.21}
$$

考虑 $Q^\pi Q^n W_2^{n+1}$ 如下: 当 $n=2k$ 时,

$$
Q^\pi Q^n W_2^{2k+1} = \begin{pmatrix} 0 & \frac{1}{2}BD^{n-1}D^\pi \\ 0 & D^nD^\pi \end{pmatrix} \begin{pmatrix} 0 & (Y_1Y_2)^kY_1 \\ {D_D}^{2k}Y_2 & 0 \end{pmatrix} = 0.
$$

当 $n=2k-1$ 时,

$$
Q^\pi Q^n W_2^{2k} = \begin{pmatrix} 0 & \frac{1}{2}BD^{n-1}D^\pi \\ 0 & D^nD^\pi \end{pmatrix} \begin{pmatrix} (Y_1Y_2)^k & 0 \\ 0 & {D_D}^{2k} \end{pmatrix} = 0.
$$

从而

$$
Q^\pi Q^n W_2^{n+1} = 0. \tag{3.2.22}
$$

利用 (3.2.10) 和 (3.2.11), 有

$$
\begin{aligned}
X = & (BC)^\pi {A_D}^2 + (BC)^\pi \sum_{k=1}^{r-1} \frac{1}{2}BD^{2k-2}C{A_D}^{2k+2} \\
& + \sum_{k=0}^{\lceil \frac{t}{2} \rceil -1} \frac{1}{2}BC\left(\frac{1}{2}BC\right)_D{}^{m+2}A^{2k}A^\pi \\
= & (BC)^\pi {A_D}^2 + \frac{1}{2}BD^\pi \sum_{k=1}^{r-1} D^{2k-2}C{A_D}^{2k+2} + \frac{1}{2}B\sum_{k=0}^{\lceil \frac{t}{2} \rceil -1} {D_D}^{2k+4}CA^{2k}A^\pi \\
= & (BC)^\pi {A_D}^2 + \frac{1}{2}BD^\pi \sum_{k=1}^{r-1} D^{2k-2}C{A_D}^{2k+2} + \frac{1}{2}B{D_D}^2S(t)
\end{aligned}
$$

以及

$$\begin{aligned}CX&=D^{\pi}CA_D{}^2+D^{\pi}D^2\sum_{k=1}^{r-1}D^{2k-2}CA_D{}^{2k+2}+D^2D_D{}^2S(t)\\&=D^{\pi}\sum_{k=0}^{r-1}D^{2k}CA_D{}^{2k+2}+S(t)\\&=K(1,r)+S(t),\end{aligned}\tag{3.2.23}$$

$$D^{\pi}CX=K(1,r),\tag{3.2.24}$$

$$\begin{aligned}XA&=(BC)^{\pi}A_D+\frac{1}{2}BD^{\pi}\sum_{k=1}^{r-1}D^{2k-2}CA_D{}^{2k+1}+\frac{1}{2}BD_D{}^2S(t)A\\&=\left(I-\frac{1}{2}BD_D{}^2C\right)A_D+\frac{1}{2}BD^{\pi}\sum_{k=0}^{r-2}D^{2k}CA_D{}^{2k+3}+\frac{1}{2}BD_D{}^2S(t)A\\&=\left(I-\frac{1}{2}BD_D{}^2C\right)A_D+\frac{1}{2}BK(1,r-1)A_D+\frac{1}{2}BD_D{}^2S(t)A,\end{aligned}\tag{3.2.25}$$

$$D^{\pi}CX^2A=K(1,r)XA\ =\ K(1,r)A_D.\tag{3.2.26}$$

由引理 1.2.1, (3.2.23) 和 (3.2.24) 得

$$\begin{aligned}Q^{\pi}P_D&=\begin{pmatrix}I&-\frac{1}{2}BD_D\\0&D^{\pi}\end{pmatrix}\begin{pmatrix}XA&(BC)_DB\\CX&0\end{pmatrix}\\&=\begin{pmatrix}XA-\frac{1}{2}BD_DCX&(BC)_DB\\D^{\pi}CX&0\end{pmatrix}\\&=\begin{pmatrix}XA-\frac{1}{2}BD_DS(t)&\frac{1}{2}BD_D{}^2\\K(1,r)&0\end{pmatrix}.\end{aligned}\tag{3.2.27}$$

由 (3.2.21), (3.2.22) 和 (3.2.26) 得

$$\begin{aligned}Q^{\pi}Q^nP_D{}^{n+1}&=\begin{pmatrix}\frac{1}{2}BD^{n-1}K(1,r)A_DA_D{}^{n-1}&0\\D^nK(1,r)A_DA_D{}^{n-1}&0\end{pmatrix}\\&=\begin{pmatrix}\frac{1}{2}BK(n,r)A_D&0\\K(n+1,r)&0\end{pmatrix}.\end{aligned}\tag{3.2.28}$$

因此, 由 (3.2.23), (3.2.25), (3.2.27) 和 (3.2.28), 得

$$
\begin{aligned}
&\frac{1}{2}P_D+Q^{\pi}\sum_{n=0}^{q-1}2^{n-1}Q^nP_D{}^{n+1}\\
&=\frac{1}{2}\begin{pmatrix} XA & \frac{1}{2}BD_D{}^2\\ CX & 0\end{pmatrix}+\frac{1}{2}\begin{pmatrix} XA-\frac{1}{2}BD_DS(t) & \frac{1}{2}BD_D{}^2\\ K(1,r) & 0\end{pmatrix}\\
&\quad+\sum_{n=1}^{q-1}2^{n-1}\begin{pmatrix}\frac{1}{2}BK(n,r)A_D & 0\\ K(n+1,r) & 0\end{pmatrix}\\
&=\frac{1}{2}\begin{pmatrix} L & BD_D{}^2\\ 2K(1,r)+S(t) & 0\end{pmatrix}\\
&=+\sum_{n=1}^{q-1}2^{n-1}\begin{pmatrix}\frac{1}{2}BK(n,r)A_D & 0\\ K(n+1,r) & 0\end{pmatrix},
\end{aligned}\tag{3.2.29}
$$

其中

$$
L=(2I-BD_D{}^2C)A_D+BK(1,r-1)A_D+BD_D{}^2S(t)A-\frac{1}{2}BD_DS(t).
$$

特别地, 当 $q=1$时, 在 (3.2.29) 中的和式 $\sum\limits_{n=1}^{q-1}=0$. 然后把(3.2.17), (3.2.19), (3.2.20), (3.2.22) 和 (3.2.29) 代入 (3.2.9) 得到 (3.2.2).

如果 $h=s+1$, 则 (3.2.9) 可以写成

$$
M_D=\frac{1}{2}P_D+Q^{\pi}\sum_{n=0}^{q-1}2^{n-1}Q^nP_D{}^{n+1}+\sum_{n=0}^{s-1}2^{-(n+2)}Q_D{}^{n+1}P^nP^{\pi}.
$$

因此, 把 (3.2.19), (3.2.20), (3.2.22) 和 (3.2.29) 代入上面等式得到 (3.2.3).

若 D 满足特殊条件时, 我们有下面的一些结果.

推论 3.2.2 设 M 具有 (3.2.1) 的形式. 如果 $D^2=CB=0$ 和 $AB=0$, 则

$$
M_D=\begin{pmatrix} A_D+BCA_D{}^3+BDCA_D{}^4 & 0\\ CA_D{}^2+DCA_D{}^3 & 0\end{pmatrix}.\tag{3.2.30}
$$

证明 假设以上矩阵的指标与定理 3.2.1 中相同. 由于 $D^2=0$, 则 $D_D=0$. 把 $D_D=0$ 代入 (3.2.4)~(3.2.7), 有

$$
\begin{aligned}
S(n)=0,\quad & K(1,m)=CA_D{}^2,\\
G(n,m)=0,\quad & K(2,m)=DCA_D{}^3,\\
L=2A_D+BCA_D{}^3,\quad & K(n,m)=0\ (n\geqslant 3).
\end{aligned}
$$

然后把以上等式代入 (3.2.2) 得到 (3.2.30).

推论 3.2.3 设 M 具有 (3.2.1) 的形式, $t=\mathrm{Ind}(A)$, $s=\mathrm{Ind}\left(\left(\begin{pmatrix} A & \frac{1}{2}B \\ C & 0 \end{pmatrix}\right)\right)$, $q=\mathrm{Ind}\left(\left(\begin{pmatrix} 0 & \frac{1}{2}B \\ 0 & D \end{pmatrix}\right)\right)$, $h=\mathrm{Ind}\left(\left(\begin{pmatrix} A & 0 \\ C & -D \end{pmatrix}\right)\right)$. 若 $D^2=D=\frac{1}{2}CB$ 和 $AB=0$, 则 $h\leqslant s+1$,

$$\begin{aligned}M_D=&\frac{1}{2}\begin{pmatrix} H & BD \\ 2(I-D)CA_D{}^2+S(t) & 0 \end{pmatrix}\\&+2^{-(h+1)}[G(h-1,h-1)-G(h-1,t)]\\&-\frac{1}{3}(1-4^{-\lceil\frac{h}{2}\rceil})G(0,t)-\frac{1}{6}(1-4^{-\lfloor\frac{h}{2}\rfloor})G(1,t)\\&+\sum_{n=2}^{h-1}2^{-(n+2)}G(n,n).\end{aligned}\tag{3.2.31}$$

特别地, 当 $h=s+1$ 时,

$$\begin{aligned}M_D=&\frac{1}{2}\begin{pmatrix} H & BD \\ 2(I-D)CA_D{}^2+S(t) & 0 \end{pmatrix}-\frac{1}{3}(1-4^{-\lceil\frac{s}{2}\rceil})G(0,t)\\&-\frac{1}{6}(1-4^{-\lfloor\frac{s}{2}\rfloor})G(1,t)+\sum_{n=2}^{s-1}2^{-(n+2)}G(n,n),\end{aligned}\tag{3.2.32}$$

其中

$$H=(2I-BDC)A_D+qB(I-D)CA_D{}^3+BS(t)A-\frac{1}{2}BS(t),$$

$$S(n)=\sum_{k=0}^{\lceil\frac{n}{2}\rceil-1}DCA^{2k}A^{\pi},$$

$$G(n,m)=\begin{cases}\begin{pmatrix} \frac{1}{2}BS(m)A & 0 \\ S(m)A & 0 \end{pmatrix}, & n=2k, k\in\mathbb{N};\\ \begin{pmatrix} \frac{1}{2}BS(m-2)A^2 & 0 \\ S(m-2)A^2 & 0 \end{pmatrix}, & n=2k-1, k\in\mathbb{N}.\end{cases}$$

证明 因为 $D=D^2$, 所以 $\mathrm{Ind}(D)=1$, $D_D=D$, 于是 $K(n,m)=0, n\geqslant 2$ 和 $K(1,m)=(I-D)CA_D{}^2$. 明显地,

$$S(n)=\sum_{k=0}^{\lceil\frac{n}{2}\rceil-1}DCA^{2k}A^{\pi}, \tag{3.2.33}$$

$$G(2k,m)=\begin{pmatrix}\frac{1}{2}BS(m)A & 0\\ S(m)A & 0\end{pmatrix},$$

$$G(2k-1,m)=\begin{pmatrix}\frac{1}{2}BS(m-2)A^2 & 0\\ S(m-2)A^2 & 0\end{pmatrix}, \tag{3.2.34}$$

$$L=(2I-BDC)A_D+B(I-D)CA_D{}^3+BS(t)A-\frac{1}{2}BS(t). \tag{3.2.35}$$

利用文献 [182, 定理 2.1], 得 $1\leqslant q\leqslant 2$. 因此当 $q=2$ 时,

$$\sum_{n=1}^{q-1}2^{n-1}\begin{pmatrix}\frac{1}{2}BK(n,r)A_D & 0\\ K(n+1,r) & 0\end{pmatrix}=\begin{pmatrix}\frac{1}{2}B(I-D)CA_D{}^3 & 0\\ 0 & 0\end{pmatrix}.$$

然而当 $q=1$ 时, $\sum\limits_{n=1}^{q-1}=0$. 于是, 记

$$\begin{aligned}H&=L+(q-1)B(I-D)CA_D{}^3\\&=(2I-BDC)A_D+qB(I-D)CA_D{}^3+BS(t)A-\frac{1}{2}BS(t).\end{aligned} \tag{3.2.36}$$

把 (3.2.33)~(3.2.36) 代入 (3.2.2) 和 (3.2.3), 相应地得到 (3.2.31) 和 (3.2.32).

3.3 在 $A=BC$ 和 $B=BD$ 条件下分块矩阵的 Drazin 逆

下面定理给出了 2×2 分块矩阵 Drazin 逆的表示.

定理 3.3.1 设 $M=\begin{pmatrix}A & B\\ C & D\end{pmatrix}\in\mathbb{C}^{n\times n}$, $\mathrm{Ind}[(CB)^{\pi}D]=s-1, \mathrm{Ind}(A)=t-1, \mathrm{Ind}[(A+I)AA_d]=l-1$, $\mathrm{Ind}\left[\begin{pmatrix}A^{\pi} & 0\\ 0 & (CB)^{\pi}\end{pmatrix}M\right]=k$. 如果 $A=BC$, $B=BD$, 则

$$M_d=\begin{pmatrix}(I-(A+I)_d)(A+I)_dA_d & 0\\ (D_D+D^{\pi})C(A+I)_d^2A_D+(D_d^2-D_d)C(A+I)_dA_D & D_d^2(CB)^{\pi}\end{pmatrix}M$$

$$+\sum_{n=1}^{s-1}\sum_{i=0}^{t-2}(-1)^i\begin{pmatrix}0 & 0\\ (a_i^{[n+2]}I-a_i^{[n+1]}D_d)D^{n-1}CA^iA^\pi & 0\end{pmatrix}M$$

$$+\sum_{n=1}^{k-1}\begin{pmatrix}0 & 0\\ D^\pi(D^n-D^{n-1})C(A+I)_d^{n+2}A_D & 0\end{pmatrix}M$$

$$+\sum_{n=0}^{l-1}\begin{pmatrix}0 & 0\\ ({D_D}^{n+2}-{D_D}^{n+3})C(A+I)^n(A+I)^\pi A_D & 0\end{pmatrix}M$$

$$+\sum_{i=0}^{t-2}(-1)^i\begin{pmatrix}a_i^{[2]}A^iA^\pi & 0\\ -(a_i^{[1]}D_d^2+a_i^{[s+1]}D_dD^{s-1})CA^iA^\pi & 0\end{pmatrix}M, \tag{3.3.1}$$

其中 $a_i^{[n]}=\sum_{k=0}^{i}a_k^{[n-1]}, a_i^{[1]}=1, i=0,\cdots,t-1.$

证明　设

$$P=\begin{pmatrix}A & B\\ 0 & 0\end{pmatrix},\quad Q=\begin{pmatrix}0 & 0\\ C & D\end{pmatrix}.$$

显然, $M=P+Q$ 且对任意的 $n\geqslant 1$,

$$Q^n=\begin{pmatrix}0 & 0\\ D^{n-1}C & D^n\end{pmatrix},\quad Q_d^n=\begin{pmatrix}0 & 0\\ D_d^{n+1}C & D_d^n\end{pmatrix},$$

$$Q^\pi=\begin{pmatrix}I & 0\\ -D_dC & D^\pi\end{pmatrix},\quad P^n=\begin{pmatrix}A^n & A^{n-1}B\\ 0 & 0\end{pmatrix},$$

$$P_d=\begin{pmatrix}A_d & A_d^2B\\ 0 & 0\end{pmatrix},\quad PP_d=\begin{pmatrix}AA_d & A_dB\\ 0 & 0\end{pmatrix}=\begin{pmatrix}A_d & 0\\ 0 & 0\end{pmatrix}M,$$

$$P^\pi=\begin{pmatrix}A^\pi & -A_dB\\ 0 & I\end{pmatrix},\quad (P+I)_\alpha^n=\begin{pmatrix}(A+I)_\alpha^n & *\\ 0 & I\end{pmatrix},$$

其中下标 α 表示 d 或不存在.

因为 $WW_D(W+I)=(W+I)WW_D, WW_D(W+I)_D{}^n=(W+I)_D{}^nWW_D$, 其中 W 记为 P 或者 A. 因此

$$PP_D(P+I)_\alpha^n = (P+I)_\alpha^n PP_D = \begin{pmatrix} (A+I)_\alpha^n A_D & 0 \\ 0 & 0 \end{pmatrix} M, \tag{3.3.2}$$

$$\begin{aligned} PP_D(P+I)^\pi = (P+I)^\pi PP_D &= \begin{pmatrix} (A+I)^\pi & * \\ 0 & I \end{pmatrix} PP_D \\ &= \begin{pmatrix} (A+I)^\pi A_D & 0 \\ 0 & 0 \end{pmatrix} M \end{aligned}$$

且

$$\begin{aligned} a_i^{[n+2]}I - a_i^{[n+1]}Q_D &= \begin{pmatrix} a_i^{[n+2]}I & 0 \\ 0 & a_i^{[n+2]}I \end{pmatrix} - \begin{pmatrix} 0 & 0 \\ a_i^{[n+1]}D_d^2C & a_i^{[n+1]}D_d \end{pmatrix} \\ &= \begin{pmatrix} a_i^{[n+2]}I & 0 \\ -a_i^{[n+1]}D_d^2C & a_i^{[n+2]}I - a_i^{[n+1]}D_d \end{pmatrix}, \end{aligned}$$

$$\begin{aligned} P^{i+1}P^\pi &= \begin{pmatrix} A^{i+1} & A^iB \\ 0 & 0 \end{pmatrix} \begin{pmatrix} A^\pi & -A_dB \\ 0 & I \end{pmatrix} \\ &= \begin{pmatrix} A^{i+1}A^\pi & A^iA^\pi B \\ 0 & 0 \end{pmatrix} = \begin{pmatrix} A^iA^\pi & 0 \\ 0 & 0 \end{pmatrix} M, \end{aligned}$$

$$Q^nP^{i+1}P^\pi = \begin{pmatrix} 0 & 0 \\ D^{n-1}C & D^n \end{pmatrix},$$

$$P^{i+1}P^\pi = \begin{pmatrix} 0 & 0 \\ D^{n-1}CA^iA^\pi & 0 \end{pmatrix} M.$$

于是, 对 $n \geqslant 1$,

$$\begin{aligned} &(a_i^{[n+2]}I - a_i^{[n+1]}Q_D)Q^nP^{i+1}P^\pi \\ =& \begin{pmatrix} 0 & 0 \\ (a_i^{[n+2]}I - a_i^{[n+1]}D_d)D^{n-1}CA^iA^\pi & 0 \end{pmatrix} M, \end{aligned}$$

$$(a_i^{[2]}I - a_i^{[1]}Q_D)P^{i+1}P^\pi \begin{pmatrix} a_i^{[2]}A^iA^\pi & 0 \\ -a_i^{[1]}D_d^2CA^iA^\pi & 0 \end{pmatrix} M, \tag{3.3.3}$$

$$
\begin{aligned}
& a_i^{[s+1]} Q_d Q^s P^\pi P^{i+1} \\
&= a_i^{[s+1]} \begin{pmatrix} 0 & 0 \\ D_d^2 C & D_d \end{pmatrix} \begin{pmatrix} 0 & 0 \\ D^{s-1} C A^i A^\pi & 0 \end{pmatrix} M \\
&= \begin{pmatrix} 0 & 0 \\ a_i^{[s+1]} D_d D^{s-1} C A^\pi A^i & 0 \end{pmatrix} M,
\end{aligned} \tag{3.3.4}
$$

且对 $n \geqslant 1$,

$$
\begin{aligned}
& Q^\pi (Q^{n+1} - Q^n) P P_D (P+I)_d^{n+2} \\
&= \begin{pmatrix} I & 0 \\ -D_d C & D^\pi \end{pmatrix} \begin{pmatrix} 0 & 0 \\ (D^n - D^{n-1}) C & D^{n+1} - D^n \end{pmatrix} \begin{pmatrix} (A+I)_d^{n+2} A_D & 0 \\ 0 & 0 \end{pmatrix} M \\
&= \begin{pmatrix} 0 & 0 \\ D^\pi (D^n - D^{n-1}) C (A+I)_d^{n+2} A_D & 0 \end{pmatrix} M,
\end{aligned} \tag{3.3.5}
$$

$$
\begin{aligned}
& Q^\pi (Q - I) P P_D (P+I)_d^2 \\
&= \begin{pmatrix} I & 0 \\ -D_d C & D^\pi \end{pmatrix} \begin{pmatrix} -I & 0 \\ C & D - I \end{pmatrix} \begin{pmatrix} (A+I)_d^2 A_D & 0 \\ 0 & 0 \end{pmatrix} M \\
&= \begin{pmatrix} -(A+I)_d^2 A_d & 0 \\ (D_D + D^\pi) C (A+I)_d^2 A_D & 0 \end{pmatrix} M,
\end{aligned} \tag{3.3.6}
$$

$$
\begin{aligned}
& (Q^\pi + Q_D) P P_D (P+I)_d \\
&= \begin{pmatrix} I & 0 \\ D_d^2 C - D_d C & D^\pi + D_d \end{pmatrix} \begin{pmatrix} (A+I)_d A_D & 0 \\ 0 & 0 \end{pmatrix} M \\
&= \begin{pmatrix} (A+I)_d A_D & 0 \\ (D_d^2 - D_d) C (A+I)_d A_D & 0 \end{pmatrix} M,
\end{aligned} \tag{3.3.7}
$$

对 $n \geqslant 0$,

$$
\begin{aligned}
& ({Q_D}^{n+1} - {Q_D}^{n+2}) P P_D (P+I)^n (P+I)^\pi \\
&= \begin{pmatrix} 0 & 0 \\ ({D_D}^{n+2} - {D_D}^{n+3}) C & D^{n+1} - D^{n+2} \end{pmatrix}
\end{aligned}
$$

$$
\times\begin{pmatrix} (A+I)^n A_D & 0 \\ 0 & 0 \end{pmatrix} M \begin{pmatrix} (A+I)^\pi A_D & 0 \\ 0 & 0 \end{pmatrix} M
$$

$$
=\begin{pmatrix} 0 & 0 \\ ({D_D}^{n+2}-{D_D}^{n+3})C(A+I)^n(A+I)^\pi A_D & 0 \end{pmatrix} M. \tag{3.3.8}
$$

因为

$$
D-CA_dB=D-CB(CB)_D{}^2CBD \;=\; (CB)^\pi D,
$$

$$
CA^\pi=C-CBCB(CB)_D{}^2C \;=\; (CB)^\pi C,
$$

所以

$$
\begin{aligned}
Q_DP^\pi &= \begin{pmatrix} 0 & 0 \\ D_d^2C & D_d \end{pmatrix}\begin{pmatrix} A^\pi & -A_dB \\ 0 & I \end{pmatrix} \\
&= \begin{pmatrix} 0 & 0 \\ D_d^2(CB)^\pi C & D_d^2(CB)^\pi D \end{pmatrix} = \begin{pmatrix} 0 & 0 \\ 0 & D_d^2(CB)^\pi \end{pmatrix} M,
\end{aligned} \tag{3.3.9}
$$

以及

$$
QP^\pi=\begin{pmatrix} 0 & 0 \\ CA^\pi & D-CA_dB \end{pmatrix} = \begin{pmatrix} 0 & 0 \\ (CB)^\pi C & (CB)^\pi D \end{pmatrix},
$$

$$
\begin{aligned}
MP^\pi &= \begin{pmatrix} AA^\pi & B-AA_dB \\ CA^\pi & D-CA_dB \end{pmatrix} = \begin{pmatrix} AA^\pi & BA^\pi \\ (CB)^\pi C & (CB)^\pi D \end{pmatrix} \\
&= \begin{pmatrix} A^\pi & 0 \\ 0 & (CB)^\pi \end{pmatrix} M,
\end{aligned}
$$

则 $\mathrm{Ind}(QP^\pi)\leqslant \mathrm{Ind}[(CB)^\pi D]+1=s$, $\mathrm{Ind}[(P+Q)P^\pi]\leqslant \mathrm{Ind}\left[\begin{pmatrix} A^\pi & 0 \\ 0 & (CB)^\pi \end{pmatrix} M\right]=k$ 以及 $\mathrm{Ind}(P)\leqslant \mathrm{Ind}(A)+1=t$. 结合 (3.3.2) 可进一步得 $\mathrm{Ind}[(P+I)PP_D]\leqslant \mathrm{Ind}[(A+I)AA_D]+1=l$.

因此, 应用 (3.3.3)~(3.3.9) 得 (3.3.1).

3.4　基于秩可加性分块矩阵的广义逆

1917 年, I. Schur 在文献 [208] 中首次提出 Schur 补的概念. 设

$$M=\begin{pmatrix} A & B \\ C & D \end{pmatrix}\in\mathbb{C}^{(m+p)\times(n+p)}, \tag{3.4.1}$$

若 A 可逆, 对 M 实施如下初等变换:

$$\begin{pmatrix} I & O \\ -CA^{-1} & I \end{pmatrix}\begin{pmatrix} A & B \\ C & D \end{pmatrix}\begin{pmatrix} I & -A^{-1}B \\ O & I \end{pmatrix}=\begin{pmatrix} A & 0 \\ O & D-CA^{-1}B \end{pmatrix} \tag{3.4.2}$$

我们把上式右端右下角对应的分块形式: $D-CA^{-1}B$ 叫做 A 在 M 中的 Schur 补, 记作 M/A. 同理, 若 D 可逆, 则称 $A-BD^{-1}C$ 叫做 D 在 M 中的 Schur 补, 记作 M/D.

D. Carlson 等在文献 [58] 中首次用 $A^\dagger$ 代替 A^{-1} 提出广义 Schur 补的概念, 假设 M 有形如 (3.4.1) 的分块形式, 则 A 在 M 中的广义 Schur 补记作

$$M/A=D-CA^\dagger B$$

类似地, 用任意的$\{i,j,\cdots,k\}$-逆来代替$A^\dagger$, 我们会得到更一般的广义 Schur 补

$$M/A=D-CA^-B, \tag{3.4.3}$$

其中 A^- 是 $A\{i,j,\cdots,k\}$ 中某个确定的元素.

同样地, D 在 M 中的广义 Schur 补可记作

$$M/D=A-BD^-C, \tag{3.4.4}$$

其中 D^- 是 $D\{i,j,\cdots,k\}$ 中某个确定的元素.

现在, 我们假设 M 和 A 均可逆, 由于初等变换不改变矩阵的秩, 由 (3.4.2), 得

$$r(M)=r(A)+r(M/A),$$

故必有 $M/A=D-CA^{-1}B$ 也可逆. 于是 M 的逆可表示为

$$M^{-1}=\begin{pmatrix} A^{-1}+A^{-1}B(M/A)^{-1}CA^{-1} & -A^{-1}B(M/A)^{-1} \\ -(M/A)^{-1}CA^{-1} & (M/A)^{-1} \end{pmatrix}. \tag{3.4.5}$$

上式由 Banachiewicz 首次得到, 我们将该表达式叫做矩阵 M 的 Banachiewicz-Schur 形式, 在这之后, 该式得到广泛应用与推广. 特别是在分块矩阵的广义逆表示上, 国内外学者都做了大量工作 [2,58,59,79,80,86,120,188,189,208,200,220].

1974 年, G. Marsaglia 和 G.P.H. Styan 把该结果推广到广义逆的情形, 给出了分块矩阵的 $\{1\}$-逆, $\{1,2\}$-逆和 Moore-Penrose 逆具有该形式的充要条件.

1975 年, Ching-hsiang Hung 和 T. L. Markham 把 M 写作

$$M=\begin{pmatrix} A & B \\ C & D \end{pmatrix}=\begin{pmatrix} A & O \\ C & O \end{pmatrix}+\begin{pmatrix} O & B \\ O & D \end{pmatrix} \tag{3.4.6}$$

的形式, 然后利用矩阵和的 Moore-Penrose 逆的表达式, 导出了一个在没有任何条件限制下的分块矩阵的 Moore-Penrose 逆的表示式, 并作为推论, 得到了 Banachiewicz-Schur 形式的 Moore-Penrose 逆成立的充要的条件.

1993 年, 陈永林 [73] 证明了秩可加性条件

$$r(M)=r\begin{pmatrix} A \\ C \end{pmatrix}+r\begin{pmatrix} B \\ D \end{pmatrix}=r\begin{pmatrix} A, & B \end{pmatrix}+r\begin{pmatrix} C, & D \end{pmatrix} \tag{3.4.7}$$

是关于分块矩阵 $\{1\}$-逆块独立的充要条件, 并且给出了在该条件下分块矩阵的 Moore-Penrose 逆的表达式.

下面我们首先给出关于秩可加性的一些等价条件.

引理 3.4.1[73] 设 M 有形如 (3.4.1) 的分块形式, 令 $B_1=F_AB$, $C_1=CE_A$, $J_D=F_{C_1}S_AE_{B_1}$, 则

(i) 下列条件是等价的:

(a) $r(M)=r\begin{pmatrix} A \\ C \end{pmatrix}+r\begin{pmatrix} B \\ D \end{pmatrix}$;

(b) $R\begin{pmatrix} A \\ C \end{pmatrix}\cap R\begin{pmatrix} B \\ D \end{pmatrix}=0$;

(c) $R\begin{pmatrix} A^* & O \\ O & D^* \end{pmatrix}\subset R(M^*)$;

(d) $R\begin{pmatrix} O & C^* \\ B^* & O \end{pmatrix}\subset R(M^*)$;

(e) $r\begin{pmatrix} B \\ D \end{pmatrix}=r\begin{pmatrix} B_1 \\ F_{C_1}S_A \end{pmatrix}$;

(f) $\begin{cases} S_AE_{B_1}E_{J_D}=0, \\ BE_{B_1}E_{J_D}=0. \end{cases}$

(ii) 下列条件是等价的:

(a) $r(M)=r(A,\ B)+r(C,\ D)$;

(b) $R\begin{pmatrix} A^* \\ B^* \end{pmatrix} \cap R\begin{pmatrix} C^* \\ D^* \end{pmatrix} = 0$;

(c) $R\begin{pmatrix} A & O \\ O & D \end{pmatrix} \subset R(M)$;

(d) $R\begin{pmatrix} O & B \\ C & O \end{pmatrix} \subset R(M)$;

(e) $r(C,\ D) = r(C_1,\ S_A E_{B_1})$;

(f) $\begin{cases} F_{J_D} F_{C_1} S_A = 0, \\ F_{J_D} F_{C_1} C = 0. \end{cases}$

引理 3.4.2[226]　设 $A \in \mathbb{C}^{m\times n}$, $B \in \mathbb{C}^{m\times t}$, $C \in \mathbb{C}^{s\times n}$, $D \in \mathbb{C}^{s\times t}$, 则

(i)

$$r\begin{pmatrix} A & B \\ C & O \end{pmatrix} = r(A) + r(B) + r(C) \tag{3.4.8}$$

当且仅当

$$R(A) \cap R(B) = \{0\}, \quad R(A^*) \cap R(C^*) = \{0\}. \tag{3.4.9}$$

(ii)

$$r\begin{pmatrix} O & B \\ C & D \end{pmatrix} = r(B) + r(C) + r(D) \tag{3.4.10}$$

当且仅当

$$R(C) \cap R(D) = \{0\}, \quad R(B^*) \cap R(D^*) = \{0\}. \tag{3.4.11}$$

引理 3.4.3[132]　设 $A \in \mathbb{C}^{m\times n}$, $B \in \mathbb{C}^{m\times t}$, $C \in \mathbb{C}^{s\times n}$, 则

(i) 下列条件等价:

(a) $r(A,\ B) = r(A) + r(B)$;

(b) $R(A) \cap R(B) = \{0\}$;

(c) $(F_A B)^\dagger (F_A B) = B^\dagger B$.

(ii) 下列条件等价:

(a) $r\begin{pmatrix} A \\ C \end{pmatrix} = r(A) + r(C)$;

(b) $R(A^*) \cap R(C^*) = \{0\}$;

(c) $(CE_A)(CE_A)^\dagger = CC^\dagger$.

令 {1}-逆的 Banachiewicz-Schur 形式 X 和 Y 分别为

$$X=\begin{pmatrix} A^-+A^-BS^-CA^- & -A^-BS^- \\ -S^-CA^- & S^- \end{pmatrix}, \tag{3.4.12}$$

其中 $A^-\in A\{1\}$, $S^-\in S\{1\}$;

$$Y=\begin{pmatrix} G^- & -G^-BD^- \\ -D^-CG^- & D^-+D^-CG^-BD^- \end{pmatrix}, \tag{3.4.13}$$

其中 $D^-\in D\{1\}$, $G^-\in G\{1\}$.

又记

$$P_\alpha=I-\alpha^-\alpha,\quad Q_\alpha=I-\alpha\alpha^-,\quad \alpha\in\{A,S,D,G\},\quad \alpha^-\in\alpha\{1\}.$$

J.K. Baksalary 和 G.P. H. Styan[14] 给出了 $X\in M\{1\}$, $X\in M\{2\}$, $X\in M\{1,2\}$, $X\in M\{1,3\}$, $X\in M\{1,4\}$ 成立的充要条件, 我们重述如下.

引理 3.4.4[14] 设 M, X 如 (3.4.1), (3.4.12) 所定义, 则 $X\in M\{1,3\}$ 当且仅当

$$A^-\in A\{1,3\},\quad S^-\in S\{1,3\},\quad Q_AB=0,\quad Q_SC=0,$$

其中 Q_A 和 Q_S 独立选取 $A^-\in A\{1\}$ 和 $S^-\in S\{1\}$.

引理 3.4.5[14] 设 M, X 如 (3.4.1), (3.4.12) 所定义, 则 $X\in M\{1,4\}$ 当且仅当

$$A^-\in A\{1,4\},\quad S^-\in S\{1,4\},\quad BP_S=0,\quad CP_A=0,$$

其中 P_A 和 P_S 独立选取 $A^-\in A\{1\}$ 和 $S^-\in S\{1\}$.

引理 3.4.6[14] 设 M, X 如 (3.4.1), (3.4.12) 所定义, 则 $X\in M\{2\}$ 当且仅当

$$A^-\in A\{1,2\},\quad S^-\in S\{2\}.$$

由引理 3.4.4~引理 3.4.6 及 Y 的形式易得如下结论.

引理 3.4.7 设 M, X 如 (3.4.1), (3.4.12) 所定义, 则 $X\in M\{1,2,3\}$ 当且仅当

$$A^-\in A\{1,2,3\},\quad S^-\in S\{1,2,3\},\quad Q_AB=0,\quad Q_SC=0,$$

其中 Q_A 和 Q_S 独立选取 $A^-\in A\{1\}$ 和 $S^-\in S\{1\}$.

引理 3.4.8 设 M, X 如 (3.4.1), (3.4.12) 所定义, 则 $X\in M\{1,2,4\}$ 当且仅当

$$A^-\in A\{1,2,4\},\quad S^-\in S\{1,2,4\},\quad BP_S=0,\quad CP_A=0,$$

其中 P_A 和 P_S 独立选取 $A^-\in A\{1\}$ 和 $S^-\in S\{1\}$.

引理 3.4.9　设 M, Y 如 (3.4.1), (3.4.13) 所定义, 则 $Y \in M\{1,2,3\}$ 当且仅当

$$D^- \in D\{1,2,3\}, \quad G^- \in G\{1,2,3\}, \quad Q_D C = 0, \quad Q_G B = 0,$$

其中 Q_D 和 Q_G 独立选取 $D^- \in D\{1\}$ 和 $G^- \in G\{1\}$.

引理 3.4.10　设 M, Y 如 (3.4.1), (3.4.13) 所定义, 则 $Y \in M\{1,2,4\}$ 当且仅当

$$D^- \in D\{1,2,4\}, \quad G^- \in G\{1,2,4\}, \quad BP_D = 0, \quad CP_G = 0,$$

其中 P_D 和 P_G 独立选取 $D^- \in D\{1\}$ 和 $G^- \in G\{1\}$.

J. Benítez 和 N. Thome[30] 在引理 3.4.5 和引理 3.4.6 的基础上, 给出了如下群逆表示式的充要条件.

引理 3.4.11[31]　设 M, X 如 (3.4.1), (3.4.12) 所定义, 则 $X = M^{\#}$ 当且仅当

$$A^- = A^{\#}, \quad S^- = S^{\#}, \quad BP_S = 0, \quad CP_A = 0, \quad Q_A B = 0, \quad Q_S C = 0,$$

其中 P_A, P_S, Q_A 和 Q_S 独立选取 $A^- \in A\{1\}$ 和 $S^- \in S\{1\}$.

田永革把矩阵 M 写作

$$M = \begin{pmatrix} A & B \\ C & D \end{pmatrix} = \begin{pmatrix} I & O \\ CA^\dagger & I \end{pmatrix} \begin{pmatrix} A & F_A B \\ CE_A & S_A \end{pmatrix} \begin{pmatrix} I & A^\dagger B \\ O & I \end{pmatrix} \tag{3.4.14}$$

的形式, 利用 $(UMV)^\dagger = V^{-1}M^\dagger U^{-1}$ 成立的条件, 推导出了在秩可加性条件下, M 的 Moore-Penrose 的表达式, 即

$$M^\dagger = \begin{pmatrix} \begin{array}{l} A^\dagger + C_1^\dagger(S_A J^\dagger{}_D S_A - S_A)B_1^\dagger - C_1^\dagger(I - S_A J^\dagger{}_D)CA^\dagger \\ -A^\dagger B(I - J^\dagger{}_D S_A)B_1^\dagger + A^\dagger B J^\dagger{}_D CA^\dagger \end{array} & C_1^\dagger(I - S_A J^\dagger{}_D) - A^\dagger B J^\dagger{}_D \\ (I - J^\dagger{}_D S_A)B_1^\dagger - J^\dagger{}_D CA^\dagger & J^\dagger{}_D \end{pmatrix}$$

其中, $S_A = D - CA^\dagger B$, $B_1 = F_A B$, $C_1 = CE_A$, $J_D = F_{C_1} S_A E_{B_1}$.

同时, 在其他稍强条件下的 Moore-Penrose 的表达式也相应地给出. 值得注意的是, 作者利用矩阵秩理论及性质给出了表达式成立的必要条件, 但充分性尚未得到证明. 本节将利用矩阵代数性质及 Moore-Penrose 的定义式, 给出表达式成立的充要条件, 并对其他相关问题进行探讨.

我们首先给出如下一些符号表示:

$$\begin{gathered} S_A = D - CA^\dagger B, \quad S_D = A - BD^\dagger C, \quad B_1 = F_A B, \\ C_1 = CE_A, \quad J_D = F_{C_1} S_A E_{B_1}, \\ K_1 = A^- + C_1^-(S_A J^\dagger{}_D S_A - S_A)B_1^-, \\ K_2 = C_1^-(I - S_A J^\dagger{}_D), \quad K_3 = (I - J^\dagger{}_D S_A)B_1^-. \end{gathered}$$

易见,

$$\begin{aligned}&A^{\dagger}B_1=0,\quad AC_1^{\dagger}=0,\quad C_1A^{\dagger}=0,\\&B_1^{\dagger}A=0,\quad B_1{J^{\dagger}}_D=0,\quad {J^{\dagger}}_DC_1=0,\\&E_{B_1}{J^{\dagger}}_D={J^{\dagger}}_DF_{C_1}=E_{B_1}{J^{\dagger}}_DF_{C_1}={J^{\dagger}}_D,\\&F_{C_1}(S_A-S_A{J^{\dagger}}_DS_A)E_{B_1}=0.\end{aligned}\tag{3.4.15}$$

定理 3.4.12 设 M 有形如 (3.4.1) 的分块形式, 令

$$X=\begin{pmatrix}K_1-K_2CA^{-}-A^{-}BK_3+A^{-}B{J^{\dagger}}_DCA^{-} & K_2-A^{-}B{J^{\dagger}}_D\\ K_3-{J^{\dagger}}_DCA^{-} & {J^{\dagger}}_D\end{pmatrix},\tag{3.4.16}$$

则

(i) 若 $C_1^{-}=C_1^{\dagger}$, 则对任意的 $A^{-}\in A\{1,3\}$, $B_1^{-}\in B_1\{1,3\}$, $X\in M\{1,3\}$ 当且仅当

$$r(M)=r(A,\ B)+r(C,\ D).\tag{3.4.17}$$

(ii) 若 $B_1^{-}=B_1^{\dagger}$, 则对任意的 $A^{-}\in A\{1,4\}$, $C_1^{-}\in C_1\{1,4\}$, $X\in M\{1,4\}$ 当且仅当

$$r(M)=r\begin{pmatrix}A\\C\end{pmatrix}+r\begin{pmatrix}B\\D\end{pmatrix}.\tag{3.4.18}$$

证明 (i) ($\Rightarrow$) 根据 M 和 X 的形式, 有

$$MX=\begin{pmatrix}AA^{-}+B_1B_1^{-} & O\\ (I-J_D{J^{\dagger}}_D)(I-C_1C_1^{\dagger})(CA^{-}+S_AB_1^{-}) & J_D{J^{\dagger}}_D+C_1C_1^{\dagger}\end{pmatrix}.$$

因为 $X\in M\{1,3\}$, 故

$$(I-J_D{J^{\dagger}}_D)(I-C_1C_1^{\dagger})(CA^{-}+S_AB_1^{-})=0.$$

又 $MXM=M$, 即

$$\begin{pmatrix}A+B_1B_1^{-}A & AA^{-}B+B_1B_1^{-}B\\ (J_D{J^{\dagger}}_D+C_1C_1^{\dagger})C & (J_D{J^{\dagger}}_D+C_1C_1^{\dagger})D\end{pmatrix}=\begin{pmatrix}A & B\\ C & D\end{pmatrix},$$

得到

$$(J_D{J^{\dagger}}_D+C_1C_1^{\dagger})C=C,\quad (J_D{J^{\dagger}}_D+C_1C_1^{\dagger})D=D,$$

由于 $J^{\dagger}{}_D C_1 = 0$, 故

$$(I - J_D J^{\dagger}{}_D)(I - C_1 C_1^{\dagger})C = 0, \quad (I - J_D J^{\dagger}{}_D)(I - C_1 C_1^{\dagger})D = 0,$$

根据引理 3.4.1(ii), 则有

$$r(M) = r(A,\ B) + r(C,\ D).$$

(⇐) 利用

$$(I - J_D J^{\dagger}{}_D)(I - C_1 C_1^{\dagger})C = 0, \quad (I - J_D J^{\dagger}{}_D)(I - C_1 C_1^{\dagger})S_A = 0$$

易见方程 $MXM = M$ 和 $MX = (MX)^*$ 满足, 故 $X \in M\{1,3\}$.

(ii) 同理, 利用同样的方法, 我们得到 (ii) 成立.

定理 3.4.13 设 M 有形如 (3.4.1) 的分块形式, 令

$$X = \begin{pmatrix} K_1 - K_2CA^- - A^-BK_3 + A^-BJ^{\dagger}{}_D CA^- & K_2 - A^-BJ^{\dagger}{}_D \\ K_3 - J^{\dagger}{}_D CA^- & J^{\dagger}{}_D \end{pmatrix}, \tag{3.4.19}$$

则

(i) 若 $C_1^- = C_1^{\dagger}$, 则对任意的 $A^- \in A\{1,2,3\}$ 和 $B_1^- \in B_1\{1,2,3\}$, $X \in M\{1,2,3\}$ 当且仅当

$$r(M) = r(A,\ B) + r(C,\ D). \tag{3.4.20}$$

(ii) 若 $B_1^- = B_1^{\dagger}$, 则对任意的 $A^- \in A\{1,2,4\}$ 和 $C_1^- \in C_1\{1,2,4\}$, $X \in M\{1,2,4\}$ 当且仅当

$$r(M) = r\begin{pmatrix} A \\ C \end{pmatrix} + r\begin{pmatrix} B \\ D \end{pmatrix}. \tag{3.4.21}$$

(iii) [216] 若 $A^- = A^{\dagger}$, $B_1^- = B_1^{\dagger}$, $C_1^- = C_1^{\dagger}$, $X = M^{\dagger}$ 当且仅当

$$r(M) = r\begin{pmatrix} A \\ C \end{pmatrix} + r\begin{pmatrix} B \\ D \end{pmatrix} = r(A,\ B) + r(C,\ D). \tag{3.4.22}$$

证明 (i) (⇒) 根据定理 3.4.12 (i), 有 $X \in M\{1,3\}$. 由 (3.4.15), 经过计算得

$$MX = \begin{pmatrix} AA^- + B_1B_1^- & 0 \\ O & J_D J^{\dagger}{}_D + C_1 C_1^{\dagger} \end{pmatrix}.$$

故

$$XMX=\begin{pmatrix} K_1-K_2CA^- - A^-BK_3+A^-BJ^\dagger{}_DCA^- & K_2-A^-BJ^\dagger{}_D \\ K_3-J^\dagger{}_DCA^- & J^\dagger{}_D \end{pmatrix}$$
$$\times\begin{pmatrix} AA^-+B_1B_1^- & O \\ O & J_DJ^\dagger{}_D+C_1C_1^\dagger \end{pmatrix}$$
$$=\begin{pmatrix} K_1-K_2CA^- - A^-BK_3+A^-BJ^\dagger{}_DCA^- & K_2-A^-BJ^\dagger{}_D \\ K_3-J^\dagger{}_DCA^- & J^\dagger{}_D \end{pmatrix}$$
$$=X.$$

因此, $X\in M\{1,2,3\}$. 反之, 由定理 3.4.12(i) 易见结论成立.

(ii) 同理, 易证结果成立.

(iii) 由 (i) 和 (ii), 我们得到 (iii) 成立.

若我们应用定理 3.4.13 于矩阵 M_1,

$$M_1=\begin{pmatrix} D & C \\ B & A \end{pmatrix}=PMP,$$

其中 $P=\begin{pmatrix} 0 & I \\ I & 0 \end{pmatrix}$, 再利用 $PXP\in M\{1,2,3\}\Leftrightarrow X\in M_1\{1,2,3\}$, 我们得到定理 3.4.14. 其他定理用同样的方法亦可得到类似的结论.

定理 3.4.14 设 M 有形如 (3.4.1) 的分块形式, 令

$$X=\begin{pmatrix} J_A^\dagger & L_2-J_A^\dagger BD^- \\ L_3-D^-CJ_A^\dagger & L_1-L_3BD^- - D^-CL_2+D^-CJ_C^\dagger BD^- \end{pmatrix}, \tag{3.4.23}$$

则

(i) 若 $B_2^-=B_2^\dagger$, 则对任意的 $D^-\in D\{1,2,3\}$, $C_2^-\in C_2\{1,2,3\}$, $X\in M\{1,2,3\}$ 当且仅当

$$r(M)=r(A,\ B)+r(C,\ D). \tag{3.4.24}$$

(ii) 若 $C_2^-=C_2^\dagger$, 则对任意的 $D^-\in D\{1,2,4\}$, $B_2^-\in B_2\{1,2,4\}$, $X\in M\{1,2,4\}$ 当且仅当

$$r(M)=r\begin{pmatrix} A \\ C \end{pmatrix}+r\begin{pmatrix} B \\ D \end{pmatrix}. \tag{3.4.25}$$

(iii) 若 $A^-=A^\dagger$, $B_2^-=B_2^\dagger$, $C_2^-=C_2^\dagger$, $X=M^\dagger$ 当且仅当

$$r(M)=r\begin{pmatrix} A \\ C \end{pmatrix}+r\begin{pmatrix} B \\ D \end{pmatrix}=r(A,\ B)+r(C,\ D), \tag{3.4.26}$$

其中

$$B_2=BE_D,\quad C_2=F_DC,\quad J_A=F_{B_2}S_DE_{C_2},\quad S_D=A-BD^\dagger C,$$

$$L_1=D^-+B_2^-(S_DJ_A^\dagger S_D-S_D)C_2^-,$$

$$L_2=(I-J_A^\dagger S_D)C_2^-,\quad L_3=B_2^-(I-S_DJ_A^\dagger).$$

定理 3.4.15 设 M 有形如 (3.4.1) 的分块形式, 则

$$M^\dagger=\begin{pmatrix} A^\dagger-K_2CA^\dagger-A^\dagger BK_3+A^\dagger BJ^\dagger{}_DCA^\dagger & K_2-A^\dagger BJ^\dagger{}_D \\ K_3-J^\dagger{}_DCA^\dagger & J^\dagger{}_D \end{pmatrix} \tag{3.4.27}$$

当且仅当

$$R\begin{pmatrix} A \\ O \end{pmatrix}\subseteq R(M),\quad R\begin{pmatrix} A^* \\ O \end{pmatrix}\subseteq R(M^*),$$

$$R(B_1^*)\cap R(S_A^*)=\{0\},\quad R(C_1)\cap R(S_A)=\{0\}, \tag{3.4.28}$$

其中 $S_A=D-CA^\dagger B$, $B_1=F_AB, C_1=CE_A$, $J_D=F_{C_1}S_AE_{B_1}$, $K_2=C_1^\dagger(I-S_AJ^\dagger{}_D)$, $K_3=(I-J^\dagger{}_DS_A)B_1^\dagger$.

证明 $(\Rightarrow)$ 假设 $M^\dagger$ 有形如 (3.4.27) 的形式. 根据定理 3.4.13(iii), 有秩可加性条件 (3.4.22) 满足. 根据文献 [216, 引理 1.5], 则有

$$R\begin{pmatrix} A \\ O \end{pmatrix}\subseteq R(M),\quad R\begin{pmatrix} A^* \\ O \end{pmatrix}\subseteq R(M^*).$$

经过简单的计算得到

$$MM^\dagger=\begin{pmatrix} AA^\dagger+B_1B_1^\dagger & 0 \\ (I-J_DJ^\dagger{}_D-C_1C_1^\dagger)CA^\dagger+(S_A-S_AJ^\dagger{}_DS_A)B_1^\dagger & J_DJ^\dagger{}_D+C_1C_1^\dagger \end{pmatrix}.$$

因此

$$(I-J_DJ^\dagger{}_D-C_1C_1^\dagger)CA^\dagger+(S_A-S_AJ^\dagger{}_DS_A)B_1^\dagger=0. \tag{3.4.29}$$

等式 (3.4.29) 两边右乘 A, 由于 $B_1^\dagger A=0$, 则

$$(I-J_DJ^\dagger{}_D-C_1C_1^\dagger)CA^\dagger A=0.$$

又 $(I-J_DJ^\dagger{}_D-C_1C_1^\dagger)C_1=0$, 则

$$(I-J_DJ^\dagger{}_D-C_1C_1^\dagger)C_1-(I-J_DJ^\dagger{}_D-C_1C_1^\dagger)CA^\dagger A=0,$$

即

$$(I - J_D J^\dagger{}_D - C_1 C_1^\dagger)C = 0.$$

现在根据 (3.4.29), 得到

$$(S_A - S_A J^\dagger{}_D S_A)B_1^\dagger = 0.$$

同理, 由 $M^\dagger M = (M^\dagger M)^*$, 有

$$B(I - B_1^\dagger B_1 - J^\dagger{}_D J_D) = 0, \quad C_1^\dagger(S_A - S_A J^\dagger{}_D S_A) = 0.$$

因为 $F_{C_1}(S_A - S_A J^\dagger{}_D S_A)E_{B_1}$=0, 由

$$(S_A - S_A J^\dagger{}_D S_A)B_1^\dagger = 0, \quad C_1^\dagger(S_A - S_A J^\dagger{}_D S_A) = 0,$$

得到 $S_A J^\dagger{}_D S_A = S_A$. 又因为

$$J^\dagger{}_D S_A J^\dagger{}_D = J^\dagger{}_D F_{C_1} S_A E_{B_1} J^\dagger{}_D = J^\dagger{}_D J_D J^\dagger{}_D = J^\dagger{}_D,$$

则有 $J^\dagger{}_D \in S_A\{1,2\}$. 于是, $r(J^\dagger{}_D) = r(J_D) = r(S_A)$. 因此

$$\begin{aligned} r\begin{pmatrix} O & B_1 \\ C_1 & S_A \end{pmatrix} &= r(B_1) + r(C_1) + r(F_{C_1} S_A E_{B_1}) \\ &= r(B_1) + r(C_1) + r(S_A). \end{aligned}$$

根据引理 3.4.2(ii), 得到

$$R(B_1^*) \cap R(S_A^*) = \{0\}, \quad R(C_1) \cap R(S_A) = \{0\}.$$

(⇐) 由

$$R(B_1^*) \cap R(S_A^*) = \{0\}, \quad R(C_1) \cap R(S_A) = \{0\},$$

根据引理 3.4.2(ii), 有

$$r\begin{pmatrix} O & B_1 \\ C_1 & S_A \end{pmatrix} = r(B_1) + r(C_1) + r(S_A). \tag{3.4.30}$$

又因为 $r\begin{pmatrix} O & B_1 \\ C_1 & S_A \end{pmatrix} = r(B_1) + r(C_1) + r(J_D)$, 我们得到 $r(J_D) = r(S_A)$, 结合 $J^\dagger{}_D = J^\dagger{}_D S_A J^\dagger{}_D$, 得到 $J^\dagger{}_D \in S_A\{1\}$, i.e. $S_A = S_A J^\dagger{}_D S_A$. 于是

$$r(S_A E_{B_1}) \leqslant r(S_A) = r(J_D) \leqslant r(S_A E_{B_1})$$

及 $r(S_A E_{B_1}) = r(S_A)$, 这意味着

$$r\begin{pmatrix} B_1 \\ S_A \end{pmatrix} = r(B_1) + r(S_A E_{B_1}) = r(B_1) + r(S_A). \tag{3.4.31}$$

现在, 根据 (3.4.30) 和 (3.4.31), 得到

$$r\begin{pmatrix} O & B_1 \\ C_1 & S_A \end{pmatrix} = r\begin{pmatrix} B_1 \\ S_A \end{pmatrix} + r(C_1).$$

同理,

$$r\begin{pmatrix} O & B_1 \\ C_1 & S_A \end{pmatrix} = r(B_1) + r(C_1,\ S_A).$$

因为

$$R\begin{pmatrix} A \\ O \end{pmatrix} \subseteq R(M), \quad R\begin{pmatrix} A^* \\ O \end{pmatrix} \subseteq R(M^*),$$

根据文献 [114, 引理 1.5], 我们得到秩可加性条件 (3.4.22) 满足. 于是根据定理 3.4.13(iii), 得到

$$M^\dagger = \begin{pmatrix} K_1 - K_2CA^\dagger - A^\dagger BK_3 + A^\dagger BJ^\dagger{}_D CA^\dagger & K_2 - A^\dagger BJ^\dagger{}_D \\ K_3 - J^\dagger{}_D CA^\dagger & J^\dagger{}_D \end{pmatrix},$$

其中 K_1, K_2, K_3 如 (3.4.15) 定义, 且 $A^- = A^\dagger$, $B_1^- = B_1^\dagger$, $C_1^- = C_1^\dagger$. 因为 $S_A = S_A J^\dagger{}_D S_A$, 故上式可化简为 (3.4.27).

定理 3.4.16　*设 M 有形如 (3.4.1) 的分块形式, 则*

$$M^\dagger = \begin{pmatrix} A^\dagger - C_1^\dagger CA^\dagger - A^\dagger BB_1^\dagger + A^\dagger BS_A^\dagger CA^\dagger & C_1^\dagger - A^\dagger BS_A^\dagger \\ B_1^\dagger - S_A^\dagger CA^\dagger & S_A^\dagger \end{pmatrix} \tag{3.4.32}$$

当且仅当

$$R\begin{pmatrix} A \\ O \end{pmatrix} \subseteq R(M), \quad R\begin{pmatrix} A^* \\ O \end{pmatrix} \subseteq R(M^*), \quad R(BS_A^*) \subseteq R(A), \quad R(C^*S_A) \subseteq R(A^*). \tag{3.4.33}$$

证明　(⇒) 因为 $AC_1^\dagger = 0$, $A^\dagger B_1 = 0$, 得到

$$MM^\dagger = \begin{pmatrix} AA^\dagger + B_1B_1^\dagger - B_1S_A^\dagger CA^\dagger & B_1S_A^\dagger \\ (I - S_AS_A^\dagger - C_1C_1^\dagger)CA^\dagger + S_AB_1^\dagger & S_AS_A^\dagger + C_1C_1^\dagger \end{pmatrix}$$

和

$$M^\dagger M=\begin{pmatrix} A^\dagger A+C_1^\dagger C_1-A^\dagger BS_A^\dagger C_1 & A^\dagger B(I-S_A^\dagger S_A-B_1^\dagger B_1)+C_1^\dagger S_A \\ S_A^\dagger C_1 & S_A^\dagger S_A+B_1^\dagger B_1 \end{pmatrix}.$$

由于 $MM^\dagger$ 和 $M^\dagger M$ 是 Hermitian 矩阵, 故有

$$AA^\dagger+B_1B_1^\dagger-B_1S_A^\dagger CA^\dagger=AA^\dagger+B_1B_1^\dagger-(B_1S_A^\dagger CA^\dagger)^* \tag{3.4.34}$$

和

$$A^\dagger A+C_1^\dagger C_1-A^\dagger BS_A^\dagger C_1=A^\dagger A+C_1^\dagger C_1-(A^\dagger BS_A^\dagger C_1)^*. \tag{3.4.35}$$

因为 $B_1^*A=0$, $B_1^\dagger A=0$, $AC_1^\dagger=0$, $AC_1^*=0$, 在 (3.4.34) 两边右乘 A, 在 (3.4.35) 两边左乘 A, 得到

$$B_1S_A^\dagger CA^\dagger A=0,\quad AA^\dagger BS_A^\dagger C_1=0,$$

即

$$B_1S_A^\dagger CA^\dagger=0,\quad A^\dagger BS_A^\dagger C_1=0.$$

另外, 有

$$(I-S_AS_A^\dagger-C_1C_1^\dagger)CA^\dagger+S_AB_1^\dagger=(B_1S_A^\dagger)^* \tag{3.4.36}$$

和

$$A^\dagger B(I-S_A^\dagger S_A-B_1^\dagger B_1)+C_1^\dagger S_A=(S_A^\dagger C_1)^*. \tag{3.4.37}$$

再在 (3.4.36) 两边右乘 A, 在 (3.4.37) 两边左乘 A, 得到

$$(I-S_AS_A^\dagger-C_1C_1^\dagger)CA^\dagger A=0,\quad AA^\dagger B(I-S_A^\dagger S_A-B_1^\dagger B_1)=0,$$

以及

$$(I-S_AS_A^\dagger-C_1C_1^\dagger)CA^\dagger=0,\quad A^\dagger B(I-S_A^\dagger S_A-B_1^\dagger B_1)=0.$$

于是

$$MM^\dagger=\begin{pmatrix} AA^\dagger+B_1B_1^\dagger & B_1S_A^\dagger \\ S_AB_1^\dagger & S_AS_A^\dagger+C_1C_1^\dagger \end{pmatrix},$$

$$M^\dagger M=\begin{pmatrix} A^\dagger A+C_1^\dagger C_1 & C_1^\dagger S_A \\ S_A^\dagger C_1 & S_A^\dagger S_A+B_1^\dagger B_1 \end{pmatrix}.$$

根据 $(MM^\dagger)M=M$ 和 $M(M^\dagger M)=M$, 得到

$$\begin{pmatrix} A+B_1B_1^\dagger A+B_1S_A^\dagger C & AA^\dagger B+B_1B_1^\dagger B+B_1S_A^\dagger D \\ S_AB_1^\dagger A+(S_AS_A^\dagger+C_1C_1^\dagger)C & S_AB_1^\dagger B+(S_AS_A^\dagger+C_1C_1^\dagger)D \end{pmatrix}=\begin{pmatrix} A & B \\ C & D \end{pmatrix} \tag{3.4.38}$$

和

$$\begin{pmatrix} A+BS_A^{\dagger}C_1 & B(S_A^{\dagger}S_A+B_1^{\dagger}B_1) \\ CA^{\dagger}A+CC_1^{\dagger}C_1+DS_A^{\dagger}C_1 & CC_1^{\dagger}S_A+D(S_A^{\dagger}S_A+B_1^{\dagger}B_1) \end{pmatrix} = \begin{pmatrix} A & B \\ C & D \end{pmatrix}. \tag{3.4.39}$$

根据 (3.4.38), 有

$$B_1S_A^{\dagger}C=0, \tag{3.4.40}$$

$$B_1S_A^{\dagger}D=0, \tag{3.4.41}$$

$$S_AB_1^{\dagger}A+(S_AS_A^{\dagger}+C_1C_1^{\dagger})C=C, \tag{3.4.42}$$

$$S_AB_1^{\dagger}B+(S_AS_A^{\dagger}+C_1C_1^{\dagger})D=D. \tag{3.4.43}$$

再根据 (3.4.40) 和 (3.4.41), 得 $B_1S_A^{\dagger}S_A=0$, 以及 $B_1S_A^{\dagger}=0$, 这意味着 $R(BS_A^*)\subseteq R(A)$. 同时, 利用 $B_1S_A^{\dagger}=0$ 和 $B_1^{\dagger}A=0$, 得到

$$MM^{\dagger}\begin{pmatrix} A \\ 0 \end{pmatrix}=\begin{pmatrix} A \\ 0 \end{pmatrix},$$

等价于

$$R\begin{pmatrix} A \\ O \end{pmatrix}\subseteq R(M)$$

同理, 根据 (3.4.39), 得到

$$R(C^*S_A^{\dagger})\subseteq R(A^*),\quad R\begin{pmatrix} A^* \\ O \end{pmatrix}\subseteq R(M^*).$$

($\Leftarrow$)　记 (3.4.32) 右边为 X, 由于 (3.4.33) 满足, 根据上面的证明, 有

$$B_1S_A^{\dagger}=S_AB_1^{\dagger}=0,\quad (S_AS_A^{\dagger}+C_1C_1^{\dagger})C=C$$

和

$$S_A^{\dagger}C_1=C_1^{\dagger}S_A=0,\quad B(S_A^{\dagger}S_A+B_1^{\dagger}B_1)=B.$$

又由

$$(S_AS_A^{\dagger}+C_1C_1^{\dagger})S_A=S_A,\quad (S_AS_A^{\dagger}+C_1C_1^{\dagger})C=C$$

得 $(S_AS_A^{\dagger}+C_1C_1^{\dagger})D=D$. 同理, $D(S_A^{\dagger}S_A+B_1^{\dagger}B_1)=D$. 利用这些条件, 容易验证四个 Moore-Penrose 方程成立, 于是 $X=M^{\dagger}$.

定理 3.4.17 设 M 有形如 (3.4.1) 的分块形式, S_A, B_1, C_1 如 (3.4.15) 所定义, 令

$$X = \begin{pmatrix} A^- - C_1^- CA^- - A^- BB_1^- - C_1^- S_A B_1^- & C_1^- \\ B_1^- & O \end{pmatrix}, \tag{3.4.44}$$

则

(i) 若 $C_1^- = C_1^\dagger$, 则对任意的 $A^- \in A\{1,3\}$, $B_1^- \in B_1\{1,3\}$, 有 $X \in M\{1,3\}$ 当且仅当

$$R(A^*) \cap R(C^*) = \{0\}, \quad R(D) \subseteq R(C). \tag{3.4.45}$$

(ii) 若 $B_1^- = B_1^\dagger$, 则对任意的 $A^- \in A\{1,4\}$, $C_1^- \in C_1\{1,4\}$, 有 $X \in M\{1,4\}$ 当且仅当

$$R(A) \cap R(B) = \{0\}, \quad R(D^*) \subseteq R(B^*). \tag{3.4.46}$$

证明 (i) ($\Rightarrow$) 由于 $AC_1^\dagger = 0$, MX 可化简为

$$MX = \begin{pmatrix} AA^- + B_1 B_1^- & O \\ (I - C_1 C_1^\dagger)(CA^- + S_A B_1^-) & C_1 C_1^\dagger \end{pmatrix},$$

由此可推出

$$(I - C_1 C_1^\dagger)(CA^- + S_A B_1^-) = 0. \tag{3.4.47}$$

另一方面, 由 $MXM = M$ 得到下面等式

$$\begin{pmatrix} A + B_1 B_1^\dagger A & AA^\dagger B + B_1 B_1^\dagger B \\ C_1 C_1^\dagger C & C_1 C_1^\dagger D \end{pmatrix} = \begin{pmatrix} A & B \\ C & D \end{pmatrix}. \tag{3.4.48}$$

因此, $C_1 C_1^\dagger C = C$, $C_1 C_1^\dagger D = D$, 这蕴涵

$$R(C) \subseteq R(C_1) \subseteq R(C), \quad R(D) \subseteq R(C_1) \subseteq R(C).$$

于是 $R(C) = R(C_1)$ 及 $C_1 C_1^\dagger = CC^\dagger$, 根据引理 3.4.3, 我们得到 $R(A^*) \cap R(C^*) = \{0\}$.

($\Leftarrow$) 根据 $CC^\dagger D = D$, $C_1 C_1^\dagger = CC^\dagger$, 容易验证 $MXM = M$, $(MX)^* = MX$, 故 $X \in M\{1,3\}$.

(ii) 同理可证 (ii) 成立.

定理 3.4.18 设 M 有形如 (3.4.1) 的分块形式, S_A, B_1, C_1 如 (3.4.15) 所定义, 令

$$X = \begin{pmatrix} A^- - C_1^- CA^- - A^- BB_1^- - C_1^- S_A B_1^- & C_1^- \\ B_1^- & O \end{pmatrix}, \tag{3.4.49}$$

则

(i) 若 $C_1^- = C_1^\dagger$, 则对任意的 $A^- \in A\{1,2,3\}$, $B_1^- \in B_1\{1,2,3\}$, 有 $X \in M\{1,2,3\}$ 当且仅当

$$R(A^*) \cap R(C^*) = \{0\}, \quad R(D) \subseteq R(C). \tag{3.4.50}$$

(ii) 若 $B_1^- = B_1^\dagger$, 则对任意的 $A^- \in A\{1,2,4\}$, $C_1^- \in C_1\{1,2,4\}$, 有 $X \in M\{1,2,4\}$ 当且仅当

$$R(A) \cap R(B) = \{0\}, \quad R(D^*) \subseteq R(B^*). \tag{3.4.51}$$

(iii) 若 $A^- = A^\dagger$, $B_1^- = B_1^\dagger$, $C_1^- = C_1^\dagger$, 则 $X = M^\dagger$ 当且仅当

$$\begin{aligned} R(A^*) \cap R(C^*) = \{0\}, \quad R(A) \cap R(B) = \{0\}, \\ R(D) \subseteq R(C), \quad R(D^*) \subseteq R(B^*). \end{aligned} \tag{3.4.52}$$

证明　(i) 因为 $A^- \in A\{1,2,3\}$, $B_1^- \in B_1\{1,2,3\}$, $X \in M\{1,2,3\}$, 因此有 $A^- \in A\{1,3\}$, $B_1^- \in B_1\{1,3\}$, $X \in M\{1,3\}$. 根据定理 3.4.17(i), 易得

$$R(A^*) \cap R(C^*) = \{0\}, \quad R(D) \subseteq R(C).$$

反之, 根据定理 3.4.18(i) 的证明, 有 $X \in M\{1,3\}$. 又

$$\begin{aligned} XMX &= \begin{pmatrix} A^- - C_1^- CA^- - A^- BB_1^- - C_1^- S_A B_1^- & C_1^- \\ B_1^- & O \end{pmatrix} \\ &\quad \times \begin{pmatrix} AA^- + B_1 B_1^- & O \\ (I - C_1 C_1^\dagger)(CA^- + S_A B_1^-) & C_1 C_1^\dagger \end{pmatrix} \\ &= X, \end{aligned}$$

故 $X \in M\{1,2,3\}$.

(ii) 同理, 可证结论成立.

(iii) 结合 (i) 和 (ii), 我们得到 $X = M^\dagger$ 的充要条件是

$$R(A^*) \cap R(C^*) = \{0\}, \quad R(A) \cap R(B) = \{0\}, \quad R(D) \subseteq R(C), \quad R(D^*) \subseteq R(B^*).$$

定理 3.4.19　设 M 有形如 (3.4.1) 的分块形式, 则

$$M^\dagger = \begin{pmatrix} A^\dagger - C_1^\dagger CA^\dagger - A^\dagger BB_1^\dagger & C_1^\dagger \\ B_1^\dagger & S_A^\dagger \end{pmatrix} \tag{3.4.53}$$

当且仅当

$$\begin{aligned} R(A^*) \cap R(C^*) = \{0\}, \quad R(A) \cap R(B) = \{0\}, \\ R(S_A^*) \subseteq N(B), \quad R(S_A) \subseteq N(C^*). \end{aligned} \tag{3.4.54}$$

证明 ($\Rightarrow$) 因为 $AC_1^\dagger = 0$, 则

$$MM^\dagger = \begin{pmatrix} AA^\dagger + B_1B_1^\dagger & BS_A^\dagger \\ (I - C_1C_1^\dagger)CA^\dagger + S_AB_1^\dagger & DS_A^\dagger + C_1C_1^\dagger \end{pmatrix}. \tag{3.4.55}$$

根据 $MM^\dagger M = M$, 代入其对应的分块形式得

$$\begin{pmatrix} A + BS_A^\dagger C & AA^\dagger B + B_1B_1^\dagger B + BS_A^\dagger D \\ (I - C_1C_1^\dagger)CA^\dagger A + DS_A^\dagger C & (I - C_1C_1^\dagger)CA^\dagger B + S_AB_1^\dagger B + DS_A^\dagger D \end{pmatrix}$$
$$= \begin{pmatrix} A & B \\ C & D \end{pmatrix}.$$

因此

$$BS_A^\dagger C = 0, \tag{3.4.56}$$

$$AA^\dagger B + B_1B_1^\dagger B + BS_A^\dagger D = B. \tag{3.4.57}$$

由 (3.4.57), 得到

$$BS_A^\dagger D = 0. \tag{3.4.58}$$

结合 (3.4.56), 得到 $BS_A^\dagger = 0$ 及 $R(S_A^*) \subseteq N(B)$. 因此, (3.4.55) 可化简为

$$MM^\dagger = \begin{pmatrix} AA^\dagger + B_1B_1^\dagger & O \\ O & S_AS_A^\dagger + C_1C_1^\dagger \end{pmatrix}. \tag{3.4.59}$$

根据 (3.4.55) 和 (3.4.59), 有

$$(I - C_1C_1^\dagger)CA^\dagger + S_AB_1^\dagger = 0. \tag{3.4.60}$$

在上式两边右乘 A 得到 $(I - C_1C_1^\dagger)CA^\dagger A = 0$. 由于 $(I - C_1C_1^\dagger)C_1 = 0$, 故

$$(I - C_1C_1^\dagger)C_1 - (I - C_1C_1^\dagger)CA^\dagger A = (I - C_1C_1^\dagger)C = 0.$$

因此, $R(C) \subseteq R(C_1) \subseteq R(C)$, 即 $C_1C_1^\dagger = CC^\dagger$, 由引理 3.4.3, 得到

$$R(A^*) \cap R(C^*) = \{0\}.$$

另一方面, 利用同样的方法, 根据 $M^\dagger M = (M^\dagger M)^*$, 得

$$R(A) \cap R(B) = \{0\}, \quad R(S_A) \subseteq N(C^*).$$

($\Leftarrow$) 由于 (3.4.54) 等价于

$$CC^\dagger = C_1C_1^\dagger, \quad B^\dagger B = B_1^\dagger B_1, \quad BS_A^\dagger = 0, \quad S_A^\dagger C = 0,$$

利用这些条件, 容易验证四个 Moore-Penrose 方程成立, 故可得

$$M^{\dagger}=\begin{pmatrix} A^{\dagger}-C_1^{\dagger}CA^{\dagger}-A^{\dagger}BB_1^{\dagger} & C_1^{\dagger} \\ B_1^{\dagger} & S_A^{\dagger} \end{pmatrix}.$$

定理 3.4.20　设 M 有形如 (3.4.1) 的分块形式, 令

$$X=\begin{pmatrix} (F_BAE_C)^{\dagger} & (F_DCE_A)^{\dagger} \\ (F_ABE_D)^{\dagger} & (F_CDE_B)^{\dagger} \end{pmatrix}, \tag{3.4.61}$$

则以下三式等价:

(i) $X\in M\{1\}$;

(ii) $X\in M\{1,2\}$;

(iii) $r(M)=r(A)+r(B)+r(C)+r(D)$.

证明　(i)⇔(ii)　结论显然成立.

(i)⇒(iii)　利用 M 和 X 的分块形式, 经计算得

$$MX=\begin{pmatrix} A(F_BAE_C)^{\dagger}+B(F_ABE_D)^{\dagger} & A(F_DCE_A)^{\dagger}+B(F_CDE_B)^{\dagger} \\ C(F_BAE_C)^{\dagger}+D(F_ABE_D)^{\dagger} & C(F_DCE_A)^{\dagger}+D(F_CDE_B)^{\dagger} \end{pmatrix}. \tag{3.4.62}$$

显然

$$A(F_DCE_A)^{\dagger}=0,\quad B(F_CDE_B)^{\dagger}=0,\quad C(F_BAE_C)^{\dagger}=0,\quad D(F_ABE_D)^{\dagger}=0,$$

于是 (3.4.62) 等价于

$$MX=\begin{pmatrix} A(F_BAE_C)^{\dagger}+B(F_ABE_D)^{\dagger} & O \\ O & C(F_DCE_A)^{\dagger}+D(F_CDE_B)^{\dagger} \end{pmatrix}. \tag{3.4.63}$$

根据 $MXM=M$, 得到

$$\begin{aligned}&\begin{pmatrix} A(F_BAE_C)^{\dagger}A+B(F_ABE_D)^{\dagger}A & A(F_BAE_C)^{\dagger}B+B(F_ABE_D)^{\dagger}B \\ C(F_DCE_A)^{\dagger}C+D(F_CDE_B)^{\dagger}C & C(F_DCE_A)^{\dagger}D+D(F_CDE_B)^{\dagger}D \end{pmatrix}\\ =&\begin{pmatrix} A(F_BAE_C)^{\dagger}A & B(F_ABE_D)^{\dagger}B \\ C(F_DCE_A)^{\dagger}C & D(F_CDE_B)^{\dagger}D \end{pmatrix}\\ =&\begin{pmatrix} A & B \\ C & D \end{pmatrix}.\end{aligned}$$

因此 $(F_BAE_C)^{\dagger}\in A\{1\}$, $(F_ABE_D)^{\dagger}\in B\{1\}$, $(F_DCE_A)^{\dagger}\in C\{1\}$, $(F_CDE_B)^{\dagger}\in D\{1\}$. 即 A,B,C,D 关于 $\{1\}$-逆块独立, 根据文献 [165, 定理 4.1] 我们得到 (c) 成立.

(c) ⇒(a)　根据文献 [165, 推论 2.9], 易得 $X=M^{\dagger}$.

定理 3.4.21 [216] 设 M 有形如 (3.4.1) 的分块形式, 则

$$M^{\dagger}=\begin{pmatrix} A^{\dagger}+A^{\dagger}BS_A^{\dagger}CA^{\dagger} & -A^{\dagger}BS_A^{\dagger} \\ -S_A^{\dagger}CA^{\dagger} & S_A^{\dagger} \end{pmatrix} \tag{3.4.64}$$

当且仅当

$$BE_{S_A}=0, \quad CE_A=0, \quad F_AB=0, \quad F_{S_A}C=0. \tag{3.4.65}$$

证明 (⇒) 由 $M^{\dagger}$ 表示式, 经计算得

$$MM^{\dagger}=\begin{pmatrix} AA^{\dagger}-(I-AA^{\dagger})BS_A^{\dagger}CA^{\dagger} & (I-AA^{\dagger})BS_A^{\dagger} \\ (I-S_AS_A^{\dagger})CA^{\dagger} & S_AS_A^{\dagger} \end{pmatrix}. \tag{3.4.66}$$

又由 $MM^{\dagger}M=M$, 得

$$\begin{pmatrix} A+(I-AA^{\dagger})BS_A^{\dagger}C(I-A^{\dagger}A) & AA^{\dagger}B-(I-AA^{\dagger})BS_A^{\dagger}S_A \\ CA^{\dagger}A+S_AS_A^{\dagger}C(I-A^{\dagger}A) & S_A+CA^{\dagger}B \end{pmatrix}=\begin{pmatrix} A & B \\ C & D \end{pmatrix}.$$

故有

$$(I-AA^{\dagger})BS_A^{\dagger}C(I-A^{\dagger}A)=0, \tag{3.4.67}$$

$$(I-AA^{\dagger})B(I-S_A^{\dagger}S_A)=0, \tag{3.4.68}$$

$$(I-S_AS_A^{\dagger})C(I-A^{\dagger}A)=0. \tag{3.4.69}$$

因为 (3.4.66) 是 Hermitian 矩阵, 故

$$(I-S_AS_A^{\dagger})CA^{\dagger}=((I-AA^{\dagger})BS_A^{\dagger})^*=(S_A^{\dagger})^*B^*(I-AA^{\dagger}),$$

在上式两端右乘 A 得: $(I-S_AS_A^{\dagger})CA^{\dagger}A=0$. 又 $(I-S_AS_A^{\dagger})C(I-A^{\dagger}A)=0$, 因此

$$(I-S_AS_A^{\dagger})C=0 \quad 及 \quad F_{S_A}C=0.$$

故又有 $(I-AA^{\dagger})BS_A^{\dagger}=0$. 根据 $(I-AA^{\dagger})B(I-S_A^{\dagger}S_A)=0$, 得

$$(I-AA^{\dagger})B=0, \quad F_AB=0.$$

同理, 由 $M^{\dagger}M$ 是 Hermitian 矩阵, 得 $BE_{S_A}=0$, $CE_A=0$.

(⇐) 由于 $BE_{S_A}=0$, $CE_A=0$, $F_AB=0$, $F_{S_A}C=0$, 则有

$$B_1=0, \quad C_1=0, \quad J_D=S_A. \tag{3.4.70}$$

易见引理 3.4.1(i)(5) 和 (ii)(5) 成立, 故秩可加性条件

$$r(M)=r\begin{pmatrix}A\\C\end{pmatrix}+r\begin{pmatrix}B\\D\end{pmatrix}=r(A,\ B)+r(C,\ D).$$

满足. 因此, 由引理 3.4.1(iii) 得

$$M^\dagger=\begin{pmatrix}\begin{matrix}A^\dagger+C_1^\dagger(S_AJ^\dagger{}_DS_A-S_A)B_1^\dagger-C_1^\dagger(I-S_AJ^\dagger{}_D)CA^\dagger\\-A^\dagger B(I-J^\dagger{}_DS_A)B_1^\dagger+\\A^\dagger BJ^\dagger{}_DCA^\dagger(I-J^\dagger{}_DS_A)B_1^\dagger-J^\dagger{}_DCA^\dagger\end{matrix} & \begin{matrix}C_1^\dagger(I-S_AJ^\dagger{}_D)-A^\dagger BJ^\dagger{}_D\\J^\dagger{}_D\end{matrix}\end{pmatrix},$$

根据 (3.4.70), $M^\dagger$ 即可化为 (3.4.64).

3.5　基于 Banachiewicz-Schur 形式分块矩阵的广义逆

设 $A\in\mathbb{C}_r^{m\times n},B\in\mathbb{C}_s^{m\times q},C\in\mathbb{C}_t^{p\times n}$ 和 $D\in\mathbb{C}_k^{p\times q}$. 记

$$M=\begin{pmatrix}A & B\\C & D\end{pmatrix}. \tag{3.5.1}$$

利用 A 在 M 中的广义 Schur $S_A=D-CA^\dagger B$, 在条件

$$BE_{S_A}=0,\quad CE_A=0,\quad F_AB=0,\quad F_{S_A}C=0 \tag{3.5.2}$$

下, $M^\dagger$ 可以表示为

$$M^\dagger=\begin{pmatrix}A^\dagger+A^\dagger BS_A^\dagger CA^\dagger & -A^\dagger BS_A^\dagger\\-S_A^\dagger CA^\dagger & S_A^\dagger\end{pmatrix}. \tag{3.5.3}$$

同理, 利用 D 在 M 中广义 Schur 补 $S_D=A-BD^\dagger C$, 在条件

$$BE_D=0,\quad CE_{S_D}=0,\quad F_DC=0,\quad F_{S_D}B=0 \tag{3.5.4}$$

下, $M^\dagger$ 可以表示为

$$M^\dagger=\begin{pmatrix}S_D{}^\dagger & -S_D{}^\dagger BD^\dagger\\-D^\dagger CS_D{}^\dagger & D^\dagger+D^\dagger CS_D{}^\dagger BD^\dagger\end{pmatrix} \tag{3.5.5}$$

若 $M^\dagger$ 同时等于 (3.5.3), (3.5.5) 两个表达, 是否需要 (3.5.2),(3.5.4) 两个条件呢? 答案是否定的.

田永革 [216,推论2.10] 首次把两个表达式结合起来, 给出了 $M^\dagger$ 同时等于 (3.5.3) 和 (3.5.5) 的条件, 即若

$$r(M)=r(A)+r(D),\quad \mathcal{R}(B)\subseteq\mathcal{R}(A),\quad \mathcal{R}(C)\subseteq\mathcal{R}(D),$$
$$\mathcal{R}(B^*)\subseteq\mathcal{R}(D^*),\quad \mathcal{R}(C^*)\subseteq\mathcal{R}(A^*),$$

则

$$\begin{aligned}M^\dagger&=\begin{pmatrix}A^\dagger+A^\dagger BS^\dagger CA^\dagger & -A^\dagger BS^\dagger\\ -S^\dagger CA^\dagger & S^\dagger\end{pmatrix}\\ &=\begin{pmatrix}G^\dagger & -G^\dagger BD^\dagger\\ -D^\dagger CG^\dagger & D^\dagger+D^\dagger CG^\dagger BD^\dagger\end{pmatrix}.\end{aligned}\tag{3.5.6}$$

盛兴平和陈果良用不同的方法再次给出了上式的证明. 2009 年, D. S. Cvetković-Ilić 则给出了 (3.5.6) 成立的一个充要条件.

本节将对 (3.5.6) 进行更进一步的探讨, 给出了其成立的另外 9 个充要条件, 并把该形式的表达式推广到 $\{1,2,3\}$-逆, $\{1,2,4\}$-逆及群逆的情形. 同时, 利用 3.4 节得到的结论, 得到定理 3.5.8~定理 3.5.10, 对 (3.5.6) 式进行进一步的推广. 值得注意的是, 该形式 $\{1,3\}$-逆, $\{1,4\}$-逆以及其他形式的广义逆的充要条件尚未得到, 这也是需要继续探讨的内容.

为方便起见, 我们首先介绍下面符号表示:

$$S=D-CA^-B,\quad G=A-BD^-C,\quad A^-\in A\{i,j,k\},D^-\in D\{i,j,k\},$$

$$N_1\{i,j,k\}=\left\{X=\begin{pmatrix}A^-+A^-BS^-CA^- & -A^-BS^-\\ -S^-CA^- & S^-\end{pmatrix}:\right.$$
$$\left.A^-\in A\{i,j,k\},\quad S=D-CA^-B,\quad S^-\in S\{i,j,k\}\right\},\tag{3.5.7}$$

$$N_2\{i,j,k\}=\left\{Y=\begin{pmatrix}G^- & -G^-BD^-\\ -D^-CG^- & D^-+D^-CG^-BD^-\end{pmatrix}:\right.$$
$$\left.D^-\in D\{i,j,k\},G=A-BD^-C,G^-\in G\{i,j,k\}\right\}.\tag{3.5.8}$$

定理 3.5.1 设 M 有形如 (3.5.1) 的分块形式, 则

(i) $N_1\{1,2,3\}\subseteq N_2\{1,2,3\}\subseteq M\{1,2,3\}$ 当且仅当对任意的 $A^-\in A\{1,2,3\}$, $D^-\in D\{1,2,3\}$, $G^-\in G\{1,2,3\}$,

$$F_AB=0,\quad F_DC=0,\quad F_GB=0,\tag{3.5.9}$$

且对任意的 $A^- \in A\{1,2,3\}$, $S^- \in S\{1,2,3\}$, 存在 $D^- \in D\{1,2,3\}$ 使得

$$F_D = F_S, \quad E_D S^- = 0, \quad E_S D^- = 0. \tag{3.5.10}$$

(ii) $N_2\{1,2,3\} \subseteq N_1\{1,2,3\} \subseteq M\{1,2,3\}$ 当且仅当对任意的 $A^- \in A\{1,2,3\}$, $D^- \in D\{1,2,3\}$, $S^- \in S\{1,2,3\}$,

$$F_A B = 0, \quad F_D C = 0, \quad F_S C = 0, \tag{3.5.11}$$

且对任意的 $D^- \in D\{1,2,3\}$, $G^- \in G\{1,2,3\}$, 存在 $A^- \in A\{1,2,3\}$ 使得

$$F_A = F_G, \quad E_A G^- = 0, \quad E_G A^- = 0. \tag{3.5.12}$$

(iii) $N_1\{1,2,3\} = N_2\{1,2,3\} \subseteq M\{1,2,3\}$ 当且仅当对任意的 $A^- \in A\{1,2,3\}$, $D^- \in D\{1,2,3\}$,

$$F_A B = 0, \quad F_D C = 0, \tag{3.5.13}$$

且对任意的 $A^- \in A\{1,2,3\}$, $S^- \in S\{1,2,3\}$, 存在 $D^- \in D\{1,2,3\}$ 使得

$$F_D = F_S, \quad E_D S^- = 0, \quad E_S D^- = 0, \tag{3.5.14}$$

对任意的 $D^- \in D\{1,2,3\}$, $G^- \in G\{1,2,3\}$, 存在 $A^- \in A\{1,2,3\}$ 使得

$$F_A = F_G, \quad E_A G^- = 0, \quad E_G A^- = 0. \tag{3.5.15}$$

证明 (i) ($\Leftarrow$) 根据引理 3.4.9, 有 $Y \in N_2\{1,2,3\} \in M\{1,2,3\}$. 现在我们只需证明 $N_1\{1,2,3\} \subseteq N_2\{1,2,3\}$. 任取

$$X_1 = \begin{pmatrix} A_1^- + A_1^- B S_1^- C A_1^- & -A_1^- B S_1^- \\ -S_1^- C A_1^- & S_1^- \end{pmatrix} \in N_1\{1,2,3\}.$$

由假设, 对任意的 S_1^-, 存在某个 D 的 $\{1,2,3\}$-逆, 记为 D_1^-, 使得

$$F_D = F_{S_1}, \quad E_D S_1^- = 0, \quad E_{S_1} D_1^- = 0.$$

令 $G = A - BD_1^- C$. 下证 $G_1^- = A_1^- + A_1^- B S_1^- C A_1^- \in G\{1,2,3\}$. 经过计算, 得到

$$\begin{aligned} GG_1^- &= (A - BD_1^- C)(A_1^- + A_1^- B S_1^- C A_1^-) \\ &= AA_1^- + AA_1^- B S_1^- C A_1^- - BD_1^- C A_1^- \\ &\quad - BD_1^- C A_1^- B S_1^- C A_1^- \\ &= AA_1^- + B S_1^- C A_1^- - BD_1^- C A_1^- \\ &\quad - BD_1^- D S_1^- C A_1^- + BD_1^- S_1 S_1^- C A_1^- \\ &= AA_1^-, \end{aligned}$$

故 $GG_1^-G = AA_1^-(A - BD_1^-C) = A - BD_1^-C = G$, 又

$$G_1^-GG_1^- = (A_1^- + A_1^-BS_1^-CA_1^-)AA_1^- = A_1^- + A_1^-BS_1^-CA_1^- = G_1^-,$$

因此, $G_1^- \in G\{1,2,3\}$. 因为 $F_D = F_{S_1}, E_DS_1^- = 0, E_{S_1}D_1^- = 0$, 经过简单的计算得

$$\begin{aligned} D_1^-CG_1^- &= D_1^-C(A_1^- + A_1^-BS_1^-CA_1^-) \\ &= D_1^-CA_1^- + D_1^-CA_1^-BS_1^-CA_1^- \\ &= D_1^-CA_1^- + D_1^-(D - S_1)S_1^-CA_1^- \\ &= D_1^-CA_1^- + D_1^-DS_1^-CA_1^- - D_1^-S_1S_1^-CA_1^- \\ &= S_1^-CA_1^-, \end{aligned}$$

$$\begin{aligned} G_1^-BD_1^- &= (A_1^- + A_1^-BS_1^-CA_1^-)BD_1^- \\ &= A_1^-BD_1^- + A_1^-BS_1^-CA_1^-BD_1^- \\ &= A_1^-BD_1^- + A_1^-BS_1^-(D - S_1)D_1^- \\ &= A_1^-BD_1^- + A_1^-BS_1^-DD_1^- - A_1^-BS_1^-S_1D_1^- \\ &= A_1^-BS_1^- \end{aligned}$$

和

$$\begin{aligned} D_1^- + D_1^-CG_1^-BD_1^- &= D_1^- + D_1^-C(A_1^- + A_1^-BS_1^-CA_1^-)BD_1^- \\ &= D_1^- + D_1^-CA_1^-BD_1^- + D_1^-CA_1^-BS_1^-CA_1^-BD_1^- \\ &= D_1^- + D_1^-(D - S_1)D_1^- + D_1^-(D - S_1)S_1^-(D - S_1)D_1^- \\ &= S_1^-. \end{aligned}$$

这样,

$$\begin{aligned} X_1 &= \begin{pmatrix} A_1^- + A_1^-BS_1^-CA_1^- & -A_1^-BS_1^- \\ -S_1^-CA_1^- & S_1^- \end{pmatrix} \\ &= \begin{pmatrix} G_1^- & -G_1^-BD_1^- \\ -D_1^-CG_1^- & D_1^- + D_1^-CG_1^-BD_1^- \end{pmatrix} \in N_2\{1,2,3\}. \end{aligned}$$

因此, $N_1 \subseteq N_2 \subseteq M\{1,2,3\}$.

(⇒)　由 $N_1\{1,2,3\} \subseteq M\{1,2,3\}$ 且 $N_2\{1,2,3\} \subseteq M\{1,2,3\}$ 得, 对任意的 $A^- \in A\{1,2,3\}, D^- \in D\{1,2,3\}, G^- \in G\{1,2,3\}$, 以下式子满足: $F_AB=0, F_GB=0, F_DC=0$. 另外, 由 $N_1\{1,2,3\} \subseteq N_2\{1,2,3\}$ 得, 对任意的 $X \in N_1\{1,2,3\}$ 存在某个 $Y \in N_2\{1,2,3\}$ 使得 $X=Y$. 因此, 对任意的 $A^- \in A\{1,2,3\}, S^- \in S\{1,2,3\}$, 存在 $D^- \in D\{1,2,3\}, G^- \in G\{1,2,3\}$ 使得

$$\begin{pmatrix} A^- + A^-BS^-CA^- & -A^-BS^- \\ -S^-CA^- & S^- \end{pmatrix} = \begin{pmatrix} G^- & -G^-BD^- \\ -D^-CG^- & D^- + D^-CG^-BD^- \end{pmatrix}.$$

又

$$\begin{aligned} SS^- = &(D-CA^-B)(D^- + D^-CG^-BD^-) \\ =&DD^- + DD^-CG^-BD^- - CA^-BD^- \\ &- CA^-AG^-BD^- + CA^-GG^-BD^- \\ =&DD^- + C(I-A^-A)G^-BD^- \\ =&DD^- + C(I-A^-A)A^-BS^- \\ =&DD^-, \end{aligned}$$

于是, 得到 $F_S = F_D$.

因为

$$\begin{aligned} D^- + D^-CG^-BD^- =&D^- + S^-CA^-BD^- \\ =&D^- + S^-(D-S)D^- \\ =&D^- + S^-DD^- - S^-SD^- \\ =&S^-, \end{aligned}$$

则有 $D^- = S^-SD^-$, 即 $E_SD^- = 0$.

同理

$$\begin{aligned} D^- + D^-CG^-BD^- =&D^- + D^-CA^-BS^- \\ =&D^- + D^-(D-S)S^- \\ =&D^- + D^-DS^- - D^-SS^- \\ =&S^-, \end{aligned}$$

这蕴涵 $E_DS^- = 0$.

(ii) (⇐)　与 (a) 类似, 因为 $F_AB=0, F_SC=0$, 则有 $N_1\{1,2,3\} \subseteq M\{1,2,3\}$. 下证 $N_2\{1,2,3\} \subseteq N_1\{1,2,3\}$. 任取

$$Y_1 = \begin{pmatrix} G_1^- & -G_1^- BD_1^- \\ -D_1^- CG_1^- & D_1^- + D_1^- CG_1^- BD_1^- \end{pmatrix} \in N_2\{1,2,3\}.$$

对任意的 G_1^-, 存在 A 的某个 $\{1,2,3\}$- 逆, 记为 A_1^-, 使得

$$F_A = F_{G_1}, \quad E_A G_1^- = 0, \quad E_{G_1} A_1^- = 0.$$

令 $S = D - CA_1^- B$, 则有

$$S_1^- = D_1^- + D_1^- CG_1^- BD_1^- \in S\{1,2,3\},$$

$$S_1^- CA_1^- = D_1^- CG_1^-, A_1^- BS_1^- = G_1^- BD_1^-$$

和

$$A_1^- + A_1^- BS_1^- CA_1^- = G_1^-.$$

因此

$$\begin{aligned} Y_1 &= \begin{pmatrix} G_1^- & -G_1^- BD_1^- \\ -D_1^- CG_1^- & D_1^- + D_1^- CG_1^- BD_1^- \end{pmatrix} \\ &= \begin{pmatrix} A_1^- + A_1^- BS_1^- CA_1^- & -A_1^- BS_1^- \\ -S_1^- CA_1^- & S_1^- \end{pmatrix} \in N_1\{1,2,3\}. \end{aligned}$$

于是得 $N_2\{1,2,3\} \subseteq N_1\{1,2,3\} \subseteq M\{1,2,3\}$. 利用与 (i) 同样的方法, 易证充分性成立.

(iii) 结合 (i) 和 (ii), 我们得到 (iii).

同理, 用同样的方法, 我们得到如下关于 $\{1,2,4\}$-逆的结果.

定理 3.5.2 设 M 有形如 (3.5.1) 的分块形式, 则

(i) $N_1\{1,2,4\} \subseteq N_2\{1,2,4\} \subseteq M\{1,2,4\}$ 当且仅当对任意的 $A^- \in A\{1,2,4\}$, $D^- \in D\{1,2,4\}$, $G^- \in G\{1,2,4\}$,

$$CE_A = 0, \quad BE_D = 0, \quad CE_G = 0,$$

且对任意的 $A^- \in A\{1,2,4\}$, $S^- \in S\{1,2,4\}$, 存在 $D^- \in D\{1,2,4\}$ 使得

$$E_S = E_D, \quad S^- F_D = 0, \quad D^- F_S = 0.$$

(ii) $N_2\{1,2,4\} \subseteq N_1\{1,2,4\} \subseteq M\{1,2,4\}$ 当且仅当对任意的 $A^- \in A\{1,2,4\}$, $D^- \in D\{1,2,4\}$, $S^- \in S\{1,2,4\}$,

$$CE_A = 0, \quad BE_D = 0, \quad BE_S = 0,$$

且对任意的 $D^- \in D\{1,2,4\}, G^- \in G\{1,2,4\}$, 存在 $A^- \in A\{1,2,4\}$ 使得

$$E_A = E_G, \quad G^- F_A = 0, \quad A^- F_G = 0.$$

(iii) $N_1\{1,2,4\} = N_2\{1,2,4\} \subseteq M\{1,2,4\}$ 当且仅当对任意的 $A^- \in A\{1,2,4\}$, $D^- \in D\{1,2,4\}$,

$$CE_A = 0, \quad BE_D = 0,$$

且对任意的 $A^- \in A\{1,2,4\}, S^- \in S\{1,2,4\}$, 存在 $D^- \in D\{1,2,4\}$ 使得

$$E_S = E_D, \quad S^- F_D = 0, \quad D^- F_S = 0,$$

对任意的 $D^- \in D\{1,2,4\}, G^- \in G\{1,2,4\}$, 存在 $A^- \in A\{1,2,4\}$ 使得

$$E_A = E_G, \quad G^- F_A = 0, \ A^- F_G = 0.$$

根据定理 3.5.1 和定理 3.5.2, 我们还有如下结论, 用同样的方法即可证得.

定理 3.5.3　设 M 有形如 (3.5.1) 的分块形式, 则

(i) 对任意的 $X \in N_1\{1,2,3\}$, 存在某个 $Y \in N_2\{1,2,3\}$ 使得 $X = Y \in M\{1,2,3\}$ 当且仅当 $A^- \in A\{1,2,3\}$, $S^- \in S\{1,2,3\}$ 且存在 $D^- \in D\{1,2,3\}$, $G^- \in G\{1,2,3\}$ 使得

$$F_A B = 0, \quad F_D C = 0, \quad F_G B = 0, \quad F_D = F_S, \quad E_D S^- = 0, \quad E_S D^- = 0.$$

(ii) 对任意的 $Y \in N_2\{1,2,3\}$, 存在某个 $X \in N_1\{1,2,3\}$ 使得 $X = Y \in M\{1,2,3\}$ 当且仅当 $D^- \in D\{1,2,3\}$, $G^- \in G\{1,2,3\}$ 且存在 $A^- \in A\{1,2,3\}$, $S^- \in S\{1,2,3\}$ 使得

$$F_A B = 0, \quad F_D C = 0, \quad F_S C = 0, \quad F_A = F_G, \quad E_A G^- = 0, \quad E_G A^- = 0.$$

定理 3.5.4　设 M 有形如 (3.5.1) 的分块形式, 则

(i) 对任意的 $X \in N_1\{1,2,4\}$, 存在 $Y \in N_2\{1,2,4\}$ 使得 $X = Y \in M\{1,2,4\}$ 当且仅当 $A^- \in A\{1,2,4\}, S^- \in S\{1,2,4\}$ 且存在 $D^- \in D\{1,2,4\}$, $G^- \in G\{1,2,4\}$ 使得

$$CE_A = 0, \quad BE_D = 0, \quad CE_G = 0, \quad E_S = E_D, \quad S^- F_D = 0, \quad D^- F_S = 0.$$

(ii) 对任意的 $Y \in N_2\{1,2,4\}$, 存在 $X \in N_1\{1,2,4\}$ 使得 $X = Y \in M\{1,2,4\}$ 当且仅当 $D^- \in D\{1,2,4\}, G^- \in G\{1,2,4\}$ 且存在 $A^- \in A\{1,2,4\}, S^- \in S\{1,2,4\}$ 使得

$$CE_A = 0, \quad BE_D = 0, \quad BE_S = 0, \quad E_A = E_G, \quad G^- F_A = 0, \quad A^- F_G = 0.$$

定理 3.5.5 设 M 有形如 (3.5.1) 的分块形式, 则

$$M^\dagger = \begin{pmatrix} A^- + A^-BS^-CA^- & -A^-BS^- \\ -S^-CA^- & S^- \end{pmatrix} = \begin{pmatrix} G^- & -G^-BD^- \\ -D^-CG^- & D^- + D^-CG^-BD^- \end{pmatrix} \tag{3.5.16}$$

当且仅当 $A^- = A^\dagger$, $D^- = D^\dagger$, $S^- = S^\dagger$, $G^- = G^\dagger$ 且

$$F_AB = 0, \quad F_DC = 0, \quad CE_A = 0, \quad BE_D = 0, \quad E_D = E_S, \quad F_D = F_S. \tag{3.5.17}$$

证明 根据定理 3.5.1 和定理 3.5.2, 有

$$M^\dagger = \begin{pmatrix} A^- + A^-BS^-CA^- & -A^-BS^- \\ -S^-CA^- & S^- \end{pmatrix} = \begin{pmatrix} G^- & -G^-BD^- \\ -D^-CG^- & D^- + D^-CG^-BD^- \end{pmatrix}$$

当且仅当

$$\begin{array}{llll} A^- = A^\dagger, & D^- = D^\dagger, & S^- = S^\dagger, & G^- = G^\dagger, \\ E_DS^- = 0, & E_SD^- = 0, & E_AG^- = 0, & E_GA^- = 0, \\ D^-F_S = 0, & S^-F_D = 0, & G^-F_A = 0, & A^-F_G = 0, \\ F_AB = 0, & F_DC = 0, & CE_A = 0, & BE_D = 0, \\ E_S = E_D, & E_A = E_G, & F_D = F_S, & F_A = F_G. \end{array}$$

由 $E_S = E_D$, $E_DD^- = 0$, 得 $E_SD^- = 0$. 于是

$$E_S = E_D, \quad E_A = E_G, \quad F_D = F_S, \quad F_A = F_G$$

蕴涵

$$E_DS^- = 0, \quad E_SD^- = 0, \quad E_AG^- = 0, \quad E_GA^- = 0,$$

$$D^-F_S = 0, \quad S^-F_D = 0, \quad G^-F_A = 0, \quad A^-F_G = 0.$$

现在, 我们只需证明

$$\begin{array}{llll} F_AB = 0, & F_DC = 0, & CE_A = 0, & BE_D = 0, \\ E_S = E_D, & E_A = E_G, & F_D = F_S, & F_A = F_G \end{array} \tag{3.5.18}$$

等价于 (3.5.17). 记 $G' = A^- + A^-BS^-CA^-$, 因为 $F_AB = 0, BE_D = 0, F_S = F_D$, 通过计算得

$$\begin{aligned} GG' =&(A - BD^-C)(A^- + A^-BS^-CA^-)\\ =&AA^- + AA^-BS^-CA^- - BD^-CA^-\\ &- BD^-DS^-CA^- + BD^-SS^-CA^-\\ =&AA^-. \end{aligned}$$

同理, 根据

$$F_DC = 0, \quad CE_A = 0, \quad E_S = E_D,$$

有 $G'G = A^-A$. 另外, 又有 $GG'G = G, G'GG' = G'$, 于是, $G' = G^\dagger$, 故

$$E_A = E_G, \quad F_A = F_G.$$

因此, (3.5.18) 等价于 (3.5.17).

同理, 用同样的方法, 我们得到如下另外 9 个关于 (3.5.16) 成立的充要条件.

定理 3.5.6 设 M 有形如 (3.5.1) 的分块形式, 则

$$\begin{aligned} M^\dagger =&\begin{pmatrix} A^- + A^-BS^-CA^- & -A^-BS^- \\ -S^-CA^- & S^- \end{pmatrix}\\ =&\begin{pmatrix} G^- & -G^-BD^- \\ -D^-CG^- & D^- + D^-CG^-BD^- \end{pmatrix} \end{aligned}$$

当且仅当

$$A^- = A^\dagger, \quad D^- = D^\dagger, \quad S^- = S^\dagger, \quad G^- = G^\dagger,$$

且下列条件之一满足:

(i) $F_AB = 0,\ F_SC = 0,\ CE_A = 0,\ BE_S = 0,\ E_D = E_S,\ F_D = F_S$;

(ii) $F_AB = 0,\ F_DC = 0,\ CE_A = 0,\ BE_S = 0,\ E_D = E_S,\ F_D = F_S$;

(iii) $F_AB = 0,\ F_SC = 0,\ CE_A = 0,\ BE_D = 0,\ E_D = E_S,\ F_D = F_S$;

(iv) $F_AB = 0,\ F_DC = 0,\ CE_A = 0,\ BE_D = 0,\ E_A = E_G,\ F_A = F_G$;

(v) $F_GB = 0,\ F_DC = 0,\ CE_G = 0,\ BE_D = 0,\ E_A = E_G,\ F_A = F_G$;

(vi) $F_AB = 0,\ F_DC = 0,\ CE_G = 0,\ BE_D = 0,\ E_A = E_G,\ F_A = F_G$;

(vii) $F_GB = 0,\ F_DC = 0,\ CE_A = 0,\ BE_D = 0,\ E_A = E_G,\ F_A = F_G$.

定理 3.5.7　设 M 有形如 (3.5.1) 的分块形式, 则

$$\begin{aligned} M^\dagger =&\begin{pmatrix} A^- + A^-BS^-CA^- & -A^-BS^- \\ -S^-CA^- & S^- \end{pmatrix}\\ =&\begin{pmatrix} G^- & -G^-BD^- \\ -D^-CG^- & D^- + D^-CG^-BD^- \end{pmatrix} \end{aligned}$$

当且仅当

$$A^- = A^\dagger, \quad D^- = D^\dagger, \quad S^- = S^\dagger, \quad G^- = G^\dagger,$$

且下列条件之一满足:

(i) $F_AB = 0,\ F_DC = 0,\ F_GB = 0,\ CE_A = 0,\ BE_D = 0,\ CE_G = 0$;

(ii) [81] $F_AB = 0,\ F_DC = 0,\ F_SC = 0,\ CE_A = 0,\ BE_D = 0,\ BE_S = 0$.

下面, 我们给出同时具有两个 Banachiewicz-Schur 的群逆的表示式.

定理 3.5.8 设 M 有形如 (3.5.1) 的分块形式, 其群逆存在, 则

$$M^\# = \begin{pmatrix} A^- + A^-BS^-CA^- & -A^-BS^- \\ -S^-CA^- & S^- \end{pmatrix} = \begin{pmatrix} G^- & -G^-BD^- \\ -D^-CG^- & D^- + D^-CG^-BD^- \end{pmatrix} \tag{3.5.19}$$

当且仅当下列条件之一成立:

(i) $A^- = A^\#,\ D^- = D^\#,\ S^- = S^\#,\ G^- = G^\#$ 且

$$F_AB = 0, \quad F_DC = 0, \quad F_SC = 0, \quad CE_A = 0, \quad BE_D = 0, \quad BE_S = 0. \tag{3.5.20}$$

(ii) $A^- = A^\#,\ D^- = D^\#,\ S^- = S^\#,\ G^- = G^\#$ 且

$$F_AB = 0, \quad F_DC = 0, \quad F_GB = 0, \quad CE_A = 0, \quad BE_D = 0, \quad CE_G = 0. \tag{3.5.21}$$

证明 (i) 根据引理 3.4.11,

$$M^\# = \begin{pmatrix} A^- + A^-BS^-CA^- & -A^-BS^- \\ -S^-CA^- & S^- \end{pmatrix}$$

当且仅当

$$A^- = A^\#, \quad S^- = S^\#, \quad F_AB = 0, \quad F_SC = 0, \quad CE_A = 0, \quad BE_S = 0. \tag{3.5.22}$$

同理, 有

$$M^\# = \begin{pmatrix} G^- & -G^-BD^- \\ -D^-CG^- & D^- + D^-CG^-BD^- \end{pmatrix}$$

当且仅当

$$D^- = D^\#, \quad G^- = G^\#, \quad F_GB = 0, \quad F_DC = 0, \quad CE_G = 0, \quad BE_D = 0. \tag{3.5.23}$$

根据群逆的唯一性, 结合 (3.5.22) 和 (3.5.23), 得到

$$M^{\#}=\begin{pmatrix} A^{-}+A^{-}BS^{-}CA^{-} & -A^{-}BS^{-} \\ -S^{-}CA^{-} & S^{-} \end{pmatrix}$$

$$=\begin{pmatrix} G^{-} & -G^{-}BD^{-} \\ -D^{-}CG^{-} & D^{-}+D^{-}CG^{-}BD^{-} \end{pmatrix}$$

当且仅当

$$\begin{aligned} &A^{-}=A^{\#}, \quad D^{-}=D^{\#}, \quad S^{-}=S^{\#}, \quad G^{-}=G^{\#}, \\ &F_AB=0, \quad F_GB=0, \quad F_SC=0, \quad F_DC=0, \\ &BE_S=0, \quad CE_A=0, \quad BE_D=0, \quad CE_G=0. \end{aligned} \tag{3.5.24}$$

现在, 我们只需证明 (3.5.24) 等价于 (3.5.20). 记 $G^{'}=A^{-}+A^{-}BS^{-}CA^{-}$. 若 (3.5.20) 满足, 则

$$\begin{aligned} GG^{'} =&(A-BD^{-}C)(A^{-}+A^{-}BS^{-}CA^{-}) \\ =&AA^{-}+AA^{-}BS^{-}CA^{-}-BD^{-}CA^{-}-BD^{-}CA^{-}BS^{-}CA^{-} \\ =&AA^{-}+BS^{-}CA^{-}-BD^{-}CA^{-}-BD^{-}(D-S)S^{-}CA^{-} \\ =&AA^{-}, \end{aligned}$$

且

$$\begin{aligned} G^{'}G =&(A^{-}+A^{-}BS^{-}CA^{-})(A-BD^{-}C) \\ =&A^{-}A-A^{-}BD^{-}C-A^{-}BS^{-}CA^{-}A-A^{-}BS^{-}CA^{-}BD^{-}C \\ =&A^{-}A-A^{-}BD^{-}C-A^{-}BS^{-}C-A^{-}BS^{-}(D-S)D^{-}C \\ =&A^{-}A. \end{aligned}$$

于是, 容易得到

$$GG^{'}G=AA^{-}(A-BD^{-}C)=A-BD^{-}C=G,$$

$$G^{'}GG^{'}=A^{-}A(A^{-}+A^{-}BS^{-}CA^{-})=A^{-}+A^{-}BS^{-}CA^{-}=G^{'}$$

和 $GG^{'}=G^{'}G$, 这样 $G^{'}=G^{\#}$. 因此, $G^{\#}G=A^{-}A$, $GG^{\#}=AA^{-}$. 现在, 我们得到 $F_AB=F_GB=0$, $CE_A=CE_G=0$, 这意味着 (3.5.20) 蕴涵 (3.5.24). 显然, (3.5.24) 蕴涵 (3.5.20). 于是, (3.5.24) 等价于 (3.5.20).

(ii) 同理, 可证 (ii).

同样的, 用相同的方法, 我们得到如下结论.

定理 3.5.9 设 M 有形如 (3.5.1) 的分块形式, 则

$$M^{\#}=\begin{pmatrix} A^-+A^-BS^-CA^- & -A^-BS^- \\ -S^-CA^- & S^- \end{pmatrix}=\begin{pmatrix} G^- & -G^-BD^- \\ -D^-CG^- & D^-+D^-CG^-BD^- \end{pmatrix}$$

当且仅当

$$A^-=A^{\#},\quad D^-=D^{\#},\quad S^-=S^{\#},\quad G^-=G^{\#},$$

且下列条件之一满足:

(i) $F_AB=0,\ F_DC=0,\ CE_A=0,\ BE_D=0,\ E_D=E_S$;

(ii) $F_AB=0,\ F_SC=0,\ CE_A=0,\ BE_S=0,\ E_D=E_S$;

(iii) $F_AB=0,\ F_DC=0,\ CE_A=0,\ BE_S=0,\ E_D=E_S$;

(iv) $F_AB=0,\ F_SC=0,\ CE_A=0,\ BE_D=0,\ E_D=E_S$;

(v) $F_AB=0,\ F_DC=0,\ CE_A=0,\ BE_D=0,\ E_A=E_G$;

(vi) $F_GB=0,\ F_DC=0,\ CE_G=0,\ BE_D=0,\ E_A=E_G$;

(vii) $F_AB=0,\ F_DC=0,\ CE_G=0,\ BE_D=0,\ E_A=E_G$;

(viii) $F_GB=0,\ F_DC=0,\ CE_A=0,\ BE_D=0,\ E_A=E_G$.

根据 3.4 节得到的结论, 用相同的方法, 我们得到如下结论, 但是这些结论并不像以上这些可以化简其中的某些条件, 我们陈述如下.

定理 3.5.10 设 M 有形如 (3.5.1) 的分块形式, 则

$$M^{\dagger}=\begin{pmatrix} K_1-K_2CA^{\dagger}-A^{\dagger}BK_3+A^{\dagger}BJ^{\dagger}{}_DCA^{\dagger} & K_2-A^{\dagger}BJ^{\dagger}{}_D \\ K_3-J^{\dagger}{}_DCA^{\dagger} & J^{\dagger}{}_D \end{pmatrix}=\begin{pmatrix} J_A^{\dagger} & L_2-J_A^{\dagger}BD^{\dagger} \\ L_3-D^{\dagger}CJ_A^{\dagger} & L_1-D^{\dagger}CL_2-L_3BD^{\dagger}+D^{\dagger}CJ_A^{\dagger}BD^{\dagger} \end{pmatrix}$$

当且仅当

$$r(M)=r\begin{pmatrix} A \\ C \end{pmatrix}+r\begin{pmatrix} B \\ D \end{pmatrix}=r(A,\ B)+r(C,\ D).$$

其中

$$K_1=A^{\dagger}+C_1^{\dagger}(S_AJ^{\dagger}{}_DS_A-S_A)B_1^{\dagger},\quad K_2=C_1^{\dagger}(I-S_AJ^{\dagger}{}_D),\quad K_3=(I-J^{\dagger}{}_DS_A)B_1^{\dagger},$$

$$L_1 = D^\dagger + B_2^\dagger(S_D J_A^\dagger S_D - S_D)C_2^\dagger, \quad L_2 = (I - J_A^\dagger S_D)C_2^\dagger, \quad L_3 = B_2^\dagger(I - S_D J_A^\dagger).$$

证明 定理 3.5.2(iii) 和定理 3.5.3(iii) 即得结论成立.

定理 3.5.11 设 M 有形如 (3.5.1) 的分块形式, 则

$$M^\dagger = \begin{pmatrix} A^\dagger - K_2CA^\dagger - A^\dagger BK_3 + A^\dagger BJ^\dagger{}_D CA^\dagger & K_2 - A^\dagger BJ^\dagger{}_D \\ K_3 - J^\dagger{}_D CA^\dagger & J^\dagger{}_D \end{pmatrix}$$
$$= \begin{pmatrix} J_A^\dagger & L_2 - J_A^\dagger BD^\dagger \\ L_3 - D^\dagger CJ_A^\dagger & D^\dagger - D^\dagger CL_2 - L_3BD^\dagger + D^\dagger CJ_A^\dagger BD^\dagger \end{pmatrix}$$

当且仅当

$$R\begin{pmatrix} A \\ O \end{pmatrix} \subseteq R(M), \quad R\begin{pmatrix} A^* \\ O \end{pmatrix} \subseteq R(M^*),$$
$$R(B_1^*) \cap R(S_A^*) = \{0\}, \quad R(C_1) \cap R(S_A) = \{0\},$$
$$R(B_2) \cap R(S_D) = \{0\}, \quad R(C_1^*) \cap R(S^*{}_D) = \{0\},$$

其中

$$K_2 = C_1^\dagger(I - S_A J^\dagger{}_D), \quad K_3 = (I - J^\dagger{}_D S_A)B_1^\dagger,$$
$$L_2 = (I - J_A^\dagger S_D)C_2^\dagger, \quad L_3 = B_2^\dagger(I - S_D J_A^\dagger).$$

定理 3.5.12 设 M 有形如 (3.5.1) 的分块形式, 则

$$M^\dagger = \begin{pmatrix} A^\dagger - C_1^\dagger CA^\dagger - A^\dagger BB_1^\dagger + A^\dagger BS_A^\dagger CA^\dagger & C_1^\dagger - A^\dagger BS_A^\dagger \\ B_1^\dagger - S_A^\dagger CA^\dagger & S_A^\dagger \end{pmatrix}$$
$$= \begin{pmatrix} S^\dagger{}_D & C_2^\dagger - S^\dagger{}_D BD^\dagger \\ B_2^\dagger - D^\dagger CS^\dagger{}_D & D^\dagger - D^\dagger CC_2^\dagger - B_2^\dagger BD^\dagger + D^\dagger CS^\dagger{}_D BD^\dagger \end{pmatrix}$$

当且仅当

$$R\begin{pmatrix} A \\ O \end{pmatrix} \subseteq R(M), \quad R\begin{pmatrix} A^* \\ O \end{pmatrix} \subseteq R(M^*),$$

$$R(BS_A^*) \subseteq R(A), \quad R(C^*S_A) \subseteq R(A^*), \quad R(CS^*{}_D) \subseteq R(D), \quad R(B^*S_D) \subseteq R(D^*).$$

1998 年, 魏益民首次给出了 M_D 具有 Banachiewicz-Schur 形式的条件, 即: 若 $A^\pi C = 0, BA^\pi = 0, CS^\pi = 0, S^\pi B = 0, DS^\pi = 0$, 则

$$M_D = \begin{pmatrix} A^D + A^DBS^DCA^D & -A^DBS^D \\ -S^DCA^D & S^D \end{pmatrix}, \tag{3.5.25}$$

其中 $S = D - CA_DB, A^\pi = I - AA^D, S^\pi = I - SS^D$.

同时, 给出了 $CA^{\pi}=0, A^{\pi}B=0$ 和 $S=D-CA_DB$ 在非奇异的条件下, 分块矩阵 Drazin 逆的表达式.

2006 年, R. Hartwig 等给出了在稍弱条件下, 即 $CA^{\pi}B=0, AA^{\pi}B=0$ 以及 Schur 补 $S=D-CA_DB$ 非奇异或为零的条件下, 稍复杂的表达式.

2008 年, 盛兴平和陈果良证明了在条件

$$A^{\pi}B=0,\quad BD^{\pi}=0,\quad CA^{\pi}=0,\quad D^{\pi}C=0,\quad S^{\pi}=D^{\pi}$$

下, M 具有如下 Drazin 逆的表示:

$$\begin{aligned}M^D&=\begin{pmatrix}A^D+A^DBS^DCA^D & -A^DBS^D\\ -S^DCA^D & S^D\end{pmatrix}\\&=\begin{pmatrix}G^D & -G^DBD^D\\ -D^DCG^D & D^D+D^DCG^DBD^D\end{pmatrix}.\end{aligned}\tag{3.5.26}$$

2009 年, D. S. Cvetković-Ilić 引入矩阵 $P=\begin{pmatrix}A^{\pi} & O\\ O & S^{\pi}\end{pmatrix}$, 给出了在稍弱条件

$$A^DBS^{\pi}=0,\quad S^DCA^{\pi}=0,\quad A^{\pi}BS^D=0,\quad S^{\pi}CA^D=0,\quad M^kP=0$$

下, 有

$$M_D=\begin{pmatrix}A^D+A^DBS^DCA^D & -A^DBS^D\\ -S^DCA^D & S^D\end{pmatrix}.$$

现在我们首先给出 (3.5.25) 在更弱的条件下即可成立, 然后推出 (3.5.26) 成立的另外 9 个条件.

在这一部分中, S 和 G 将表示 $S=D-CA_DB, G=A-BD_DC, \alpha^{\pi}=I-\alpha\alpha_D$, 其中 $\alpha\in\{A,B,C,D,S,G\}$.

定理 3.5.13 设 M 有形如 (3.5.1) 的分块形式, $S=D-CA^DB$ 是 A 在 M 中的广义 Schur 补. 如果下列条件之一满足:

(i) $BS^{\pi}=0, CA^{\pi}=0, A^{\pi}BS^D=0, S^{\pi}CA^D=0$;

(ii) $A^{\pi}B=0, CA^{\pi}=0, A^DBS^{\pi}=0, S^{\pi}CA^D=0$;

(iii) $BS^{\pi}=0, S^{\pi}C=0, A^{\pi}BS^D=0, S^DCA^{\pi}=0$;

(iv) $A^{\pi}B=0, S^{\pi}C=0, A^DBS^{\pi}=0, S^DCA^{\pi}=0$. 则

$$M^D=\begin{pmatrix}A^D+A^DBS^DCA^D & -A^DBS^D\\ -S^DCA^D & S^D\end{pmatrix}.\tag{3.5.27}$$

证明 (i) 记 (3.5.27) 式右边为 X. 利用 M 和 X 的分块, 相乘得到

$$MX=\begin{pmatrix}AA^D-(I-AA^D)BS^DCA^D & (I-AA^D)BS^D\\ (I-SS^D)CA^D & SS^D\end{pmatrix}\tag{3.5.28}$$

和

$$XM = \begin{pmatrix} A^DA - A^DBS^DC(I-A^DA) & A^DB(I-S^DS) \\ S^DC(I-A^DA) & S^DS \end{pmatrix}. \tag{3.5.29}$$

因为 $BS^\pi = 0, CA^\pi = 0, A^\pi BS^D = 0, S^\pi CA^D = 0$, 故 (3.5.28) 和 (3.5.29) 可化简为

$$MX = \begin{pmatrix} AA^D & 0 \\ 0 & SS^D \end{pmatrix} \tag{3.5.30}$$

和

$$XM = \begin{pmatrix} A^DA & 0 \\ 0 & S^DS \end{pmatrix}. \tag{3.5.31}$$

显然, $MX = XM$. 另一方面,

$$\begin{aligned} XMX &= \begin{pmatrix} A^DA & 0 \\ 0 & S^DS \end{pmatrix}\begin{pmatrix} A^D + A^DBS^DCA^D & -A^DBS^D \\ -S^DCA^D & S^D \end{pmatrix} \\ &= \begin{pmatrix} A^D + A^DBS^DCA^D & -A^DBS^D \\ -S^DCA^D & S^D \end{pmatrix} = X. \end{aligned}$$

现在, 我们只需证明 $M - M^2X$ 是幂零矩阵. 因为

$$M - M^2X = \begin{pmatrix} (A-(I-AA^D)BS^DC)(I-A^DA) & (I-AA^D)B(I-S^DS) \\ (I-SS^D)C(I-A^DA) & S(I-SS^D) \end{pmatrix},$$

由 $BS^\pi = 0, CA^\pi = 0$, 得

$$M - M^2X = \begin{pmatrix} A(I-A^DA) & 0 \\ 0 & S(I-SS^D) \end{pmatrix}$$

是幂零矩阵, 其中 $\mathrm{ind}(M - M^2N) \geqslant \max\{\mathrm{ind}(A),\mathrm{ind}(S)\}$.

(ii) 同 (i), 利用 (3.5.28) 和 (3.5.29) , 由

$$A^\pi B = 0, \quad CA^\pi = 0, \quad A^DBS^\pi = 0, \quad S^\pi CA^D = 0,$$

得 $MX = XM$.

另外, 根据

$$A^\pi B = 0, \quad CA^\pi = 0,$$

得 $M - M^2X$ 是幂零的. 易见, $XMX = X$. 于是, $M^D = X$.

同理可证明 (iii) 和 (iv).

与定理 3.5.18 类似, 我们得到 D 在 M 中的广义 Schur 补的 Banachiewicz-Schur 形式成立的条件.

定理 3.5.14 设 M 有形如 (3.5.1) 的分块形式, $G=A-BD^DC$ 是 D 在 M 中的广义 Schur 补. 如果下列条件之一满足:

(i) $CG^\pi=0, BD^\pi=0, G^\pi BD^D=0, D^\pi CG^D=0$;

(ii) $CG^\pi=0, G^\pi B=0, G^DBD^\pi=0, D^\pi CG^D=0$;

(iii) $D^\pi C=0, BD^\pi=0, G^\pi BD^D=0, D^DCG^\pi=0$;

(iv) $D^\pi C=0, G^\pi B=0, G^DBD^\pi=0, D^DCG^\pi=0$. 则

$$M^D=\begin{pmatrix} G^D & -G^DBD^D \\ -D^DCG^D & D^D+D^DCG^DBD^D \end{pmatrix}.$$

定理 3.5.15 设 M 有形如 (3.5.1) 的分块形式, $S=D-CA^DB$ 和 $G=A-BD^DC$ 分别是 A 和 D 在 M 中的广义 Schur 补. 如果下列条件之一满足:

(i) $A^\pi B=0, CA^\pi=0, BD^\pi=0, D^\pi C=0, S^\pi CA^D=0, A^DBS^\pi=0$;

(ii) $A^\pi B=0, CA^\pi=0, BD^\pi=0, D^\pi C=0, G^\pi BD^D=0, D^DCG^\pi=0$. 则

$$M^D=\begin{pmatrix} A^D+A^DBS^DCA^D & -A^DBS^D \\ -S^DCA^D & S^D \end{pmatrix}=\begin{pmatrix} G^D & -G^DBD^D \\ -D^DCG^D & D^D+D^DCG^DBD^D \end{pmatrix}.$$

证明 (i) 记 $X=A^D+A^DBS^DCA^D$. 下证 $G^D=A^D+A^DBS^DCA^D$. 由 $A^\pi B=0, BD^\pi=0, S^\pi CA^D=0$ 和 $CA^\pi=0, D^\pi C=0, A^DBS^\pi=0$, 易得

$$\begin{aligned}GX&=(A-BD^DC)(A^D+A^DBS^DCA^D)\\&=AA^D+AA^DBS^DCA^D-BD^DCA^D-BD^DCA^DBS^DCA^D\\&=AA^D+AA^DBS^DCA^D-BD^DCA^D-BD^D(D-S)S^DCA^D\\&=AA^D+AA^DBS^DCA^D-BD^DCA^D-BD^DDS^DCA^D+BD^DSS^DCA^D\\&=AA^D\end{aligned}$$

和

$$\begin{aligned}XG&=(A^D+A^DBS^DCA^D)(A-BD^DC)\\&=A^DA+A^DBD^DC-A^DBS^DCA^DA-A^DBS^DCA^DBD^DC\\&=A^DA+A^DBD^DC-A^DBS^DCA^DA-A^DBS^D(D-S)D^DC\\&=A^DA+A^DBD^DC-A^DBS^DCA^DA-A^DBS^DDD^DC+A^DBS^DSD^DC\\&=A^DA.\end{aligned}$$

于是, $GX = XG$. 又由 $CA^\pi = 0$ 得

$$XGX = A^DA(A^D + A^DBS^DCA^D) = (A^D + A^DBS^DCA^D) = X$$

和

$$G^kXG = G^kA^DA = G^{k-1}(A - BD^DC)A^DA = G^{k-1}(A - BD^DC) = G^k,$$

因此, $GG^D = AA^D$. 根据 $A^\pi B = 0, CA^\pi = 0$, 则有 $G^\pi B = 0, CG^\pi = 0$. 于是, 由 $A^DBS^\pi = 0, CA^\pi = 0, A^\pi B = 0, S^\pi CA^D = 0$ 可推得

$$M^D = \begin{pmatrix} A^D + A^DBS^DCA^D & -A^DBS^D \\ -S^DCA^D & S^D \end{pmatrix},$$

由 $CG^\pi = 0, BD^\pi = 0, G^\pi B = 0, D^\pi C = 0$ 可推得

$$M^D = \begin{pmatrix} G^D & -G^DBD^D \\ -D^DCG^D & D^D + D^DCG^DBD^D \end{pmatrix},$$

因此, 由 Drazin 逆的唯一性得

$$\begin{aligned} M^D &= \begin{pmatrix} A^D + A^DBS^DCA^D & -A^DBS^D \\ -S^DCA^D & S^D \end{pmatrix} \\ &= \begin{pmatrix} G^D & -G^DBD^D \\ -D^DCG^D & D^D + D^DCG^DBD^D \end{pmatrix}. \end{aligned}$$

(ii) 同理, 记 $Y = D^D + D^DCG^DBD^D$. 用和 (i) 同样的方法, 由

$$CA^\pi = 0, \quad BD^\pi = 0, \quad D^\pi CG^D = 0,$$

得 $SY = DD^D$. 由

$$A^\pi B = 0, \quad CG^\pi = 0, \quad G^\pi BD^D = 0,$$

得 $YS = D^DD$. 又因为 $BD^\pi = 0$, 故有

$$YSY = D^DD(D^D + D^DCG^DBD^D) = D^D + D^DCG^DBD^D = Y$$

和

$$S^kYS = S^{k-1}(D - CA^DB)D^DD = S^{k-1}(D - CA^DB) = S^k.$$

于是, $S^D = D^D + D^DCG^DBD^D$. 这样得到 $SS^D = DD^D$. 因为 $BD^\pi = 0, D^\pi C = 0$, 所以得到 $BS^\pi = 0$ 和 $S^\pi C = 0$.

现在, 根据 $BS^\pi = 0, S^\pi C = 0, A^\pi B = 0, CA^\pi = 0$, 有

$$M^D = \begin{pmatrix} A^D + A^D BS^D CA^D & -A^D BS^D \\ S^D CA^D & S^D \end{pmatrix},$$

根据 $D^\pi C = 0, BD^\pi = 0, G^\pi BD^D = 0, D^D CG^\pi = 0$, 得

$$M^D = \begin{pmatrix} G^D & -G^D BD^D \\ -D^D CG^D & D^D + D^D CG^D BD^D \end{pmatrix}.$$

因此

$$\begin{aligned} M^D &= \begin{pmatrix} A^D + A^D BS^D CA^D & -A^D BS^D \\ -S^D CA^D & S^D \end{pmatrix} \\ &= \begin{pmatrix} G^D & -G^D BD^D \\ -D^D CG^D & D^D + D^D CG^D BD^D \end{pmatrix}. \end{aligned}$$

定理 3.5.16 设 M 有形如 (3.5.1) 的分块形式, $S = D - CA^D B$ 和 $G = A - BD^D C$ 分别是 A 和 D 在 M 中的广义 Schur 补. 如果下列条件之一满足:

(i) $A^\pi B = 0, BS^\pi = 0, CA^\pi = 0, S^\pi C = 0, S^\pi = D^\pi$;

(ii) $A^\pi B = 0, BD^\pi = 0, CA^\pi = 0, S^\pi C = 0, S^\pi = D^\pi$;

(iii) $A^\pi B = 0, BS^\pi = 0, CA^\pi = 0, D^\pi C = 0, S^\pi = D^\pi$;

(iv) [208] $A^\pi B = 0, BD^\pi = 0, CA^\pi = 0, D^\pi C = 0, S^\pi = D^\pi$;

(v) $A^\pi B = 0, BD^\pi = 0, CA^\pi = 0, D^\pi C = 0, A^\pi = G^\pi$;

(vi) $G^\pi B = 0, BD^\pi = 0, CG^\pi = 0, D^\pi C = 0, A^\pi = G^\pi$;

(vii) $A^\pi B = 0, BD^\pi = 0, CG^\pi = 0, D^\pi C = 0, A^\pi = G^\pi$;

(viii) $G^\pi B = 0, BD^\pi = 0, CA^\pi = 0, D^\pi C = 0, A^\pi = G^\pi$,

则

$$M^D = \begin{pmatrix} A^D + A^D BS^D CA^D & -A^D BS^D \\ -S^D CA^D & S^D \end{pmatrix} = \begin{pmatrix} G^D & -G^D BD^D \\ -D^D CG^D & D^D + D^D CG^D BD^D \end{pmatrix}.$$

证明 (i) 因为 $A^\pi B = 0, CA^\pi = 0, S^\pi = D^\pi$, 由定理 3.5.15(i) 的证明, 易见 $A^\pi = G^\pi$, 于是 $G^\pi B = 0, CG^\pi = 0$. 根据定理 3.5.13 和定理 3.5.14, 得式

$$M^D = \begin{pmatrix} A^D + A^D BS^D CA^D & -A^D BS^D \\ -S^D CA^D & S^D \end{pmatrix} = \begin{pmatrix} G^D & -G^D BD^D \\ -D^D CG^D & D^D + D^D CG^D BD^D \end{pmatrix}.$$

同理可证 (ii)~(viii).

定理 3.5.17 设 M 有形如 (3.5.1) 的分块形式, 如果下列条件之一满足:
(i) $A^\pi B=0, CA^\pi=0, BD^\pi=0, D^\pi C=0, S^\pi CA^D=0, A^DBS^\pi=0$;

(ii) $A^\pi B=0, CA^\pi=0, BD^\pi=0, D^\pi C=0, G^\pi BD^D=0, D^DCG^\pi=0$;

(iii) $A^\pi B=0, BS^\pi=0, CA^\pi=0, S^\pi C=0, S^\pi=D^\pi$;

(iv) $A^\pi B=0, BD^\pi=0, CA^\pi=0, S^\pi C=0, S^\pi=D^\pi$;

(v) $A^\pi B=0, BS^\pi=0, CA^\pi=0, D^\pi C=0, S^\pi=D^\pi$;

(vi) $A^\pi B=0, BD^\pi=0, CA^\pi=0, D^\pi C=0, S^\pi=D^\pi$;

(vii) $A^\pi B=0, BD^\pi=0, CA^\pi=0, D^\pi C=0, A^\pi=G^\pi$;

(viii) $G^\pi B=0, BD^\pi=0, CG^\pi=0, D^\pi C=0, A^\pi=G^\pi$;

(ix) $A^\pi B=0, BD^\pi=0, CG^\pi=0, D^\pi C=0, A^\pi=G^\pi$;

(x) $G^\pi B=0, BD^\pi=0, CA^\pi=0, D^\pi C=0, A^\pi=G^\pi$,

则

$$(A-BD_DC)_D=A_D+A_DB(D-CA_DB)_DCA_D. \tag{3.5.32}$$

1969 年, Crabtree 和 Haynsworth 首次给出了任意一个矩阵关于 Schur 补的商性质. 后来, 该性质被 Ostrowski 进行推广.

令

$$T=\begin{pmatrix} A & B & E \\ C & D & F \\ G & H & J \end{pmatrix}, \quad M_1=\begin{pmatrix} A & B \\ C & D \end{pmatrix}, \quad M_2=\begin{pmatrix} B & E \\ D & F \end{pmatrix},$$

$$M_3=\begin{pmatrix} D & F \\ H & J \end{pmatrix}, \quad M_4=\begin{pmatrix} C & D \\ G & H \end{pmatrix}. \tag{3.5.33}$$

首先, 我们定义

$$(M_1/A)=D-CA^{-1}B, \quad (M_1/A)_p=D-CA^\dagger B,$$

$$(M_1/A)_D=D-CA^DB, \quad (M_1/A)_g=D-CA^\# B.$$

若 T 和 M_1 都是方阵且非奇异, 则

$$\begin{aligned}(T/M_1)=&((T/A)/(M_1/A))\\ =&\left(\begin{pmatrix} A & E \\ G & J \end{pmatrix}\Big/A\right)-\left(\begin{pmatrix} A & B \\ G & H \end{pmatrix}\Big/A\right)\times(M_1/A)^{-1}\left(\begin{pmatrix} A & E \\ C & F \end{pmatrix}\Big/A\right).\end{aligned}$$

这就是所谓的矩阵商性质, 首次被 Crabtree 和 Haynsworth 给出证明.

若 M_3 和 D 非奇异, 则

$$(T/M_3) = ((T/D)/(M_3/D)) = (M_1/D) - (M_2/D)(M_3/D)^{-1}(M_4/D), \qquad (3.5.34)$$

我们把 (3.5.34) 叫做第一 Sylvester 等式.

盛兴平和陈果良讨论了关于矩阵 Moore-Penrose 逆, Drazin 逆和群逆的商性质和第一 Sylvester 等式. 之后, D.S. Cvetković-Ilić 给出了在更弱的条件下, 该商性质和第一 Sylvester 等式即可成立.

定理 3.5.18 令 $Q = \begin{pmatrix} A & B & E \\ C & D & F \\ G & H & J \end{pmatrix}$, $M = \begin{pmatrix} A & B \\ C & D \end{pmatrix}$, 若 M 满足定理 3.5.5～定理 3.5.7 的条件, 则

$$(Q/M)_p = ((Q/A)_p/(M/A)_p)_p.$$

证明 由 Moore-Penrose 逆关于 Schur 补的定义知

$$(Q/M)_p = J - (G \quad H)M^\dagger \begin{pmatrix} E \\ F \end{pmatrix},$$

$$(Q/A)_p = \begin{pmatrix} D & F \\ H & J \end{pmatrix} - \begin{pmatrix} C \\ G \end{pmatrix} A^\dagger (B \quad E) = \begin{pmatrix} D - CA^\dagger B & F - CA^\dagger E \\ H - GA^\dagger B & J - GA^\dagger E \end{pmatrix}$$

和

$$(M/A)_p = D - CA^\dagger B.$$

因此

$$\begin{aligned}
&((Q/A)_p/(M/A)_p)_p \\
=&J - GA^\dagger E - (H - GA^\dagger B)(D - CA^\dagger B)^\dagger (F - CA^\dagger E) \\
=&J - G(A^\dagger + A^\dagger B(D - CA^\dagger B)^\dagger CA^\dagger)E + GA^\dagger B(D - CA^\dagger B)^\dagger F \\
&+ H(D - CA^\dagger B)^\dagger CA^\dagger E - H(D - CA^\dagger B)^\dagger F \\
=&J - (G \quad H)\begin{pmatrix} A^\dagger + A^\dagger B(D - CA^\dagger B)^\dagger CA^\dagger & -A^\dagger B(D - CA^\dagger B)^\dagger \\ -(D - CA^\dagger B)^\dagger CA^\dagger & (D - CA^\dagger B)^\dagger \end{pmatrix} \times \begin{pmatrix} E \\ F \end{pmatrix}.
\end{aligned}$$

由定理 3.5.5～定理 3.5.7, 知

$$M^\dagger = \begin{pmatrix} A^\dagger + A^\dagger B(D - CA^\dagger B & -A^\dagger B(D - CA^\dagger B)^\dagger \\ -(D - CA^\dagger B)^\dagger CA^\dagger & (D - CA^\dagger B)^\dagger \end{pmatrix},$$

故

$$(Q/M)_p = ((Q/A)_p/(M/A)_p)_p.$$

同理可证定理 3.5.8 和定理 3.5.9.

定理 3.5.19 令 $Q=\begin{pmatrix} A & B & E \\ C & D & F \\ G & H & J \end{pmatrix}$, $M=\begin{pmatrix} A & B \\ C & D \end{pmatrix}$, 若 M 满足定理 3.5.15 和定理 3.5.16 的条件, 则

$$(Q/M)_g = ((Q/A)_g/(M/A)_g)_g.$$

定理 3.5.20 令 $Q=\begin{pmatrix} A & B & E \\ C & D & F \\ G & H & J \end{pmatrix}$, $M=\begin{pmatrix} A & B \\ C & D \end{pmatrix}$, 若 M 满足定理 3.5.15 和定理 3.5.16 的条件, 则

$$(Q/M)_d = ((Q/A)_d/(M/A)_d)_d.$$

定理 3.5.21 令 Q, M_1, M_2, M_3, M_4 如 (3.5.33) 所定义, 若 M_3 满足定理 3.5.5～定理 3.5.7 的条件, 则

$$(Q/M_3)_p = ((Q/D)_p/(M_3/D)_p)_p = (M_1/D)_p - (M_2/D)_p(M_3/D)_p{}^\dagger(M_4/D)_p.$$

证明 由 Moore-Penrose 逆关于 Schur 补的定义知

$$(Q/M_3)_p = A - (B \ \ E)M_3^\dagger \begin{pmatrix} G \\ H \end{pmatrix},$$

$$(Q/D)_p = \begin{pmatrix} A & E \\ G & J \end{pmatrix} - \begin{pmatrix} B \\ H \end{pmatrix} D^\dagger (C \ \ F) = \begin{pmatrix} A - BD^\dagger C & E - BD^\dagger F \\ G - HD^\dagger C & J - HD^\dagger F \end{pmatrix}$$

和

$$(M_3/D)_p = J - HD^\dagger F.$$

因此, 由以上三式和定理 3.5.5～定理 3.5.7, 得

$$\begin{aligned}
&((Q/D)_p/(M_3/D)_p)_p \\
=&A - BD^\dagger C - E - BD^\dagger F(L - HD^\dagger F)^\dagger G - HD^\dagger C \\
=&(M_1/D)_p - (M_2/D)_p(M_3/D)_p^\dagger(M_4/D)_p \\
=&A - (B \ \ E)\begin{pmatrix} D^\dagger + D^\dagger F(J - HD^\dagger F)^\dagger HD^\dagger & -D^\dagger F(J - HD^\dagger F)^\dagger \\ -(J - HD^\dagger F)^\dagger HD^\dagger & (J - HD^\dagger F)^\dagger \end{pmatrix} \times \begin{pmatrix} G \\ H \end{pmatrix} \\
=&A - (B \ \ E)M_3^\dagger \begin{pmatrix} G \\ H \end{pmatrix} = (Q/M_3)_p.
\end{aligned}$$

同理可证定理 3.5.22 和定理 3.5.23.

定理 3.5.22 令 Q, M_1, M_2, M_3, M_4 如 (3.5.33) 所定义. 若 M_3 满足定理 3.5.8 和定理 3.5.9 的条件, 则

$$(Q/M_3)_g = ((Q/D)_g/(M_3/D)_g)_g = (M_1/D)_g - (M_2/D)_g(M_3/D)_g{}^{\#}(M_4/D)_g.$$

定理 3.5.23 令 Q, M_1, M_2, M_3, M_4 如 (3.5.33) 所定义. 若 M_3 满足定理 3.5.15 或定理 3.5.16 的条件, 则

$$(Q/M_3)_d = ((Q/D)_d/(M_3/D)_d)_d = (M_1/D)_d - (M_2/D)_d(M_3/D)_d{}^{D}(M_4/D)_d.$$

我们来考虑如下线性系统:

$$Mx = b, \tag{3.5.35}$$

其中 $M \in \mathbb{C}^{(m+p)\times(n+q)}$, 把其写成分块矩阵的形式

$$\begin{pmatrix} A & B \\ C & D \end{pmatrix}\begin{pmatrix} x_1 \\ x_2 \end{pmatrix} = \begin{pmatrix} b_1 \\ b_2 \end{pmatrix},$$

其中 $A \in \mathbb{C}^{m\times n}$, $D \in \mathbb{C}^{p\times q}$. 现在, 对方程左右两边同时进行初等变换, 这里我们先假设 A 非奇异, 记 $S = D - CA^{-1}B$, 于是得

$$\begin{pmatrix} A & B \\ O & S \end{pmatrix}\begin{pmatrix} x_1 \\ x_2 \end{pmatrix} = \begin{pmatrix} b_1 \\ b_2 - A^{-1}Bb_1 \end{pmatrix},$$

即, 对

$$\begin{cases} Ax_1 + Bx_2 = b_1, \\ Sx_2 = b_2 - A^{-1}Bb_1 \end{cases}$$

进行求解. 易见其解为

$$\begin{cases} x_1 = A^{-1}(b_1 - Bx_2), \\ x_2 = S^{-1}(b_2 - A^{-1}Bb_1). \end{cases}$$

我们只需先求解 x_2, 然后把 x_2 的值代入到第一个方程, 即可求解 x_1, 连续采用该方法, 我们就可以将一个高维矩阵降阶成我们所需要维数的方程组. 这在求解高维矩阵线性方程组中有重要意义.

当 M, A 是奇异矩阵时, (3.5.35) 的极小范数最小二乘解存在且唯一, 假设定理 3.5.15~定理 3.5.17 的条件满足, 则方程组的解可以表示为

$$\begin{cases} x_1 = A^{\dagger}(b_1 - Bx_2), \\ x_2 = S^{\dagger}(b_2 - A^{\dagger}Bb_1), \end{cases}$$

其中 $S = D - CA^{\dagger}B$.

事实上, 若定理 3.5.15~定理 3.5.17 的条件满足, 则

$$M^{\dagger}=\begin{pmatrix} A^{\dagger}+A^{\dagger}BS^{\dagger}CA^{\dagger} & -A^{\dagger}BS^{\dagger} \\ -S^{\dagger}CA^{\dagger} & S^{\dagger} \end{pmatrix}.$$

把方程组的极小范数最小二乘解 $x=M^{\dagger}b$, 写成分块的形式有

$$\begin{aligned} x=\begin{pmatrix} x_1 \\ x_2 \end{pmatrix}&=\begin{pmatrix} A^{\dagger}b_1+A^{\dagger}BS^{\dagger}CA^{\dagger}b_1-A^{\dagger}BS^{\dagger}b_2 \\ -S^{\dagger}CA^{\dagger}b_1+S^{\dagger}b_2 \end{pmatrix} \\ &=\begin{pmatrix} A^{\dagger}+A^{\dagger}BS^{\dagger}CA^{\dagger} & -A^{\dagger}BS^{\dagger} \\ -S^{\dagger}CA^{\dagger} & S^{\dagger} \end{pmatrix}\begin{pmatrix} b_1 \\ b_2 \end{pmatrix}=M^{\dagger}\begin{pmatrix} b_1 \\ b_2 \end{pmatrix}. \end{aligned}$$

故

$$\begin{cases} x_1=A^{\dagger}(b_1-Bx_2), \\ x_2=S^{\dagger}(b_2-A^{\dagger}Bb_1). \end{cases}$$

下面, 我们给出线性方程组群逆的表示.

定理 3.5.24　设

$$Mx=y$$

$$\begin{aligned} (I-AA^{-})B&=0, \\ C(I-A^{-}A)&=0, \\ (I-SS^{-})C&=0, \\ B(I-SS^{-})&=0, \end{aligned}$$

是一个线性方程组, 假设 M 满足引理 1.8 的条件, 把 x 和 y 写作

$$x=\begin{pmatrix} x_1 \\ x_2 \end{pmatrix},\quad y=\begin{pmatrix} y_1 \\ y_2 \end{pmatrix},$$

其中 $x_1,y_1\in\mathbb{C}^{m\times 1}$, $x_2,y_2\in\mathbb{C}^{p\times 1}$. 如果 $y\in R(M)$, 那么线性方程组的解 $x=M^{\#}y$ 可以写作

$$\begin{cases} x_1=A^{\#}(y_1-Bx_2), \\ x_2=S^{\#}(y_2-CA^{\#}y_1), \end{cases}$$

其中 $S=D-CA^{\#}B$.

证明　因为 $y\in R(M)$, 所以 $x=M^{\#}y$ 是线性方程组的解, 得

$$\begin{aligned}x =&M^{\#}y = \begin{pmatrix} A^{\#} + A^{\#}BS^{\#}CA^{\#} & -A^{\#}BS^{\#} \\ -S^{\#}CA^{\#} & S^{\#} \end{pmatrix} \begin{pmatrix} y_1 \\ y_2 \end{pmatrix} \\ =&\begin{pmatrix} A^{\#}y_1 + A^{\#}BS^{\#}CA^{\#}y_1 - A^{\#}BS^{\#}y_2 \\ S^{\#}(y_2 - CA^{\#}y_1) \end{pmatrix} \\ =&\begin{pmatrix} x_1 \\ x_2 \end{pmatrix}.\end{aligned}$$

现在, 易见 $x = M^{\#}y$ 可以写为

$$\begin{cases} x_1 = A^{\#}(y_1 - Bx_2), \\ x_2 = S^{\#}(y_2 - CA^{\#}y_1). \end{cases}$$

3.6 Sherman-Morrison-Woodbury 型公式

20 世纪四五十年代, Sherman 和 Morrison, Woodbury 等发现了如下 Sherman-Morrison-Woodbury 型公式:

$$(A + YGZ^*)^{-1} = A^{-1} - A^{-1}Y(G^{-1} + Z^*A^{-1}Y)^{-1}Z^*A^{-1}. \tag{3.6.1}$$

该公式最初仅用来计算矩阵的逆. 从那以后, 该公式引起了更多的关注并被应用到许多领域. Hager 详细地描述了该公式在统计学、电网、结构分析、渐近分析理论和最优化与偏微分方程中的应用.

现在, 我们把 Sherman-Morrison-Woodbury 型公式推广到更一般的情形, 同时给出了该公式关于 $\{1,2\}, \{1,3\}, \{1,4\},\{1,2,3\},\{1,2,4\}$-逆成立的条件.

定理 3.6.1 [216] *设 M 有形如 (3.4.1) 的分块形式, 若秩可加性条件*

$$r(M) = r\begin{pmatrix} A \\ C \end{pmatrix} + r\begin{pmatrix} B \\ D \end{pmatrix} = r(A,\ B) + r(C,\ D)$$

满足, 则

$$\begin{aligned}(F_{B_2}S_DE_{C_2})^\dagger = &A^\dagger + C_1^\dagger(S_AJ^\dagger{}_DS_A - S_A)B_1^\dagger - C_1^\dagger(I - S_AJ^\dagger{}_D)CA^\dagger \\ &- A^\dagger B(I - J^\dagger{}_DS_A)B_1^\dagger + A^\dagger BJ^\dagger{}_DCA^\dagger.\end{aligned}$$

由定理 3.5.11, 我们得到如下定理.

定理 3.6.2 设 M 有形如 (3.4.1) 的分块形式, 若

$$R\begin{pmatrix} A \\ O \end{pmatrix} \subseteq R(M), \quad R\begin{pmatrix} A^* \\ O \end{pmatrix} \subseteq R(M^*), \tag{3.6.2}$$

且

$$\begin{aligned} R(B_1^*) \cap R(S_A^*) = \{0\}, \quad R(C_1) \cap R(S_A) = \{0\}, \\ R(B_2) \cap R(S_D) = \{0\}, \quad R(C_1^*) \cap R(S^*{}_D) = \{0\}, \end{aligned} \tag{3.6.3}$$

则

$$\begin{aligned} (F_{B_2} S_D E_{C_2})^\dagger = & A^\dagger - C_1^\dagger (I - S_A J^\dagger{}_D) C A^\dagger \\ & - A^\dagger B (I - J^\dagger{}_D S_A) B_1^\dagger + A^\dagger B J^\dagger{}_D C A^\dagger. \end{aligned} \tag{3.6.4}$$

定理 3.6.3 设 M 有形如 (3.4.1) 的分块形式, 若

$$R\begin{pmatrix} A \\ O \end{pmatrix} \subseteq R(M), \quad R\begin{pmatrix} A^* \\ O \end{pmatrix} \subseteq R(M^*), \tag{3.6.5}$$

且

$$\begin{aligned} R(B_1^*) \cap R(S_A^*) = \{0\}, \quad R(CS^*{}_D) \subseteq R(D), \\ R(C_1) \cap R(S_A) = \{0\}, \quad R(B^* S_D) \subseteq R(D^*), \end{aligned} \tag{3.6.6}$$

则

$$\begin{aligned} (A - BD^\dagger C)^\dagger = & A^\dagger - C_1^\dagger (I - S_A J^\dagger{}_D) C A^\dagger \\ & - A^\dagger B (I - J^\dagger{}_D S_A) B_1^\dagger + A^\dagger B J^\dagger{}_D C A^\dagger. \end{aligned} \tag{3.6.7}$$

证明 由 $R(CS^*{}_D) \subseteq R(D), R(B^* S_D) \subseteq R(D^*)$, 有

$$S_D (F_D C)^\dagger = S_D C_2^\dagger = 0, \quad (B E_D)^\dagger S_D = B_2^\dagger S_D = 0, \tag{3.6.8}$$

故

$$R(B_2) \cap R(S_D) = \{0\}, \quad R(C_1^*) \cap R(S^*{}_D) = \{0\}.$$

于是 (3.6.3) 满足. 故根据定理 3.6.2, 有

$$(F_{B_2} S_D E_{C_2})^\dagger = A^\dagger - C_1^\dagger (I - S_A J^\dagger{}_D) C A^\dagger - A^\dagger B (I - J^\dagger{}_D S_A) B_1^\dagger + A^\dagger B J^\dagger{}_D C A^\dagger.$$

再利用 (3.6.8), 得 $F_{B_2} S_D E_{C_2} = A - BD^\dagger C^\dagger$. 于是, 得 (3.6.7) 成立.

定理 3.6.4 设 M 有形如 (3.4.1) 的分块形式, 若

$$R\begin{pmatrix} A \\ O \end{pmatrix} \subseteq R(M), \quad R\begin{pmatrix} A^* \\ O \end{pmatrix} \subseteq R(M^*), \tag{3.6.9}$$

$$R(BS_A^*) \subseteq R(A), \quad R(C^*S_A) \subseteq R(A^*),$$
$$R(CS^*{}_D) \subseteq R(D), \quad R(B^*S_D) \subseteq R(D^*), \tag{3.6.10}$$

则

$$(A - BD^\dagger C)^\dagger = A^\dagger - C_1^\dagger CA^\dagger - A^\dagger BB_1^\dagger + A^\dagger BS_A^\dagger CA^\dagger. \tag{3.6.11}$$

如下著名的 Sherman-Morrison-Woodbury 型公式成立的充分条件.

定理 3.6.5(Sherman-Morrison-Woodbury 型公式) 设 M 有形如 (3.4.1) 的分块形式, 如果下列条件之一满足:

(i) [95] $F_AB = 0,\ F_DC = 0,\ F_GB = 0,\ CE_A = 0,\ BE_D = 0,\ CE_G = 0$;

(ii) $F_AB = 0,\ F_DC = 0,\ F_SC = 0,\ CE_A = 0,\ BE_D = 0,\ BE_S = 0$;

(iii) $F_AB = 0,\ F_DC = 0,\ CE_A = 0,\ BE_D = 0,\ E_D = E_S,\ F_D = F_S$;

(iv) $F_AB = 0,\ F_SC = 0,\ CE_A = 0,\ BE_S = 0,\ E_D = E_S,\ F_D = F_S$;

(v) $F_AB = 0,\ F_DC = 0,\ CE_A = 0,\ BE_S = 0,\ E_D = E_S,\ F_D = F_S$;

(vi) $F_AB = 0,\ F_SC = 0,\ CE_A = 0,\ BE_D = 0,\ E_D = E_S,\ F_D = F_S$;

(vii) $F_AB = 0,\ F_DC = 0,\ CE_A = 0,\ BE_D = 0,\ E_A = E_G,\ F_A = F_G$;

(viii) $F_GB = 0,\ F_DC = 0,\ CE_G = 0,\ BE_D = 0,\ E_A = E_G,\ F_A = F_G$;

(ix) $F_AB = 0,\ F_DC = 0,\ CE_G = 0,\ BE_D = 0,\ E_A = E_G,\ F_A = F_G$;

(x) $F_GB = 0,\ F_DC = 0,\ CE_A = 0,\ BE_D = 0,\ E_A = E_G,\ F_A = F_G$,

则

$$(A - BD^\dagger C)^\dagger = A^\dagger + A^\dagger B(D - CA^\dagger B)^\dagger CA^\dagger. \tag{3.6.12}$$

由定理 3.4.15 和定理 3.4.16, 我们得到 Drazin 逆的 Sherman-Morrison-Woodbury 型公式成立的充分条件.

下面我们考虑广义 Sherman-Morrison-Woodbury 型公式关于 $\{1,2\}$, $\{1,3\}$, $\{1,4\}$, $\{1,2,3\}$, $\{1,2,4\}$- 逆成立的条件. 在这一部分, 我们采用如下符号表示:

$$E_\alpha = I - \alpha^-\alpha, \quad F_\alpha = I - \alpha\alpha^-, \quad S = D - CA^-B, \quad G = A - BD^-C,$$

其中 $\alpha^- \in \alpha\{1\}, A^- \in A\{1\}, D^- \in \{1\}$.

定理 3.6.6 若对任意的 $A^- \in A\{1,3\}$, $S^- \in S\{1\}$, $D^- \in D\{1\}$ 有 $F_AB = 0$, $F_SC = 0$, $BE_D = 0$, 则

$$A^- + A^-B(D - CA^-B)^-CA^- \in G\{1,3\}. \tag{3.6.13}$$

证明　令 $X = A^- + A^-B(D - CA^-B)^-CA^-$. 由 $F_AB = 0$, $F_SC = 0$, $BE_D = 0$, 有

$$\begin{aligned}GX &= (A - BD^-C)(A^- + A^-B(D - CA^-B)^-CA^-)\\&=AA^- + AA^-BS^-CA^- - BD^-CA^- - BD^-CA^-BS^-CA^-\\&=AA^- + AA^-BS^-CA^- - BD^-CA^- - BD^-(D - S)S^-CA^-\\&=AA^- + AA^-BS^-CA^- - BD^-CA^- - BD^-DS^-CA^- + BD^-SS^-CA^-\\&=AA^-.\end{aligned}$$

故 GX 是 Hermitian 矩阵. 另一方面, 由 $F_AB = 0$ 得

$$GXG = AA^-(A - BD^-C) = A - BD^-C = G.$$

因此, $X \in G\{1, 3\}$.

定理 3.6.7　若对任意 $A^- \in A\{1,4\}$, $S^- \in S\{1\}$, $D^- \in D\{1\}$ 有 $CE_A = 0$, $F_DC = 0$, $BE_S = 0$, 则

$$A^- + A^-B(D - CA^-B)^-CA^- \in G\{1, 4\}. \tag{3.6.14}$$

证明　令 $Y = A^- + A^-B(D - CA^-B)^-CA^-$, 则

$$\begin{aligned}YG =&(A^- + A^-B(D - CA^-B)^-CA^-)(A - BD^-C)\\=&A^-A - A^-BD^-C + A^-BS^-CA^-A - A^-BS^-CA^-BD^-C\\=&A^-A - A^-BD^-C + A^-BS^-CA^-A - A^-BS^-(D - S)D^-C\\=&A^-A - A^-BD^-C + A^-BS^-CA^-A - A^-BS^-DD^-C + A^-BS^-SD^-C\\=&A^-A.\end{aligned}$$

于是, YG 是 Hermitian 矩阵. 再根据 $CE_A = 0$, 得

$$GYG = (A - BD^-C)A^-A = A - BD^-C = G.$$

于是 $Y \in G\{1, 4\}$.

定理 3.6.8　若对任意的 $A^- \in A\{1,2\}$, $S^- \in S\{1\}$, $D^- \in D\{1\}$, 有下列条件之一满足:

(i) $F_AB=0,\ F_SC=0,\ BE_D=0$;

(ii) $CE_A=0,\ F_DC=0,\ BE_S=0$,

则

$$A^-+A^-B(D-CA^-B)^-CA^-\in G\{1,2\}. \tag{3.6.15}$$

证明 根据定理 3.6.6 和定理 3.6.7 的证明, 容易验证 (3.6.15) 成立.

利用上面的结论, 易得如下 $\{1,2,3\}$, $\{1,2,4\}$-逆的情形.

定理 3.6.9 *若对任意的 $A^-\in A\{1,2,3\}$, $S^-\in S\{1\}$, $D^-\in D\{1\}$ 有 $F_AB=0,\ F_SC=0,\ BE_D=0$, 则*

$$A^-+A^-B(D-CA^-B)^-CA^-\in G\{1,2,3\}. \tag{3.6.16}$$

定理 3.6.10 *若对任意的 $A^-\in A\{1,2,4\}$, $S^-\in S\{1\}$, $D^-\in D\{1\}$ 有 $CE_A=0,\ F_DC=0,\ BE_S=0$, 则*

$$A^-+A^-B(D-CA^-B)^-CA^-\in G\{1,2,4\}. \tag{3.6.17}$$

3.7 结合 Schur 补与分块矩阵的广义逆

设 $A\in\mathbb{C}_r^{m\times n},B\in\mathbb{C}_s^{m\times q},C\in\mathbb{C}_t^{p\times n}$ 和 $D\in\mathbb{C}_k^{p\times q}$. 记

$$M=\begin{pmatrix} A & B\\ C & D\end{pmatrix} \tag{3.7.1}$$

及其结合 Schur 补为

$$S_1=A-BD^\dagger C,\quad S_2=D-CA^\dagger B. \tag{3.7.2}$$

在文献 [91] 中有以下问题.

问题 3.7.1 *设 M 如 (3.7.1) 中的矩阵, 其相关 Schur 补为 (3.7.2). 什么时候 $S_1=0$ 隐含着 $S_2=0$?*

引理 3.7.2 *设 $\begin{pmatrix} 0 & 0\\ 0 & I\end{pmatrix}\begin{pmatrix} X_{11} & X_{12}\\ X_{21} & X_{22}\end{pmatrix}^\dagger=0$, 则*

$$X_{12}=0,\quad X_{22}=0.$$

证明 把 $\begin{pmatrix} \widehat{X}_{11} & \widehat{X}_{12}\\ \widehat{X}_{21} & \widehat{X}_{22}\end{pmatrix}:=\begin{pmatrix} X_{11} & X_{12}\\ X_{21} & X_{22}\end{pmatrix}^\dagger$ 代入 $\begin{pmatrix} 0 & 0\\ 0 & I\end{pmatrix}\begin{pmatrix} X_{11} & X_{12}\\ X_{21} & X_{22}\end{pmatrix}^\dagger=0$, 有 $\widehat{X}_{21}=0$ 以及 $\widehat{X}_{22}=0$.

因为

$$\begin{pmatrix} X_{11} & X_{12} \\ X_{21} & X_{22} \end{pmatrix} = \begin{pmatrix} \widehat{X}_{11} & \widehat{X}_{12} \\ \widehat{X}_{21} & \widehat{X}_{22} \end{pmatrix}^{\dagger} = \begin{pmatrix} \widehat{X}_{11} & \widehat{X}_{12} \\ 0 & 0 \end{pmatrix}^{\dagger},$$

有

$$\begin{pmatrix} X_{11} & X_{12} \\ X_{21} & X_{22} \end{pmatrix} = \begin{pmatrix} X_{11} & 0 \\ X_{21} & 0 \end{pmatrix},$$

即 $X_{12} = 0$ 和 $X_{22} = 0$.

引理 3.7.3　设 A, B, C, D, M, S_1 和 S_2 如问题 3.7.1 以及 $S_1 = 0$ 和 $S_2 = 0$, 则

$$(BD^{\dagger}C)^{\dagger} = C^{\dagger}DB^{\dagger}. \tag{3.7.3}$$

证明　设 A, B, C 和 D 的奇异值分解为

$$\begin{aligned} U_A^* A V_A^* &= \begin{pmatrix} \Sigma_A & 0 \\ 0 & 0 \end{pmatrix} \begin{matrix} r \\ m-r \end{matrix}, \quad U_B^* B V_B^* = \begin{pmatrix} \Sigma_B & 0 \\ 0 & 0 \end{pmatrix} \begin{matrix} s \\ m-s \end{matrix}, \\ &\quad\ \ \begin{matrix} r & n-r \end{matrix} \qquad\qquad\qquad\qquad\quad \begin{matrix} s & q-s \end{matrix} \\ U_C^* C V_C^* &= \begin{pmatrix} \Sigma_C & 0 \\ 0 & 0 \end{pmatrix} \begin{matrix} t \\ p-t \end{matrix}, \quad U_D{}^* D V_D{}^* = \begin{pmatrix} \Sigma_D & 0 \\ 0 & 0 \end{pmatrix} \begin{matrix} k \\ p-k \end{matrix}, \\ &\quad\ \ \begin{matrix} t & n-t \end{matrix} \qquad\qquad\qquad\qquad\quad \begin{matrix} k & q-k \end{matrix} \end{aligned} \tag{3.7.4}$$

其中 $\Sigma_A, \Sigma_B, \Sigma_C$ 和 Σ_D 是对角正定矩阵, $U_A, U_B, U_C, U_D, V_A, V_B, V_C$ 和 V_D 是酉矩阵.

把 (3.7.4) 代入 $S_1 = 0$, 有

$$\begin{aligned} & U_B^* U_A \begin{pmatrix} \Sigma_A & 0 \\ 0 & 0 \end{pmatrix} V_A V_C^* \\ = & \begin{pmatrix} \Sigma_B & 0 \\ 0 & 0 \end{pmatrix} V_B V_D{}^* \begin{pmatrix} \Sigma_D{}^{-1} & 0 \\ 0 & 0 \end{pmatrix} U_D{}^* U_C \begin{pmatrix} \Sigma_C & 0 \\ 0 & 0 \end{pmatrix}, \end{aligned}$$

$$U_B^* U_A \begin{pmatrix} \Sigma_A & 0 \\ 0 & 0 \end{pmatrix} V_A V_C^* = \begin{pmatrix} \widetilde{A} & 0 \\ 0 & 0 \end{pmatrix} \begin{matrix} s \\ m-s \end{matrix}, \tag{3.7.5}$$
$$\begin{matrix} t & n-t \end{matrix}$$

以及

$$\left(U_B^*U_A\begin{pmatrix}\Sigma_A & 0\\ 0 & 0\end{pmatrix}V_AV_C^*\right)^{\dagger}=V_CV_A^*\begin{pmatrix}\Sigma_A^{-1} & 0\\ 0 & 0\end{pmatrix}U_A^*U_B$$

$$=\begin{pmatrix}\left(\widetilde{A}\right)^{-1} & 0\\ 0 & 0\end{pmatrix}. \tag{3.7.6}$$

把 (3.7.4) 代入 $S_2=0$ 有

$$U_C^*U_D\begin{pmatrix}\Sigma_D & 0\\ 0 & 0\end{pmatrix}V_DV_B^*$$

$$=\begin{pmatrix}\Sigma_C & 0\\ 0 & 0\end{pmatrix}V_CV_A^*\begin{pmatrix}\Sigma_A^{-1} & 0\\ 0 & 0\end{pmatrix}U_A^*U_B\begin{pmatrix}\Sigma_B & 0\\ 0 & 0\end{pmatrix}. \tag{3.7.7}$$

应用 (3.7.4)~(3.7.7), 有

$$\begin{aligned}
C^{\dagger}DB^{\dagger}&=V_C^*\begin{pmatrix}\Sigma_C^{-1} & 0\\ 0 & 0\end{pmatrix}U_C^*U_D\begin{pmatrix}\Sigma_D & 0\\ 0 & 0\end{pmatrix}V_DV_B^*\begin{pmatrix}\Sigma_B^{-1} & 0\\ 0 & 0\end{pmatrix}U_B^*\\
&=V_C^*\begin{pmatrix}\Sigma_C^{-1} & 0\\ 0 & 0\end{pmatrix}\begin{pmatrix}\Sigma_C & 0\\ 0 & 0\end{pmatrix}V_CV_A^*\begin{pmatrix}\Sigma_A^{-1} & 0\\ 0 & 0\end{pmatrix}\\
&\quad\times U_A^*U_B\begin{pmatrix}\Sigma_B & 0\\ 0 & 0\end{pmatrix}\begin{pmatrix}\Sigma_B^{-1} & 0\\ 0 & 0\end{pmatrix}U_B^*\\
&=V_C^*\begin{pmatrix}I & 0\\ 0 & 0\end{pmatrix}V_CV_A^*\begin{pmatrix}\Sigma_A^{-1} & 0\\ 0 & 0\end{pmatrix}U_A^*U_B\begin{pmatrix}I & 0\\ 0 & 0\end{pmatrix}U_B^*\\
&=V_C^*\begin{pmatrix}I & 0\\ 0 & 0\end{pmatrix}\begin{pmatrix}\widetilde{A} & 0\\ 0 & 0\end{pmatrix}\begin{pmatrix}I & 0\\ 0 & 0\end{pmatrix}U_B^*\\
&=V_C^*V_CV_A^*\begin{pmatrix}\Sigma_A^{-1} & 0\\ 0 & 0\end{pmatrix}U_A^*U_BU_B^*\\
&=A^{\dagger}.
\end{aligned} \tag{3.7.8}$$

应用 (3.7.8) 和 $S_1=A-C^{\dagger}DB^{\dagger}=0$ 得到 (3.7.3).

引理 3.7.4 [217] 设 $A\in\mathbb{C}^{m\times n}, B\in\mathbb{C}^{n\times p}$ 和 $C\in\mathbb{C}^{p\times q}$ 给定, 记 $M=ABC$, 如果 $r(B)\subseteq r(A)$ 和 $r(B^*)\subseteq r(C)$, 则

$$r\left(M^{\dagger}-C^{\dagger}B^{\dagger}A^{\dagger}\right)=r\begin{pmatrix}B\\ BCC^{*}\end{pmatrix}+r(B,\ A^{*}AB)-2r(B).$$

特别有

$$(ABC)^{\dagger}=C^{\dagger}B^{\dagger}A^{\dagger}$$

当且仅当

$$r(A^{*}AB)\subseteq r(B)\quad 和\quad r\left((BCC^{*})^{*}\right)\subseteq r(B^{*}).$$

引理 3.7.5　设 B,C 和 D 如问题 3.7.1 给出, 则 $\left(I-CC^{\dagger}\right)D=0, D\left(I-B^{\dagger}B\right)=0$ 和 (3.7.3) 成立当且仅当

$$r\begin{pmatrix}B\\ D\end{pmatrix}=r(B),\quad r(C,\ D)=r(C)$$

和

$$r\begin{pmatrix}D\\ DB^{*}B\end{pmatrix}+r(D,\ CC^{*}D)=2r(D). \tag{3.7.9}$$

证明　众所周知 $\left(I-CC^{\dagger}\right)D=0$ 和 $D\left(I-B^{\dagger}B\right)=0$ 成立当且仅当

$$r(D^{*})\subseteq r(B^{*})\quad 和\quad r(D)\subseteq r(C) \tag{3.7.10}$$

当且仅当

$$r\begin{pmatrix}B\\ D\end{pmatrix}=r(B)\quad 和\quad r(C,\ D)=r(C), \tag{3.7.11}$$

以及 $r(D^{*})\subseteq r\left(B^{\dagger}\right)$ 和 $r(D)\subseteq r\left(\left(C^{\dagger}\right)^{*}\right)$ 成立当且仅当

$$r(D^{*})\subseteq r(B^{*})\quad 和\quad r(D)\subseteq r(C) \tag{3.7.12}$$

和

$$\begin{aligned}0&=r\begin{pmatrix}D^{\dagger}\\ D^{\dagger}CC^{*}\end{pmatrix}+r\left(D^{\dagger},\ B^{*}BD^{\dagger}\right)-2r\left(D^{\dagger}\right)\\ &=r\begin{pmatrix}D^{*}\\ D^{*}CC^{*}\end{pmatrix}+r\left(D^{*},\ B^{*}BD^{*}\right)-2r(D)\\ &=r\begin{pmatrix}D\\ DB^{*}B\end{pmatrix}+r(D,\ CC^{*}D)-2r(D).\end{aligned} \tag{3.7.13}$$

应用引理 3.7.4 和 (3.7.10)~(3.7.13) 及 (3.7.9) 得到 $\left(I-CC^{\dagger}\right)D=0,\ D(I-B^{\dagger}B)=0$ 和 (3.7.3) 成立当且仅当

$$r\begin{pmatrix}B\\ D\end{pmatrix}=r(B),\quad r(C,\ D)=r(C)$$

和

$$r\begin{pmatrix} D^\dagger \\ D^\dagger CC^* \end{pmatrix} + r\left(D^\dagger,\ B^*BD^\dagger\right) = 2r\left(D^\dagger\right)$$

成立当且仅当

$$r\begin{pmatrix} B \\ D \end{pmatrix} = r(B), \quad r(C,\ D) = r(C)$$

和

$$r\begin{pmatrix} D \\ DB^*B \end{pmatrix} + r(D,\ CC^*D) = 2r(D).$$

定理 3.7.6 设 A,B,C,D,M,S_1 和 S_2 如问题 3.7.1 给出, 以及 $S_1=0$, 则以下条件等价:

(i) $S_2=0$;

(ii) $\left(I-CC^\dagger\right)D=0, D\left(I-B^\dagger B\right)=0$ 和 $\left(BD^\dagger C\right)^\dagger = C^\dagger DB^\dagger$;

(iii) $r\begin{pmatrix} B \\ D \end{pmatrix} = r(B)$, $r(C,\ D) = r(C)$ 和 $r\begin{pmatrix} D \\ DB^*B \end{pmatrix} + r(D,\ CC^*D) = 2r(D)$.

证明 如果 $S_2=0$, 即 $D=CA^\dagger B$.

在 $D=CA^\dagger B$ 的左 (右) 侧乘 $CC^\dagger$ $\left(B^\dagger B\right)$, 有

$$CC^\dagger DB^\dagger B = CC^\dagger CA^\dagger BB^\dagger B = CA^\dagger B = D. \tag{3.7.14}$$

则

$$D\left(I-B^\dagger B\right)=0 \tag{3.7.15}$$

和

$$\left(I-CC^\dagger\right)D=0. \tag{3.7.16}$$

应用 (3.7.15), (3.7.16) 和引理 3.7.3 有 (ii).

反之, 记 $V_BV_D{}^*\begin{pmatrix} \Sigma_D{}^{-1} & 0 \\ 0 & 0 \end{pmatrix} U_D{}^*U_C := \begin{pmatrix} \widetilde{D} & \widetilde{D}_{12} \\ \widetilde{D}_{21} & \widetilde{D}_{22} \end{pmatrix} \begin{matrix} t \\ p-t \end{matrix}$, 则
$\qquad\qquad\qquad\qquad\qquad\qquad\qquad\qquad s \quad q-s$

$$\begin{aligned} V_BV_D{}^*\begin{pmatrix} \Sigma_D & 0 \\ 0 & 0 \end{pmatrix} U_D{}^*U_C &= \left(V_BV_D{}^*\begin{pmatrix} \Sigma_D{}^{-1} & 0 \\ 0 & 0 \end{pmatrix} U_D{}^*U_C\right)^{\dagger *} \\ &= \left(\begin{pmatrix} \widetilde{D} & \widetilde{D}_{12} \\ \widetilde{D}_{21} & \widetilde{D}_{22} \end{pmatrix}^\dagger\right)^*. \end{aligned} \tag{3.7.17}$$

应用 (3.7.11) 和 (3.7.12) 得到

$$\left(U_D\begin{pmatrix}\Sigma_D & 0\\ 0 & 0\end{pmatrix}V_DV_B^*\begin{pmatrix}0 & 0\\ 0 & I_B\end{pmatrix}V_B\right)^*=\begin{pmatrix}0 & 0\\ 0 & 0\end{pmatrix}=\left(I-B^\dagger B\right)D^*$$

和

$$\begin{aligned}&\begin{pmatrix}0 & 0\\ 0 & I_B\end{pmatrix}V_BV_D{}^*\begin{pmatrix}\Sigma_D & 0\\ 0 & 0\end{pmatrix}U_D{}^*U_C\\ =&\begin{pmatrix}0 & 0\\ 0 & 0\end{pmatrix}=\begin{pmatrix}0 & 0\\ 0 & I_B\end{pmatrix}\left(\begin{pmatrix}\widetilde{D} & \widetilde{D}_{12}\\ \widetilde{D}_{21} & \widetilde{D}_{22}\end{pmatrix}^\dagger\right)^*.\end{aligned}\tag{3.7.18}$$

应用引理 3.7.2 及 (3.7.18) 得到

$$\widetilde{D}_{21}=0,\quad \widetilde{D}_{22}=0.$$

类似有

$$\widetilde{D}_{12}=0.$$

即

$$V_BV_D{}^*\begin{pmatrix}\Sigma_D{}^{-1} & 0\\ 0 & 0\end{pmatrix}U_D{}^*U_C=\begin{pmatrix}\widetilde{D} & \widetilde{D}_{12}\\ \widetilde{D}_{21} & \widetilde{D}_{22}\end{pmatrix}=\begin{pmatrix}\widetilde{D} & 0\\ 0 & 0\end{pmatrix}.\tag{3.7.19}$$

把 (3.7.5) 和 (3.7.19) 代入 (3.7.7) 得到

$$\begin{pmatrix}\widetilde{A} & 0\\ 0 & 0\end{pmatrix}=\begin{pmatrix}\Sigma_B\widetilde{D}\Sigma_C & 0\\ 0 & 0\end{pmatrix}.\tag{3.7.20}$$

把 (3.7.4) 代入 $(BD^\dagger C)^\dagger$ 和 $C^\dagger DB^\dagger$ 得到

$$\begin{aligned}(BD^\dagger C)^\dagger&=\left(U_B\begin{pmatrix}\Sigma_B & 0\\ 0 & 0\end{pmatrix}V_BV_D{}^*\begin{pmatrix}\Sigma_D{}^{-1} & 0\\ 0 & 0\end{pmatrix}U_D{}^*U_C\begin{pmatrix}\Sigma_C & 0\\ 0 & 0\end{pmatrix}V_C\right)^\dagger\\ &=V_C^*\left(\begin{pmatrix}\Sigma_B & 0\\ 0 & 0\end{pmatrix}V_BV_D{}^*\begin{pmatrix}\Sigma_D{}^{-1} & 0\\ 0 & 0\end{pmatrix}U_D{}^*U_C\begin{pmatrix}\Sigma_C & 0\\ 0 & 0\end{pmatrix}\right)^\dagger U_B^*\end{aligned}\tag{3.7.21}$$

以及

$$C^\dagger DB^\dagger=V_C^*\begin{pmatrix}\Sigma_C^{-1} & 0\\ 0 & 0\end{pmatrix}U_C^*U_D\begin{pmatrix}\Sigma_D & 0\\ 0 & 0\end{pmatrix}V_DV_B^*\begin{pmatrix}\Sigma_B^{-1} & 0\\ 0 & 0\end{pmatrix}U_B^*.\tag{3.7.22}$$

应用 (3.7.21), (3.7.22) 和 $(BD^\dagger C)^\dagger-C^\dagger DB^\dagger=0$ 得到

$$\left(\left(\begin{array}{cc}\Sigma_B & 0\\ 0 & 0\end{array}\right)V_BV_D{}^*\left(\begin{array}{cc}\Sigma_D{}^{-1} & 0\\ 0 & 0\end{array}\right)U_D{}^*U_C\left(\begin{array}{cc}\Sigma_C & 0\\ 0 & 0\end{array}\right)\right)^\dagger$$
$$-\left(\begin{array}{cc}\Sigma_C^{-1} & 0\\ 0 & 0\end{array}\right)U_C^*U_D\times\left(\begin{array}{cc}\Sigma_D & 0\\ 0 & 0\end{array}\right)V_DV_B^*\left(\begin{array}{cc}\Sigma_B^{-1} & 0\\ 0 & 0\end{array}\right)$$
$$=\left(\begin{array}{cc}\left(\Sigma_B\widetilde{D}\Sigma_C\right)^\dagger & 0\\ 0 & 0\end{array}\right)-\left(\begin{array}{cc}\Sigma_C^{-1}\widetilde{D}^\dagger\Sigma_B^{-1} & 0\\ 0 & 0\end{array}\right)=0,$$

即

$$\Sigma_C^{-1}\widetilde{D}^\dagger\Sigma_B^{-1}=\left(\Sigma_C\widetilde{D}\Sigma_B\right)^\dagger. \tag{3.7.23}$$

把 (3.7.4), (3.7.19) 和 (3.7.20) 代入 $S_2=D-CA^\dagger B$ 得到

$$\begin{aligned}U_C^*S_2V_B^*=&U_C^*U_D\left(\begin{array}{cc}\Sigma_D & 0\\ 0 & 0\end{array}\right)V_DV_B^*-\left(\begin{array}{cc}\Sigma_C & 0\\ 0 & 0\end{array}\right)\\ &V_CV_A^*\left(\begin{array}{cc}\Sigma_A^{-1} & 0\\ 0 & 0\end{array}\right)U_A^*U_B\left(\begin{array}{cc}\Sigma_B & 0\\ 0 & 0\end{array}\right)\\ =&\left(\begin{array}{cc}\widetilde{D}^\dagger & 0\\ 0 & 0\end{array}\right)-\left(\begin{array}{cc}\Sigma_C & 0\\ 0 & 0\end{array}\right)\left(\begin{array}{cc}\widetilde{A}^\dagger & 0\\ 0 & 0\end{array}\right)\left(\begin{array}{cc}\Sigma_B & 0\\ 0 & 0\end{array}\right)\\ =&\left(\begin{array}{cc}\widetilde{D}^\dagger-\Sigma_C\widetilde{A}^\dagger\Sigma_B & 0\\ 0 & 0\end{array}\right).\end{aligned} \tag{3.7.24}$$

把 (3.7.20) 和 (3.7.23) 代入 (3.7.24) 得到

$$\widetilde{D}^\dagger-\Sigma_C\widetilde{A}^\dagger\Sigma_B=\widetilde{D}^\dagger-\Sigma_C\left(\Sigma_B\widetilde{D}\Sigma_C\right)^\dagger\Sigma_B=0$$

和

$$U_C^*S_2V_B^*=0,$$

即 $S_2=0$.

应用引理 3.7.5 得到 (ii) 和 (iii).

3.8 分块矩阵的群逆

本节主要研究分块矩阵

$$M=\left(\begin{array}{cc}A & B\\ C & D\end{array}\right) \tag{3.8.1}$$

的满秩分解, 用满秩分解来求其广义逆, 假设 M 有满秩分解 $M=FG$ 的形式, 其中 F 为行满秩, G 为列满秩, 则 M 的 Moore-Penrose 逆可表示为 $M^\dagger=G^\dagger F^\dagger$, 群逆的表达式为

$$M^{\#}=F(GF)^{-2}G, \tag{3.8.2}$$

并且用此方法得到一些重要的结论, 包括群逆的 Banachiewicz-Schur 形式. Yan [244] 最初考虑用分块矩阵的满秩分解方法来求解 Moore-Penrose 逆的表达式. 下面的结果是引用文献 [244, 定理 2.2].

为了方便起见, 本节将引用下列符号表示:

$$P_\alpha=I-\alpha\alpha^-, Q_\alpha=I-\alpha^-\alpha, \quad 其中\ \alpha^-\in\alpha\{1\}, \tag{3.8.3}$$

$$S=D-CA^\dagger B, \quad E=P_AB, \quad W=CQ_A, \quad R=P_WSQ_E. \tag{3.8.4}$$

设 A, E, W, R 有下列满秩分解的形式

$$A=F_AG_A, \ \ E=F_EG_E, \ \ W=F_WG_W, \ \ R=F_RG_R, \tag{3.8.5}$$

则分块矩阵 M 可由下列满秩分解的形式表示

$$M=FG=\begin{pmatrix} F_A & 0 & 0 & F_E \\ CG_A^\dagger & F_R & F_W & P_WSG_E^\dagger \end{pmatrix}\begin{pmatrix} G_A & F_A^\dagger B \\ 0 & G_R \\ G_W & F_W^\dagger S \\ 0 & G_E \end{pmatrix}. \tag{3.8.6}$$

我们可将 M 的 Moore-Penrose 逆用 $M^\dagger=G^\dagger F^\dagger$ 的形式表示. 在 A 是群可逆的情况下, 可令 $S=D-CA^{\#}B$, M 的满秩分解形式可变为以下形式:

$$M=\begin{pmatrix} F_A & 0 & 0 & F_E \\ CA^{\#}F_A & F_R & F_W & P_WSG_E^\dagger \end{pmatrix}\begin{pmatrix} G_A & G_AA^{\#}B \\ 0 & G_R \\ G_W & F_W^\dagger S \\ 0 & G_E \end{pmatrix}. \tag{3.8.7}$$

定理 3.8.1[244,定理3.6]　设 M 有形如 (3.8.1) 的分块形式, 则 M 的 Moore-penrose 逆可表示为

$$\begin{aligned} M^\dagger=&(V_5+V_5V_3V_2^*V_1V_2-V_4V_1V_2)V_3\begin{pmatrix} W^\dagger & 0 \\ 0 & E^\dagger \end{pmatrix} \\ &\times(U_3U_5+U_2^*U_1U_2U_5-U_2^*U_1U_4) \\ &+(V_4-V_5V_3V_2^*)V_1\begin{pmatrix} A^\dagger & 0 \\ 0 & R^\dagger \end{pmatrix}U_1(U_4-U_2U_5). \end{aligned} \tag{3.8.8}$$

其中

$$F_1=\begin{pmatrix} F_A^\dagger & 0 \\ 0 & F_R^\dagger \end{pmatrix},\quad F_2=\begin{pmatrix} F_W^\dagger & 0 \\ 0 & F_E^\dagger \end{pmatrix},$$

$$G_1=\begin{pmatrix} {G_A^\dagger}^* & 0 \\ 0 & {G_R^\dagger}^* \end{pmatrix},\quad G_2=\begin{pmatrix} {G_W^\dagger}^* & 0 \\ 0 & {G_E^\dagger}^* \end{pmatrix},$$

且

$$U_1=\begin{pmatrix} X_3^{-1} & -X_3^{-1}HP_WX_2^{-1}X_4 \\ -X_4^*X_2^{-1}P_WH^*X_3^{-1} & X_4+X_4^*X_2^{-1}P_WH^*X_3^{-1}HP_WX_2^{-1}X_4 \end{pmatrix},$$

$$U_2=\begin{pmatrix} H & HP_WH_1^*X_1^{-1} \\ I & P_WH_1^*X_1^{-1} \end{pmatrix},\quad U_3=\begin{pmatrix} I & 0 \\ 0 & X_1^{-1} \end{pmatrix},$$

$$U_4=\begin{pmatrix} I & H \\ 0 & I \end{pmatrix},\quad U_5=\begin{pmatrix} 0 & WW^\dagger \\ EE^\dagger & H_1P_W \end{pmatrix},$$

$$V_1=\begin{pmatrix} Y_3^{-1} & -Y_3^{-1}KQ_EY_2^{-1}Y_4 \\ -Y_4Y_2^{-1}Q_EK^*Y_3^{-1} & Y_4+Y_4Y_2^{-1}Q_EK^*Y_3^{-1}KQ_EY_2^{-1}Y_4 \end{pmatrix},$$

$$V_2=\begin{pmatrix} KK_1^* & K \\ K_1^* & 0 \end{pmatrix},$$

$$V_3=\begin{pmatrix} Y_1^{-1} & -Y_1^{-1}K_1 \\ -K_1^*Y_1^{-1} & I+K_1^*Y_1^{-1}K_1 \end{pmatrix},$$

$$V_4=\begin{pmatrix} I & 0 \\ K^* & I \end{pmatrix},\quad V_5=\begin{pmatrix} W^\dagger W & 0 \\ K_1^* & E^\dagger E \end{pmatrix}.$$

$$H={A^\dagger}^*C^*,\quad H_1={E^\dagger}^*S^*,\quad K=A^\dagger B,\quad K_1=W^\dagger S,$$

$$X_1=I+H_1P_WH_1^*,\quad X_2=I+P_WH_1^*H_1P_W,$$

$$X_3=I+HP_W(X_2^{-1}-X_2^{-1}X_4X_2^{-1})P_WH^*,\quad X_4=(RR^\dagger X_2^{-1}RR^\dagger)^\dagger,$$

$$Y_1=I+K_1Q_EK_1^*,\quad Y_2=I+Q_EK_1^*K_1Q_E,$$

$$Y_3=I+KQ_E(Y_2^{-1}-Y_2^{-1}Y_4Y_2^{-1})Q_EK^*,\quad Y_4=(R^\dagger RY_2^{-1}R^\dagger R)^\dagger.$$

众所周知

$$F^{\dagger}=\begin{pmatrix} F_1U_1U_4-F_1U_1U_2U_5 \\ -F_2U^*U_1U_4+F_2(U_3+U_2^*U_1U_2)U_5 \end{pmatrix}, \tag{3.8.9}$$

$$G^{\dagger}=\left(V_4V_1G_1^*-V_5V_3V_2^*V_1G_1^*, -V_4V_1V_2V_3G_2^*+V_5(V_3+V_3V_2^*V_1V_2V_3)G_2^*\right). \tag{3.8.10}$$

定理 3.8.2 设 M 有形如 (3.8.1) 的分块形式, 则下列命题成立:

(i) 若 E 是列满秩, W 是行满秩, 则

$$M^{\#}=\begin{pmatrix} A & B \\ C & D \end{pmatrix}\left(\begin{pmatrix} A^{\dagger} & 0 \\ 0 & 0 \end{pmatrix}\right.$$
$$\left.+\begin{pmatrix} I & -K-K_1 \\ 0 & I \end{pmatrix}\begin{pmatrix} W^{\dagger} & 0 \\ 0 & E^{\dagger} \end{pmatrix}\begin{pmatrix} -H^* & I \\ I & 0 \end{pmatrix}\right)^3\begin{pmatrix} A & B \\ C & D \end{pmatrix};$$

(ii) 若 $E=0, W=0$, 则

$$M^{\#}=\begin{pmatrix} A & B \\ C & D \end{pmatrix}\left(\begin{pmatrix} \tilde{Y} & -\tilde{Y}K \\ Q_SK^*\tilde{Y} & I-Q_SK^*\tilde{Y}K \end{pmatrix}\begin{pmatrix} A^{\dagger} & 0 \\ 0 & S^{\dagger} \end{pmatrix}\right.$$
$$\left.\times\begin{pmatrix} \tilde{X} & \tilde{X}HP_S \\ -H^*\tilde{X} & I-H^*\tilde{X}HP_S \end{pmatrix}\right)^3\times\begin{pmatrix} A & B \\ C & D \end{pmatrix},$$

其中 $\tilde{X}=(I+HP_SH^*)^{-1}$, $\tilde{Y}=(I+KQ_SK^*)^{-1}$.

证明 (i) 若 E 是列满秩, 可得 $Q_E=0, R=0, X_1=I, X_2=I, X_3=I, X_4=0$. 因此, 在定理 3.8.1 中定义的 V_1, V_2, V_3, V_4, V_5 可简化为

$$V_1=\begin{pmatrix} I & 0 \\ 0 & 0 \end{pmatrix},\quad V_2=\begin{pmatrix} KK_1^* & K \\ K_1^* & 0 \end{pmatrix},\quad V_3=\begin{pmatrix} I & -K_1 \\ -K_1^* & I+K_1^*K_1 \end{pmatrix},$$

$$V_4=\begin{pmatrix} I & 0 \\ K^* & I \end{pmatrix},\quad V_5=\begin{pmatrix} W^{\dagger}W & 0 \\ K_1^* & I \end{pmatrix},$$

由此可得

$$V_4V_1=\begin{pmatrix} I & 0 \\ K^* & 0 \end{pmatrix},\quad V_2V_3=\begin{pmatrix} 0 & K \\ K_1^* & -K_1^*K \end{pmatrix},\quad V_1V_2V_3=\begin{pmatrix} 0 & K \\ 0 & 0 \end{pmatrix},$$

$$V_5V_3V_2^*V_1=\begin{pmatrix} 0 & 0 \\ K^* & 0 \end{pmatrix},\quad V_4V_1V_2V_3=\begin{pmatrix} 0 & K \\ 0 & K^*K \end{pmatrix},$$

$$V_5V_3=\begin{pmatrix} W^\dagger W & -K_1 \\ 0 & I \end{pmatrix},\quad V_5V_3V_2^*V_1V_2V_3=\begin{pmatrix} 0 & 0 \\ 0 & K^*K \end{pmatrix}.$$

则 (3.8.10) 可化为

$$G^\dagger=\begin{pmatrix} I & I & -K-K_1 \\ 0 & 0 & I \end{pmatrix}\begin{pmatrix} G_A^\dagger & 0 & 0 \\ 0 & G_W^\dagger & 0 \\ 0 & 0 & G_E^\dagger \end{pmatrix}. \tag{3.8.11}$$

若 W 为行满秩, 可得 $P_W=0$ 且 $R=0, X_1=I, X_2=I, X_3=I, X_4=0$. 因此, 我们可推出

$$U_1=\begin{pmatrix} I & 0 \\ 0 & I \end{pmatrix},\quad U_2=\begin{pmatrix} H & 0 \\ I & 0 \end{pmatrix},\quad U_3=\begin{pmatrix} I & 0 \\ 0 & I \end{pmatrix},$$

$$U_4=\begin{pmatrix} I & H \\ 0 & I \end{pmatrix},\quad U_5=\begin{pmatrix} 0 & I \\ EE^\dagger & 0 \end{pmatrix}.$$

故有

$$U_1U_4=\begin{pmatrix} I & H \\ 0 & I \end{pmatrix},\quad U_1U_2U_5=\begin{pmatrix} 0 & H \\ 0 & I \end{pmatrix},\quad U_2^*U_1U_4=\begin{pmatrix} H^* & I+H^*H \\ 0 & 0 \end{pmatrix},$$

$$U_3U_5=\begin{pmatrix} 0 & I \\ EE^\dagger & 0 \end{pmatrix},\quad U_2^*U_1U_2U_5=\begin{pmatrix} 0 & I+H^*H \\ 0 & 0 \end{pmatrix}.$$

下面, 我们将 (3.8.9) 中的 $F^\dagger$ 简化为

$$F^\dagger=\begin{pmatrix} F_A^\dagger & 0 & 0 \\ 0 & F_W^\dagger & 0 \\ 0 & 0 & F_E^\dagger \end{pmatrix}\begin{pmatrix} I & 0 \\ -H^* & I \\ I & 0 \end{pmatrix}. \tag{3.8.12}$$

因此

$$M^\dagger=G^\dagger F^\dagger=\begin{pmatrix} A^\dagger & 0 \\ 0 & 0 \end{pmatrix}+\begin{pmatrix} I & -K-K_1 \\ 0 & I \end{pmatrix}\begin{pmatrix} W^\dagger & 0 \\ 0 & E^\dagger \end{pmatrix}\begin{pmatrix} -H^* & I \\ I & 0 \end{pmatrix},$$

利用公式 $A^\#=A(A^\dagger)^3A$, 得到 $M^\#$ 的表达式为

$$\begin{aligned} M^\#=&\begin{pmatrix} A & B \\ C & D \end{pmatrix}\left(\begin{pmatrix} A^\dagger & 0 \\ 0 & 0 \end{pmatrix}+\begin{pmatrix} I & -K-K_1 \\ 0 & I \end{pmatrix}\right. \\ &\left.\times\begin{pmatrix} W^\dagger & 0 \\ 0 & E^\dagger \end{pmatrix}\begin{pmatrix} -H^* & I \\ I & 0 \end{pmatrix}\right)^3\begin{pmatrix} A & B \\ C & D \end{pmatrix}. \end{aligned}$$

(ii) 若 $E=0$, 则 $H_1=0$, $X_1=I$, $X_2=I$, 可推出 $X_3=I+HP_WP_RP_WH^*$ 和 $X_4=RR^\dagger$. 设 $X=X_3^{-1}$, 可得

$$U_1=\begin{pmatrix} X & -XHP_WRR^\dagger \\ -RR^\dagger P_WH^*X & RR^\dagger+RR^\dagger P_WH^*XHP_WRR^\dagger \end{pmatrix},$$

$$U_2=\begin{pmatrix} H & 0 \\ I & 0 \end{pmatrix},\quad U_3=\begin{pmatrix} I & 0 \\ 0 & I \end{pmatrix},\quad U_4=\begin{pmatrix} I & H \\ 0 & I \end{pmatrix},\quad U_4=\begin{pmatrix} 0 & WW^\dagger \\ 0 & 0 \end{pmatrix}.$$

经过计算, 得到

$$U_1U_4=\begin{pmatrix} X & XH(I-P_WRR^\dagger) \\ -RR^\dagger P_WH^*X & RR^\dagger-RR^\dagger P_WH^*XH(I-P_WRR^\dagger) \end{pmatrix},$$

$$U_1U_2U_5=\begin{pmatrix} 0 & XH(I-P_WRR^\dagger)WW^\dagger \\ 0 & RR^\dagger WW^\dagger-RR^\dagger P_WH^*XH(I-P_WRR^\dagger)WW^\dagger \end{pmatrix},$$

$$U_2^*U_1U_4=\begin{pmatrix} (I-RR^\dagger P_W)H^*X & RR^\dagger+(I-RR^\dagger P_W)H^*XH(I-P_WRR^\dagger) \\ 0 & 0 \end{pmatrix},$$

$$U_3U_5=\begin{pmatrix} 0 & WW^\dagger \\ 0 & 0 \end{pmatrix},$$

$$U_2^*U_1U_2U_5=\begin{pmatrix} 0 & RR^\dagger WW^\dagger+(I-RR^\dagger P_W)H^*XH(I-P_WRR^\dagger) \\ 0 & 0 \end{pmatrix}.$$

因此

$$F^\dagger=\begin{pmatrix} F_A^\dagger & 0 & 0 \\ 0 & F_R^\dagger & 0 \\ 0 & 0 & F_W^\dagger \end{pmatrix} \times\begin{pmatrix} X & XH(I-P_WRR^\dagger)P_W \\ -P_WH^*X & P_W-P_WH^*XH(I-P_WRR^\dagger)P_W \\ (I-RR^\dagger P_W)H^*X & I-RR^\dagger P_W \end{pmatrix}. \quad (3.8.13)$$

若 $W=0$, 则 $K_1=0, Y_1=I$, $Y_2=I$, 使得 $Y_3=I+KQ_EQ_RQ_EK^*$, $Y_4=R^\dagger R$. 设 $Y=Y_3^{-1}$, 则有

$$V_1=\begin{pmatrix} Y & -YKQ_ER^\dagger R \\ -R^\dagger RQ_EK^*Y & R^\dagger R+R^\dagger RQ_EK^*YKQ_ER^\dagger R \end{pmatrix},$$

$$V_2=\begin{pmatrix}0 & K\\ 0 & 0\end{pmatrix},\quad V_3=\begin{pmatrix}I & 0\\ 0 & I\end{pmatrix},\quad V_4=\begin{pmatrix}I & 0\\ K^* & I\end{pmatrix},\quad V_5=\begin{pmatrix}0 & 0\\ 0 & E^\dagger E\end{pmatrix}.$$

进一步地, 有

$$V_4V_1=\begin{pmatrix}Y & -YKQ_ER^\dagger R\\ K^*Y-R^\dagger RQ_EK^*Y & R^\dagger R-(I-R^\dagger RQ_E)K^*YKQ_ER^\dagger R\end{pmatrix},$$

$$V_1V_2V_3=\begin{pmatrix}0 & YK\\ 0 & -R^\dagger RQ_EK^*YK\end{pmatrix},$$

$$V_5V_3V_2^*V_1=\begin{pmatrix}0 & 0\\ E^\dagger EK^*Y & -E^\dagger EK^*YKQ_ER^\dagger R\end{pmatrix},$$

$$V_4V_1V_2V_3=\begin{pmatrix}0 & YK\\ 0 & K^*YK-R^\dagger RQ_EK^*YK\end{pmatrix},$$

$$V_5V_3V_2^*V_1V_2V_3=\begin{pmatrix}0 & 0\\ 0 & K^*YK-R^\dagger RQ_EK^*YK\end{pmatrix}.$$

我们将 (3.8.10) 中的 $G^\dagger$ 简化为

$$G^\dagger=\begin{pmatrix}Y & -YKQ_E & -YK\\ Q_RQ_EK^*Y & I-Q_RQ_EK^*YK & I\end{pmatrix}\begin{pmatrix}G_A^\dagger & 0 & 0\\ 0 & G_R^\dagger & 0\\ 0 & 0 & G_E^\dagger\end{pmatrix},\quad (3.8.14)$$

则

$$\begin{aligned}M^\dagger=&\ G^\dagger F^\dagger\\ =&\begin{pmatrix}\tilde{Y} & -\tilde{Y}K\\ Q_SK^*\tilde{Y} & I-Q_SK^*\tilde{Y}K\end{pmatrix}\begin{pmatrix}A^\dagger & 0\\ 0 & S^\dagger\end{pmatrix}\begin{pmatrix}\tilde{X} & \tilde{X}HP_S\\ -H^*\tilde{X} & I-H^*\tilde{X}HP_S\end{pmatrix},\end{aligned}$$

因此, 我们得到

$$\begin{aligned}M^{\#}=&\begin{pmatrix}A & B\\ C & D\end{pmatrix}\left(\begin{pmatrix}\tilde{Y} & -\tilde{Y}K\\ Q_SK^*\tilde{Y} & I-Q_SK^*\tilde{Y}K\end{pmatrix}\begin{pmatrix}A^\dagger & 0\\ 0 & S^\dagger\end{pmatrix}\right.\\ &\left.\times\begin{pmatrix}\tilde{X} & \tilde{X}HP_S\\ -H^*\tilde{X} & I-H^*\tilde{X}HP_S\end{pmatrix}\right)^3\times\begin{pmatrix}A & B\\ C & D\end{pmatrix}.\end{aligned}$$

□

定理 3.8.3　设 M 有形如 (3.8.1) 的分块形式, 我们可得到下面结论:

(i) 若 $E=0, W=0$, 且 $R(C)\subset R(S)$, 则

$$M^{\#}=\begin{pmatrix} A & B \\ C & D \end{pmatrix}\left(\begin{pmatrix} \tilde{Y} & -\tilde{Y}K \\ Q_SK^*\tilde{Y} & I-Q_SK^*\tilde{Y}K \end{pmatrix}\right.$$
$$\left.\times\begin{pmatrix} A^{\dagger} & 0 \\ 0 & S^{\dagger} \end{pmatrix}\begin{pmatrix} I & 0 \\ -H^* & I \end{pmatrix}\right)^3\begin{pmatrix} A & B \\ C & D \end{pmatrix},$$

其中 $\tilde{Y}=(I+KQ_SK^*)^{-1}$;

(ii) 若 $E=0, W=0, R(B^*)\subset R(S^*)$, 则

$$M^{\#}=\begin{pmatrix} A & B \\ C & D \end{pmatrix}\left(\begin{pmatrix} I & -K \\ 0 & I \end{pmatrix}\begin{pmatrix} A^{\dagger} & 0 \\ 0 & S^{\dagger} \end{pmatrix}\right.$$
$$\left.\times\begin{pmatrix} \tilde{X} & \tilde{X}HP_S \\ -H^*\tilde{X} & I-H^*\tilde{X}HP_S \end{pmatrix}\right)^3\begin{pmatrix} A & B \\ C & D \end{pmatrix},$$

其中 $\tilde{X}=(I+HP_SH^*)^{-1}$;

(iii) 若 $E=0$, $W=0$, 且 $R(B)\subset R(A)$, $R(C)\subset R(S)$, $R(B^*)\subset R(S^*)$, $R(C^*)\subset R(A^*)$, 则

$$M^{\#}=\begin{pmatrix} A(A^{\dagger})^3A+AA^{\dagger}KS^{\dagger}H^*A^{\dagger}A & -AA^{\dagger}K(S^{\dagger})^2S \\ -S(S^{\dagger})^2H^*A^{\dagger}A & S(S^{\dagger})^3S \end{pmatrix}.$$

证明　(i) 因为 $E=0, W=0$, 根据定理 3.8.2 (ii), 有

$$M^{\dagger}=\begin{pmatrix} \tilde{Y} & -\tilde{Y}K \\ Q_SK^*\tilde{Y} & I-Q_SK^*\tilde{Y}K \end{pmatrix}\begin{pmatrix} A^{\dagger} & 0 \\ 0 & S^{\dagger} \end{pmatrix}$$
$$\times\begin{pmatrix} \tilde{X} & \tilde{X}HP_S \\ -H^*\tilde{X} & I-H^*\tilde{X}HP_S \end{pmatrix},$$

由于 $R(C)\subset R(S)$, 可得 $P_SC=0$, 则 $M^{\dagger}$ 的表达式可简化为

$$M^{\dagger}=\begin{pmatrix} \tilde{Y} & -\tilde{Y}K \\ Q_SK^*\tilde{Y} & I-Q_SK^*\tilde{Y}K \end{pmatrix}\begin{pmatrix} A^{\dagger} & 0 \\ 0 & S^{\dagger} \end{pmatrix}\begin{pmatrix} I & 0 \\ -H^* & I \end{pmatrix},$$

利用公式 $A^{\#}=A(A^{\dagger})^3A$, 得到 $M^{\#}$ 的表达式为

$$M^{\#}=\begin{pmatrix} A & B \\ C & D \end{pmatrix}\left(\begin{pmatrix} \tilde{Y} & -\tilde{Y}K \\ Q_SK^*\tilde{Y} & I-Q_SK^*\tilde{Y}K \end{pmatrix}\right.$$
$$\left.\times\begin{pmatrix} A^{\dagger} & 0 \\ 0 & S^{\dagger} \end{pmatrix}\begin{pmatrix} I & 0 \\ -H^* & I \end{pmatrix}\right)^3\begin{pmatrix} A & B \\ C & D \end{pmatrix}.$$

(ii) 同理可证结论成立.

(iii) 因为 $E=0$, $W=0$, 根据定理 3.8.2(ii), 得到

$$M^\dagger=\begin{pmatrix}\tilde{Y} & -\tilde{Y}K\\ Q_SK^*\tilde{Y} & I-Q_SK^*\tilde{Y}K\end{pmatrix}\begin{pmatrix}A^\dagger & 0\\ 0 & S^\dagger\end{pmatrix}\begin{pmatrix}\tilde{X} & \tilde{X}HP_S\\ -H^*\tilde{X} & I-H^*\tilde{X}HP_S\end{pmatrix},$$

由 $R(B)\subset R(A)$, $R(C)\subset R(S)$, $R(B^*)\subset R(S^*)$, $R(C^*)\subset R(A^*)$, 可得 $P_AB=0$, $CQ_A=0$, $P_SC=0$, $BQ_S=0$, 则 $M^\dagger$ 的表达式可简化为

$$\begin{aligned}M^\dagger&=\begin{pmatrix}I & -K\\ 0 & I\end{pmatrix}\begin{pmatrix}A^\dagger & 0\\ 0 & S^\dagger\end{pmatrix}\begin{pmatrix}I & 0\\ -H^* & I\end{pmatrix}\\&=\begin{pmatrix}A^\dagger+KS^\dagger H^* & -KS^\dagger\\ -S^\dagger H^* & S^\dagger\end{pmatrix}.\end{aligned}$$

我们用 M 分别左乘和右乘 $M^\dagger$, 得到

$$\begin{aligned}MM^\dagger&=\begin{pmatrix}A & B\\ C & D\end{pmatrix}\begin{pmatrix}A^\dagger+KS^\dagger H^* & -KS^\dagger\\ -S^\dagger H^* & S^\dagger\end{pmatrix}\\&=\begin{pmatrix}AA^\dagger+AKS^\dagger H^*-BS^\dagger H^* & -AKS^\dagger+BS^\dagger\\ CA^\dagger+CKS^\dagger H^*-DS^\dagger H^* & -CKS^\dagger+DS^\dagger\end{pmatrix}\\&=\begin{pmatrix}AA^\dagger & 0\\ 0 & SS^\dagger\end{pmatrix},\end{aligned}$$

$$\begin{aligned}M^\dagger M&=\begin{pmatrix}A^\dagger+KS^\dagger H^* & -KS^\dagger\\ -S^\dagger H^* & S^\dagger\end{pmatrix}\begin{pmatrix}A & B\\ C & D\end{pmatrix}\\&=\begin{pmatrix}A^\dagger A+KS^\dagger H^*A-KS^\dagger C & K+KS^\dagger H^*B-KS^\dagger D\\ -S^\dagger H^*A+S^\dagger C & -S^\dagger H^*B+S^\dagger D\end{pmatrix}\\&=\begin{pmatrix}A^\dagger A & 0\\ 0 & S^\dagger S\end{pmatrix}.\end{aligned}$$

因此

$$\begin{aligned}M^{\#}&=MM^\dagger M^\dagger M^\dagger M\\&=\begin{pmatrix}AA^\dagger & 0\\ 0 & SS^\dagger\end{pmatrix}\begin{pmatrix}A^\dagger+KS^\dagger H^* & -KS^\dagger\\ -S^\dagger H^* & S^\dagger\end{pmatrix}\begin{pmatrix}A^\dagger A & 0\\ 0 & S^\dagger S\end{pmatrix}\\&=\begin{pmatrix}A(A^\dagger)^3A+AA^\dagger KS^\dagger H^*A^\dagger A & -AA^\dagger K(S^\dagger)^2S\\ -S(S^\dagger)^2H^*A^\dagger A & S(S^\dagger)^3S\end{pmatrix}.\end{aligned}$$

定理 3.8.4 设 M 有形如 (3.8.1) 的分块形式, $S=D-CA^{\#}B$ 是 A 在 M 中的广义 Schur 补, 则下列结论成立:

(i) 若 A 与 S 是群可逆, 且 $P_AB=0$, $CQ_A=0$, $P_SC=0$, 则有

$$M^{\#}=v\begin{pmatrix} A^{\#}+A^{\#}BS^{\#}CA^{\#} & A^{\#}(I+BS^{\#}CA^{\#})A^{\#}BP_S-A^{\#}BS^{\#} \\ -S^{\#}CA^{\#} & S^{\#}(I-C(A^{\#})^2BP_S) \end{pmatrix}; \quad (3.8.15)$$

(ii) 若 A 与 S 是群可逆, 且 $P_AB=0$, $CQ_A=0$, $BP_S=0$, 则有

$$M^{\#}=\begin{pmatrix} A^{\#}+A^{\#}BS^{\#}CA^{\#} & -A^{\#}BS^{\#} \\ P_SCA^{\#}(I+A^{\#}BS^{\#}C)A^{\#}-S^{\#}CA^{\#} & (I-P_SC(A^{\#})^2B)S^{\#} \end{pmatrix}; \quad (3.8.16)$$

(iii) 设 A 与 S 是群可逆, 且 $P_AB=0$, $CQ_A=0$, $P_SC=0$, $BP_S=0$ 当且仅当

$$M^{\#}=\begin{pmatrix} A^{\#}+A^{\#}BS^{\#}CA^{\#} & -A^{\#}BS^{\#} \\ -S^{\#}CA^{\#} & S^{\#} \end{pmatrix}. \quad (3.8.17)$$

证明 (i) 若 $P_AB=0$, $CQ_A=0$, 则 (3.8.4) 中的 E, W, R 可表示为 $E=0$, $W=0$, $R=S$, M 的满秩分解形式可表示为

$$M=\begin{pmatrix} A & B \\ C & D \end{pmatrix}=FG=\begin{pmatrix} F_A & 0 \\ CA^{\#}F_A & F_S \end{pmatrix}\begin{pmatrix} G_A & G_AA^{\#}B \\ 0 & G_S \end{pmatrix}.$$

根据 (3.8.7), 可得

$$GF=\begin{pmatrix} G_AF_A+G_AKCA^{\#}F_A & G_AKF_S \\ G_SHF_A & G_SF_S \end{pmatrix},$$

其中 $H=CA^{\#}$, $K=A^{\#}B$. 记 S' 为 G_SF_S 在分块矩阵 GF 中的 Schur 补, 则

$$\begin{aligned} S' &=G_AF_A+G_AKHF_A-G_AKF_S(G_SF_S)^{-1}G_SHF_A \\ &=G_AF_A+G_AKHF_A-G_AKSS^{\#}HF_A \\ &=G_AF_A+G_AKP_SHF_A \\ &=G_AF_A+G_AKP_SCA^{\#}F_A \\ &=G_AF_A. \end{aligned}$$

应用 Banachiewicz-Schur 公式, 可以得到

$$(G_AF_A)^{-1}=\begin{pmatrix} (G_AF_A)^{-1} & -(G_AF_A)^{-1}G_AKF_S(G_SF_S)^{-1} \\ -(G_SF_S)^{-1}G_SHF_A(G_AF_A)^{-1} & (G_SF_S)^{-1}(I+G_SHF_A(G_AF_A)^{-1}G_AKF_S(G_SF_S)^{-1}) \end{pmatrix}$$

$$=\begin{pmatrix} (G_AF_A)^{-1} & -G_AA^{\#}KS^{\#}F_S \\ -G_SS^{\#}HA^{\#}F_A & (G_SF_S)^{-1}+G_SS^{\#}HKS^{\#}F_S \end{pmatrix}.$$

更进一步地, 有

$$F(GF)^{-1}=\begin{pmatrix} F_A & 0 \\ HF_A & F_S \end{pmatrix}\begin{pmatrix} (G_AF_A)^{-1} & -G_AA^{\#}KS^{\#}F_S \\ -G_SS^{\#}HA^{\#}F_A & (G_SF_S)^{-1}+G_SS^{\#}HKS^{\#}F_S \end{pmatrix}$$

$$=\begin{pmatrix} A^{\#}F_A & -KS^{\#}F_S \\ 0 & S^{\#}F_S \end{pmatrix}$$

和

$$(GF)^{-1}G=\begin{pmatrix} (G_AF_A)^{-1} & -G_AA^{\#}KS^{\#}F_S \\ -G_SS^{\#}HA^{\#}F_A & (G_SF_S)^{-1}+G_SS^{\#}HKS^{\#}F_S \end{pmatrix}\begin{pmatrix} G_A & G_AK \\ 0 & G_S \end{pmatrix}$$

$$=\begin{pmatrix} G_AA^{\#} & G_AA^{\#}KP_S \\ -G_SS^{\#}H & G_SS^{\#}-G_SS^{\#}HKP_S \end{pmatrix},$$

利用公式 (3.8.2), 我们可计算 M 的群逆为

$$M^{\#}=\begin{pmatrix} A^{\#}F_A & -KS^{\#}F_S \\ 0 & S^{\#}F_S \end{pmatrix}\begin{pmatrix} G_AA^{\#} & G_AA^{\#}KP_S \\ -G_SS^{\#}H & G_SS^{\#}-G_SS^{\#}HKP_S \end{pmatrix}$$

$$=\begin{pmatrix} A^{\#}+A^{\#}BS^{\#}CA^{\#} & A^{\#}(I+BS^{\#}CA^{\#})A^{\#}BP_S-A^{\#}BS^{\#} \\ -S^{\#}CA^{\#} & S^{\#}(I-C(A^{\#})^2BP_S) \end{pmatrix}.$$

(ii) 因为 $P_AB=0$, $CQ_A=0$, M 可表示为下列满秩分解的形式

$$M=FG=\begin{pmatrix} F_A & 0 \\ CA^{\#}F_A & F_S \end{pmatrix}\begin{pmatrix} G_A & G_AA^{\#}B \\ 0 & G_S \end{pmatrix},$$

因此

$$GF=\begin{pmatrix} G_AF_A+G_AKCA^{\#}F_A & G_AKF_S \\ G_SHF_A & G_SF_S \end{pmatrix}.$$

由 $BP_S=0$, 可以推出

$$S'=G_AF_A+G_AA^{\#}BP_SHF_A=G_AF_A.$$

因此

$$(GF)^{-1}=\begin{pmatrix} (G_AF_A)^{-1} & -G_AA^{\#}KS^{\#}F_S \\ -G_SS^{\#}HA^{\#}F_A & (G_SF_S)^{-1}+G_SS^{\#}HKS^{\#}F_S \end{pmatrix}.$$

下面我们将计算 $F(GF)^{-1}$ 与 $F(GF)^{-1}$:

$$\begin{aligned}F(GF)^{-1}&=\begin{pmatrix} F_A & 0 \\ HF_A & F_S \end{pmatrix}\begin{pmatrix} (G_AF_A)^{-1} & -G_AA^{\#}KS^{\#}F_S \\ -G_SS^{\#}HA^{\#}F_A & (G_SF_S)^{-1}+G_SS^{\#}HKS^{\#}F_S \end{pmatrix},\\ &=\begin{pmatrix} A^{\#}F_A & -KS^{\#}F_S \\ P_SHA^{\#}F_A & -P_SHKS^{\#}F_S+S^{\#}F_S \end{pmatrix},\end{aligned}$$

$$\begin{aligned}(GF)^{-1}G&=\begin{pmatrix} (G_AF_A)^{-1} & -G_AA^{\#}KS^{\#}F_S \\ -G_SS^{\#}HA^{\#}F_A & (G_SF_S)^{-1}+G_SS^{\#}HKS^{\#}F_S \end{pmatrix}\begin{pmatrix} G_A & G_AK \\ 0 & G_S \end{pmatrix},\\ &=\begin{pmatrix} G_AA^{\#} & 0 \\ -G_SS^{\#}H & G_SS^{\#} \end{pmatrix}.\end{aligned}$$

由公式 (3.8.2) 可得

$$\begin{aligned}M^{\#}&=\begin{pmatrix} A^{\#}F_A & -KS^{\#}F_S \\ P_SHA^{\#}F_A & -P_SHKS^{\#}F_S+S^{\#}F_S \end{pmatrix}\begin{pmatrix} G_AA^{\#} & 0 \\ -G_SS^{\#}H & G_SS^{\#} \end{pmatrix}\\ &=\begin{pmatrix} A^{\#}+A^{\#}BS^{\#}CA^{\#} & -A^{\#}BS^{\#} \\ P_SCA^{\#}(I+A^{\#}BS^{\#}C)A^{\#}-S^{\#}CA^{\#} & (I-P_SC(A^{\#})^2B)S^{\#} \end{pmatrix}.\end{aligned}$$

(iii) ($\Rightarrow$) 已知 $P_AB=0$, $CQ_A=0$, $P_SC=0$, $BP_S=0$, 根据 (i), (ii) 的证明, 可得

$$\begin{aligned}F(GF)^{-1}&=\begin{pmatrix} F_A & 0 \\ HF_A & F_S \end{pmatrix}\begin{pmatrix} (G_AF_A)^{-1} & -G_AA^{\#}KS^{\#}F_S \\ -G_SS^{\#}HA^{\#}F_A & (G_SF_S)^{-1}+G_SS^{\#}HKS^{\#}F_S \end{pmatrix}\\ &=\begin{pmatrix} A^{\#}F_A & -KS^{\#}F_S \\ 0 & S^{\#}F_S \end{pmatrix},\end{aligned}$$

$$\begin{aligned}(GF)^{-1}G&=\begin{pmatrix} (G_AF_A)^{-1} & -G_AA^{\#}KSS^{\#} \\ -G_SS^{\#}HA^{\#}F_A & (G_SF_S)^{-1}+G_SS^{\#}HKS^{\#}F_S \end{pmatrix}\begin{pmatrix} G_A & G_AK \\ 0 & G_S \end{pmatrix},\\ &=\begin{pmatrix} G_AA^{\#} & 0 \\ -G_SS^{\#}H & G_SS^{\#} \end{pmatrix},\end{aligned}$$

综上所述,

$$M^{\#} = F(GF)^{-1}(GF)^{-1}G = \begin{pmatrix} A^{\#} + A^{\#}BS^{\#}CA^{\#} & -A^{\#}BS^{\#} \\ -S^{\#}CA^{\#} & S^{\#} \end{pmatrix}.$$

$(\Leftarrow)$ 见文献 [29, 定理 2].

定理 3.8.5 设 M 有形如 (3.8.1) 的分块形式, $T = A - BD^{\#}C$ 为 D 在 M 中的广义 schur 补, 则下列结论成立:

(i) 若 D 与 T 是群可逆的, 且 $P_DC = 0$, $BQ_D = 0$, $P_TB = 0$, 则有

$$M^{\#} = \begin{pmatrix} T^{\#}(I - B(D^{\#})^2CQ_T) & -T^{\#}BD^{\#} \\ -D^{\#}CT^{\#} + D^{\#}(I + CT^{\#}BD^{\#})D^{\#}CQ_T & D^{\#} + D^{\#}CT^{\#}BD^{\#} \end{pmatrix}; \tag{3.8.18}$$

(ii) 若 D 与 T 是群可逆的, 且 $P_DC = 0$, $BQ_D = 0$, $CQ_T = 0$, 则有

$$M^{\#} = \begin{pmatrix} (I - P_TB(D^{\#})^2C)T^{\#} & -T^{\#}BD^{\#} + P_TBD^{\#}(I + D^{\#}CT^{\#}B)D^{\#} \\ -D^{\#}CT^{\#} & D^{\#} + D^{\#}CT^{\#}BD^{\#} \end{pmatrix}; \tag{3.8.19}$$

(iii) 设 D 与 T 是群可逆的, 且 $P_DC = 0$, $BQ_D = 0$, $CQ_T = 0$, $P_TB = 0$ 当且仅当

$$M^{\#} = \begin{pmatrix} T^{\#} & -T^{\#}BD^{\#} \\ -D^{\#}CT^{\#} & D^{\#} + D^{\#}CT^{\#}BD^{\#} \end{pmatrix}. \tag{3.8.20}$$

证明 证明方法与定理 3.8.4 类似.

根据定理 3.8.4 和定理 3.8.5, 我们还有如下结论.

定理 3.8.6 设 M 有形如 (3.8.1) 的分块形式, $S = D - CA^{\#}B$, $T = A - BD^{\#}C$ 分别是 D 和 A 在 M 中的广义 schur 补, 则下列结论成立:

(i) 若 A, S, D, T 是群可逆, 且 $P_AB = 0$, $CQ_A = 0$, $P_SC = 0$, $P_DC = 0$, $BQ_D = 0$, $P_TB = 0$, 则

$$M^{\#} = \begin{pmatrix} A^{\#} + A^{\#}BS^{\#}CA^{\#} & A^{\#}(I + BS^{\#}CA^{\#})A^{\#}BP_S - A^{\#}BS^{\#} \\ -S^{\#}CA^{\#} & S^{\#}(I - C(A^{\#})^2BP_S) \end{pmatrix}$$
$$= \begin{pmatrix} T^{\#}(I - B(D^{\#})^2CQ_T) & -T^{\#}BD^{\#} \\ -D^{\#}CT^{\#} + D^{\#}(I + CT^{\#}BD^{\#})D^{\#}CQ_T & D^{\#} + D^{\#}CT^{\#}BD^{\#} \end{pmatrix};$$

(ii) 若 A, S, D, T 是群可逆, 且 $P_AB=0$, $CQ_A=0$, $P_SC=0$, $P_DC=0$, $BQ_D=0$, $CQ_T=0$, 则

$$M^{\#}=\begin{pmatrix} A^{\#}+A^{\#}BS^{\#}CA^{\#} & A^{\#}(I+BS^{\#}CA^{\#})A^{\#}BP_S-A^{\#}BS^{\#} \\ -S^{\#}CA^{\#} & S^{\#}(I-C(A^{\#})^2BP_S) \end{pmatrix}$$
$$=\begin{pmatrix} (I-P_TB(D^{\#})^2C)T^{\#} & -T^{\#}BD^{\#}+P_TBD^{\#}(I+D^{\#}CT^{\#}B)D^{\#} \\ -D^{\#}CT^{\#} & D^{\#}+D^{\#}CT^{\#}BD^{\#} \end{pmatrix};$$

(iii) 若 A, S, D, T 是群可逆, 且 $P_AB=0$, $CQ_A=0$, $BP_S=0$, $P_DC=0$, $BQ_D=0$, $P_TB=0$, 则

$$M^{\#}=\begin{pmatrix} A^{\#}+A^{\#}BS^{\#}CA^{\#} & -A^{\#}BS^{\#} \\ P_SCA^{\#}(I+A^{\#}BS^{\#}C)A^{\#}-S^{\#}CA^{\#} & (I-P_SC(A^{\#})^2B)S^{\#} \end{pmatrix}$$
$$=\begin{pmatrix} T^{\#}(I-B(D^{\#})^2CQ_T) & -T^{\#}BD^{\#} \\ -D^{\#}CT^{\#}+D^{\#}(I+CT^{\#}BD^{\#})D^{\#}CQ_T & D^{\#}+D^{\#}CT^{\#}BD^{\#} \end{pmatrix};$$

(iv) 若 A, S, D, T 是群可逆, 且 $P_AB=0$, $CQ_A=0$, $BP_S=0$, $P_DC=0$, $BQ_D=0$, $CQ_T=0$, 则

$$M^{\#}=\begin{pmatrix} A^{\#}+A^{\#}BS^{\#}CA^{\#} & -A^{\#}BS^{\#} \\ P_SCA^{\#}(I+A^{\#}BS^{\#}C)A^{\#}-S^{\#}CA^{\#} & (I-P_SC(A^{\#})^2B)S^{\#} \end{pmatrix}$$
$$=\begin{pmatrix} (I-P_TB(D^{\#})^2C)T^{\#} & -T^{\#}BD^{\#}+P_TBD^{\#}(I+D^{\#}CT^{\#}B)D^{\#} \\ -D^{\#}CT^{\#} & D^{\#}+D^{\#}CT^{\#}BD^{\#} \end{pmatrix}.$$

定理 3.8.7　设 M 有形如 (3.8.1) 的分块形式, $S=D-CA^{\#}B$, $T=A-BD^{\#}C$ 分别是 A 和 D 在 M 中的广义 schur 补. 则下列结论成立:

$$M^{\#}=\begin{pmatrix} A^{\#}+A^{\#}BS^{\#}CA^{\#} & -A^{\#}BS^{\#} \\ -S^{\#}CA^{\#} & S^{\#} \end{pmatrix}$$
$$=\begin{pmatrix} T^{\#} & -T^{\#}BD^{\#} \\ -D^{\#}CT^{\#} & D^{\#}+D^{\#}CT^{\#}BD^{\#} \end{pmatrix}$$

当且仅当下列条件之一满足:

(i) $P_AB=0,\ P_DC=0,\ P_SC=0,\ CQ_A=0,\ BQ_D=0,\ BQ_S=0;$　(3.8.21)

(ii) $P_AB=0,\ P_DC=0,\ P_TB=0,\ CQ_A=0,\ BQ_D=0,\ CQ_T=0.$　(3.8.22)

证明 (i) 根据定理 3.8.4(ii) 和定理 3.8.5(iii), 得到

$$\begin{aligned}&P_AB=0, \quad CQ_A=0, \quad P_SC=0, \quad BQ_S=0,\\&P_DC=0, \quad BQ_D=0, \quad CQ_T=0, \quad P_TB=0\end{aligned} \tag{3.8.23}$$

当且仅当

$$\begin{aligned}M^{\#}&=\begin{pmatrix} A^{\#}+A^{\#}BS^{\#}CA^{\#} & -A^{\#}BS^{\#} \\ -S^{\#}CA^{\#} & S^{\#} \end{pmatrix}\\&=\begin{pmatrix} T^{\#} & -T^{\#}BD^{\#} \\ -D^{\#}CT^{\#} & D^{\#}+D^{\#}CT^{\#}BD^{\#} \end{pmatrix}.\end{aligned}$$

下面, 我们只需证明 (3.8.21) 与 (3.8.23) 等价.
记 $T^{'}=A^{\#}+A^{\#}BS^{\#}CA^{\#}$, 则

$$\begin{aligned}TT^{'}&=(A-BD^{\#}C)(A^{\#}+A^{\#}BS^{\#}CA^{\#})\\&=AA^{\#}+AA^{\#}BS^{\#}CA^{\#}-BD^{\#}CA^{\#}-BD^{\#}CA^{\#}BS^{\#}CA^{\#}\\&=AA^{\#}+BS^{\#}CA^{\#}-BD^{\#}CA^{\#}-BD^{\#}(D-S)S^{\#}CA^{\#}\\&=AA^{\#},\end{aligned}$$

$$\begin{aligned}T^{'}T&=(A^{\#}+A^{\#}BS^{\#}CA^{\#})(A-BD^{\#}C)\\&=A^{\#}A-A^{\#}BD^{\#}C-A^{\#}BS^{\#}CA^{\#}A-A^{\#}BS^{\#}CA^{\#}BD^{\#}C\\&=A^{\#}A-A^{\#}BD^{\#}C-A^{\#}BS^{\#}C-A^{\#}BS^{\#}(D-S)D^{\#}C\\&=A^{\#}A.\end{aligned}$$

此外, 易知

$$TT^{'}T=AA^{\#}(A-BD^{\#}C)=A-BD^{\#}C=T,$$

$$T^{'}TT^{'}=A^{\#}A(A^{\#}+A^{\#}BS^{\#}CA^{\#})=A^{\#}+A^{\#}BS^{\#}CA^{\#}=T^{'}.$$

由 $T^{'}=T^{\#}$, 得 $T^{\#}T=A^{\#}A$ 和 $TT^{\#}=AA^{\#}$, 可推出 $P_AB=P_TB=0$ 与 $CQ_A=CQ_T=0$, 因此 (3.8.21) $\Rightarrow$ (3.8.23). 显然, (3.8.23) $\Rightarrow$ (3.8.21). 综上所述, (3.8.21) $\Leftrightarrow$ (3.8.23).

(ii) 证明方法与 (i) 类似. 证毕.

设

$$M = \begin{pmatrix} A & B \\ C & D \end{pmatrix} \in \mathbb{C}^{m\times m}, \quad A \in \mathbb{C}^{n\times n}. \tag{3.8.24}$$

定理 3.8.8[23,定理2.1]　如果 $X, Y \in \mathbb{C}^{m\times m}$ 是群可逆且满足 $XY = 0$, 则 $X+Y$ 是群可逆且

$$(X+Y)^{\#} = Y^{\pi}X^{\#} + Y^{\#}X^{\pi}.$$

引理 3.8.9　设 $M \in \mathbb{C}^{m\times m}$ 被写成如 (3.8.24), 其中 $B = C = 0$. 如果 A 和 D 是群可逆的, 则 M 是群可逆的且

$$M^{\#} = \begin{pmatrix} A^{\#} & 0 \\ 0 & D^{\#} \end{pmatrix}.$$

为了方便读者我们写出了下列定理的证明.

定理 3.8.10[54,定理2]　设 $M \in \mathbb{C}^{m\times m}$ 写成如 (3.8.24), 其中 $A = D = 0$.

(i) M 是群可逆当且仅当 $r(B) = r(C) = r(BC) = r(CB)$;

(ii) 如果 $B = UV$ 是 B 的满秩分解, 则 M 是群可逆当且仅当存在矩阵 C_1, U^- 和 V^- 使得 $C = V^-C_1U^-$, 其中 V^- 和 U^- 分别是 V 和 U 的 $\{1\}$-逆, 且 C_1 是非奇异的.

(iii) 若 M 是群可逆, 则

$$M^{\#} = \begin{pmatrix} 0 & (BC)^{\#}B \\ (CB)^{\#}C & 0 \end{pmatrix}.$$

证明　容易得 $M^2 = \begin{pmatrix} BC & 0 \\ 0 & CB \end{pmatrix}$.

(i)

$$\begin{aligned} \exists\, M^{\#} &\Leftrightarrow r(M) = r(M^2) \\ &\Leftrightarrow r(B) + r(C) = r(BC) + r(CB) \\ &\Leftrightarrow (r(B) - r(BC)) + (r(C) - r(CB)) = 0 \\ &\Leftrightarrow r(B) = r(BC)\ ,\ r(C) = r(CB) \\ &\Leftrightarrow r(B) = r(C) = r(BC) = r(CB). \end{aligned}$$

(ii) 设 $B=UV$ 是一个满秩分解, $r=r(B)$. 因此存在矩阵 U_1,V_1 使得 $P=\begin{pmatrix} U & U_1 \end{pmatrix}$ 和 $Q=\begin{pmatrix} V \\ V_1 \end{pmatrix}$ 是非奇异矩阵, 于是得 $B=P\begin{pmatrix} I_r & 0 \\ 0 & 0 \end{pmatrix}Q$. 记

$$C=Q^{-1}\begin{pmatrix} C_1 & C_2 \\ C_3 & C_4 \end{pmatrix}P^{-1},\quad C_1\in\mathbb{C}^{r\times r}.$$

设 M 是群可逆. 由 $r(B)=r(BC)$, 有 $r([C_1\quad C_2])=r$. 由 $r(C)=r$, 存在 $Y\in\mathbb{C}^{(n-r)\times r}$ 使得

$$C=Q^{-1}\begin{pmatrix} C_1 & C_2 \\ YC_1 & YC_2 \end{pmatrix}P^{-1}.$$

由于 $r(B)=r(CB)$, 有 $r\left(\begin{pmatrix} C_1 \\ YC_1 \end{pmatrix}\right)=r$. 因为 $r(C)=r$, 存在 $X\in\mathbb{C}^{r\times(n-r)}$ 使得

$$C=Q^{-1}\begin{pmatrix} C_1 & C_1X \\ YC_1 & YC_1X \end{pmatrix}P^{-1}=Q^{-1}\begin{pmatrix} I_r \\ Y \end{pmatrix}C_1\begin{pmatrix} I_r & X \end{pmatrix}P^{-1}.$$

定义 $V^-=Q^{-1}\begin{pmatrix} I_r \\ Y \end{pmatrix}$ 和 $U^-=\begin{pmatrix} I_r & X \end{pmatrix}P^{-1}$. 显然, 有 $C=V^-C_1U^-$. 因为 $r=r(C)=r(V^-C_1U^-)\leqslant r(C_1)\leqslant r$ 和 $C_1\in\mathbb{C}^{r\times r}$, 所以 C_1 是非奇异的. 因为 $(U\quad U_1)=P$ 且 P 是非奇异, 我们得到 $P^{-1}U=\begin{pmatrix} I_r \\ 0 \end{pmatrix}$. 同理, 由 $Q=\begin{pmatrix} V \\ V_1 \end{pmatrix}$ 得到 $VQ^{-1}=(I_r\quad 0)$. 因此

$$U^-U=\begin{pmatrix} I_r & X \end{pmatrix}P^{-1}U=\begin{pmatrix} I_r & X \end{pmatrix}\begin{pmatrix} I_r \\ 0 \end{pmatrix}=I_r, \tag{3.8.25}$$

并且同理

$$VV^-=I_r. \tag{3.8.26}$$

由 (3.8.25) 和 (3.8.26) 得 $UU^-U=U$, $VV^-V=V$.

反之, 设 V^- 和 U^- 非别是 V 和 U 任意 $\{1\}$- 逆. 假设存在一个非奇异矩阵 C_1 且 $C=V^-C_1U^-$. 则 $r(B)=r(V^-C_1U^-)=r(UC_1U^-)=r(V^-C_1V)$ 及 $r(B)=r(C)=r(BC)=r(CB)$, 所以 $M^\#$ 存在.

(iii) 假设 $M=\begin{pmatrix} 0 & UV \\ V^-C_1U^- & 0 \end{pmatrix}$, 其中 B 的满秩分解为 UV, 矩阵 C_1 是非

奇异的, 且 V^- 和 U^- 分别是 V 和 U 的 $\{1\}$- 逆. 设 $X=\begin{pmatrix} 0 & UC_1^{-1}V \\ V^-U^- & 0 \end{pmatrix}$. 由 (3.8.25) 和 (3.8.26) 易得 $MX=XM$, $MXM=M$ 和 $XMX=X$. 即 $M^{\#}=X$. 因为 $M^{\#}$ 存在, $(M^2)^{\#}$ 存在且 $(M^{\#})^2=(M^2)^{\#}$. 因此 $(BC)^{\#}$ 和 $(CB)^{\#}$ 存在且 $(BC)^{\#}=UC_1^{-1}U^-$, $(CB)^{\#}=V^-C_1^{-1}V$. 因此, $(BC)^{\#}B=UC_1U^-UV=UC_1^{-1}V=(BC)^{\#}B$ 和 $(CB)^{\#}C=V^-C_1^{-1}VV^-C_1U^-=V^-U^-=(CB)^{\#}C$. 证毕.

引理 3.8.11 设 $B\in\mathbb{C}^{p\times q}$ 和 $C\in\mathbb{C}^{q\times p}$ 满足 $r(B)=r(C)=r(BC)=r(CB)$, 则 BC 和 CB 是群可逆且

$$(BC)^{\#}(BC)=B(CB)^{\#}C,\quad (CB)^{\#}(CB)=C(BC)^{\#}B. \tag{3.8.27}$$

证明　定义 $M=\begin{pmatrix} 0 & B \\ C & 0 \end{pmatrix}$. 由定理 3.8.10 有 M 是群可逆的且 $M^{\#}$ 由定理 3.8.10 给出. 因此, $(BC)^{\#}$ 和 $(CB)^{\#}$ 存在. 由于 $MM^{\#}=M^{\#}M$ 得

$$\begin{pmatrix} 0 & B \\ C & 0 \end{pmatrix}\begin{pmatrix} 0 & (BC)^{\#}B \\ (CB)^{\#}C & 0 \end{pmatrix}=\begin{pmatrix} 0 & (BC)^{\#}B \\ (CB)^{\#}C & 0 \end{pmatrix}\begin{pmatrix} 0 & B \\ C & 0 \end{pmatrix},$$

于是 (3.8.27) 成立.

定理 3.8.12　设 $M\in\mathbb{C}^{m\times m}$ 的表示如 (3.8.24) 且 A,D 是群可逆, 且 $r(B)=r(C)=r(BC)=r(CB)$.

(i) 如果 $AB=0$ 和 $DC=0$, 则 M 是群可逆且

$$M^{\#}=\begin{pmatrix} (BC)^{\pi}A^{\#} & (BC)^{\#}BD^{\pi} \\ (CB)^{\#}CA^{\pi} & (CB)^{\pi}D^{\#}. \end{pmatrix};$$

(ii) 如果 $BD=0$ 和 $CA=0$, 则 M 是群可逆且

$$M^{\#}=\begin{pmatrix} A^{\#}(BC)^{\pi} & A^{\pi}(BC)^{\#}B \\ D^{\pi}(CB)^{\#}C & D^{\#}(CB)^{\pi}B \end{pmatrix};$$

(iii) 如果 $AB=0$ 和 $BD=0$, 则 M 是群可逆且

$$M^{\#}=\begin{pmatrix} (BC)^{\pi}A^{\#} & (BC)^{\#}B \\ D^{\pi}(CB)^{\#}CA^{\pi} & D^{\#}(CB)^{\pi} \end{pmatrix};$$

(iv) 如果 $CA=0$ 和 $DC=0$, 则 M 是群可逆且

$$M^{\#}=\begin{pmatrix} A^{\#}(BC)^{\pi} & A^{\pi}(BC)^{\#}BD^{\pi} \\ (CB)^{\#}C & (CB)^{\pi}D^{\#} \end{pmatrix}.$$

证明 定义

$$M_1 = \begin{pmatrix} A & 0 \\ 0 & D \end{pmatrix}, \quad M_2 = \begin{pmatrix} 0 & B \\ C & 0 \end{pmatrix}.$$

由假设和引理 3.8.9, 矩阵 M_1 是群可逆且

$$M_1^{\#} = \begin{pmatrix} A^{\#} & 0 \\ 0 & D^{\#} \end{pmatrix}, \quad M_1^{\pi} = \begin{pmatrix} A^{\pi} & 0 \\ 0 & D^{\pi} \end{pmatrix}.$$

(i) 假设 $AB = DC = 0$. 因为 $AB = DC = 0$ 得到 $M_1M_2 = 0$. 由定理 3.8.8 有 M 是群可逆的且

$$M^{\#} = M_2^{\pi} M_1^{\#} + M_2^{\#} M_1^{\pi}. \tag{3.8.28}$$

如果 $r(B) = r(C) = r(BC) = r(CB)$, 由引理 3.8.10 的条件 (i) 和 (iii) , 有 M_2 是群可逆且

$$M_2^{\#} = \begin{pmatrix} 0 & (BC)^{\#}B \\ (CB)^{\#}C & 0 \end{pmatrix},$$

$$M_2^{\pi} = \begin{pmatrix} I_n - B(CB)^{\#}C & 0 \\ 0 & I_{m-n} - C(BC)^{\#}B \end{pmatrix}. \tag{3.8.29}$$

由 (3.8.28) 得到

$$\begin{aligned} M^{\#} =& \begin{pmatrix} I_n - B(CB)^{\#}C & 0 \\ 0 & I_{m-n} - C(BC)^{\#}B \end{pmatrix} \begin{pmatrix} A^{\#} & 0 \\ 0 & D^{\#} \end{pmatrix} \\ &+ \begin{pmatrix} 0 & (BC)^{\#}B \\ (CB)^{\#}C & 0 \end{pmatrix} \begin{pmatrix} A^{\pi} & 0 \\ 0 & D^{\pi} \end{pmatrix} \\ =& \begin{pmatrix} A^{\#} - B(CB)^{\#}CA^{\#} & (BC)^{\#}BD^{\pi} \\ (CB)^{\#}CA^{\pi} & D^{\#} - C(BC)^{\#}BD^{\#} \end{pmatrix}. \end{aligned}$$

由引理 3.8.11 上面的 $M^{\#}$ 得表示写为

$$M^{\#} = \begin{pmatrix} (BC)^{\pi}A^{\#} & (BC)^{\#}BD^{\pi} \\ (CB)^{\#}CA^{\pi} & (CB)^{\pi}D^{\#} \end{pmatrix}.$$

定理中条件 (i) 证毕.

(ii) 现在, 假设 $BD=CA=0$. 因为 $BD=CA=0$ 得 $M_2M_1=0$. 因此, 由定理 3.8.8, 则 M 是群可逆且

$$M^{\#}=M_1^{\pi}M_2^{\#}+M_1^{\#}M_2^{\pi}. \tag{3.8.30}$$

如果 $r(B)=r(C)=r(BC)=r(CB)$, 则由定理 3.8.10 (i) 和 (ii) , 有 (3.8.29) 的等式成立. 因此

$$\begin{aligned}M^{\#}=&\begin{pmatrix}A^{\pi}&0\\0&D^{\pi}\end{pmatrix}\begin{pmatrix}0&(BC)^{\#}B\\(CB)^{\#}C&0\end{pmatrix}\\&+\begin{pmatrix}A^{\#}&0\\0&D^{\#}\end{pmatrix}\begin{pmatrix}I_n-B(CB)^{\#}C&0\\0&I_{m-n}-C(BC)^{\#}B\end{pmatrix}\\=&\begin{pmatrix}A^{\#}-A^{\#}B(CB)^{\#}C&A^{\pi}(BC)^{\#}B\\D^{\pi}(CB)^{\#}C&D^{\#}-D^{\#}C(BC)^{\#}B\end{pmatrix}.\end{aligned}$$

由引理 3.8.11 得

$$M^{\#}=\begin{pmatrix}A^{\#}(BC)^{\pi}&A^{\pi}(BC)^{\#}B\\D^{\pi}(CB)^{\#}C&D^{\#}(CB)^{\pi}B\end{pmatrix}.$$

定理的 (ii) 证毕.

(iii) 证明条件 (iii), 定义

$$N_1=\begin{pmatrix}A&B\\C&0\end{pmatrix},\quad N_2=\begin{pmatrix}0&0\\0&D\end{pmatrix}. \tag{3.8.31}$$

因为 $AB=0$, 由定理的条件 (i) 得到存在 $N_1^{\#}$ 和

$$N_1^{\#}=\begin{pmatrix}(BC)^{\pi}A^{\#}&(BC)^{\#}B\\(CB)^{\#}CA^{\pi}&0\end{pmatrix}.$$

简单地计算, 且 $AA^{\pi}=A^{\pi}A=0$, 得

$$\begin{aligned}N_1^{\pi}=&I_m-N_1^{\#}N_1=I_m-\begin{pmatrix}(BC)^{\pi}A^{\#}&(BC)^{\#}B\\(CB)^{\#}CA^{\pi}&0\end{pmatrix}\begin{pmatrix}A&B\\C&0\end{pmatrix}\\=&I_m-\begin{pmatrix}(BC)^{\pi}A^{\#}A+(BC)^{\#}BC&(BC)^{\pi}A^{\#}B\\0&(CB)^{\#}CA^{\pi}B\end{pmatrix}.\end{aligned} \tag{3.8.32}$$

(3.8.32) 的左上的分块简化为

$$I_n-\left((BC)^{\pi}A^{\#}A+(BC)^{\#}BC\right)=-(BC)^{\pi}A^{\#}A+(BC)^{\pi}=(BC)^{\pi}A^{\pi}.$$

由 $AB=0$ 有 $A^{\#}B=A^{\#}A^{\#}AB=0$. 因此, (3.8.32) 的左上分块为 0. 由 $A^{\pi}B=(I_n-A^{\#}A)B=B$, 因此 $(CB)^{\#}CA^{\pi}B=(CB)^{\#}CB=I_{m-n}-(CB)^{\pi}$. 因此 (3.8.32) 为

$$N_1^{\pi}=\begin{pmatrix}(BC)^{\pi}A^{\pi} & 0\\ 0 & (CB)^{\pi}\end{pmatrix}.$$

由 N_2 是群可逆且

$$N_2^{\#}=\begin{pmatrix}0 & 0\\ 0 & D^{\#}\end{pmatrix},\quad N_2^{\pi}=I_m-N_2N_2^{\#}=\begin{pmatrix}I_n & 0\\ 0 & D^{\pi}\end{pmatrix}. \tag{3.8.33}$$

因为 $BD=0$ 得 $N_1N_2=0$. 因此, 由定理 3.8.8 得 M 是群可逆的且

$$\begin{aligned}M^{\#}=&(N_1+N_2)^{\#}=N_2^{\pi}N_1^{\#}+N_2^{\#}N_1^{\pi}\\ =&\begin{pmatrix}I_n & 0\\ 0 & D^{\pi}\end{pmatrix}\begin{pmatrix}(BC)^{\pi}A^{\#} & (BC)^{\#}B\\ (CB)^{\#}CA^{\pi} & 0\end{pmatrix}\\ &+\begin{pmatrix}0 & 0\\ 0 & D^{\#}\end{pmatrix}\begin{pmatrix}(BC)^{\pi}A^{\pi} & 0\\ 0 & (CB)^{\pi}\end{pmatrix}\\ =&\begin{pmatrix}(BC)^{\pi}A^{\#} & (BC)^{\#}B\\ D^{\pi}(CB)^{\#}CA^{\pi} & D^{\#}(CB)^{\pi}\end{pmatrix}.\end{aligned}$$

因此, 条件 (iii) 得证.

(iv) 为证明 (iv), 定义 N_1 和 N_2 如 (3.8.31). 因为 $CA=0$, 由定理的条件 (ii), 则

$$N_1^{\#}=\begin{pmatrix}A^{\#}(BC)^{\pi} & A^{\pi}(BC)^{\#}B\\ (CB)^{\#}C & 0\end{pmatrix}.$$

于是

$$\begin{aligned}N_1^{\pi}=I_m-N_1N_1^{\#}&=I_m-\begin{pmatrix}A & B\\ C & 0\end{pmatrix}\begin{pmatrix}A^{\#}(BC)^{\pi} & A^{\pi}(BC)^{\#}B\\ (CB)^{\#}C & 0\end{pmatrix}\\ &=I_m-\begin{pmatrix}AA^{\#}(BC)^{\pi}+B(CB)^{\#}C & 0\\ CA^{\#}(BC)^{\pi} & CA^{\pi}(BC)^{\#}B\end{pmatrix}.\end{aligned} \tag{3.8.34}$$

由引理 3.8.11, 则 (3.8.34) 的左上分块简写为如下:

$$I_n-\left(AA^{\#}(BC)^{\pi}+B(CB)^{\#}C\right)=I_n-AA^{\#}(BC)^{\pi}-(BC)(BC)^{\#}=A^{\pi}(BC)^{\pi}.$$

假设 $CA = 0$, 因此 $CA^{\#} = CA(A^{\#})^2 = 0$. 进一步, 由引理 3.8.11, (3.8.34) 的左上分块写为

$$I_{m-n} - CA^{\pi}(BC)^{\#}B = I_{m-n} - C(I_n - AA^{\#})(BC)^{\#}B = I_{m-n} - C(BC)^{\#}B = (CB)^{\pi}.$$

于是

$$N_1^{\pi} = \begin{pmatrix} A^{\pi}(BC)^{\pi} & 0 \\ 0 & (CB)^{\pi} \end{pmatrix}.$$

由 (3.8.33). 又因 $DC = 0$ 得 $N_2N_1 = 0$, 则

$$\begin{aligned} M^{\#} =& (N_2 + N_1)^{\#} = N_1^{\pi}N_2^{\#} + N_1^{\#}N_2^{\pi} \\ =& \begin{pmatrix} A^{\pi}(BC)^{\pi} & 0 \\ 0 & (CB)^{\pi} \end{pmatrix} \begin{pmatrix} 0 & 0 \\ 0 & D^{\#} \end{pmatrix} \\ &+ \begin{pmatrix} A^{\#}(BC)^{\pi} & A^{\pi}(BC)^{\#}B \\ (CB)^{\#}C & 0 \end{pmatrix} \begin{pmatrix} I_n & 0 \\ 0 & D^{\pi} \end{pmatrix} \\ =& \begin{pmatrix} A^{\#}(BC)^{\pi} & A^{\pi}(BC)^{\#}BD^{\pi} \\ (CB)^{\#}C & (CB)^{\pi}D^{\#} \end{pmatrix}. \end{aligned}$$

推论 3.8.13 设 $A \in \mathbb{C}^{n\times n}$ 是群可逆且 $\mathbf{b}, \mathbf{c} \in \mathbb{C}^{n\times 1}$. 假设 $\mathbf{b} \neq \mathbf{0}$, $\mathbf{c} \neq \mathbf{0}$ 和 $\langle \mathbf{b}, \mathbf{c}\rangle \neq 0$. 设 $M = \begin{pmatrix} A & \mathbf{b} \\ \mathbf{c}^* & 0 \end{pmatrix}$.

(i) 如果 $A\mathbf{b} = \mathbf{0}$, 则 $M^{\#}$ 存在且 $M^{\#} = \dfrac{1}{\langle \mathbf{b}, \mathbf{c}\rangle} \begin{pmatrix} \langle \mathbf{b}, \mathbf{c}\rangle A^{\#} - \mathbf{b}\mathbf{c}^*A^{\#} & \mathbf{b} \\ \mathbf{c}^*A^{\pi} & 0 \end{pmatrix}$;

(ii) 如果 $\mathbf{c}^*A = \mathbf{0}$, 则 $M^{\#}$ 存在且 $M^{\#} = \dfrac{1}{\langle \mathbf{b}, \mathbf{c}\rangle} \begin{pmatrix} \langle \mathbf{b}, \mathbf{c}\rangle A^{\#} - A^{\#}\mathbf{b}\mathbf{c}^* & A^{\pi}\mathbf{b} \\ \mathbf{c}^* & 0 \end{pmatrix}$.

证明 由定理 3.8.12 因为 $r(\mathbf{b}) = r(\mathbf{c}) = r(\mathbf{b}\mathbf{c}^*) = r(\mathbf{c}^*\mathbf{b}) = 1$.

(i) 由定理 3.8.12 的条件 (i) 得 $M^{\#}$ 存在且

$$M^{\#} = \begin{pmatrix} (\mathbf{b}\mathbf{c}^*)^{\pi}A^{\#} & (\mathbf{b}\mathbf{c}^*)^{\#}\mathbf{b} \\ (\mathbf{c}^*\mathbf{b})^{\#}\mathbf{c}^*A^{\pi} & 0 \end{pmatrix}. \tag{3.8.35}$$

接下来, 简化分块 $M^{\#}$. 已知 $(\mathbf{b}\mathbf{c}^*)^2 = \mathbf{b}\mathbf{c}^*\mathbf{b}\mathbf{c}^* = \langle \mathbf{b}, \mathbf{c}\rangle \mathbf{b}\mathbf{c}^*$. 得到 $(\mathbf{b}\mathbf{c}^*)^{\#} = \langle \mathbf{b}, \mathbf{c}\rangle^{-2}\mathbf{b}\mathbf{c}^*$. 这样, $(\mathbf{b}\mathbf{c}^*)^{\pi} = I_n - \mathbf{b}\mathbf{c}^*(\mathbf{b}\mathbf{c}^*)^{\#} = I_n - \langle \mathbf{b}, \mathbf{c}\rangle^{-1}\mathbf{b}\mathbf{c}^*$. (3.8.35) 的左上的分块写为 $(\mathbf{b}\mathbf{c}^*)^{\#}\mathbf{b} = \langle \mathbf{b}, \mathbf{c}\rangle^{-2}\mathbf{b}\mathbf{c}^*\mathbf{b} = \langle \mathbf{b}, \mathbf{c}\rangle^{-1}\mathbf{b}$. 因为 $\mathbf{c}^*\mathbf{b}$ 是非零的纯量 $\langle \mathbf{b}, \mathbf{c}\rangle$, 则

$(\mathbf{c}^*\mathbf{b})^{\#} = \langle \mathbf{b}, \mathbf{c} \rangle^{-1}$. 因此 (3.8.35) 成为

$$M^{\#} = \frac{1}{\langle \mathbf{b}, \mathbf{c} \rangle} \begin{pmatrix} \langle \mathbf{b}, \mathbf{c} \rangle A^{\#} - \mathbf{b}\mathbf{c}^* A^{\#} & \mathbf{b} \\ \mathbf{c}^* A^{\pi} & 0 \end{pmatrix}.$$

(ii) 由定理 3.8.12 的条件 (ii) 得到 $M^{\#}$ 存在且

$$M^{\#} = \begin{pmatrix} A^{\#}(\mathbf{b}\mathbf{c}^*)^{\pi} & A^{\pi}(\mathbf{b}\mathbf{c}^*)^{\#}\mathbf{b} \\ (\mathbf{c}^*\mathbf{b})^{\#}\mathbf{c}^* & 0 \end{pmatrix},$$

$$M^{\#} = \frac{1}{\langle \mathbf{b}, \mathbf{c} \rangle} \begin{pmatrix} \langle \mathbf{b}, \mathbf{c} \rangle A^{\#} - A^{\#}\mathbf{b}\mathbf{c}^* & A^{\pi}\mathbf{b} \\ \mathbf{c}^* & 0 \end{pmatrix}. \tag{3.8.36}$$

第 4 章　特殊矩阵及其线性组合的性质

4.1　两个幂等矩阵的谱

设 $\mathbb{C}^{m\times n}$ 为所有 $m\times n$ 复矩阵的集合. 当 $P^2=P$ 时, 称矩阵 P 为幂等. 进一步, $P^2=P=P^*$, 矩阵 P 是正交投影. 设 I_n 是 n 阶单位矩阵. 对于 $A\in\mathbb{C}^{m\times n}$, $r(A)$ 和 $\sigma(A)$ 表示矩阵 A 的秩和谱.

目前, 两个正交投影的许多性质已经被推导 (见 [24, 123]). 若将 "hermitancy" 性质去掉, 研究变得更加困难. 然而, 一些性质已经被建立 (见文献 [126, 155, 157] 及其参考文献). 本节, 我们将研究两个幂等矩阵的谱. 文献 [24, 定理 2.8] 给出了一个相关的结论.

当幂等矩阵 $P,Q\in\mathbb{C}^{n\times n}$ 可交换时, 对于 $a,\ b\in\mathbb{C}\setminus\{0\}$, 关于 $aP+bQ$ 的谱的研究是容易的, 且由如下著名的结论可以得到

(i) 每个幂等矩阵 A 是可对角化和且 $\sigma(A)\subset\{0,1\}$ [249,定理4.1];

(ii) 两个可对角化矩阵可交换当且仅当他们可同时对角化 [141,定理1.3.19].

定理 4.1.1　设 $P,Q\in\mathbb{C}^{n\times n}$ 为两个幂等矩阵且满足 $PQ=QP$ 和设 $a,b\in\mathbb{C}\setminus\{0\}$, 则 $\sigma(aP+bQ)\subset\{0,a,b,a+b\}$.

证明　设 $x=r(PQ)$, $y=r(P)$ 以及 $z=r(Q)$. 存在一奇异矩阵 $S\in\mathbb{C}^{n\times n}$ 使得 $P=S(I_x\oplus I_{y-x}\oplus 0\oplus 0)S^{-1}$ 且 $Q=S(I_x\oplus 0\oplus I_{z-x}\oplus 0)S^{-1}$. 容易得

$$aP+bQ=S((a+b)I_x\oplus aI_{y-x}\oplus bI_{z-x}\oplus 0)S^{-1}.$$

证毕.

下面假设 $aP+bQ$ 是可对角化, 考虑 $\sigma(aP+bQ)$, $\sigma(P-Q)$, $\sigma(PQ)$, $\sigma(PQP)$ 以及 $\sigma(PQ-QP)$.

回想起包含所有可对角化的子集合 $\mathbb{C}^{n\times n}$ 是稠密的和非可对角化矩阵的子集合的 Lebesgue 测度是 0. 我们的研究需要如下引理.

引理 4.1.2　设 $P,Q\in\mathbb{C}^{n\times n}$ 为两个幂等矩阵且 $PQ\neq QP$ 和设 $a,b\in\mathbb{C}\setminus\{0\}$ 满足 $aP+bQ$ 可对角化.

(i) 对于 $i=0,\cdots,k$, 存在一非奇异矩阵 $S\in\mathbb{C}^{n\times n}$ 和幂等矩阵 $P_0,\ \cdots,\ P_k$, $Q_0,\cdots Q_k$ 使得 $P_i,Q_i\in\mathbb{C}^{m_i\times m_i}$,

$$P=S\left((\oplus_{i=1}^{k}P_i)\oplus P_0\right)S^{-1},\quad Q=S\left((\oplus_{i=1}^{k}Q_i)\oplus Q_0\right)S^{-1},\tag{4.1.1}$$

$$P_0Q_0 = Q_0P_0 \text{以及} P_iQ_i \neq Q_iP_i.$$

(ii) 对于 $i = 1, \cdots, k$, 存在复数使得 $\mu_1, \nu_1, \cdots, \mu_k, \nu_k$ 使得

$$a + b = \mu_i + \nu_i, \quad \sigma(aP_i + bQ_i) = \{\mu_i, \nu_i\}, \quad ab(P_i - Q_i)^2 = \mu_i\nu_i I_{m_i}. \tag{4.1.2}$$

(iii) 对于 $i = 1, \cdots, k$, 存在非奇异矩阵 S_i 使得

$$P_i = S_i \begin{pmatrix} I_{x_i} & 0 \\ 0 & 0 \end{pmatrix} S_i^{-1}, \quad Q_i = S_i \begin{pmatrix} A_i & B_i \\ C_i & D_i \end{pmatrix} S_i^{-1}, \tag{4.1.3}$$

其中 $x_i = r(P_i)$, $A_i \in \mathbb{C}^{x_i \times x_i}$, $D_i \in \mathbb{C}^{(m_i - x_i)\times(m_i - x_i)}$, 以及

$$A_i = \left(1 - \frac{\mu_i\nu_i}{ab}\right) I_{x_i}, \tag{4.1.4}$$

$$B_iC_i = \frac{\mu_i\nu_i}{ab}\left(1 - \frac{\mu_i\nu_i}{ab}\right) I_{x_i}, \tag{4.1.5}$$

$$C_iB_i = \frac{\mu_i\nu_i}{ab}\left(1 - \frac{\mu_i\nu_i}{ab}\right) I_{m_i - x_i} \tag{4.1.6}$$

和

$$D_i = \frac{\mu_i\nu_i}{ab} I_{m_i - x_i}. \tag{4.1.7}$$

证明 设

$$X = aP + bQ. \tag{4.1.8}$$

因为 $XP - PX = b(QP - PQ)$ 和 $PQ \neq QP$, 得 $PX \neq XP$. (4.1.8) 可等价写成

$$Q = \alpha P + \beta X, \quad \alpha = -\frac{a}{b}, \quad \beta = \frac{1}{b}. \tag{4.1.9}$$

由 Q 的幂等性导出 $(\alpha P + \beta X)^2 = \alpha P + \beta X$. 由 $P^2 = P$, 这化简为

$$(\alpha^2 - \alpha)P + \beta^2 X^2 + \alpha\beta(PX + XP) = \beta X. \tag{4.1.10}$$

因为 X 是可对角化, 所以存在非奇异矩阵 $S \in \mathbb{C}^{n\times n}$ 使得

$$X = S(\lambda_1 I_{p_1} \oplus \cdots \oplus \lambda_m I_{p_m})S^{-1}, \tag{4.1.11}$$

其中 $\lambda_i \neq \lambda_j$, 对于 $i \neq j$ 且 $p_1 + \cdots + p_m = n$. 将 P 表示为

$$P = S \begin{pmatrix} P_{11} & \cdots & P_{1m} \\ \vdots & & \vdots \\ P_{m1} & \cdots & P_{mm} \end{pmatrix} S^{-1}, \tag{4.1.12}$$

其中 $P_{ii} \in \mathbb{C}^{p_i \times p_i}$, $i = 1, \cdots, m$. 我们知道

$$XP=S\begin{pmatrix} \lambda_1 P_{11} & \cdots & \lambda_1 P_{1m} \\ \vdots & & \vdots \\ \lambda_m P_{m1} & \cdots & \lambda_m P_{mm} \end{pmatrix} S^{-1}, \quad PX=S\begin{pmatrix} \lambda_1 P_{11} & \cdots & \lambda_m P_{1m} \\ \vdots & & \vdots \\ \lambda_1 P_{m1} & \cdots & \lambda_m P_{mm} \end{pmatrix} S^{-1}. \tag{4.1.13}$$

对每两个 $r, s \in \{1, \cdots, m\}$ 使得 $r \neq s$, 则 (4.1.10) 中的关系和 (4.1.11)~(4.1.13) 的表示蕴涵

$$(\alpha - 1 + \beta(\lambda_r + \lambda_s))\, P_{rs} = 0 \tag{4.1.14}$$

成立.

考虑到 (4.1.13) 和 $XP \neq PX$, 推导得存在 $i, j \in \{1, \cdots, m\}$ 满足 $i \neq j$ 且 $\lambda_i P_{ij} \neq \lambda_j P_{ij}$, 且 $P_{ij} \neq 0$. 对 $i \neq j$, 由 (4.1.14) 得 $\alpha + \beta(\lambda_i + \lambda_j) = 1$. 利用 (4.1.9) 的第二和第三个关系, 有

$$a + b = \lambda_i + \lambda_j, \tag{4.1.15}$$

其中 $i \neq j$.

我们重新排列分指标使得 $i = 1$ 和 $j = 2$. 假设存在 $r \in \{3, \cdots, m\}$ 满足 $a + b = \lambda_1 + \lambda_r$. 联合这最后等式和 (4.1.15) 导出 $\lambda_1 + \lambda_2 = \lambda_1 + \lambda_r$, 这使得 $\lambda_2 = \lambda_r$, 产生一矛盾. 即, 对任意 $r \in \{3, \cdots, m\}$, $\lambda_1 + \lambda_r \neq a + b$.

利用 (4.1.14), (4.1.9) 的第二和第三关系推导出 $P_{1r} = 0$, 其中 $r \in \{3, \cdots, m\}$. 然而, 对任意 $r \in \{3, \cdots, m\}$, 对称原因保证了 $P_{2r} = 0$, $P_{r1} = 0$ 以及 $P_{r2} = 0$. 由此 P 可写成

$$P = S\left(P_1 \oplus \widetilde{P}\right) S^{-1}, \quad P_1 = \begin{pmatrix} P_{11} & P_{12} \\ P_{21} & P_{22} \end{pmatrix}, \quad P_{11} \in \mathbb{C}^{p_1 \times p_1}, P_{22} \in \mathbb{C}^{p_2 \times p_2}, \tag{4.1.16}$$

其中 $\widetilde{P}$ 为适当阶的方阵. 进一步, 由于 P 是幂等, 所以 P_1 和 $\widetilde{P}$ 是幂等的. 此后, 我们设 $\mu_1 = \lambda_1$, $\nu_1 = \lambda_2$, $r_1 = p_1$ 以及 $s_1 = p_2$.

由 (4.1.11), (4.1.16) 以及 $Q = \alpha P + \beta X$, 得

$$X = S\left((\mu_1 I_{r_1} \oplus \nu_1 I_{s_1}) \oplus \Lambda_2\right) S^{-1}, \quad Q = S\left(Q_1 \oplus \widetilde{Q}\right) S^{-1},$$

其中 Λ_2 是对角元和 $Q_1 \in \mathbb{C}^{(r_1+s_1)\times(r_1+s_1)}$. 注意 $aP_1 + bQ_1 = \mu_1 I_{r_1} \oplus \nu_1 I_{s_1}$.

若 $\widetilde{P}\widetilde{Q} = \widetilde{Q}\widetilde{P}$, 则这足以取 $P_0 = \widetilde{P}$ 和 $Q_0 = \widetilde{Q}$ 证明 (i) 和 (4.1.2) 的一个等式.

假设 $\widetilde{P}\widetilde{Q} \neq \widetilde{Q}\widetilde{P}$. 注意到矩阵 P, Q, 以及 X 有如下分块

$$X = S\begin{pmatrix} \mu_1 I_{r_1} \oplus \nu_1 I_{s_1} & 0 \\ 0 & \Lambda_2 \end{pmatrix} S^{-1}, \quad P = S\begin{pmatrix} P_1 & 0 \\ 0 & \widetilde{P} \end{pmatrix} S^{-1},$$
$$Q = S\begin{pmatrix} Q_1 & 0 \\ 0 & \widetilde{Q} \end{pmatrix} S^{-1}.$$

由 (4.1.8) 得 $\Lambda_2 = a\widetilde{P} + b\widetilde{Q}$. 因为 $\Lambda_2\widetilde{P} - \widetilde{P}\Lambda_2 = b(\widetilde{Q}\widetilde{P} - \widetilde{P}\widetilde{Q}) \neq 0$ (回忆起 $\widetilde{P}$ 和 $\widetilde{Q}$ 是幂等) 且注意 Λ_2 是对角矩阵, (事实上, Λ_2 可通过消去 (4.1.11) 中的第二个被加数得到, $\Lambda_2 = \lambda_3 I_{p_3} \oplus \cdots \oplus \lambda_{p_m} I_{p_m}$) 由前面相同的步骤, 有

$$\Lambda_2 = \mu_2 I_{r_2} \oplus \nu_2 I_{s_2} \oplus \Lambda_3, \quad \widetilde{P} = P_2 \oplus \widetilde{\widetilde{P}}, \quad P_2 = \begin{pmatrix} \widetilde{P}_{11} & \widetilde{P}_{12} \\ \widetilde{P}_{21} & \widetilde{P}_{22} \end{pmatrix}, \tag{4.1.17}$$

其中 $\widetilde{P}_{11} \in \mathbb{C}^{r_2\times r_2}, \widetilde{P}_{22} \in \mathbb{C}^{s_2\times s_2}$. 因为由 (4.1.17) 得 $\widetilde{Q} = \dfrac{1}{b}(\Lambda_2 - a\widetilde{P})$, 则可得到分块 $\widetilde{Q} = Q_2 \oplus \widetilde{\widetilde{Q}}$, 其中 Q_2 和 $\mu_2 I_{r_2} \oplus \nu_2 I_{s_2}$ 以及 P_2 有相同的阶. 另外, 得到 $a + b = \mu_2 + \nu_2$, 集合 $\{\mu_1, \nu_2, \mu_2, \nu_2\}$ 的基数是准确的 (因为 (4.1.11) 中的表示, 所以 λ 是不相同). 注意到 $aP_2 + bQ_2 = \mu_2 I_{r_2} \oplus \nu_2 I_{s_2}$. 如今确保证明 (i), (4.1.2) 的第一和第二个关系.

我们将证明 (4.1.2) 的最后一个等式. 设 $X_i = aP_i + bQ_i$, $i = 1, \cdots, k$, 以及注意到存在 $r_i, s_i \in \{1, \cdots, m_i\}$ 使得

$$X_i = \mu_i I_{r_i} \oplus \nu_i I_{s_i} \tag{4.1.18}$$

和 $r_i + s_i = m_i$. 由 (4.1.18), 得 $0 = (X_i - \mu_i I_{m_i})(X_i - \nu_i I_{m_i})$, 利用 $a + b = \mu_i + \nu_i$, 这化简为 $X_i^2 - (a+b)X_i + \mu_i\nu_i I_{m_i} = 0$. 利用 $X_i = aP_i + bQ_i$ 和 P_i, Q_i 的幂等性导出

$$\begin{aligned} 0 &= (aP_i + bQ_i)^2 - (a+b)(aP_i + bQ_i) + \mu_i\nu_i I_{m_i} \\ &= ab(P_iQ_i + Q_iP_i - P_i - Q_i) + \mu_i\nu_i I_{m_i} \\ &= -ab(P_i - Q_i)^2 + \mu_i\nu_i I_{m_i}. \end{aligned}$$

我们将证明 (iii). 设 $i \in \{1, \cdots, k\}$. 因为 P 和 Q 都是幂等, 则 P_i 和 Q_i 为幂等矩阵. 知道每个幂等矩阵是可对角化的 [249,定理4.1], 以及存在非奇异矩阵 $S_i \in \mathbb{C}^{m_i\times m_i}$ 使得 $P_i = S(I_{x_i} \oplus 0)S^{-1}$, 其中 $x_i = r(P_i)$. 将 Q_i 写成

$$Q_i = S_i\begin{pmatrix} A_i & B_i \\ C_i & D_i \end{pmatrix} S_i^{-1}, \quad A_i \in \mathbb{C}^{x_i\times x_i}, D_i \in \mathbb{C}^{(m_i-x_i)\times(m_i-x_i)}.$$

这说明 P_i 和 Q_i 可被写成 (4.1.3). 接下来, 将证明 (4.1.4)~(4.1.7) 成立. 利用 (4.1.2) 最后的等式和 P_i, Q_i 是幂等, 得

$$ab(P_i+Q_i-P_iQ_i-Q_iP_i)=\mu_i\nu_iI_{m_i}.$$

利用 (4.1.3) 中的表示, 有

$$\begin{pmatrix} I_{x_i} & 0 \\ 0 & 0 \end{pmatrix}+\begin{pmatrix} A_i & B_i \\ C_i & D_i \end{pmatrix}-\begin{pmatrix} A_i & B_i \\ 0 & 0 \end{pmatrix}-\begin{pmatrix} A_i & 0 \\ C_i & 0 \end{pmatrix}=\frac{\mu_i\nu_i}{ab}\begin{pmatrix} I_{x_i} & 0 \\ 0 & I_{m_i-x_i} \end{pmatrix}.$$

左上角和右上角证明了 (4.1.4) 和 (4.1.7). 因此, $Q_i^2=Q_i$. 若定义 $\rho_i=(\mu_i\nu_i)/(ab)$, 由

$$\begin{pmatrix} (1-\rho_i)I_{x_i} & B_i \\ C_i & \rho_iI_{m_i-x_i} \end{pmatrix}\begin{pmatrix} (1-\rho_i)I_{x_i} & B_i \\ C_i & \rho_iI_{m_i-x_i} \end{pmatrix}=\begin{pmatrix} (1-\rho_i)I_{x_i} & B_i \\ C_i & \rho_iI_{m_i-x_i} \end{pmatrix},$$

则

$$(1-\rho_i)^2I_{x_i}+B_iC_i=(1-\rho_i)I_{x_i},\quad C_iB_i+\rho_i^2I_{m_i-x_i}=\rho_iI_{m_i-x_i}.$$

这证明了 (4.1.5) 和 (4.1.6).

注意到 (4.1.1), 分块 P_0 和 Q_0 也许可不需要.

下面的推论是引理 4.1.2 的一个简单结论.

推论 4.1.3 设 $P,Q\in\mathbb{C}^{n\times n}$ 是幂等矩阵使得 $PQ\neq QP$ 和设 $a,b\in\mathbb{C}\setminus\{0\}$ 满足 $aP+bQ$ 是可对角化的. 若 $\lambda\in\sigma(aP+bQ)\setminus\{0,a,b,a+b\}$, 则存在 $\mu\in\sigma(aP+bQ)$ 满足 $a+b=\lambda+\mu$.

我们将需要下面著名的结论, 有时被认为是多项式谱映射定理 (见文献 [211, 定理 9.33]).

定理 4.1.4 对每个矩阵 A 和每个多项式 p, 有 $\sigma(p(A))=p(\sigma(A))$.

下面结论我们给出两个幂等矩阵的差的谱, 考虑一些幂等矩阵的线性组合的谱, 该线性组合被假设是可对角化的.

定理 4.1.5 设 $P,Q\in\mathbb{C}^{n\times n}$ 为两个矩阵使得 $PQ\neq QP$ 且设 $a,b\in\mathbb{C}\setminus\{0\}$, 使得 $aP+bQ$ 可对角化.

(i) 若 $\mu\in\sigma(aP+bQ)\setminus\{0,a,b,a+b\}$, 存在 $\lambda\in\sigma(P-Q)$ 使得 $\dfrac{\mu(a+b-\mu)}{ab}=\lambda^2$.

(ii) 若 $\lambda\in\sigma(P-Q)\setminus\{0,-1,1\}$, 则多项式 $x^2-(a+b)x+\lambda^2ab$ 的根是 $aP+bQ$ 的特征值.

证明 类似引理 4.1.2, 给出 P 和 Q 的表示.

(i) 取 $\mu\in\sigma(aP+bQ)\setminus\{0,a,b,a+b\}$. 利用定理 4.1.1 和 (4.1.1) 中的表示, 存在 $i\in\{1,\cdots,k\}$ 使得 $\sigma(aP_i+bQ_i)=\{\mu,a+b-\mu\}$. 利用 (4.1.2) 中最后的关系, 有

$$\frac{\mu(a+b-\mu)}{ab}\in\sigma[(P-Q)^2].$$

由多项式谱映射定理得到这部分的证明.

(ii) 取 $\lambda \in \sigma(P-Q)\setminus\{0,-1,1\}$. 因为 $\lambda \notin \{0,-1,1\}$, 利用定理 4.1.1, 有 $\lambda \notin \sigma(P_0-Q_0)$, 因此存在 $i\in\{1,\cdots,k\}$, 其中 $\lambda\in\sigma(P_i-Q_i)$. 由多项式谱映射定理, 有 $\lambda^2\in\sigma[(P-Q)^2]$. 根据 (4.1.2), 存在 $\mu,\nu\in\sigma(aP_i+bQ_i)$ 使得 $a+b=\mu+\nu$ 和 $\lambda^2=(\mu\nu)/(ab)$, 且 μ 和 ν 是多项式 $x^2-(a+b)x+\lambda^2 ab$ 的根. 由 $\sigma(aP_i+bQ_i)\subset\sigma(aP+bQ)$, 我们完成证明.

定理 4.1.6 设 $P,Q\in\mathbb{C}^{n\times n}$ 为幂等矩阵使得 $PQ\neq QP$ 和设 $a,b,a',b'\in\mathbb{C}\setminus\{0\}$ 使得 $aP+bQ$ 且 $a'P+b'Q$ 可对角化. 若 $\mu\in\sigma(aP+bQ)\setminus\{0,a,b,a+b\}$, 则多项式 $x^2-(a'+b')x+\dfrac{\mu(a+b-\mu)}{ab}a'b'$ 的根是 $a'P+b'Q$ 的特征值.

证明 设 $\mu\in\sigma(aP+bQ)\setminus\{0,a,b,a+b\}$. 利用定理 4.1.5 的 (i), 则存在 $\lambda\in\sigma(P-Q)$ 使得$\dfrac{\mu(a+b-\mu)}{ab}=\lambda^2$. 注意到 $\lambda\notin\{0,-1,1\}$, 因为 $\mu\notin\{0,a,b,a+b\}$. 由定理 4.1.5 的 (ii), 则 $x^2-(a'+b')x+\lambda^2a'b'$ 的根是 $a'P+b'Q$ 的特征值.

下面的定理关于 PQ 的谱, 其中 P 和 Q 满足引理 4.1.2.

定理 4.1.7 设 $P,Q\in\mathbb{C}^{n\times n}$ 为幂等矩阵使得 $PQ\neq QP$ 且设 $a,b\in\mathbb{C}\setminus\{0\}$ 使得 $aP+bQ$ 可对角化.

(i) 若 $\lambda\in\sigma(PQ)\setminus\{0,1\}$, 则多项式 $x^2-(a+b)x+ab(1-\lambda)$ 的根是 $aP+bQ$ 的特征值;

(ii) 若 $\mu\in\sigma(aP+bQ)\setminus\{0,a,b,a+b\}$, 则 $1-[\mu(a+b-\mu)]/(ab)\in\sigma(PQ)$.

证明 将 P 和 Q 表示为 (4.1.1). 由 (4.1.3) 和 (4.1.4), 对所有 $i=1,\cdots,k$, 有

$$PQ=S\left(\oplus_{i=1}^k P_iQ_i\oplus P_0Q_0\right)S^{-1},\quad P_iQ_i=S_i\begin{pmatrix}(1-\rho_i)I_{x_i} & B_i\\ 0 & 0\end{pmatrix}S^{-1},\quad(4.1.19)$$

其中 $\rho_i=(\mu_i\nu_i)/(ab)$. 另一方面, 因为 P_0 和 Q_0 是两个可交换幂等, P_0Q_0 是另一个幂等, 因此, $\sigma(P_0Q_0)\subset\{0,1\}$.

(i) 取 $\lambda\in\sigma(PQ)\setminus\{0,1\}$. 由 (4.1.19), 存在 $i\in\{1,\cdots,k\}$ 使得 $\lambda=1-\rho_i$. 利用引理 4.1.2 的 (ii), 存在 $aP+bQ$ 的两个特征值, 也就是说, μ 和 ν 使得 $\rho_i=(\mu\nu)/(ab)$ 和 $\mu+\nu=a+b$. 因此

$$\mu+\nu=a+b,\quad \mu\nu=ab(1-\lambda).$$

即 μ 和 ν 是多项式 $x^2-(a+b)x+ab(1-\lambda)$ 的根.

(ii) 取 $\mu\in\sigma(aP+bQ)\setminus\{0,a,b,a+b\}$. 由定理 4.1.1 和引理 4.1.2, 存在 $i\in\{1,\cdots,k\}$ 使得 μ, $a+b-\mu$ 是 aP_i+bQ_i 的特征值. 因此, (4.1.19) 蕴涵 $1-[\mu(a+b-\mu)]/(ab)\in\sigma(P_iQ_i)\subset\sigma(PQ)$.

J.J.Koliha 和 V.Rakočević 在文献 [152] 中证明了 C^*-代数中对任意两个非平凡投影 p,q (C^*-代数中的投影 f 满足 $f^2=f=f^*$) 和 $\lambda\in\mathbb{C}\setminus\{0,1,-1\}$, 则 $\lambda\in\sigma(p-q)$

当且仅当 $1-\lambda^2 \in \sigma(pq)$. 注意到, 当定理 4.1.7 中适当取 $a=1, b=-1$, 则有相同的关系. Koliha 和 Rakočević 更一般的结论见 [25].

定理 4.1.8　设 $P, Q \in \mathbb{C}^{n\times n}$ 为两个矩阵使得 $PQ \neq QP$ 和设 $a, b \in \mathbb{C}\setminus\{0\}$ 使得 $aP+bQ$ 可对角化.

(i) 若 $\lambda \in \sigma(PQP)\setminus\{0,1\}$, 则多项式 $x^2-(a+b)x+ab(1-\lambda)$ 的根是 $aP+bQ$ 的特征值;

(ii) 若 $\lambda \in \sigma(aP+bQ)\setminus\{0,a,b,a+b\}$, 则 $1-[\mu(a+b-\mu)]/(ab) \in \sigma(PQP)$.

证明　设 P 和 Q 可表示 (4.1.1). 利用 (4.1.3) 和 (4.1.4), 对于 $i=1,\cdots,k$, 有

$$PQP = S\left(\oplus_{i=1}^{k} P_iQ_iP_i \oplus P_0Q_0\right)S^{-1}, \quad P_iQ_iP_i = S_i\begin{pmatrix}(1-\rho_i)I_{x_i} & 0\\ 0 & 0\end{pmatrix}S_i^{-1},$$

其中 $\rho_i=(\mu_i\nu_i)/(ab)$. 类似定理 4.1.7 的完成该证明.

定理 4.1.9　设 $P, Q \in \mathbb{C}^{n\times n}$ 为幂等矩阵满足 $PQ\neq QP$ 且设 $a,b\in\mathbb{C}\setminus\{0\}$ 使得 $aP+bQ$ 可对角化.

(i) 设 $\lambda \in \sigma(PQ-QP)\setminus\{0\}$, 存在 $\mu,\nu\in\sigma(aP+bQ)$ 使得

$$\lambda^2 = -\frac{\mu\nu}{ab}\left(1-\frac{\mu\nu}{ab}\right), \quad \mu+\nu=a+b. \tag{4.1.20}$$

(ii) 若 $\mu\in\sigma(aP+bQ)\setminus\{0,a,b,a+b\}$, 则存在 $\lambda\in\sigma(PQ-QP)$ 使得

$$-\frac{\mu(a+b-\mu)}{ab}\left(1-\frac{\mu(a+b-\mu)}{ab}\right)=\lambda^2.$$

证明　设 P 和 Q 表示为 (4.1.1), 则有

$$PQ-QP = S\left(\oplus_{i=1}^{k}(P_iQ_i-Q_iP_i)\oplus 0\right)S^{-1}.$$

由 (4.1.3) 和 (4.1.4), 对于任意 $i=1,\cdots,k$, 得到

$$\begin{aligned}P_iQ_i-Q_iP_i &= S_i\left(\begin{pmatrix}(1-\rho_i)I_{x_i} & B_i\\ 0 & 0\end{pmatrix}-\begin{pmatrix}(1-\rho_i)I_{x_i} & 0\\ C_i & 0\end{pmatrix}\right)S_i^{-1}\\ &= S_i\begin{pmatrix}0 & B_i\\ -C_i & 0\end{pmatrix}S_i^{-1},\end{aligned}$$

其中 $\rho_i=(\mu_i\nu_i)/(ab)$. 因此, 有

$$(P_iQ_i-Q_iP_i)^2 = S_i\begin{pmatrix}0 & B_i\\ -C_i & 0\end{pmatrix}\begin{pmatrix}0 & B_i\\ -C_i & 0\end{pmatrix}S_i^{-1} = S_i\begin{pmatrix}-B_iC_i & 0\\ 0 & -C_iB_i\end{pmatrix}S_i^{-1}.$$

然而, 由 (4.1.5), (4.1.6) 导出

$$(P_iQ_i - Q_iP_i)^2 = -\rho_i(1-\rho_i)I_{m_i}. \tag{4.1.21}$$

(i) 取 $\lambda \in \sigma(PQ-QP) \setminus \{0\}$. 我们有 $\lambda^2 \in \sigma[(PQ-QP)^2] \setminus \{0\}$, 以及存在 $i \in \{1,\cdots,k\}$ 使得 $\lambda^2 = -\rho_i(1-\rho_i)$. 如此, 存在 $\mu,\nu \in \sigma(aP+bQ)$ 满足 (4.1.20).

(ii) 取 $\mu \in \sigma(aP+bQ)\setminus\{0,a,b,a+b\}$. 存在 $i \in \{1,\cdots,k\}$ 使得 $\mu \in \sigma(aP_i+bQ_i)$. 若定义 $\rho = \mu(a+b-\mu)/(ab)$, 则 (4.1.21) 和引理 4.1.2 确保 $-\rho(1-\rho) \in \sigma[(PQ-QP)^2]$. 利用多项式谱映射定理完成该证明.

下面证明如何满足文献中已有关于两个幂等的线性组合的结论.

文献 [3] 中, 假设 P 和 Q 是幂等且 $a,b \in \mathbb{C}\setminus\{0\}$, 研究了 $aP+bQ$ 的幂等性和表示. 然而, 我们将利用引理 4.1.2 推导这个结论 (若 $PQ \neq QP$). 因为 $aP+bQ$ 是幂等, 则 $\sigma(aP+bQ) \subset \{0,1\}$. 因为 $PQ \neq QP$, 则 $\sigma(aP+bQ)$ 不是单元素. 由引理 4.1.2, 得 $P = S(P_1 \oplus P_0)S^{-1}$, $Q = S(Q_1 \oplus Q_0)S^{-1}$, 其中 $P_0Q_0 = Q_0P_0$, $P_1Q_1 \neq Q_1P_1$, $a+b=1$ 以及 $(P_1-Q_1)^2=0$. 若分块 P_0, Q_0 被表示, 则由相似对角化得 $a=b=1$, 或者 $a=1, b=-1$, 或者 $a=-1, b=1$, 这将与 $a+b=1$ 矛盾. 因此 $(P-Q)^2=0$.

文献 [15] 中, 假设 A_1, A_2, A_3 都是幂等矩阵, $A_2A_3 = A_3A_2 = 0$ 以及 $c_1, c_2, c_3 \in \mathbb{C}\setminus\{0\}$, 作者证明 $c_1A_1 + c_2A_2 + c_3A_3$ 为幂等和给出表示 (文献 [15] 推广了文献 [11]). 我们不会给整个解决方案, 但仅从引理 4.1.2 推断该结果. 设 $P = A_1$, $Q = c_1A_1 + c_2A_2 + c_3A_3$, $a = -c_1$ 以及 $b = 1$. 此时, 因为 A_2, A_3 非零幂等元且 $A_2A_3 = A_3A_2 = 0$, 因此 $aP+bQ = c_2A_2 + c_3A_3$ 可对角化且 $\sigma(aP+bQ) = \{c_2, c_3\}$. 若 $PQ \neq QP$ 和 $c_2 \neq c_3$, 则由引理 4.1.2 导出 $a+b = c_2+c_3$ 及 $1 = c_1+c_2+c_3$.

若 P 和 Q 是幂等且 $a,b \in \mathbb{C}\setminus\{0\}$, 则文献 [29] 的作者由固定 $k \in \mathbb{N}$, 得到了 $(aP+bQ)^{k+1} = aP+bQ$. 在文献 [29] 中证明了矩阵 X 满足 $X^{k+1} = X$ 当且仅当 X 是可对角化和 $\sigma(X) \subset \{0\} \cup \sqrt[k]{1}$. 因此, 引理 4.1.2 蕴涵若 $PQ \neq QP$, 则存在 $\alpha, \beta \in \{0\} \cup \sqrt[k]{1}$ 使得 $\alpha+\beta = a+b$ 和 $\alpha \neq \beta$.

还存在许多关于两个幂等矩阵可逆性的表示的结论 [5,126,150]. 例如, 我们将证明: 若 $P, Q \in \mathbb{C}^{n\times n}$ 幂等, 使得 $P+Q$ 对角化且 $P-Q$ 是非奇异矩阵, 则 $P+Q$ 和 $I_n - PQ$ 是非奇异矩阵 [5,150]. 设 P 和 Q 如文献 [5]. 利用定理 4.1.2 的结论, 存在非奇异矩阵 $S \in \mathbb{C}^{m_0\times m_0}$, 使得 $P_0 = S\mathrm{diag}(\lambda_1,\cdots,\lambda_{m_0})S^{-1}$, 以及 $Q_0 = S\mathrm{diag}(\mu_1,\cdots,\mu_{m_0})S^{-1}$, 其中对任意 $i,j \in \{1,\cdots,m_0\}$, $\lambda_i, \mu_j \in \{0,1\}$. 对于 $P-Q$ 是非奇异矩阵, 对所有 $i \in \{1,\cdots,m_0\}$, 则 $\lambda_i \neq \mu_i$, 和对所有 $i \in \{1,\cdots,m_0\}$ 则 $\lambda_i + \mu_i = 1 - \lambda_i\mu_i = 1$, 则蕴涵着 P_0+Q_0 的非奇异性和 $I_{m_0} - P_0Q_0$. 若 $P+Q$ 是非奇异矩阵, 由 (4.1.1), 存在 $i \in \{1,\cdots,k\}$ 使得 P_i+Q_i 是非奇异矩阵, 由 (4.1.2) 的第二等式, 得 $\mu_i = 0$ 或 $\nu_i = 0$, 以及由 (4.1.2) 最后等式, 得 $(P_i-Q_i)^2 = 0$, 因此

$P_i - Q_i$ 是非奇异矩阵, 这与 $P-Q$ 的非奇异性矛盾. 若 $I_n - PQ$ 是非奇异矩阵, 由 (4.1.1), 存在 $j \in \{1, \cdots, k\}$ 使得 $I_{m_j} - P_jQ_j$ 是非奇异矩阵. 由 (4.1.3) 和 (4.1.4),

$$I_{m_j} - P_jQ_j = S_j \begin{pmatrix} \dfrac{\mu_j\nu_j}{ab} I_{x_j} & -B_j \\ 0 & I_{m_j - x_j} \end{pmatrix} S_j^{-1},$$

这利用 $I_{m_j} - P_jQ_j$ 的奇异性, 则 $\mu_j = 0$ 或 $\nu_j = 0$, 因此得到矛盾.

例 4.1.10　设

$$P = \begin{pmatrix} 1 & 0 \\ 0 & 0 \end{pmatrix}, \quad Q = \frac{1}{2}\begin{pmatrix} 1 & 1 \\ 1 & 1 \end{pmatrix}.$$

这些矩阵满足 $P^2 = P, Q^2 = Q$ 以及 $PQ \neq QP$. 进一步, 若 $a, b \in \mathbb{R}\backslash\{0\}$, 则 $aP+bQ$ 可对角化 (因为 $aP+bQ$ 是 Hermitian 矩阵), 得到 $\sigma(P-Q) = \{1/\sqrt{2}, -1/\sqrt{2}\}$, 且由定理 4.1.5, 得多项式 $x^2 - (a+b)x + ab/2$ 的根为 $aP+bQ$ 的特征值, 这验证了 $\det(aP+bQ-\lambda I_2)$. 另一方面, 可以得 $\sigma(PQ) = \sigma(PQP) = \{0, 1/2\}$, 以及由定理 4.1.7 或定理 4.1.8 导出 $x^2 - (a+b)x + ab/2$ 的根是 $aP+bQ$ 的特征值. 最后, 有效计算证明 $\sigma(PQ - QP) = \{\mathrm{i}/2, -\mathrm{i}/2\}$, 以及由定理 4.1.9 导出存在 $\mu, \nu \in \sigma(aP+bQ)$ 使得 $-\dfrac{1}{4} = -\dfrac{\mu\nu}{ab}\left(1 - \dfrac{\mu\nu}{ab}\right)$和 $\mu+\nu = a+b$, 这推导了 $\mu\nu = ab/2$ 和 $\mu+\nu = a+b$, 换句话说, μ, ν 是 $x^2 - (a+b)x + ab/2$ 的根.

4.2　幂等矩阵线性组合的群对合

本节中, 我们将应用第2章的结果给出不等的非零幂等矩阵 P, Q, 在条件 $(PQ)^2 = (QP)^2$, $(PQ)^2 = 0$ 但 $(QP)^2 \neq 0$, $(PQ)^2 \neq 0$ 但 $(QP)^2 = 0$ 下, 其线性组合 $A = aP + bQ + cPQ + dQP + ePQP + fQPQ + gPQPQ$ 群对合的所有可能情况.

定理 4.2.1　设 $P, Q \in \mathbb{C}^{n\times n}$ 是两个非零幂等矩阵且满足条件 $(PQ)^2 = (QP)^2$, 令 A 是 P, Q 的一个线性组合, 即

$$A = aP + bQ + cPQ + dQP + ePQP + fQPQ + gPQPQ, \tag{4.2.1}$$

其中 $a, b, c, d, e, f, g \in \mathbb{C}$, $a \neq 0, b \neq 0$. 记 $\theta = a+b+c+d+e+f+g$, 则矩阵 A 群对合时必须有下面几种情况之一出现:

(a) 当

$$PQ = QP \tag{4.2.2}$$

时, 并且有下面 $(\mathrm{a}_1) \sim (\mathrm{a}_7)$ 情况之一出现:

(a_1) $a=1$ 或 $a=-1, \theta=1$ 或 $\theta=-1$, 且 $Q=PQ$;

(a_2) $b=1$ 或 $b=-1, \theta=1$ 或 $\theta=-1$, 且 $P=PQ$;

(a_3) $a=1$ 或 $a=-1, b=1$ 或 $b=-1, \theta=1$ 或 $\theta=-1$;

(a_4) $a=1$ 或 $a=-1, b=1$ 或 $b=-1$, 且 $PQ=0$;

(a_5) $a=1$ 或 $a=-1, \theta=0$, 且 $Q=PQ$;

(a_6) $b=1$ 或 $b=-1, \theta=0$, 且 $P=PQ$;

(a_7) $a=1$ 或 $a=-1, b=1$ 或 $b=-1, \theta=0$.

(b) 当

$$PQ \neq QP, \quad PQP=QPQ \tag{4.2.3}$$

时, 并且有下面 (b_1) ~ (b_{10}) 情况之一出现:

(b_1) $a=\pm1, b=\mp1$, 且 $\theta=1$ 或 $\theta=-1$ 或 $PQP=0$;

(b_2) $a=b=\pm1, c=d=\mp1$, 且 $\theta=1$ 或 $\theta=-1$ 或 $PQP=0$;

(b_3) $a=b=\pm1, c=\mp1, \theta=1$ 或 $\theta=-1$, 且 $QP=PQP$;

(b_4) $a=b=\pm1, d=\mp1, \theta=1$ 或 $\theta=-1$, 且 $PQ=PQP$;

(b_5) $a=b=\pm1$, $c=\mp1$, 且 $QP=0$;

(b_6) $a=b=\pm$, $d=\mp1$, 且 $PQ=0$;

(b_7) $a=\pm1, b=\mp1, \theta=0$;

(b_8) $a=b=\pm1, c=d=\mp1, \theta=0$;

(b_9) $a=b=\pm1, c=\mp1, \theta=0$, 且 $QP=PQP$;

(b_{10}) $a=b=\pm1, d=\mp1, \theta=0$, 且 $PQ=PQP$.

(c) 当

$$PQP \neq QPQ, \quad PQPQ=QPQP \tag{4.2.4}$$

时, 并且有下面 (c_1) ~ (c_{18}) 情况之一出现:

(c_1) $a=\pm1, b=\mp1, c+d+2e\pm cd=\pm1, \theta=1$ 或 $\theta=-1$, 且 $QPQ=PQPQ$;

(c_2) $a=b=e=\pm1, c=d=\mp1, \theta=1$ 或 $\theta=-1$, 且 $QPQ=PQPQ$;

(c_3) $a=\pm1, b=\mp1, c+d+2f\mp cd=\mp1, \theta=1$ 或 $\theta=-1$, 且 $PQP=PQPQ$;

(c_4) $a=b=f=\pm1, c=d=\mp1, \theta=1$ 或 $\theta=-1$, 且 $PQP=PQPQ$;

(c_5) $a=\pm1, b=\mp1, c+d+2e\pm cd=\pm1, c+d+2f\mp cd=\mp1, g=1$ 或 $g=-1$;

(c_6) $a=b=e=f=\pm1, c=d=\mp1, g=\mp1$ 或 $g=\mp3$;

(c_7) $a=\pm1, b=\mp1, c+d+2e\pm cd=\pm1$, 且 $QPQ=0$;

(c_8) $a=b=e=\pm1, c=d=\mp1$, 且 $QPQ=0$;

(c_9) $a=\pm1, b=\mp1, c+d+2f\mp cd=\mp1$, 且 $PQP=0$;

(c_{10}) $a=b=f=\pm1, c=d=\mp1$, 且 $PQP=0$;

(c_{11}) $a=\pm1, b=\mp1, c+d+2e\pm cd=\pm1, c+d+2f\mp cd=\mp1$, 且 $PQPQ=0$;

(c_{12}) $a=b=e=f=\pm1, c=d=\mp1$, 且 $PQPQ=0$;

(c_{13}) $a=\pm1, b=\mp1, 2e+c+d\pm cd=\pm1, \theta=0$, 且 $QPQ=PQPQ$;

(c_{14}) $a=b=e=\pm1, c=d=\mp1, \theta=0$, 且 $QPQ=PQPQ$;

(c_{15}) $a=\pm1, b=\mp1, 2f+c+d\mp cd=\mp1, \theta=0$, 且 $PQP=PQPQ$;

(c_{16}) $a=b=f=\pm1, c=d=\mp1, \theta=0$, 且 $PQP=PQPQ$;

(c_{17}) $a=\pm1, b=\mp1, 2e+c+d\pm cd=\pm1, 2f+c+d\mp cd=\mp1, g=0$;

(c_{18}) $a=b=e=f=\pm1, c=d=\mp1, g=\mp2$.

证明　显然, 条件 (4.2.2) 蕴涵着 A 的群逆存在, 且有 (4.2.2)~(4.2.4). 我们将直接给出具有形式 (4.2.1) 的矩阵 A 群对合的充分必要条件是 $A-A_g=0$.

(a) 在条件 (4.2.2) 下, 则 $A=aP+bQ+\mu PQ$, 其中 $\mu=c+d+e+f+g$.

(1) 若 $\theta\neq0$, 则

$$A_g=\frac{1}{a}P+\frac{1}{b}Q+\left(\frac{1}{\theta}-\frac{1}{a}-\frac{1}{b}\right)PQ,$$

因此

$$A-A_g=\left(a-\frac{1}{a}\right)P+\left(b-\frac{1}{b}\right)Q+\left(\mu-\frac{1}{\theta}+\frac{1}{a}+\frac{1}{b}\right)PQ=0. \tag{4.2.5}$$

分别用 P,Q 去乘以 (4.2.5) 得到

$$\left(a-\frac{1}{a}\right)P+\left(b-\frac{1}{b}\right)PQ+\left(\mu-\frac{1}{\theta}+\frac{1}{a}+\frac{1}{b}\right)PQ=0,$$
$$\left(a-\frac{1}{a}\right)PQ+\left(b-\frac{1}{b}\right)Q+\left(\mu-\frac{1}{\theta}+\frac{1}{a}+\frac{1}{b}\right)PQ=0,$$

故

$$\left(a-\frac{1}{a}\right)P+\left(b-\frac{1}{b}\right)PQ=\left(a-\frac{1}{a}\right)PQ+\left(b-\frac{1}{b}\right)Q.$$

再分别用 P 和 Q 去乘以上面的等式, 可以得到

$$\left(a-\frac{1}{a}\right)(P-PQ)=0,\quad \left(b-\frac{1}{b}\right)(Q-PQ)=0. \tag{4.2.6}$$

事实上, 由 $P\neq Q$, 有三种情况: $P=PQ$ 且 $b=b^{-1}$; $a=a^{-1}$ 且 $Q=PQ$; $a=a^{-1}$ 且 $b=b^{-1}$.

当 $Q=PQ$ 且 $a=a^{-1}$ 时, (4.2.5) 变为 $(\theta-\theta^{-1})Q=0$, 即 $\theta=\pm1$, 可得 (a_1). 类似地, 当 $b=b^{-1}$ 且 $P=PQ$ 时, 有 (a_2). 当 $a=a^{-1}$ 且 $b=b^{-1}$ 时, (4.2.5) 变为 $(\theta-\theta^{-1})PQ=0$, 即 $\theta=\pm1$ 或 $PQ=0$. 因此, 可得 (a_3) 和 (a_4).

(2) 若 $\theta=0$, 则

$$A_g=\frac{1}{a}P+\frac{1}{b}Q-\left(\frac{1}{a}+\frac{1}{b}\right)PQ,$$

因此

$$A-A_g=\left(a-\frac{1}{a}\right)P+\left(b-\frac{1}{b}\right)Q+\left(\mu+\frac{1}{a}+\frac{1}{b}\right)PQ=0. \tag{4.2.7}$$

分析证明的方法与 (4.2.6) 类似, 有

$$\left(b-\frac{1}{b}\right)(Q-PQ)=0,\quad \left(a-\frac{1}{a}\right)(P-PQ)=0. \tag{4.2.8}$$

事实上, 由 $P\neq Q$, 有三种情况出现: $P=PQ$ 且 $b=b^{-1}$; $a=a^{-1}$ 且 $Q=PQ$; $a=a^{-1}$ 且 $b=b^{-1}$. 类似于 (1), 根据 (4.2.7), 可得 $(\mathrm{a}_5)\sim(\mathrm{a}_7)$.

(b) 对于条件 (4.2.3), $A=aP+bQ+cPQ+dQP+\nu PQP$, 其中 $\nu=e+f+g$.

(1) 若 $\theta\neq 0$, 则

$$\begin{aligned}A_g=&\frac{1}{a}P+\frac{1}{b}Q-\left(\frac{1}{a}+\frac{1}{b}+\frac{c}{ab}\right)PQ-\left(\frac{1}{a}+\frac{1}{b}+\frac{d}{ab}\right)QP\\&+\left(\frac{1}{a}+\frac{1}{b}+\frac{c+d}{ab}+\frac{1}{\theta}\right)PQP,\end{aligned}$$

因此

$$\begin{aligned}A-A_g=&\left(a-\frac{1}{a}\right)P+\left(b-\frac{1}{b}\right)Q+\left(c+\frac{1}{a}+\frac{1}{b}+\frac{c}{ab}\right)PQ\\&+\left(d+\frac{1}{a}+\frac{1}{b}+\frac{d}{ab}\right)QP+\left(\nu-\frac{1}{a}-\frac{1}{b}-\frac{c+d}{ab}-\frac{1}{\theta}\right)PQP=0.\end{aligned} \tag{4.2.9}$$

在上式的两边分别乘以 P 得

$$0=\left(a-\frac{1}{a}\right)P+\left(c+b+\frac{1}{a}+\frac{c}{ab}\right)PQ+\left(\nu+d-\frac{c}{ab}-\frac{1}{\theta}\right)PQP, \tag{4.2.10}$$

$$0=\left(a-\frac{1}{a}\right)P+\left(b+d+\frac{1}{a}+\frac{d}{ab}\right)QP+\left(\nu+c-\frac{d}{ab}-\frac{1}{\theta}\right)PQP. \tag{4.2.11}$$

用 Q 分别左乘等式 (4.2.10), 右乘 (4.2.11) 得到

$$\begin{cases}\left(a-\frac{1}{a}\right)QP+\left(b+c+d+\nu+\frac{1}{a}-\frac{1}{\theta}\right)QPQ=0,\\\left(a-\frac{1}{a}\right)PQ+\left(b+c+d+\nu+\frac{1}{a}-\frac{1}{\theta}\right)QPQ=0,\end{cases} \tag{4.2.12}$$

故 $(a-a^{-1})(QP-PQ)=0$. 由 $QP\neq PQ$, $a=a^{-1}$, 类似地, $b=b^{-1}$.

将 $a=a^{-1}$ 代入 (4.2.12) 得 $(\theta-\theta^{-1})QPQ=0$, 因此 $\theta=\theta^{-1}$ 或 $QPQ=0$. 我们将讨论下面几种情况: 当 $a=a^{-1}$, $b=b^{-1}$, (4.2.9) 变为

$$\begin{aligned}0=&\left(c+\frac{1}{a}+\frac{1}{b}+\frac{c}{ab}\right)PQ+\left(d+\frac{1}{a}+\frac{1}{b}+\frac{d}{ab}\right)QP\\&+\left(\nu-\frac{1}{a}-\frac{1}{b}-\frac{c+d}{ab}-\frac{1}{\theta}\right)PQP.\end{aligned}\tag{4.2.13}$$

① 若 $a+b=0$, 则

$$c+\frac{1}{a}+\frac{1}{b}+\frac{c}{ab}=0,\quad d+\frac{1}{a}+\frac{1}{b}+\frac{d}{ab}=0,$$

故 (4.2.13) 变为

$$\left(\theta-\frac{1}{\theta}\right)PQP=\left(\nu+c+d-\frac{1}{\theta}\right)PQP=0.$$

因此, (4.2.13) 成立蕴涵着 $\theta=\theta^{-1}$ 或 $PQP=0$, 同样, (4.2.9) 成立. 因此, 我们得到 (b_1).

② 若 $a=b$, 则 (4.2.13) 变为

$$0=(2c+2a)PQ+(2d+2a)QP+\left(2\nu-\theta-\frac{1}{\theta}\right)PQP.$$

分别在上面的等式右端乘以 P, 左端乘以 Q, 得到

$$0=(2c+2a)PQ+\left(\nu+d-c-\frac{1}{\theta}\right)PQP,\tag{4.2.14}$$

$$0=(2d+2a)QP+\left(\nu+c-d-\frac{1}{\theta}\right)PQP.\tag{4.2.15}$$

若 $\theta=\theta^{-1}$, (4.2.14) 和 (4.2.15) 分别变为

$$(c+a)(PQ-PQP)=0,\quad (d+a)(QP-PQP)=0.\tag{4.2.16}$$

若 $PQP=0$, 等式 (4.2.14) 和 (4.2.15) 分别变为

$$(c+a)PQ=0,\quad (d+a)QP=0.\tag{4.2.17}$$

由 $PQ\neq QP$, 根据 (4.2.16) 和 (4.2.17) 我们得到以下六种结果: $\theta=\theta^{-1}$ 且 $c=d=-a$; $\theta=\theta^{-1}$, $c=-a$ 且 $QP=PQP$; $\theta=\theta^{-1}$, $d=-a$, 且 $PQ=PQP$; $c=-a$ 且 $QP=0$; $d=-a$ 且 $PQ=0$; $c=d=-a$ 且 $PQP=0$. 因此, 我们得到 (b_2) ~ (b_6).

(2) 若 $\theta=0$, 则

$$A_g=\frac{1}{a}P+\frac{1}{b}Q-\left(\frac{1}{a}+\frac{1}{b}+\frac{c}{ab}\right)PQ-\left(\frac{1}{a}+\frac{1}{b}+\frac{d}{ab}\right)QP\\+\left(\frac{1}{a}+\frac{1}{b}+\frac{c+d}{ab}\right)PQP,$$

即

$$A-A_g=\left(a-\frac{1}{a}\right)P+\left(b-\frac{1}{b}\right)Q+\left(c+\frac{1}{a}+\frac{1}{b}+\frac{c}{ab}\right)PQ\\+\left(d+\frac{1}{a}+\frac{1}{b}+\frac{d}{ab}\right)QP+\left(\nu-\frac{1}{a}-\frac{1}{b}-\frac{c+d}{ab}\right)PQP=0. \quad (4.2.18)$$

分析过程类似于 (b) 之 (1), 利用 (4.2.18) 得到

$$\left(a-\frac{1}{a}\right)QP-\left(a-\frac{1}{a}\right)PQP=0,$$
$$\left(a-\frac{1}{a}\right)PQ-\left(a-\frac{1}{a}\right)PQP=0.$$

事实上, 由 $PQ\neq QP$, $PQ\neq PQP$ 或 $QP\neq PQP$ 并且 $a=a^{-1}$, 类似地, $b=b^{-1}$, 则 $a=\pm b$.

① 若 $a=-b$, 有

$$c+\frac{1}{a}+\frac{1}{b}+\frac{c}{ab}=0,$$
$$d+\frac{1}{a}+\frac{1}{b}+\frac{d}{ab}=0,$$
$$\nu-\frac{1}{a}-\frac{1}{b}-\frac{c+d}{ab}=-2(a+b)=0.$$

则等式 (4.2.18) 成立, 因此我们得到 (b_7).

② 若 $a=b$, 则等式 (4.2.18) 变为

$$(c+a)PQ+(d+a)QP+\nu PQP=0.$$

在等式的左边分别乘以 P 和 Q, 得到

$$(c+a)(PQ-PQP)=0,\quad (d+a)(QP-PQP)=0.$$

有 $c=d=-a$; $c=-a$ 且 $QP=PQP$; $d=-a$ 且 $PQ=PQP$. 因此, 我们得到 (b_8) $\sim$ (b_{10}).

(c) 根据等式 (4.2.4) 得到

$$A=aP+bQ+cPQ+dQP+ePQP+fQPQP+gPQPQ.$$

(1) 若 $\theta \neq 0$, 则

$$\begin{aligned}A_g=&\frac{1}{a}P+\frac{1}{b}Q-\left(\frac{1}{a}+\frac{1}{b}+\frac{c}{ab}\right)PQ-\left(\frac{1}{a}+\frac{1}{b}+\frac{d}{ab}\right)QP\\&+\left(\frac{2}{a}+\frac{1}{b}+\frac{c+d}{ab}+\frac{cd-be}{a^2b}\right)PQP+\left(\frac{1}{a}+\frac{2}{b}+\frac{c+d}{ab}+\frac{cd-af}{ab^2}\right)QPQ\\&-\left(\frac{2}{a}+\frac{2}{b}+\frac{c+d}{ab}+\frac{cd-be}{a^2b}+\frac{cd-af}{ab^2}-\frac{1}{\theta}\right)PQPQ,\end{aligned}$$

即

$$\begin{aligned}A-A_g=&\left(a-\frac{1}{a}\right)P+\left(b-\frac{1}{b}\right)Q+\left(c+\frac{1}{a}+\frac{1}{b}+\frac{c}{ab}\right)PQ\\&+\left(d+\frac{1}{a}+\frac{1}{b}+\frac{d}{ab}\right)QP+\left(e-\frac{2}{a}-\frac{1}{b}-\frac{c+d}{ab}-\frac{cd-be}{a^2b}\right)PQP\\&+\left(f-\frac{1}{a}-\frac{2}{b}-\frac{c+d}{ab}-\frac{cd-af}{ab^2}\right)QPQ\\&+\left(g+\frac{2}{a}+\frac{2}{b}+\frac{c+d}{ab}+\frac{cd-be}{a^2b}+\frac{cd-af}{ab^2}-\frac{1}{\theta}\right)PQPQ=0.\end{aligned}\tag{4.2.19}$$

若 $PQ=0$, 则 $QPQ=0=PQP$ 并且根据 (4.2.4), $PQ\neq 0$. 类似地, $QP\neq 0$. 在 (4.2.19) 的左边乘以 QP 得到

$$\begin{aligned}&\left(a-\frac{1}{a}\right)QP+\left(b+c+\frac{1}{a}+\frac{c}{ab}\right)QPQ\\&+\left(d+e+f+g-\frac{c}{ab}-\frac{1}{\theta}\right)PQPQ=0.\end{aligned}\tag{4.2.20}$$

分别在上面的等式的左端乘以 P, 右端乘以 PQ, 根据 (4.2.4), 得到

$$0=\left(a-\frac{1}{a}\right)PQP+\left(\frac{1}{a}-a+\theta-\frac{1}{\theta}\right)PQPQ,\tag{4.2.21}$$

$$0=\left(a-\frac{1}{a}\right)QPQ+\left(\frac{1}{a}-a+\theta-\frac{1}{\theta}\right)PQPQ.\tag{4.2.22}$$

由 $PQP\neq QPQ$, 根据 (4.2.21) 和 (4.2.22) 得到 $a=a^{-1}$. 类似地, 得到 $b=b^{-1}$. 将 $a=a^{-1}$ 代入 (4.2.21) 得到 $\theta=\theta^{-1}$ 或 $PQPQ=0$.

① 对于 $a=a^{-1}, b=b^{-1}$ 和 $\theta=\theta^{-1}$.

将 $a=a^{-1}, b=b^{-1}$ 和 $\theta=\theta^{-1}$ 代入 (4.2.20) 得到

$$\left(a+b+c+\frac{c}{ab}\right)(QPQ-PQPQ)=0.\tag{4.2.23}$$

类似地, 得到

$$\left(a+b+d+\frac{d}{ab}\right)(PQP-PQPQ)=0.\tag{4.2.24}$$

若 $PQP=PQPQ$, 根据 $PQP\neq QPQ$ 得到 $QPQ\neq PQPQ$, 根据 (4.2.23) 得到 $a+b+c+\dfrac{c}{ab}=0$. 在 (4.2.19) 的右端乘以 Q 得到

$$\left(a+c+d+2f-\frac{cd}{a}\right)(QPQ-PQPQ)=0.$$

故 $a+c+d+2f-\dfrac{cd}{a}=0$, 且 (4.2.9) 变形为

$$\left(a+b+d+\frac{d}{ab}\right)QP+\left(f-a-2b-\frac{c+d}{ab}-\frac{cd-af}{a}\right)QPQ$$
$$+\left(b+e+g+\frac{cd-af}{a}-\theta\right)PQP=0.$$

再在上面的等式右端用 P 乘得到

$$\left(a+b+d+\frac{d}{ab}\right)(QP-PQP)=0. \tag{4.2.25}$$

设 $PQ=PQP$, 则 $QPQ=QPQP=PQPQ=PQ=PQP$, 与假设 $PQP\neq QPQ$ 矛盾. 因此, $a+b+d+\dfrac{d}{ab}=0$.

类似地, 若 $QPQ=PQPQ$, 可以得到 $a+b+d+\dfrac{d}{ab}=0$, $b+c+d+2e-\dfrac{cd}{b}=0$ 和 $a+b+c+\dfrac{c}{ab}=0$.

若 $QPQ\neq QPQP$ 和 $QPQ\neq PQPQ$, 有 $a+b+d+\dfrac{d}{ab}=0$, $a+b+c+\dfrac{c}{ab}=0$, $b+c+d+2e-\dfrac{cd}{b}=0$ 和 $a+c+d+2f-\dfrac{cd}{a}=0$.

下面我们给出其他的情况.

若 $a+b=0$, 对任意的c 有 $a+b+c+\dfrac{c}{ab}=0$, 对任意的 d 有 $a+b+d+\dfrac{d}{ab}=0$, 且 c,d,e 满足 $b+c+d+2e-\dfrac{cd}{b}=0$. 类似地 c,d,f 满足 $a+c+d+2f-\dfrac{cd}{a}=0$.

若 $a=b$, 则 $c=d=-a$, 解 $b+c+d+2e-\dfrac{cd}{b}=0$ 得 $e=a$, 解 $a+c+d+2f-\dfrac{cd}{a}=0$ 得 $f=a$.

由等式 $b+c+d+2e-\dfrac{cd}{b}=0$ 和 $a+c+d+2f-\dfrac{cd}{a}=0$, 可知 $g=\theta-(a+b)$. 因此, 有 $(\mathrm{c}_1)\sim(\mathrm{c}_6)$.

② 对于情况 $a=a^{-1}$, $b=b^{-1}$ 且 $PQPQ=0$.

分别在 (4.2.19) 的右端乘以 QP, 左端乘以 PQ 得

$$\left(c+\frac{1}{a}+\frac{1}{b}+\frac{c}{ab}\right)QPQ=0,$$
$$\left(d+\frac{1}{a}+\frac{1}{b}+\frac{d}{ab}\right)PQP=0.$$

若 $QPQ=0$, 则 $PQP\neq 0$ 且 $a+b+d+\dfrac{d}{ab}=0$, (4.2.19) 变为

$$0=\left(c+\frac{1}{a}+\frac{1}{b}+\frac{c}{ab}\right)PQ+\left(e-\frac{2}{a}-\frac{1}{b}-\frac{c+d}{ab}-\frac{cd-be}{a^2b}\right)PQP. \tag{4.2.26}$$

在 (4.2.26) 的右端乘以 Q 得

$$\left(c+\frac{1}{a}+\frac{1}{b}+\frac{c}{ab}\right)PQ=0.$$

由 $PQ\neq 0$ 得, $a+b+c+\dfrac{c}{ab}=0$ 且 (4.2.26) 变为

$$\left(2e+b+c+d-\frac{cd}{b}\right)PQP. \tag{4.2.27}$$

故 $2e+b+c+d-\dfrac{cd}{b}=0$.

若 $PQP=0$, 类似地, 可得到 $a+b+c+\dfrac{c}{ab}=0$, $a+b+d+\dfrac{d}{ab}=0$ 和 $2f+a+c+d-\dfrac{cd}{a}=0$.

若 $PQP\neq 0$ 且 $QPQ\neq 0$, 分别在 (4.2.19) 的右端乘以 Q, 左端乘以 P 得到 $a+b+c+\dfrac{c}{ab}=0$, 同时分别在 (4.2.19) 的右端乘以 P, 左端乘以 Q 得 $a+b+d+\dfrac{d}{ab}=0$. (4.2.19) 变为

$$\left(e-\frac{2}{a}-\frac{1}{b}-\frac{c+d}{ab}-\frac{cd-be}{a^2b}\right)PQP+\left(f-\frac{1}{a}-\frac{2}{b}-\frac{c+d}{ab}-\frac{cd-af}{ab^2}\right)QPQ=0.$$

在上面等式的右端分别用 P 和 Q 乘得

$$2e+b+c+d-\frac{cd}{b}=0,\quad 2f+a+c+d-\frac{cd}{a}=0.$$

由已知①, 得到 $(\mathrm{c}_7)\sim(\mathrm{c}_{12})$.

(2) 若 $\theta=0$, 则

$$\begin{aligned}A_g=&\frac{1}{a}P+\frac{1}{b}Q-\left(\frac{1}{a}+\frac{1}{b}+\frac{c}{ab}\right)PQ-\left(\frac{1}{a}+\frac{1}{b}+\frac{d}{ab}\right)QP\\&+\left(\frac{2}{a}+\frac{1}{b}+\frac{c+d}{ab}+\frac{cd-be}{a^2b}\right)PQP+\left(\frac{1}{a}+\frac{2}{b}+\frac{c+d}{ab}+\frac{cd-af}{ab^2}\right)QPQ\\&-\left(\frac{2}{a}+\frac{2}{b}+\frac{c+d}{ab}+\frac{cd-be}{a^2b}+\frac{cd-af}{ab^2}\right)PQPQ,\end{aligned}$$

即

$$
\begin{aligned}
A-A_g=&\left(a-\frac{1}{a}\right)P+\left(b-\frac{1}{b}\right)Q+\left(c+\frac{1}{a}+\frac{1}{b}+\frac{c}{ab}\right)PQ\\
&+\left(d+\frac{1}{a}+\frac{1}{b}+\frac{d}{ab}\right)QP+\left(e-\frac{2}{a}-\frac{1}{b}-\frac{c+d}{ab}-\frac{cd-be}{a^2b}\right)PQP\\
&+\left(f-\frac{1}{a}-\frac{2}{b}-\frac{c+d}{ab}-\frac{cd-af}{ab^2}\right)QPQ\\
&+\left(g+\frac{2}{a}+\frac{2}{b}+\frac{c+d}{ab}+\frac{cd-be}{a^2b}+\frac{cd-af}{ab^2}\right)PQPQ=0. \qquad (4.2.28)
\end{aligned}
$$

分析过程类似于 (c) 之 (1), 利用 (4.2.28) 得到

$$\left(a-\frac{1}{a}\right)(PQP-PQPQ)=0, \qquad (4.2.29)$$

$$\left(a-\frac{1}{a}\right)(QPQ-PQPQ)=0. \qquad (4.2.30)$$

事实上, 由 $PQP\neq QPQ$, 得 $PQP\neq PQPQ$ 或 $QPQ\neq PQPQ$ 和 $a=a^{-1}$. 类似地, $b=b^{-1}$. 因此, 分别在 (4.2.28) 的右端乘以 Q, 左端乘以 P 得到

$$\left(a+b+c+\frac{c}{ab}\right)(PQ-PQPQ)=0. \qquad (4.2.31)$$

分别在 (4.2.28) 的右端乘以 P, 左端乘以 Q 得到

$$\left(a+b+d+\frac{d}{ab}\right)(QP-PQPQ)=0. \qquad (4.2.32)$$

由 $PQ\neq PQPQ$, 得 $QP\neq PQPQ$, $a+b+c+\dfrac{c}{ab}=0$ 和 $a+b+d+\dfrac{d}{ab}=0$. 分别在 (4.2.28) 的右端乘以 P 和 Q 可得到

$$\left(2e+b+c+d-\frac{cd}{b}\right)(PQP-PQPQ)=0,$$

$$\left(2f+a+c+d-\frac{cd}{a}\right)(QPQ-PQPQ)=0.$$

因此有

$$2e+b+c+d-\frac{cd}{b}=0 \quad 且 \quad QPQ=PQPQ,$$

$$2f+a+c+d-\frac{cd}{a}=0 \quad 且 \quad PQP=PQPQ,$$

$$2e+b+c+d-\frac{cd}{b}=0 \quad 且 \quad 2f+a+c+d-\frac{cd}{a}=0.$$

根据$2e+b+c+d-\dfrac{cd}{b}=0$, $2f+a+c+d-\dfrac{cd}{a}=0$ 和 $\theta=0$ 得到 $g=-(a+b)$, 由 (1) 的假设知, 我们有 $(c_{13})\sim(c_{18})$.

注记 4.2.2 显然, 文献 [6, 定理 (a) 和 (b)] 是定理 4.2.1的特殊情况.

例 4.2.3 记 P, Q 分别为

$$P = \begin{pmatrix} 0.1321 & 0.8459 & 0.2893 & -0.0597 \\ -0.2830 & 0.0802 & 0.0943 & 0.3066 \\ -0.3396 & 0.1462 & 1.1132 & 0.6179 \\ -0.6226 & 0.9764 & 0.2075 & 0.6745 \end{pmatrix}$$

和

$$Q = \begin{pmatrix} 0.5472 & 1.5283 & 0.1509 & -0.5094 \\ 0.0000 & 1.0000 & -0.0000 & 0 \\ 0.1132 & -0.3821 & 0.9623 & 0.1274 \\ -0.4528 & 1.5283 & 0.1509 & 0.4906 \end{pmatrix},$$

有

$$P_d = \begin{pmatrix} 0.2830 & 0.0031 & 0.2390 & -0.2233 \\ -0.2830 & 0.0802 & 0.0943 & 0.3066 \\ 0.8491 & 0.0094 & 0.7170 & -0.6698 \\ -0.8491 & 0.2406 & 0.2830 & 0.9198 \end{pmatrix},$$

$$P^{\pi} = \begin{pmatrix} 0.9057 & -0.0566 & -0.3019 & 0.0189 \\ 0.2830 & 0.9198 & -0.0943 & -0.3066 \\ -0.2830 & -0.1698 & 0.0943 & 0.0566 \\ 0.8491 & -0.2406 & -0.2830 & 0.0802 \end{pmatrix},$$

$$Q_d = \begin{pmatrix} 0.5472 & 1.5283 & 0.1509 & -0.5094 \\ 0.0000 & 1.0000 & -0.0000 & 0 \\ 0.1132 & -0.3821 & 0.9623 & 0.1274 \\ -0.4528 & 1.5283 & 0.1509 & 0.4906 \end{pmatrix},$$

$$Q^{\pi} = \begin{pmatrix} 0.4528 & -1.5283 & -0.1509 & 0.5094 \\ 0 & 0 & 0 & 0 \\ -0.1132 & 0.3821 & 0.0377 & -0.1274 \\ 0.4528 & -1.5283 & -0.1509 & 0.5094 \end{pmatrix},$$

$\mathrm{Ind}(QP^{\pi}) = 1$, $\mathrm{Ind}(P) = 2$, $\mathrm{Ind}[(P-I)PP_d] = 2$ 以及 $\mathrm{Ind}[(P-Q)P^{\pi}] = 1$. 则

$$(P-Q)_d = \begin{pmatrix} -0.2264 & -0.7358 & 0.0755 & 0.2453 \\ -0.2830 & -0.9198 & 0.0943 & 0.3066 \\ 0.1132 & 0.3679 & -0.0377 & -0.1226 \\ -0.1698 & -0.5519 & 0.0566 & 0.1840 \end{pmatrix}.$$

现在我们将给出在条件 $(PQ)^2=0$ 或 $(QP)^2=0$ 下群对合的所有可能情况.

定理 4.2.4 设 $P,Q\in\mathbb{C}^{n\times n}$ 是两个非零幂等矩阵, 令 A 是 P,Q 的线性组合, 且形式为

$$A=aP+bQ+cPQ+dQP+ePQP+fQPQ+gPQPQ,$$

其中 $a,b,c,d,e,f,g\in\mathbb{C}$ 且 $a\neq 0,b\neq 0$. 设

$$PQPQ\neq 0,\quad QPQP=0, \tag{4.2.33}$$

则矩阵 A 群对合时必须有下面几种情况之一出现:

(d_1) $a=b=\pm 1, c=d=\mp 1, e=f=\pm 1, g=\mp 1$;

(d_2) $a=\pm 1$, $b=\mp 1$, $2e+c+d\pm cd=\pm 1$, $2f+c+d\mp cd=\mp 1$.

证明 由定理 2.7.15 得

$$\begin{aligned}0=&A-A_g\\=&\left(a-\frac{1}{a}\right)P+\left(b-\frac{1}{b}\right)Q+\left(c+\frac{1}{a}+\frac{1}{b}+\frac{c}{ab}\right)PQ+\left(d+\frac{1}{a}+\frac{1}{b}+\frac{d}{ab}\right)QP\\&+\left(e-\frac{2}{a}-\frac{1}{b}-\frac{c+d}{ab}-\frac{cd-be}{a^2b}\right)PQP\\&+\left(f-\frac{1}{a}-\frac{2}{b}-\frac{c+d}{ab}-\frac{cd-af}{ab^2}\right)QPQ\\&+\left(g+\frac{2}{a}+\frac{2}{b}+\frac{2c+d+g}{ab}+\frac{cd-be-ce}{a^2b}+\frac{cd-af-cf}{ab^2}+\frac{c^2d}{a^2b^2}\right)(PQ)^2.\end{aligned} \tag{4.2.34}$$

由于 $PQPQ\neq 0$, 分别在 (4.2.34) 的左端和右端用 $PQPQ$ 乘可得到

$$\left(a-\frac{1}{a}\right)PQPQ=0,\quad \left(b-\frac{1}{b}\right)PQPQ=0, \tag{4.2.35}$$

因此 $a=a^{-1}$, $b=b^{-1}$. 与 (4.2.34) 比较, 我们给出

$$\begin{aligned}0=&\left(c+\frac{1}{a}+\frac{1}{b}+\frac{c}{ab}\right)PQ+\left(d+\frac{1}{a}+\frac{1}{b}+\frac{d}{ab}\right)QP\\&+\left(e-\frac{2}{a}-\frac{1}{b}-\frac{c+d}{ab}-\frac{cd-be}{a^2b}\right)PQP\\&+\left(f-\frac{1}{a}-\frac{2}{b}-\frac{c+d}{ab}-\frac{cd-af}{ab^2}\right)QPQ\\&+\left(g+\frac{2}{a}+\frac{2}{b}+\frac{2c+d+g}{ab}+\frac{cd-be-ce}{a^2b}+\frac{cd-af-cf}{ab^2}+\frac{c^2d}{a^2b^2}\right)PQPQ.\end{aligned} \tag{4.2.36}$$

在 (4.2.36) 的左端用 PQP 乘得到

$$\left(c+\frac{1}{a}+\frac{1}{b}+\frac{c}{ab}\right)PQPQ=0,$$

即

$$c+\frac{1}{a}+\frac{1}{b}+\frac{c}{ab}=0. \tag{4.2.37}$$

故 (4.2.36) 变为

$$\begin{aligned}0=&\left(d+\frac{1}{a}+\frac{1}{b}+\frac{d}{ab}\right)QP+\left(e-\frac{2}{a}-\frac{1}{b}-\frac{c+d}{ab}-\frac{cd-be}{a^2b}\right)PQP\\&+\left(f-\frac{1}{a}-\frac{2}{b}-\frac{c+d}{ab}-\frac{cd-af}{ab^2}\right)QPQ\\&+\left(g+\frac{2}{a}+\frac{2}{b}+\frac{2c+d+g}{ab}+\frac{cd-be-ce}{a^2b}+\frac{cd-af-cf}{ab^2}+\frac{c^2d}{a^2b^2}\right)PQPQ.\end{aligned} \tag{4.2.38}$$

分别在 (4.2.38) 的左端乘以 PQ, 右端乘以 P 得到

$$\left(d+\frac{1}{a}+\frac{1}{b}+\frac{d}{ab}\right)PQPQ=0.$$

因此

$$d+\frac{1}{a}+\frac{1}{b}+\frac{d}{ab}=0. \tag{4.2.39}$$

类似地, 得到

$$\begin{aligned}0&=e-\frac{2}{a}-\frac{1}{b}-\frac{c+d}{ab}-\frac{cd-be}{a^2b},\\0&=f-\frac{1}{a}-\frac{2}{b}-\frac{c+d}{ab}-\frac{cd-af}{ab^2},\\0&=g+\frac{2}{a}+\frac{2}{b}+\frac{2c+d+g}{ab}+\frac{cd-be-ce}{a^2b}+\frac{cd-af-cf}{ab^2}+\frac{c^2d}{a^2b^2}.\end{aligned} \tag{4.2.40}$$

利用 (4.2.37) 和 (4.2.39), 得

$$\frac{1}{b}+c+d+2e-\frac{cd}{b}=0, \tag{4.2.41}$$

$$\frac{1}{a}+c+d+2f-\frac{cd}{a}=0. \tag{4.2.42}$$

由 $a=a^{-1}$ 和 $b=b^{-1}$, 得 $a=\pm b$. 若 $a=-b$, 对于任意的 c, 有 (4.2.37) 成立, 对任意的 d, 有 (4.2.39) 成立, 并且对任意的 c,d,e,f 和 g 满足 (4.2.41), (4.2.42) 成立,

$$\begin{aligned}&g+\frac{2}{a}+\frac{2}{b}+\frac{2c+d+g}{ab}+\frac{cd-be-ce}{a^2b}+\frac{cd-af-cf}{ab^2}+\frac{c^2d}{a^2b^2}\\=&c^2d-2c-d-(e+f)+\frac{c}{a}(e-f)\\=&c^2d-2c-d+(c+d)+\frac{c}{a}(\frac{1}{a}-\frac{cd}{a})\ =\ 0.\end{aligned}$$

若 $a=b$, 那么有 (4.2.37) $\sim$ (4.2.42). 由 (4.2.40), 有 $c=d=-a$, $e=f=a$ 和 $g=-a$.

因此, 有 (d_1) 和 (d_2).

类似地, 我们给出下面的结果.

定理 4.2.5 设 $P,Q\in\mathbb{C}^{n\times n}$ 是两个非零幂等矩阵, 令 A 是 P,Q 的线性组合, 且形式为

$$A=aP+bQ+cPQ+dQP+ePQP+fQPQ+hQPQP,$$

其中 $a,b,c,d,e,f,h\in\mathbb{C}$ 且 $a\neq 0,b\neq 0$. 设

$$QPQP\neq 0,\quad PQPQ=0,\tag{4.2.43}$$

则矩阵 A 群对合时必须有下面几种情况之一出现:

(e_1) $a=b=\pm1,c=d=\mp1,e=f=\pm1,h=\mp1$;

(e_2) $a=\pm1$, $b=\mp1$, $2e+c+d\pm cd=\pm1$, $2f+c+d\mp cd=\mp1$.

4.3 Moore-Penrose Hermitian 矩阵的线性组合

记 $\mathbb{C}_n^{\mathrm{EP}}$ 和 $\mathbb{C}_n^{\mathrm{U}}$ 表示包含 EP 阵和单位阵的 $\mathbb{C}_{n,n}$ 的子集合, 也就是说, $\mathbb{C}_n^{\mathrm{EP}}=\{K\in\mathbb{C}_{n,n}:KK^\dagger=K^\dagger K\}$ 和 $\mathbb{C}_n^{\mathrm{U}}=\{U\in\mathbb{C}_{n,n}:U^*=U^{-1}\}$. 这记号 I 代表合适大小的单位阵.

定理 4.3.1 令 $K\in\mathbb{C}_{n,n}$ 是秩 r, 则 $K\in\mathbb{C}_n^{\mathrm{EP}}$ 当且仅当存在 $U\in\mathbb{C}_n^{\mathrm{U}}$, 非奇异矩阵 $K_1\in\mathbb{C}_{r,r}$, 使得 $K=U(K_1\oplus 0)U^*$.

给定 $A\in\mathbb{C}_n^{\mathrm{MPH}}\setminus\{0\}$ 和 $a\in\mathbb{C}\setminus\{0\}$, 则 $aA\in\mathbb{C}_n^{\mathrm{MPH}}$ 当且仅当 $a\in\{-1,1\}$. 在以下文中, 我们假定 $a,b\in\mathbb{C}$ 是非零的和 $A,B\in\mathbb{C}_n^{\mathrm{MPH}}$ 是线性无关矩阵.

引理 4.3.2 设 $A,B\in\mathbb{C}_{n,n}$ 是两个 EP 矩阵, $AB=BA$, 则存在 $U\in\mathbb{C}_n^{\mathrm{U}}$ 满足

$$A=U(A_1\oplus A_2\oplus 0\oplus 0)U^*,\quad B=U(B_1\oplus 0\oplus B_2\oplus 0)U^*,\tag{4.3.1}$$

其中 A_1, A_2, B_1, 和 B_2 是非奇异矩阵和 $A_1B_1=B_1A_1$.

定理 4.3.3　令 $A, B \in \mathbb{C}_n^{\mathrm{MPH}}$ 是线性无关的, $AB = BA$, $a, b \in \mathbb{C} \setminus \{0\}$, 则 $aA + bB$ 属于 $\mathbb{C}_n^{\mathrm{MPH}}$ 当且仅当下面任意一组条件都成立:

(i) $(a, b) \in \{(1, -1), (-1, 1)\}$ 和 $A^2B = AB^2$;

(ii) $(a, b) \in \{(1, -2), (-1, 2)\}$ 和 $AB = B^2$;

(iii) $(a, b) \in \{(2, -1), (-2, 1)\}$ 和 $AB = A^2$;

(iv) $(a, b) \in \{(1, 1), (-1, -1)\}$ 和 $A^2B = -AB^2$;

(v) $(a, b) \in \{(1, 2), (-1, -2)\}$ 和 $AB = -B^2$;

(vi) $(a, b) \in \{(2, 1), (-2, -1)\}$ 和 $AB = -A^2$;

(vii) $(a, b) \in \left\{\left(\frac{1}{2}, \frac{1}{2}\right), \left(\frac{1}{2}, -\frac{1}{2}\right), \left(-\frac{1}{2}, \frac{1}{2}\right), \left(-\frac{1}{2}, -\frac{1}{2}\right)\right\}$, $A^2 = B^2$, 是 AB 是共轭转置的.

引理 4.3.4 (CS 分解)　令 $P, Q \in \mathbb{C}_{n,n}$ 是两个正交投影, 则存在 $U \in \mathbb{C}_n^{\mathrm{U}}$ 使得

$$P = U\begin{pmatrix} I & & & & & \\ & 0 & & & & \\ & & I & & & \\ & & & I & & \\ & & & & 0 & \\ & & & & & 0 \end{pmatrix}U^*, \quad Q = U\begin{pmatrix} C^2 & CS & & & & \\ CS & S^2 & & & & \\ & & I & & & \\ & & & 0 & & \\ & & & & I & \\ & & & & & 0 \end{pmatrix}U^*,$$

其中 C, S 是正对角实矩阵满足 $C^2 + S^2 = I$.

定理 4.3.5　令 $A, B \in \mathbb{C}_n^{\mathrm{MPH}}$ 使得 $AB \neq BA$ 和 $A^2B^2 = B^2A^2$. 令 $a, b \in \mathbb{C} \setminus \{0\}$. 如果 $aA + bB \in \mathbb{C}_n^{\mathrm{MPH}}$, 则有

(i) $A^2 = B^2$,

(a) $a = b$ 和 $(1 - 3a^2)(A + B) = a^2(ABA + BAB)$;

(b) $a = -b$ 和 $(1 - 3a^2)(A - B) = a^2(BAB - ABA)$;

(c) $a \neq \pm b$, $ab(ABA + B) = (1 - a^2 - b^2)A$ 和 $ab(BAB + A) = (1 - a^2 - b^2)B$.

(ii) $A^2 \neq B^2$, $A^2B^2 = B^2$,

(a) $(a^2 + b^2 - 1)B^2A(I - B^2) + abB^2ABA(I - B^2) = 0$;

(b) $(a^2 + b^2 - 1)(I - B^2)AB^2 + ab(I - B^2)ABAB^2 = 0$;

(c) $(a^2 - 1)(I - B^2)A(I - B^2) + ab(I - B^2)ABA(I - B^2) = 0$.

(iii) $A^2 \neq B^2$, $A^2B^2 = A^2$,

(a) $(a^2 + b^2 - 1)A^2B(I - A^2) + abA^2BAB(I - A^2) = 0$;

(b) $(a^2 + b^2 - 1)(I - A^2)BA^2 + ab(I - A^2)BABA^2 = 0$;

(c) $(b^2 - 1)(I - A^2)B(I - A^2) + ab(I - A^2)BAB(I - A^2) = 0$.

(iv) $A^2 \neq B^2$, $A^2B^2 \neq A^2$, $A^2B^2 \neq B^2$,

(a) $(a^2+b^2-1)B^2A(I-B^2)+abB^2ABA(I-B^2)=0$;
(b) $(a^2+b^2-1)(I-B^2)AB^2+ab(I-B^2)ABAB^2=0$;
(c) $(a^2-1)(I-B^2)A(I-B^2)+ab(I-B^2)ABA(I-B^2)=0$;
(d) $(a^2+b^2-1)A^2B(I-A^2)+abA^2BAB(I-A^2)=0$;
(e) $(a^2+b^2-1)(I-A^2)BA^2+ab(I-A^2)BABA^2=0$;
(f) $(b^2-1)(I-A^2)B(I-A^2)+ab(I-A^2)BAB(I-A^2)=0$.

证明 设正交投影 $P=A^2, Q=B^2$. 由引理 4.3.4 和 $PQ=QP$, 则存在 $S\in\mathbb{C}_n^{\mathrm{U}}$ 使得

$$P=A^2=S\begin{pmatrix} I & 0 & 0 & 0\\ 0 & I & 0 & 0\\ 0 & 0 & 0 & 0\\ 0 & 0 & 0 & 0\end{pmatrix}S^*,\quad Q=B^2=S\begin{pmatrix} I & 0 & 0 & 0\\ 0 & 0 & 0 & 0\\ 0 & 0 & I & 0\\ 0 & 0 & 0 & 0\end{pmatrix}S^*. \tag{4.3.2}$$

于是

$$A=S\begin{pmatrix} A_{11} & A_{12} & A_{13} & A_{14}\\ A_{21} & A_{22} & A_{23} & A_{24}\\ A_{31} & A_{32} & A_{33} & A_{34}\\ A_{41} & A_{42} & A_{43} & A_{44}\end{pmatrix}S^*,\quad B=S\begin{pmatrix} B_{11} & B_{12} & B_{13} & B_{14}\\ B_{21} & B_{22} & B_{23} & B_{24}\\ B_{31} & B_{32} & B_{33} & B_{34}\\ B_{41} & B_{42} & B_{43} & B_{44}\end{pmatrix}S^*.$$

从 $A=AP$ 得到

$$\begin{pmatrix} A_{11} & A_{12} & A_{13} & A_{14}\\ A_{21} & A_{22} & A_{23} & A_{24}\\ A_{31} & A_{32} & A_{33} & A_{34}\\ A_{41} & A_{42} & A_{43} & A_{44}\end{pmatrix}=\begin{pmatrix} A_{11} & A_{12} & A_{13} & A_{14}\\ A_{21} & A_{22} & A_{23} & A_{24}\\ A_{31} & A_{32} & A_{33} & A_{34}\\ A_{41} & A_{42} & A_{43} & A_{44}\end{pmatrix}\begin{pmatrix} I & 0 & 0 & 0\\ 0 & I & 0 & 0\\ 0 & 0 & 0 & 0\\ 0 & 0 & 0 & 0\end{pmatrix}.$$

因此, 分块 $A_{13}, A_{23}, A_{33}, A_{43}, A_{14}, A_{24}, A_{34}, A_{44}$ 为零. 现在, 由等式 $A=PA$ 得到分块 $A_{31}, A_{32}, A_{41}, A_{42}$ 也为零. 因此

$$A=S\begin{pmatrix} A_{11} & A_{12} & 0 & 0\\ A_{21} & A_{22} & 0 & 0\\ 0 & 0 & 0 & 0\\ 0 & 0 & 0 & 0\end{pmatrix}S^*. \tag{4.3.3}$$

同理, 有

$$B=S\begin{pmatrix} B_{11} & 0 & B_{13} & 0\\ 0 & 0 & 0 & 0\\ B_{31} & 0 & B_{33} & 0\\ 0 & 0 & 0 & 0\end{pmatrix}S^*. \tag{4.3.4}$$

由 $aA+bB\in\mathbb{C}_n^{\mathrm{MPH}}$ 得到 $(aA+bB)^3=aA+bB$, 于是

$$(a^3-a)A+(b^3-b)B+a^2b(A^2B+ABA+BA^2)+ab^2(AB^2+BAB+B^2A)=0. \quad (4.3.5)$$

由 (4.3.2) 和 (4.3.4) 得到

$$A^2B=S\begin{pmatrix} B_{11} & 0 & B_{13} & 0 \\ 0 & 0 & 0 & 0 \\ 0 & 0 & 0 & 0 \\ 0 & 0 & 0 & 0 \end{pmatrix}S^*,$$

$$ABA=S\begin{pmatrix} A_{11}B_{11}A_{11} & A_{11}B_{11}A_{12} & 0 & 0 \\ A_{21}B_{11}A_{11} & A_{21}B_{11}A_{12} & 0 & 0 \\ 0 & 0 & 0 & 0 \\ 0 & 0 & 0 & 0 \end{pmatrix}S^*,$$

$$BA^2=S\begin{pmatrix} B_{11} & 0 & 0 & 0 \\ 0 & 0 & 0 & 0 \\ B_{31} & 0 & 0 & 0 \\ 0 & 0 & 0 & 0 \end{pmatrix}S^*,$$

$$AB^2=S\begin{pmatrix} A_{11} & 0 & 0 & 0 \\ A_{21} & 0 & 0 & 0 \\ 0 & 0 & 0 & 0 \\ 0 & 0 & 0 & 0 \end{pmatrix}S^*,$$

$$BAB=S\begin{pmatrix} B_{11}A_{11}B_{11} & 0 & B_{11}A_{11}B_{13} & 0 \\ 0 & 0 & 0 & 0 \\ B_{31}A_{11}B_{11} & 0 & B_{31}A_{11}B_{33} & 0 \\ 0 & 0 & 0 & 0 \end{pmatrix}S^*,$$

$$B^2A=S\begin{pmatrix} A_{11} & A_{12} & 0 & 0 \\ 0 & 0 & 0 & 0 \\ 0 & 0 & 0 & 0 \\ 0 & 0 & 0 & 0 \end{pmatrix}S^*.$$

假定 $A^2B^2=0$. 左乘 A 和右乘 B 得到 $AB=0$. 由于 $B^2A^2=A^2B^2=0$ 和左乘以 B, 右乘以 A, 得到 $BA=0$. 因此, $AB=BA$, 与假设矛盾. 因此 $A^2B^2\neq 0$. 因此得到 (4.3.2) 的第一行.

接下来, 分 (4.3.2) 的第二行和第三行是否消失的情形来考虑.

假设在 (4.3.2) 中第二行和第三行是缺失的. 因此 $A^2 = B^2$. 在这种假设下, (4.3.5) 等价于

$$(a^3 + 2ab^2 - a)A + (b^3 + 2a^2b - b)B + a^2bABA + ab^2BAB = 0. \tag{4.3.6}$$

若 $a = b$, 则 $(3a^2 - 1)(A + B) + a^2(ABA + BAB) = 0$, 这是情况 (i) 之 (a). 若 $a = -b$, 则 $(3a^2 - 1)(A - B) - a^2(ABA - BAB) = 0$, 这是情况 (i) 之 (b). 假设 $a^2 \neq b^2$. 用 A 左乘 (4.3.6), 则有

$$(a^3 + 2ab^2 - a)B + (b^3 + 2a^2b - b)A + a^2bBAB + ab^2ABA = 0. \tag{4.3.7}$$

设 $\alpha = a^3 + 2ab^2 - a$ 和 $\beta = b^3 + 2a^2b - b$, 于是

$$\begin{pmatrix} \alpha & \beta \\ \beta & \alpha \end{pmatrix}\begin{pmatrix} A \\ B \end{pmatrix} + ab\begin{pmatrix} aI & bI \\ bI & aI \end{pmatrix}\begin{pmatrix} ABA \\ BAB \end{pmatrix} = \begin{pmatrix} 0 \\ 0 \end{pmatrix},$$

等价于

$$\begin{pmatrix} aI & -bI \\ -bI & aI \end{pmatrix}\begin{pmatrix} aI & bI \\ bI & aI \end{pmatrix} = (a^2 - b^2)\begin{pmatrix} I & 0 \\ 0 & I \end{pmatrix}.$$

因此

$$\begin{aligned} ab\begin{pmatrix} ABA \\ BAB \end{pmatrix} &= \frac{-1}{a^2 - b^2}\begin{pmatrix} aI & -bI \\ -bI & aI \end{pmatrix}\begin{pmatrix} \alpha A + \beta B \\ \alpha B + \beta A \end{pmatrix} \\ &= \frac{-1}{a^2 - b^2}\begin{pmatrix} (a\alpha - b\beta)A + (a\beta - b\alpha)B \\ (a\beta - b\alpha)A + (a\alpha - b\beta)B \end{pmatrix}. \end{aligned}$$

通过化简我们得到 $a\alpha - b\beta = (a^2 + b^2 - 1)(a^2 - b^2)$ 和 $a\beta - b\alpha = ab(a^2 - b^2)$. 因此, 得到情况 (i) 之 (c).

假设 (4.3.2) 第二行出现, 在 (4.3.2) 中第三行是消失的. 因此 $A^2 \neq B^2$ 和 $A^2B^2 = B^2$. 左乘右乘 B , 则

$$A^2B = B = BA^2. \tag{4.3.8}$$

通过考虑 (4.3.5) 的分块, 得到

$$(a^2 + b^2 - 1)A_{12} + abA_{11}B_{11}A_{12} = 0, \tag{4.3.9}$$

于是

$$B^2\left[(a^2 + b^2 - 1)A + abABA\right](A^2 - B^2) = 0, \tag{4.3.10}$$

则

$$(a^2+b^2-1)B^2A(I-B^2)+abB^2ABA(I-B^2)=0.$$

由 (4.3.5) 的分块 (2,1), 得到

$$(a^2+b^2-1)(I-B^2)AB^2+ab(I-B^2)ABAB^2=0.$$

考虑 (4.3.5) 的分块 (2,2) 得到 $(a^2-1)A_{22}+abA_{21}B_{11}A_{12}=0$, 它等价于

$$(a^2-1)(A^2-B^2)A(A^2-B^2)+ab(A^2-B^2)ABA(A^2-B^2)=0. \tag{4.3.11}$$

由 $A^3=A$, 则

$$(A^2-B^2)A(A^2-B^2)=(I-B^2)A(I-B^2)$$

和

$$(A^2-B^2)ABA(A^2-B^2)=(I-B^2)ABA(I-B^2).$$

因此

$$(a^2-1)(I-B^2)A(I-B^2)+ab(I-B^2)ABA(I-B^2)=0.$$

若 (4.3.2) 的第二行是消失的和在 (4.3.2) 的第三行是出现的, 推理和之前那段一样, 但是 A, B 互换角色和 a, b 得到 (iii).

设 (4.3.2) 的第二和第三行是出现的. 则 (4.3.9) 等价于

$$A^2B^2\left[(a^2+b^2-1)A+abABA\right]A^2(I-B^2)=0,$$

则 $(a^2+b^2-1)B^2A(I-B^2)+abB^2ABA(I-B^2)=0$. 类似地, 得到剩下的等式 (d).

证毕.

定理 4.3.6　设 $A,B\in\mathbb{C}_n^{\mathrm{MPH}}$, 有 $A^2B^2-B^2A^2$ 是非奇异的, $a,b\in\mathbb{C}\setminus\{0\}$. 则 $aA+bB\in\mathbb{C}_n^{\mathrm{MPH}}$ 当且仅当 $a^2,b^2\in\mathbb{R}$ 和

$$abBAB=(1-b^2)B,\quad abABA=(1-a^2)A,\quad aA^2B+bAB^2=0,\quad aBA^2+bB^2A=0. \tag{4.3.12}$$

证明　设正交投影算子 $P=A^2$ 和 $Q=B^2$. 现在, CS 分解将应用到 P 和 Q. 考虑到 $A^2B^2-B^2A^2$ 是非奇异的, 记

$$A^2=P=U\begin{pmatrix} I & 0\\ 0 & 0\end{pmatrix}U^*,\quad B^2=Q=U\begin{pmatrix} C^2 & CS\\ CS & S^2\end{pmatrix}U^*, \tag{4.3.13}$$

$$A=U\begin{pmatrix} A_1 & A_2\\ A_3 & A_4\end{pmatrix}U^*,\quad B=U\begin{pmatrix} B_1 & B_2\\ B_3 & B_4\end{pmatrix}U^*,$$

从 $A = AP$ 有

$$\begin{pmatrix} A_1 & A_2 \\ A_3 & A_4 \end{pmatrix} = \begin{pmatrix} A_1 & A_2 \\ A_3 & A_4 \end{pmatrix} \begin{pmatrix} I & 0 \\ 0 & 0 \end{pmatrix} = \begin{pmatrix} A_1 & 0 \\ A_3 & 0 \end{pmatrix}.$$

因此 $A_2 = 0$ 和 $A_4 = 0$. 等式 $A = PA$ 产生 $A_3 = 0$. 因此

$$A = U(A_1 \oplus 0)U^*. \tag{4.3.14}$$

因此 $A^2 = P$, 得到 $A_1^2 = I$. 从 $B = BQ$ 得到

$$\begin{pmatrix} B_1 & B_2 \\ B_3 & B_4 \end{pmatrix} = \begin{pmatrix} B_1 & B_2 \\ B_3 & B_4 \end{pmatrix} \begin{pmatrix} C^2 & CS \\ CS & S^2 \end{pmatrix}.$$

因此

$$\begin{aligned} B_1 &= B_1C^2 + B_2CS, \quad B_2 = B_1CS + B_2S^2, \\ B_3 &= B_3C^2 + B_4CS, \quad B_4 = B_3CS + B_4S^2. \end{aligned} \tag{4.3.15}$$

考虑到 $C^2 + S^2 = I$, $CS = SC$ 和 C, S 是非奇异的, 由 (4.3.15) , 有

$$B_2C = B_1S, \quad B_4C = B_3S. \tag{4.3.16}$$

类似地, 从 $B = QB$ 得到

$$CB_3 = SB_1, \quad CB_4 = SB_2. \tag{4.3.17}$$

设 $T = SC^{-1}$, 得到 (4.3.16) 和 (4.3.17) 等价于

$$B_2 = B_1T, \quad B_3 = TB_1, \quad B_4 = TB_1T.$$

因此

$$B = U \begin{pmatrix} B_1 & B_1T \\ TB_1 & TB_1T \end{pmatrix} U^*. \tag{4.3.18}$$

假定 $aA + bB \in \mathbb{C}_n^{\mathrm{MPH}}$. 若矩阵 $M \in \mathbb{C}_{n,n}$ 满足 $M \in \mathbb{C}_n^{\mathrm{MPH}}$ 当且仅当 $M = M^3$ 和 M^2 是 Hermitian. 考虑到 $A^3 = A$, $B^3 = B$ 和 $(aA + bB)^3 = aA + bB$, 得到

$$(a^3-a)A+a^2b(A^2B+ABA+BA^2)+ab^2(AB^2+BAB+B^2A)+(b^3-b)B = 0. \tag{4.3.19}$$

由 (4.3.13), (4.3.14) 和 (4.3.18) 得到

$$A^2B = U \begin{pmatrix} B_1 & B_1T \\ 0 & 0 \end{pmatrix} U^*, \tag{4.3.20}$$

$$ABA = U\begin{pmatrix} A_1B_1A_1 & 0 \\ 0 & 0 \end{pmatrix}U^*,$$

$$BA^2 = U\begin{pmatrix} B_1 & 0 \\ TB_1 & 0 \end{pmatrix}U^*, \tag{4.3.21}$$

$$AB^2 = U\begin{pmatrix} A_1C^2 & A_1CS \\ 0 & 0 \end{pmatrix}U^*, \tag{4.3.22}$$

$$BAB = U\begin{pmatrix} B_1A_1B_1 & B_1A_1B_1T \\ TB_1A_1B_1 & TB_1A_1B_1T \end{pmatrix}U^*, \tag{4.3.23}$$

$$B^2A = U\begin{pmatrix} C^2A_1 & 0 \\ CSA_1 & 0 \end{pmatrix}U^*. \tag{4.3.24}$$

由 (4.3.19) 的 $(2,2)$ 分块中得到 $ab^2TB_1A_1B_1T + (b^3 - b)TB_1T = 0$, 于是

$$abB_1A_1B_1 = (1 - b^2)B_1. \tag{4.3.25}$$

考虑到 (4.3.18) 和 (4.3.23), 以上等式 (4.3.25) 中隐含着

$$abBAB = (1 - b^2)B. \tag{4.3.26}$$

同理, 有

$$abABA = (1 - a^2)A. \tag{4.3.27}$$

代入 (4.3.27) 和 (4.3.19) ~(4.3.26) 得到

$$a(A^2B + BA^2) + b(AB^2 + B^2A) = 0. \tag{4.3.28}$$

由 (4.3.28) 的分块 (1,2) 和代表 (4.3.20)~(4.3.24) 得到

$$aB_1T + bA_1CS = 0, \tag{4.3.29}$$

即 $T = SC^{-1}$, $SC = CS$ 和 S 是非奇异的. 因此, (4.3.29) 可以被写成

$$aB_1 + bA_1C^2 = 0. \tag{4.3.30}$$

从 (4.3.20), (4.3.22) 代表和等式 (4.3.29), (4.3.30) 得到

$$aA^2B + bAB^2 = U\left[a\begin{pmatrix} B_1 & B_1T \\ 0 & 0 \end{pmatrix} + b\begin{pmatrix} A_1C^2 & A_1CS \\ 0 & 0 \end{pmatrix}\right]U^* = 0.$$

由 $aA^2B + bAB^2 = 0$ 和 (4.3.28) 得到 $aBA^2 + bB^2A = 0$.

由 A 左乘 $aA^2B + bAB^2 = 0$ 得到 $aAB + bA^2B^2 = 0$, 和用代表 (4.3.13), (4.3.14), 于是 $aA_1B_1 + bC^2 = 0$. 由 A 左乘 $aBA^2 + bB^2A = 0$ 和用代表 (4.3.13), (4.3.14) 和 (4.3.18) 得到 $aB_1A_1 + bC^2 = 0$. 因此

$$A_1B_1 = B_1A_1 = -\frac{b}{a}\,C^2. \tag{4.3.31}$$

现在, 用 $(aA + bB)^2$ 是 Hermitian. 则

$$\begin{aligned}AB + BA &= U\left[\begin{pmatrix} A_1 & 0 \\ 0 & 0 \end{pmatrix}\begin{pmatrix} B_1 & B_1T \\ TB_1 & TB_1T \end{pmatrix} + \begin{pmatrix} B_1 & B_1T \\ TB_1 & TB_1T \end{pmatrix}\begin{pmatrix} A_1 & 0 \\ 0 & 0 \end{pmatrix}\right]U^* \\ &= U\left[-\frac{b}{a}\begin{pmatrix} 2C^2 & CS \\ CS & 0 \end{pmatrix}\right]U^*,\end{aligned}$$

因此

$$\begin{aligned}(aA + bB)^2 &= a^2A^2 + b^2B^2 + ab(AB + BA) \\ &= U\left[a^2\begin{pmatrix} I & 0 \\ 0 & 0 \end{pmatrix} + b^2\begin{pmatrix} C^2 & CS \\ CS & S^2 \end{pmatrix} - b^2\begin{pmatrix} 2C^2 & CS \\ CS & 0 \end{pmatrix}\right]U^* \\ &= U\begin{pmatrix} a^2I - b^2C^2 & 0 \\ 0 & b^2S^2 \end{pmatrix}U^*.\end{aligned}$$

这个 (2,2) 分块 $(aA+bB)^2$ 继承了 Hermitancy 性质, 因此 b^2S^2 是 Hermitian, 由 S 是对角和实矩阵, 有 $b^2 \in \mathbb{R}$. 则 $a^2 \in \mathbb{R}$.

假定 $a^2, b^2 \in \mathbb{R}$ 和 (4.3.12) 是满足的. 证明 $(aA+bB)^3 = aA+bB$ 和 $(aA+bB)^2$ 是 Hermitian.

$$\begin{aligned}&(aA + bB)^3 - (aA + bB) \\ &= (a^3 - a)A + a^2b(A^2B + ABA + BA^2) + ab^2(AB^2 + BAB + B^2A) + (b^3 - b)B \\ &= a^2b(A^2B + BA^2) + ab^2(AB^2 + B^2A) \\ &= ab(aA^2B + bAB^2) + ab(aBA^2 + bB^2A) = 0.\end{aligned}$$

现在, 证明 $(aA + bB)^2$ 是 Hermitian. 因为 $a^2, b^2 \in \mathbb{R}$, 矩阵 A^2 和 B^2 是 Hermitian, 和 $(aA + bB)^2 = a^2A^2 + ab(AB + BA) + b^2B^2$, 则 $ab(AB + BA)$ 是共轭转置的. 由 A 左乘第三个关系 (4.3.12) 得到 $aAB + bA^2B^2 = 0$ 和由 A 右乘第四个关系得到 $aBA + bB^2A^2 = 0$. 因此

$$\begin{aligned}ab(AB + BA) &= ab\left(-\frac{b}{a}A^2B^2 - \frac{b}{a}B^2A^2\right) \\ &= -b^2(A^2B^2 + B^2A^2) = -b^2(PQ + QP).\end{aligned}$$

而 $b^2 \in \mathbb{R}$ 和 P, Q 都是 Hermitian, 因此, $-b^2(PQ+QP)$ 是 Hermitian. 证毕.

现在证明以下问题.

问题 4.3.7　令 $A, B \in \mathbb{C}_n^{\mathrm{MPH}}$ 是两个给定的不交换矩阵. 设 Π 是正交投影算子到 $A^2B^2 - B^2A^2$ 的零空间. 若 $\Pi A = A\Pi$ 和 $\Pi B = B\Pi$, 我们回答以下两个问题:

(i) 是否有 $a, b \in \mathbb{C} \setminus \{0\}$, 使得 $aA + bB \in \mathbb{C}_n^{\mathrm{MPH}}$?

(ii) 若回答问题 (i) 是肯定的, 找到系数 a 和 b.

让我们定义 $P = A^2$ 和 $Q = B^2$. 通过引理 4.3.4, 存在 $U \in \mathbb{C}_n^{\mathrm{U}}$ 使得

$$P = U\left(\begin{array}{cc|cccc} I & & & & & \\ & 0 & & & & \\ \hline & & I & & & \\ & & & I & & \\ & & & & 0 & \\ & & & & & 0 \end{array}\right)U^* = U(R_P \oplus T_P)U^*$$

和

$$Q = U\left(\begin{array}{cc|cccc} C^2 & CS & & & & \\ CS & S^2 & & & & \\ \hline & & I & & & \\ & & & 0 & & \\ & & & & I & \\ & & & & & 0 \end{array}\right)U^* = U(R_Q \oplus T_Q)U^*,$$

其中 R_P, R_Q, T_P 和 T_Q 是方阵和 R_P 的大小等价于 R_Q 的大小和它是 C 大小的两倍.

令 $\Pi = U(O \oplus I)U^*$, 其中最后一个单位矩阵的大小是 T_P (和 T_Q). 在文献 [24] 证明 Π 是正交投影算子到零空间 $PQ - QP$. 因为 $A\Pi = \Pi A$, 记 $A = U(A_1 \oplus A_2)U^*$ 对于一些方阵 A_1, A_2, A_1 的大小等价于 R_P 的大小. 以类似的方式, 表达 B 为 $B = U(B_1 \oplus B_2)U^*$, 其中 B_1 和 R_Q 有相同大小.

很容易证明以下事实:

(i) A_1, A_2, B_1, B_2 是 Moore-Penrose Hermitian;

(ii) $aA + bB \in \mathbb{C}_n^{\mathrm{MPH}}$ 当且仅当 $aA_1 + bB_1, aA_2 + bB_2$ 是 Moore-Penrose Hermitian;

(iii) $A_1^2B_1^2 = B_1^2A_1^2$;

(iv) $A_2^2B_2^2 - B_2^2A_2^2$ 是非奇异的.

因此, 提到的问题可以通过同时研究关于线性组合 $aA_1 + bB_1, aA_2 + bB_2$ 问题来解决.

4.4 由 α, β 确定的二次矩阵与任何一个矩阵线性组合的对合性

设 A_1 是 $\{\alpha,\beta\}$-二次矩阵或者立方幂等矩阵, A_2 是同阶的任意矩阵, 分别在 $A_1A_2A_1 = A_2A_1$, $A_1 \overset{\#}{\leqslant} A_2$, $A_2A_1^{\#}A_1 = A_1$ 和 $A_1A_2A_1 = A_2A_1A_2 = A_1A_2$ 的条件下研究线性组合 $A = a_1A_1 + a_2A_2$ 的对合性.

定理 4.4.1 设 A_1, A_2 是 $\mathbb{C}$ 上 n 阶非零的矩阵, $\alpha, \beta \in \mathbb{C}$ 且 $0 \neq \alpha \neq \beta$. 令 A 有形如 $A = a_1A_1 + a_2A_2$ 的线性组合, 其中 $a_1, a_2 \in \mathbb{C}^*$. 如果 A_1 是一个 $\{\alpha,\beta\}$- 二次矩阵且 A_1, A_2 满足等式 $A_1A_2A_1 = A_2A_1$, 则 A 是对合矩阵的等价条件是存在非奇异矩阵 $V \in \mathbb{C}^{n\times n}$ 使得

$$A_1 = V\begin{pmatrix} \alpha I_p & 0 \\ 0 & \beta I_{n-p} \end{pmatrix}V^{-1}, \tag{4.4.1}$$

A_2 满足下列情形之一:

(i) $\beta \neq 1$, 有

$$A_2 = V\begin{pmatrix} \dfrac{1-a_1\alpha}{a_2}I_q & 0 & 0 & Y_2 \\ 0 & \dfrac{-1-a_1\alpha}{a_2}I_{p-q} & Y_3 & 0 \\ 0 & 0 & \dfrac{1-a_1\beta}{a_2}I_r & 0 \\ 0 & 0 & 0 & \dfrac{-1-a_1\beta}{a_2}I_{n-p-r} \end{pmatrix}V^{-1}, \tag{4.4.2}$$

其中 $Y_2 \in \mathbb{C}^{q\times(n-p-r)}$ 和 $Y_3 \in \mathbb{C}^{(p-q)\times r}$ 是任意的矩阵;

(ii) $\beta = 1$, $\alpha a_1 = 1$, 有

$$A_2 = V\begin{pmatrix} 0 & 0 & 0 \\ 0 & \dfrac{\alpha-1}{\alpha a_2}I_r & 0 \\ Y_2 & 0 & -\dfrac{\alpha+1}{\alpha a_2}I_{n-r-p} \end{pmatrix}V^{-1}, \tag{4.4.3}$$

其中 $Y_2 \in \mathbb{C}^{(n-r-p)\times p}$ 是任意的矩阵;

(iii) $\beta = 1$, $\alpha a_1 = -1$, 有

$$A_2 = V\begin{pmatrix} 0 & 0 & 0 \\ Y_1 & \dfrac{\alpha+1}{\alpha a_2}I_r & 0 \\ 0 & 0 & \dfrac{1-\alpha}{\alpha a_2}I_{n-r-p} \end{pmatrix}V^{-1}, \tag{4.4.4}$$

其中 $Y_1 \in \mathbb{C}^{r\times p}$ 是任意的矩阵.

证明　(⇐)　若 $\beta \neq 1$, 根据 (4.4.1), (4.4.2) 中 A_1,A_2 的分块矩阵形式可计算出 $A^2=I_n$; 若 $\beta=1$, $\alpha a_1=1$, 利用 (4.4.1), (4.4.3) 中 A_1,A_2 的分块矩阵形式可得 $A^2=I_n$; 若 $\beta=1$, $\alpha a_1=-1$, 由 (4.4.1), (4.4.4) 中 A_1,A_2 的分块矩阵形式推出 $A^2=I_n$.

(⇒)　由于 $\alpha\neq\beta$, 假定 $\alpha\neq 0$. 因为 A_1 是一个 $\{\alpha,\beta\}$- 二次矩阵, 利用引理 1.2.1 可知, 存在 $p\in\{0,1,\cdots,n\}$ 和非奇异矩阵 $U\in\mathbb{C}^{n\times n}$, 使得

$$A_1=U(\alpha I_p\oplus\beta I_{n-p})U^{-1}.$$

接下来设

$$A_2=U\begin{pmatrix} X_1 & X_2\\ X_3 & X_4\end{pmatrix}U^{-1},\quad 其中\ X_1\in\mathbb{C}^{p\times p}.$$

因为 $A_1A_2A_1=A_2A_1$ 且 $\alpha\neq 0$, 通过计算得到

$$\alpha X_1=X_1,\quad \alpha\beta X_2=\beta X_2,\quad \beta X_3=X_3,\quad \beta^2X_4=\beta X_4. \tag{4.4.5}$$

情形 1　若 $\beta\neq 1$. 从 (4.4.5) 中的第三个关系式可得 $X_3=0$, 因此

$$A_2=U\begin{pmatrix} X_1 & X_2\\ 0 & X_4\end{pmatrix}U^{-1},$$

从而有

$$A=a_1A_1+a_2A_2=U\begin{pmatrix} a_1\alpha I_p+a_2X_1 & a_2X_2\\ 0 & a_1\beta I_{n-p}+a_2X_4\end{pmatrix}U^{-1},$$

故

$$A^2=U\begin{pmatrix} (a_1\alpha I_p+a_2X_1)^2 & a_1a_2(\alpha+\beta)X_2+a_2^2X_1X_2+a_2^2X_2X_4\\ 0 & (a_1\beta I_{n-p}+a_2X_4)^2\end{pmatrix}U^{-1}.$$

由已知条件 $A^2=I_n$ 可得

$$(a_1\alpha I_p+a_2X_1)^2=I_p, \tag{4.4.6}$$

$$(a_1\beta I_{n-p}+a_2X_4)^2=I_{n-p} \tag{4.4.7}$$

和

$$a_1a_2(\alpha+\beta)X_2+a_2^2X_1X_2+a_2^2X_2X_4=0. \tag{4.4.8}$$

于是从 (4.4.6) 和引理 1.3.6 可知, 存在 $q \in \{0, \cdots, p\}$ 和非奇异矩阵 $V_1 \in \mathbb{C}^{p\times p}$, 使得

$$a_1\alpha I_p + a_2 X_1 = V_1 \begin{pmatrix} I_q & 0 \\ 0 & -I_{p-q} \end{pmatrix} V_1^{-1},$$

上式蕴涵着

$$X_1 = V_1 \begin{pmatrix} \dfrac{1-a_1\alpha}{a_2} I_q & 0 \\ 0 & \dfrac{-1-a_1\alpha}{a_2} I_{p-q} \end{pmatrix} V_1^{-1}, \tag{4.4.9}$$

由引理 1.2.1可得, X_1 是一个 $\left\{\dfrac{1-a_1\alpha}{a_2}, \dfrac{-1-a_1\alpha}{a_2}\right\}$- 二次矩阵.

结合 (4.4.7) 及引理 1.3.6 可得, 存在 $r \in \{0, \cdots, n-p\}$ 和非奇异矩阵 $V_2 \in \mathbb{C}^{(n-p)\times(n-p)}$ 使得

$$a_1\beta I_{n-p} + a_2 X_4 = V_2 \begin{pmatrix} I_r & 0 \\ 0 & -I_{n-p-r} \end{pmatrix} V_2^{-1},$$

整理得

$$X_4 = V_2 \begin{pmatrix} \frac{1-a_1\beta}{a_2} I_r & 0 \\ 0 & \dfrac{-1-a_1\beta}{a_2} I_{n-p-r} \end{pmatrix} V_2^{-1}, \tag{4.4.10}$$

根据引理 1.3.6 可得, X_4 是一个 $\left\{\dfrac{1-a_1\beta}{a_2}, \dfrac{-1-a_1\beta}{a_2}\right\}$- 二次矩阵.

设 X_2 可表示为

$$X_2 = V_1 \begin{pmatrix} Y_1 & Y_2 \\ Y_3 & Y_4 \end{pmatrix} V_2^{-1}, \quad 其中 \quad Y_1 \in \mathbb{C}^{q\times r}.$$

结合 (4.4.8)~(4.4.10) 可以推出

$$a_1a_2(\alpha+\beta)X_2 + a_2^2(X_1X_2 + X_2X_4) = V_1 \begin{pmatrix} 2a_2Y_1 & 0 \\ 0 & -2a_2Y_4 \end{pmatrix} V_2^{-1} = 0,$$

因而 $Y_1 = 0$, $Y_4 = 0$, 则 X_2 可化简为

$$X_2 = V_1 \begin{pmatrix} 0 & Y_2 \\ Y_3 & 0 \end{pmatrix} V_2^{-1}. \tag{4.4.11}$$

令 $V=U(V_1\oplus V_2)$, 则有

$$\begin{aligned}A_1&=U\begin{pmatrix}\alpha I_p & 0\\ 0 & \beta I_r\end{pmatrix}U^{-1}\\&=U(V_1\oplus V_2)\begin{pmatrix}V_1^{-1} & 0\\ 0 & V_2^{-1}\end{pmatrix}\begin{pmatrix}\alpha I_p & 0\\ 0 & \beta I_{n-p}\end{pmatrix}\begin{pmatrix}V_1 & 0\\ 0 & V_2\end{pmatrix}(V_1^{-1}\oplus V_2^{-1})U^{-1}\\&=V\begin{pmatrix}\alpha I_p & 0\\ 0 & \beta I_{n-p}\end{pmatrix}V^{-1},\end{aligned}$$

综合 $X_3=0$, (4.4.9)~(4.4.11) 得到

$$\begin{aligned}A_2&=U\begin{pmatrix}X_1 & X_2\\ 0 & X_4\end{pmatrix}U^{-1}\\&=U\begin{pmatrix}V_1\begin{pmatrix}\dfrac{1-a_1\alpha}{a_2}I_q & 0\\ 0 & \dfrac{-1-a_1\alpha}{a_2}I_{p-q}\end{pmatrix}V_1^{-1} & V_1\begin{pmatrix}0 & Y_2\\ Y_3 & 0\end{pmatrix}V_2^{-1}\\ 0 & V_2\begin{pmatrix}\dfrac{1-a_1\beta}{a_2}I_r & 0\\ 0 & \dfrac{-1-a_1\beta}{a_2}I_{n-p-r}\end{pmatrix}V_2^{-1}\end{pmatrix}U^{-1}\\&=U(V_1\oplus V_2)\begin{pmatrix}\dfrac{1-a_1\alpha}{a_2}I_q & 0 & 0 & Y_2\\ 0 & \dfrac{-1-a_1\alpha}{a_2}I_{p-q} & Y_3 & 0\\ 0 & 0 & \dfrac{1-a_1\beta}{a_2}I_r & 0\\ 0 & 0 & 0 & \dfrac{-1-a_1\beta}{a_2}I_{n-p-r}\end{pmatrix}\\&\quad\times(V_1^{-1}\oplus V_2^{-1})U^{-1}\\&=V\begin{pmatrix}\dfrac{1-a_1\alpha}{a_2}I_q & 0 & 0 & Y_2\\ 0 & \dfrac{-1-a_1\alpha}{a_2}I_{p-q} & Y_3 & 0\\ 0 & 0 & \dfrac{1-a_1\beta}{a_2}I_r & 0\\ 0 & 0 & 0 & \dfrac{-1-a_1\beta}{a_2}I_{n-p-r}\end{pmatrix}V^{-1}.\end{aligned}$$

情形 2　若 $\beta=1$. 由已知条件 $\alpha\neq\beta$ 可得 $\alpha\neq 1$. 应用 (4.4.5) 中的第一个和

第二个等式可以计算出 $X_1=0, X_2=0$, 则

$$A=a_1A_1+a_2A_2=U\begin{pmatrix}\alpha a_1 I_p & 0\\ a_2X_3 & a_1I_{n-p}+a_2X_4\end{pmatrix}U^{-1}.$$

由 $A^2=I_n$ 可得下面三个等式

$$(\alpha a_1)^2=1,\quad (a_1I_{n-p}+a_2X_4)^2=I_{n-p},\quad (1+\alpha)a_1a_2X_3+a_2^2X_4X_3=0. \quad (4.4.12)$$

根据 (4.4.12) 中的第二个等式和引理 1.3.6 可知, 存在 $r\in\{0,\cdots,n-p\}$ 和非奇异矩阵 $V_1\in\mathbb{C}^{(n-p)\times(n-p)}$, 使得

$$a_1I_{n-p}+a_2X_4=V_1\begin{pmatrix}I_r & 0\\ 0 & -I_{n-p-r}\end{pmatrix}V_1^{-1}.$$

通过简单的计算表明

$$X_4=V_1\begin{pmatrix}\dfrac{1-a_1}{a_2}I_r & 0\\ 0 & \dfrac{-1-a_1}{a_2}I_{n-r-p}\end{pmatrix}V_1^{-1}. \quad (4.4.13)$$

由 (4.4.12) 中的第一个等式推得 $a_1=1/\alpha$ 或者 $a_1=-1/\alpha$. 设 X_3 有如下形式:

$$X_3=V_1\begin{pmatrix}Y_1\\ Y_2\end{pmatrix},\quad 其中\ Y_1\in\mathbb{C}^{r\times p},$$

则

$$(1+\alpha)a_1a_2X_3+a_2^2X_4X_3=V_1\begin{pmatrix}(\alpha a_1a_2+a_2)Y_1\\ (\alpha a_1a_2-a_2)Y_2\end{pmatrix},$$

从 (4.4.12) 中的最后一个等式得到

$$(\alpha a_1a_2+a_2)Y_1=0 \quad 和 \quad (\alpha a_1a_2-a_2)Y_2=0. \quad (4.4.14)$$

情形 2(1) 若 $\alpha a_1=1$. 结合等式 (4.4.13) 和 (4.4.14) 有

$$X_4=V_1\begin{pmatrix}\dfrac{\alpha-1}{\alpha a_2}I_r & 0\\ 0 & -\dfrac{\alpha+1}{\alpha a_2}I_{n-r-p}\end{pmatrix}V_1^{-1} \quad 和 \quad Y_1=0. \quad (4.4.15)$$

令 $V=U(I_p\oplus V_1)$, 于是有

$$\begin{aligned}A_1&=U(\alpha I_p\oplus I_{n-p})U^{-1}=U(I_p\oplus V_1)(\alpha I_p\oplus I_{n-p})(I_p\oplus V_1^{-1})U^{-1}\\ &=V(\alpha I_p\oplus I_{n-p})V^{-1},\end{aligned}$$

$$
\begin{aligned}
A_2 &= U\begin{pmatrix} 0 & 0 \\ X_3 & X_4 \end{pmatrix}U^{-1} \\
&= U\begin{pmatrix} 0 & 0 \\ V_1\begin{pmatrix} 0 \\ Y_2 \end{pmatrix} & V_1\begin{pmatrix} \dfrac{\alpha-1}{\alpha a_2}I_r & 0 \\ 0 & -\dfrac{\alpha+1}{\alpha a_2}I_{n-r-p} \end{pmatrix}V_1^{-1} \end{pmatrix}U^{-1} \\
&= U(I_p\oplus V_1)\begin{pmatrix} 0 & 0 & 0 \\ 0 & \dfrac{\alpha-1}{\alpha a_2}I_r & 0 \\ Y_2 & 0 & -\dfrac{\alpha+1}{\alpha a_2}I_{n-r-p} \end{pmatrix}(I_p\oplus V_1^{-1})U^{-1} \\
&= V\begin{pmatrix} 0 & 0 & 0 \\ 0 & \dfrac{\alpha-1}{\alpha a_2}I_r & 0 \\ Y_2 & 0 & -\dfrac{\alpha+1}{\alpha a_2}I_{n-r-p} \end{pmatrix}V^{-1}.
\end{aligned}
$$

情形 2(2)　若 $\alpha a_1=-1$. 这种情形用类似于情形 2(1) 中的方法来证明.

推论 4.4.2　设 A_1, A_2 是 $\mathbb{C}$ 上 n 阶非零的线性无关的矩阵且 A_1, A_2 满足 $A_1^2=A_1$, $A_2^2=A_2$ 和 $A_1A_2A_1=A_2A_1$. 令 A 有形如 $A=a_1A_1+a_2A_2$ 的线性组合, 其中 $a_1,a_2\in\mathbb{C}^*$. 那么 A 是对合矩阵的等价条件是下列情形之一成立:

(i) $(a_1,a_2)\in\{(-1,2),(1,-2)\}$, $A_1=I_n$;

(ii) $(a_1,a_2)\in\{(2,-1),(-2,1)\}$, $A_2=I_n$;

(iii) $(a_1,a_2)\in\{(1,1),(-1,-1)\}$, $A_1A_2=A_2A_1=0$, $A_1+A_2=I_n$;

(iv) $(a_1,a_2)\in\{(1,-1),(-1,1)\}$, $A_1+A_2=A_1A_2+I_n$, $A_2A_1=0$.

证明　($\Leftarrow$)　把 (i)~(iv) 当中的任何一个条件代入 $A=a_1A_1+a_2A_2$, 可推出 $A^2=I_n$.

($\Rightarrow$)　由已知条件 $A_1^2=A_1$ 可得, A_1 是一个 $\{1,0\}$-二次矩阵, 应用引理 1.2.1 及定理 4.4.1, 存在非奇异矩阵 $V\in\mathbb{C}^{n\times n}$, $p\in\{0,1,\cdots,n\}$, $q\in\{0,1,\cdots,p\}$ 和 $r\in\{0,1,\cdots,n-p\}$ 使得

$$A_1=V(I_p\oplus 0)V^{-1},$$

$$
A_2=V\begin{pmatrix} \dfrac{1-a_1}{a_2}I_q & 0 & 0 & Y_2 \\ 0 & -\dfrac{1+a_1}{a_2}I_{p-q} & Y_3 & 0 \\ 0 & 0 & \dfrac{1}{a_2}I_r & 0 \\ 0 & 0 & 0 & -\dfrac{1}{a_2}I_{n-r-p} \end{pmatrix}V^{-1}. \tag{4.4.16}
$$

为了便于证明, 下面令 $\lambda = \dfrac{1-a_1}{a_2}$, $\mu = -\dfrac{1+a_1}{a_2}$, $\rho = 1/a_2$ 和 $\sigma = -1/a_2$. 如果 $p=0$, 根据 A_1 的分块矩阵形式推出 $A_1 = 0$, 与已知条件 A_1 是非零矩阵矛盾, 因此, $p \neq 0$.

考虑已知 $A_2^2 = A_2$, 从而得到

$$\begin{pmatrix} \lambda I_q & 0 \\ 0 & \mu I_{p-q} \end{pmatrix}^2 = \begin{pmatrix} \lambda I_q & 0 \\ 0 & \mu I_{p-q} \end{pmatrix}.$$

根据 q 的取值可以分为下面三种情形:

(1) 若 $q=0$, 则 $a_1 = -1$ 或者 $a_1 + a_2 = -1$;

(2) 若 $q=p$, 则 $a_1 = 1$ 或者 $a_1 + a_2 = 1$;

(3) 若 $0<q<p$, 则 $(a_1, a_2) = (-1, 2)$ 或者 $(a_1, a_2) = (1, -2)$.

若 $p=n$, 则有 $A_1 = I_n$,

$$A_2 = V(\lambda I_q \oplus \mu I_{p-q})V^{-1}.$$

已知条件 A_1, A_2 是两个非零的线性无关的矩阵蕴涵着 $0<q<p$, 这意味着 $(a_1, a_2) = (-1, 2)$ 或者 $(a_1, a_2) = (1, -2)$. 综合上述讨论, 可推出情形 (i).

若 $p<n$, 根据 $A_2^2 = A_2$ 可得

$$\begin{pmatrix} \rho I_r & 0 \\ 0 & \sigma I_{n-r-p} \end{pmatrix}^2 = \begin{pmatrix} \rho I_r & 0 \\ 0 & \sigma I_{n-r-p} \end{pmatrix}.$$

根据 r 的取值可以分为以下三种情形:

(a) 若 $r=0$, 则 $a_2 = -1$;

(b) 若 $r=n-p$, 则 $a_2 = 1$;

(c) 若 $0<r<n-p$, 经过计算得 $a_2 = 1$ 和 $a_2 = -1$, 这样就产生矛盾, 因此这种情形不存在.

接下来讨论 (1), (2), (3) 与 (a), (b) 的组合情形.

(1-a) 合并后得到 $q=r=0$, $a_1 = a_2 = -1$, 利用 (4.4.16) 中 A_2 的分块矩阵形式可得

$$A_2 = V(0 \oplus I_{n-p})V^{-1},$$

因此可推出情形 (iii).

(2-a) 结合后得到 $q=p$, $r=0$, $(a_1, a_2) \in \{(1,-1), (2,-1)\}$. 应用 (4.4.16), A_2 改写为

$$A_2 = V\begin{pmatrix} \lambda I_p & Y_2 \\ 0 & \sigma I_{n-p} \end{pmatrix}V^{-1}.$$

很显然, 由 $A_2^2 = A_2$ 可知 $(\lambda + \sigma - 1)Y_2 = 0$. 如果 $(a_1, a_2) = (1, -1)$, 则

$$A_2 = V \begin{pmatrix} 0 & Y_2 \\ 0 & I_{n-p} \end{pmatrix} V^{-1},$$

经过计算可得情形 (iv). 如果 $(a_1, a_2) = (2, -1)$, 则 $(\lambda+\sigma-1)Y_2 = 0$, 从而有 $Y_2 = 0$, $A_2 = I_n$, 于是可得情形 (ii).

(3-a) 显然这样的结合是矛盾的.

(1-b) 联立后可知 $q = 0$, $r = n - p$, $(a_1, a_2) \in \{(-1, 1), (-2, 1)\}$. 根据 (4.4.16) 得到 A_2 的表达式, 即

$$A_2 = V \begin{pmatrix} \mu I_p & Y_3 \\ 0 & \rho I_{n-p} \end{pmatrix} V^{-1}.$$

已知条件 $A_2^2 = A_2$ 暗含着 $(\mu + \rho - 1)Y_3 = 0$. 如果 $(a_1, a_2) = (-1, 1)$, 则

$$A_2 = V \begin{pmatrix} 0 & Y_2 \\ 0 & I_{n-p} \end{pmatrix} V^{-1},$$

这样就能得到情形 (iv). 如果 $(a_1, a_2) = (-2, 1)$, 则 $(\mu + \rho - 1)Y_3 = 0$, 进一步得到 $Y_3 = 0$, $A_2 = I_n$, 从而推出情形 (ii).

(2-b) 综合后可得 $q = p$, $r = n - p$, $a_1 = a_2 = 1$. 根据 (4.4.16) 可推出

$$A_2 = V(0 \oplus I_{n-p})V^{-1},$$

于是得到情形 (iii).

(3-b) 很明显这样的结合是不可行的.

推论 4.4.3　设 A_1, A_2 是 $\mathbb{C}$ 上 n 阶非零的线性无关的矩阵, 且 A_1, A_2 满足 $A_1^2 = I_n$, $A_2^2 = A_2$, $A_1A_2A_1 = A_2A_1$. 令 A 有形如 $A = a_1A_1 + a_2A_2$ 的线性组合, 其中 $a_1, a_2 \in \mathbb{C}^*$. 则 A 是对合矩阵的等价条件是 $(a_1, a_2) \in \{(-1, 2), (1, -2)\}$, $A_1A_2 = A_2A_1 = A_2$.

证明　($\Leftarrow$) 把 $(a_1, a_2) \in \{(-1, 2), (1, -2)\}$, $A_1A_2 = A_2A_1 = A_2$ 代入 $A = a_1A_1 + a_2A_2$ 即得 $A^2 = I_n$.

($\Rightarrow$) 已知关系式 $A_1^2 = I_n$ 蕴涵着 A_1 是一个 $\{-1, 1\}$- 二次矩阵, 应用定理 2.1.1, 存在非奇异矩阵 $V \in \mathbb{C}^{n\times n}$, $p \in \{0, \cdots, n\}$ 和 $r \in \{0, \cdots, n-p\}$ 使得

$$A_1 = V(-I_p \oplus I_{n-p})V^{-1},$$

A_2 可以表示为 (4.4.3) 或者 (4.4.4). 若 $p = n$, 则有 $A_2 = 0$, 与已知条件 A_2 是非零矩阵产生矛盾, 因而 $p < n$.

若 $p=0$, 利用定理 4.4.1 得到 $A_1=I_n$,

$$A_2=V\left(\frac{2}{a_2}I_r\oplus 0\right)V^{-1} \quad \text{或者} \quad A_2=V\left(0\oplus -\frac{2}{a_2}I_{n-r}\right)V^{-1}.$$

由已知条件 $A_2^2=A_2$ 可知 $a_2=2$ 或者 $a_2=-2$, 从而有 $(a_1,a_2)\in\{(-1,2),(1,-2)\}$, $A_1A_2=A_2A_1=A_2$.

若 $0<p<n$, 根据 $A_2^2=A_2$ 及定理 4.4.1 中 A_2 的分块矩阵形式的情形 (ii) 可得 $a_2=2$, A_2 化简为

$$A_2=V(0\oplus I_r\oplus 0)V^{-1},$$

由 $A_2^2=A_2$ 及定理 2.1.1 中 A_2 的分块矩阵形式的情形 (iii) 可知 $a_2=-2$, A_2 变成

$$A_2=V(0\oplus 0\oplus I_{n-r-p})V^{-1}.$$

故得到 $(a_1,a_2)\in\{(-1,2),(1,-2)\}$, $A_1A_2=A_2A_1=A_2$.

定理 4.4.4 设 A_1,A_2 是 $\mathbb{C}$ 上 n 阶非零的线性无关的矩阵且 $\alpha\in\mathbb{C}^*$. 令 A 有形如 $A=a_1A_1+a_2A_2$ 的线性组合, 其中 $a_1,a_2\in\mathbb{C}^*$. 如果 A_1 是一个 $\{\alpha,0\}$- 二次矩阵并且 A_1,A_2 满足条件 $A_1\overset{\#}{\leqslant}A_2$, 则 A 是对合矩阵的等价条件是存在非奇异矩阵 $V\in\mathbb{C}^{n\times n}$, $p\in\{1,\cdots,n\}$ 和 $r\in\{0,\cdots,n-p\}$ 使得 $\alpha(a_1+a_2)\in\{-1,1\}$,

$$A_1=V(\alpha I_p\oplus 0)V^{-1},$$

$$A_2=V\begin{pmatrix}\alpha I_p & 0 & 0\\ 0 & \dfrac{1}{a_2}I_r & 0\\ 0 & 0 & -\dfrac{1}{a_2}I_{n-r-p}\end{pmatrix}V^{-1}.$$

证明 $(\Leftarrow)$ 为了证明 $A^2=I_n$, 把 $\alpha(a_1+a_2)\in\{-1,1\}$ 及 A_1,A_2 的分块矩阵形式代入 $A=a_1A_1+a_2A_2$, 从而得证.

$(\Rightarrow)$ 由于 A_1 是一个 $\{\alpha,0\}$- 二次矩阵, 所以存在非奇异矩阵 $U\in\mathbb{C}^{n\times n}$ 使得

$$A_1=U(\alpha I_p\oplus 0)U^{-1}, \quad \text{其中 } p\in\{0,\cdots,n\}.$$

若 $p=0$, 则有 $A_1=0$, 与已知条件不符合, 因而 $p\neq 0$. 记

$$A_2=U\begin{pmatrix}X & Y\\ Z & T\end{pmatrix}U^{-1}, \quad \text{其中 } X\in\mathbb{C}^{p\times p}.$$

已知等式 $A_1\overset{\#}{\leqslant}A_2$ 暗含着

$$A_1A_1^{\#}=A_2A_1^{\#}, \quad A_1^{\#}A_1=A_1^{\#}A_2.$$

根据上面的两个关系式可得

$$A_2 = U \begin{pmatrix} \alpha I_p & 0 \\ 0 & T \end{pmatrix} U^{-1}.$$

利用 $A^2 = I_n$ 可知 $1 = [\alpha(a_1+a_2)]^2$, $(a_2T)^2 = I_{n-p}$, 这意味着 T 是一个 $\{a_2^{-1}, -a_2^{-1}\}$-二次矩阵, 于是存在 $r \in \{0, \cdots, n-p\}$ 和非奇异矩阵 $U_1 \in \mathbb{C}^{(n-p)\times(n-p)}$ 使得

$$T = U_1(a_2^{-1}I_r \oplus -a_2^{-1}I_{n-r-p})U_1^{-1}.$$

综上所述, 得到定理中 A_1, A_2 的分块矩阵形式.

注记 4.4.5 定理 4.4.4 还有另外一种表述 (不用非奇异矩阵 $V \in \mathbb{C}^{n\times n}$).

定理 4.4.6 设 A_1, A_2 是 $\mathbb{C}$ 上 n 阶非零的线性无关的矩阵且 $\alpha \in \mathbb{C}^*$. 此外, 令 A 有形如 $A = a_1A_1 + a_2A_2$ 的线性组合, 其中 $a_1, a_2 \in \mathbb{C}^*$. 如果 A_1 是一个 $\{\alpha, 0\}$-二次矩阵并且 A_1, A_2 满足条件 $A_1 \overset{\#}{\leqslant} A_2$, 则 A 是对合矩阵的等价条件是 $A_1A_2 = A_2A_1 = \alpha A_1$, A_2 是非奇异矩阵且 $a_2(A_2 - A_1)$ 是立方幂等矩阵.

定理 4.4.7 设 A_1, A_2 是 $\mathbb{C}$ 上 n 阶非零的线性无关的矩阵, $A_1A_2 \neq A_2A_1$ 且 $\alpha \in \mathbb{C}^*$. 令 A 有形如 $A = a_1A_1 + a_2A_2$ 的线性组合, 其中 $a_1, a_2 \in \mathbb{C}^*$. 如果 A_1 是一个 $\{\alpha, 0\}$-二次矩阵且 A_1, A_2 满足关系式 $A_2A_1^{\#}A_1 = A_1$, 则 A 是对合矩阵的等价条件是存在非奇异矩阵 $V \in \mathbb{C}^{n\times n}$, $p \in \{1, \cdots, n-1\}$ 和 $q \in \{0, \cdots, n-p\}$ 使得

$$A_1 = V(\alpha I_p \oplus 0)V^{-1}.$$

A_2 满足下列情形之一:

(i) $\alpha(a_1 + a_2) = 1$,

(a) $A_2 = V \begin{pmatrix} \alpha I_p & Y \\ 0 & -\dfrac{1}{a_2}I_{n-p} \end{pmatrix} V^{-1}$, 其中$Y \in \mathbb{C}^{p\times(n-p)}$ 是任意的非零矩阵;

(b) $A_2 = V \begin{pmatrix} \alpha I_p & 0 & Y \\ 0 & \dfrac{1}{a_2}I_q & 0 \\ 0 & 0 & -\dfrac{1}{a_2}I_{n-p-q} \end{pmatrix} V^{-1}$, 其中 $Y \in \mathbb{C}^{p\times(n-p-q)}$ 是任意的非零矩阵;

(ii) $\alpha(a_1 + a_2) = -1$,

(a) $A_2 = V \begin{pmatrix} \alpha I_p & Y \\ 0 & \dfrac{1}{a_2}I_{n-p} \end{pmatrix} V^{-1}$, 其中 $Y \in \mathbb{C}^{p\times(n-p)}$ 是任意的非零矩阵;

(b) $A_2 = V \begin{pmatrix} \alpha I_p & Y & 0 \\ 0 & \dfrac{1}{a_2} I_q & 0 \\ 0 & 0 & -\dfrac{1}{a_2} I_{n-p-q} \end{pmatrix} V^{-1}$, 其中 $Y \in \mathbb{C}^{p\times q}$ 是任意的非零矩阵.

证明 ($\Leftarrow$) 把 (i)(ii) 中的任何一种情形代入 A^2 可得 $A^2 = I_n$.

($\Rightarrow$) 由 A_1 是一个 $\{\alpha, 0\}$-二次矩阵可知, 存在非奇异矩阵 $U \in \mathbb{C}^{n\times n}$ 和 $p \in \{1, \cdots, n-1\}$ 使得

$$A_1 = U(\alpha I_p \oplus 0)U^{-1}, \quad A_2 = U \begin{pmatrix} X & Y \\ Z & T \end{pmatrix} U^{-1}, \quad X \in \mathbb{C}^{p\times p}. \tag{4.4.17}$$

将 (4.4.17) 代入关系式 $A_2 A_1^{\#} A_1 = A_1$, 故有 $X = \alpha I_p$, $Z = 0$. 注意到 $0 \neq p \neq n$, 这表明 A_1 和 A_2 中所有分块都出现. 如果 $Y = 0$, 则 $A_1A_2 = A_2A_1$, 与已知产生矛盾, 于是 $Y \neq 0$. 利用 $A^2 = I_n$ 可推出

$$\alpha(a_1 + a_2) \in \{-1, 1\}, \quad \alpha(a_1 + a_2)Y + a_2 YT = 0, \quad a_2^2 T^2 = I_{n-p}. \tag{4.4.18}$$

(4.4.18) 的最后一个等式暗含着存在非奇异矩阵 $U_1 \in \mathbb{C}^{(n-p)\times(n-p)}$ 使得

$$a_2 T = U_1(I_q \oplus -I_{n-p-q})U_1^{-1},$$

其中 $q \in \{0, \cdots, n-p\}$. 令

$$Y = (Y_1 \quad Y_2)\, U_1^{-1}, \quad 其中\ Y_1 \in \mathbb{C}^{p\times q}.$$

从 (4.4.18) 的第二个等式可推出

$$[\alpha(a_1 + a_2) + 1]\, Y_1 = 0 \quad 和 \quad [\alpha(a_1 + a_2) - 1]\, Y_2 = 0. \tag{4.4.19}$$

我们有以下可能性:

(1) 若 $q = 0$, 考虑到 T 和 Y 的分块矩阵形式, 从而得到 $T = -\dfrac{1}{a_2} I_{n-p}$, $Y = Y_2 U^{-1}$. 由 $Y \neq 0$ 可得 $Y_2 \neq 0$, 故 (4.4.19) 推出 $\alpha(a_1 + a_2) = 1$.

(2) 若 $q = n - p$, 根据 T 和 Y 的分块矩阵形式可知 $T = \dfrac{1}{a_2} I_{n-p}$, $Y = Y_1 U^{-1}$. 从 $Y \neq 0$ 可知 $Y_1 \neq 0$, 结合 (4.4.19) 可得 $\alpha(a_1 + a_2) = -1$.

(3) 若 $0 \neq q \neq n - p$, 显然由 $Y \neq 0$ 可以看出 $Y_1 \neq 0$ 或者 $Y_2 \neq 0$. 若 $Y_1 \neq 0$, 则 (4.4.19) 暗含着 $\alpha(a_1 + a_2) = -1$, $Y_2 = 0$. 若 $Y_2 \neq 0$, 综合 (4.4.19) 可推出 $\alpha(a_1 + a_2) = 1$, $Y_1 = 0$.

综合上面的分析, 定理得证.

在条件 $A_1A_2A_1 = A_2A_1A_2 = A_1A_2$ 下, 我们又有如下结论.

定理 4.4.8　设 A_1, A_2 是 $\mathbb{C}$ 上 n 阶非零的线性无关的矩阵且 $\alpha \in \mathbb{C}^*$. 令 A 有形如 $A = a_1A_1 + a_2A_2$ 的线性组合, 其中 $a_1, a_2 \in \mathbb{C}^*$. 如果 A_1 是一个 $\{\alpha, 0\}$- 二次矩阵且 A_1, A_2 满足关系式 $A_1A_2A_1 = A_2A_1A_2 = A_1A_2$, 则 A 是对合矩阵的等价条件是存在非奇异矩阵 $V \in \mathbb{C}^{n\times n}$, $p \in \{1, \cdots, n-1\}$ 和 $q \in \{0, \cdots, n-p\}$ 使得

$$A_1 = V(\alpha I_p \oplus 0)V^{-1}.$$

A_2 满足下列情形之一:

(i) $A_2 = V\begin{pmatrix} 0 & 0 \\ Z & T \end{pmatrix}V^{-1}$, $a_1\alpha \in \{-1, 1\}$, a_2T 是对合的, $\alpha a_1 Z + a_2TZ = 0$, 其中 $T \in \mathbb{C}^{(n-p)\times(n-p)}$, $Z \in \mathbb{C}^{(n-p)\times p}$;

(ii) $A_2 = V\begin{pmatrix} I_p & 0 \\ 0 & T \end{pmatrix}V^{-1}$, $\alpha = 1$, $a_1 + a_2 \in \{-1, 1\}$ 且 a_2T 是对合的, 其中 $T \in \mathbb{C}^{(n-p)\times(n-p)}$;

(iii) $A_2 = V\begin{pmatrix} I_q & 0 & 0 \\ 0 & 0 & 0 \\ 0 & R & T \end{pmatrix}V^{-1}$, $\alpha = 1$, $(a_1, a_2) \in \{(1, -2), (-1, 2)\}$, a_2T 是对合的, $R = 2TR$, 其中 $T \in \mathbb{C}^{(n-p)\times(n-p)}$.

证明　($\Leftarrow$)　把 (i)~(iii) 任何一种情形代入 A^2 可得 $A^2 = I_n$.

($\Rightarrow$)　类似引理 2.1.3 的证明, 存在非奇异矩阵 $U \in \mathbb{C}^{n\times n}$ 和 $p \in \{1, \cdots, n-1\}$ 使得 (4.4.17) 成立. 经过计算可知关系式 $A_1A_2A_1 = A_2A_1A_2 = A_1A_2$ 等价于以下四个等式:

$$\alpha X = X, \quad X^2 = X, \quad ZX = 0, \quad Y = 0. \tag{4.4.20}$$

利用 $X \in \mathbb{C}^{p\times p}$ 的幂等性可推出存在 $q \in \{0, \cdots, p\}$ 和非奇异矩阵 $U_1 \in \mathbb{C}^{p\times p}$ 使得

$$X = U_1(I_q \oplus 0)U_1^{-1}.$$

若 $q = 0$, 则 $X = 0$. 又因为

$$A = a_1A_1 + a_2A_2 = U\begin{pmatrix} a_1\alpha I_p & 0 \\ a_2Z & a_2T \end{pmatrix}U^{-1}$$

是对合的, 于是 $a_1\alpha \in \{-1, 1\}$, $\alpha a_1 Z + a_2TZ = 0$ 且 a_2T 是对合的.

若 $q = p$, 则 $X = I_p$. 另外, (4.4.20) 蕴涵着 $\alpha = 1$, $Z = 0$. 根据

$$A = a_1A_1 + a_2A_2 = U\begin{pmatrix} (a_1 + a_2)I_p & 0 \\ 0 & a_2T \end{pmatrix}U^{-1}$$

的对合性可知 $a_1 + a_2 \in \{-1, 1\}$, a_2T 是对合的.

若 $0<q<p$, 由 (4.4.20) 中的第一个等式得 $\alpha=1$. 再利用

$$A=a_1A_1+a_2A_2=U\begin{pmatrix} a_1I_p+a_2X & 0\\ a_2Z & a_2T\end{pmatrix}U^{-1}$$

的对合性, 得到

$$a_1I_p+a_2X=U\begin{pmatrix}(a_1+a_2)I_q & 0\\ 0 & a_1I_{p-q}\end{pmatrix}U^{-1}$$

是对合的, 于是有 $(a_1,a_2)\in\{(1,-2),(-1,2)\}$. 记

$$Z=\begin{pmatrix} S & R\end{pmatrix}U_1^{-1},\quad \text{其中 } S\in\mathbb{C}^{(n-p)\times q},\ R\in\mathbb{C}^{(n-p)\times(p-q)}.$$

由 (4.4.20) 的第三个等式, 得 $S=0$, 因此 A_2 能够写成 (iii) 中的形式. 再由 $A^2=I_n$ 得 $(a_1,a_2)\in\{(1,-2),(-1,2)\}$, a_2T 是对合的且 $R=2TR$.

4.5 立方幂等矩阵与任何一个矩阵线性组合的对合性

应用引理 1.3.5 可知, 当 $s=0$ 时, A_1 是幂等矩阵. 因此当 A_1 是幂等矩阵时, 下述的定理 4.5.1 是定理 4.4.7 中当 A_1 是幂等矩阵且满足 $A_1A_2A_1=A_2A_1$ 时的情形, 因此, 只需要探讨 A_1 不是幂等矩阵, 即 $A_1^2\neq A_1$ 的情形.

定理 4.5.1 设 A_1,A_2 是 $\mathbb{C}$ 上 n 阶非零的矩阵. 令 A 有形如 $A=a_1A_1+a_2A_2$ 的线性组合, 其中 $a_1,a_2\in\mathbb{C}^*$. 如果 A_1, A_2 满足条件 $A_1^3=A_1$, $A_1^2\neq A_1$ 和 $A_1A_2A_1=A_2A_1$, 则 A 是对合矩阵的等价条件是存在非奇异矩阵 $V\in\mathbb{C}^{n\times n}$ 使得

$$A_1=V(I_k\oplus I_l\oplus -I_m\oplus -I_j\oplus 0\oplus 0)V^{-1}.$$

A_2 满足下列情形之一:

(i) $a_1=1$,

$$A_2=V\begin{pmatrix} 0 & 0 & Y_1 & Y_2 & \dfrac{-a_2}{2}(Y_1Z_1+Y_2Z_2) & W_2\\ 0 & -\dfrac{2}{a_2}I_l & 0 & 0 & W_3 & 0\\ 0 & 0 & 0 & 0 & Z_1 & 0\\ 0 & 0 & 0 & 0 & Z_2 & 0\\ 0 & 0 & 0 & 0 & \dfrac{1}{a_2}I_e & 0\\ 0 & 0 & 0 & 0 & 0 & -\dfrac{1}{a_2}I_f\end{pmatrix}V^{-1},$$

其中 $Y_1 \in \mathbb{C}^{k\times m}$, $Y_2 \in \mathbb{C}^{k\times j}$, $Z_1 \in \mathbb{C}^{m\times e}$, $Z_2 \in \mathbb{C}^{j\times e}$, $W_2 \in \mathbb{C}^{k\times f}$, $W_3 \in \mathbb{C}^{l\times e}$,$k$, l, m, j, e, f 是非负整数;

(ii) $a_1 = -1$,

$$A_2 = V\begin{pmatrix} \frac{2}{a_2}I_k & 0 & 0 & 0 & 0 & W_2 \\ 0 & 0 & Y_1 & Y_2 & W_3 & \frac{a_2}{2}(Y_1Z_1+Y_2Z_2) \\ 0 & 0 & 0 & 0 & 0 & Z_1 \\ 0 & 0 & 0 & 0 & 0 & Z_2 \\ 0 & 0 & 0 & 0 & \frac{1}{a_2}I_e & 0 \\ 0 & 0 & 0 & 0 & 0 & -\frac{1}{a_2}I_f \end{pmatrix}V^{-1},$$

其中 $Y_1 \in \mathbb{C}^{l\times m}$, $Y_2 \in \mathbb{C}^{l\times j}$, $Z_1 \in \mathbb{C}^{m\times f}$, $Z_2 \in \mathbb{C}^{j\times f}$, $W_2 \in \mathbb{C}^{k\times f}$, $W_3 \in \mathbb{C}^{l\times e}$, k, l, m, j, e, f 是非负整数.

证明 由于 $A_1^3 = A_1$, 结合引理 1.3.2 可知, 存在非奇异矩阵 $U \in \mathbb{C}^{n\times n}$ 和 $s, t \in \{0, 1, \cdots, n\}$ 使得

$$A_1 = U(I_s \oplus -I_t \oplus 0)U^{-1}.$$

设 A_2 可以表示为

$$A_2 = U\begin{pmatrix} X_{11} & X_{12} & X_{13} \\ X_{21} & X_{22} & X_{23} \\ X_{31} & X_{32} & X_{33} \end{pmatrix}U^{-1}, \quad 其中\ X_{11} \in \mathbb{C}^{s\times s},\ X_{22} \in \mathbb{C}^{t\times t}.$$

根据等式 $A_1A_2A_1 = A_2A_1$, 得到 $X_{21} = 0$, $X_{22} = 0$, $X_{31} = 0$, $X_{32} = 0$, 从而有

$$A_2 = U\begin{pmatrix} X_{11} & X_{12} & X_{13} \\ 0 & 0 & X_{23} \\ 0 & 0 & X_{33} \end{pmatrix}U^{-1}.$$

所以

$$A = a_1A_1 + a_2A_2 = U\begin{pmatrix} a_1I_s + a_2X_{11} & a_2X_{12} & a_2X_{13} \\ 0 & -a_1I_t & a_2X_{23} \\ 0 & 0 & a_2X_{33} \end{pmatrix}U^{-1}.$$

由 $A^2 = I_n$ 推出

$$(a_1I_s + a_2X_{11})^2 = I_s, \tag{4.5.1}$$

$$a_1^2I_t = I_t, \tag{4.5.2}$$

$$(a_2X_{33})^2 = I_{n-s-t}, \tag{4.5.3}$$

$$X_{11}X_{12} = 0, \tag{4.5.4}$$

$$-a_1X_{23} + a_2X_{23}X_{33} = 0, \tag{4.5.5}$$

$$a_1X_{13} + a_2X_{11}X_{13} + a_2X_{12}X_{23} + a_2X_{13}X_{33} = 0. \tag{4.5.6}$$

若 $t=0$, 则 A_1 是幂等的, 这和题设矛盾, 因此 $t>0$. 结合 (4.5.2) 可得 $a_1=1$ 或者 $a_1=-1$.

当 $a_1=1$ 时, 根据 (4.5.1), 存在非奇异矩阵 $V_1\in\mathbb{C}^{s\times s}$ 使得

$$I_s + a_2X_{11} = V_1(I_k \oplus -I_l)V_1^{-1},$$

整理得

$$X_{11} = V_1\begin{pmatrix} 0 & 0 \\ 0 & -\dfrac{2}{a_2}I_l \end{pmatrix}V_1^{-1}. \tag{4.5.7}$$

从 (4.5.3) 可知, 存在非奇异矩阵 $V_3\in\mathbb{C}^{(n-s-t)\times(n-s-t)}$ 使得

$$a_2X_{33} = V_3(I_e \oplus -I_f)V_3^{-1},$$

于是

$$X_{33} = V_3\begin{pmatrix} \dfrac{1}{a_2}I_e & 0 \\ 0 & -\dfrac{1}{a_2}I_f \end{pmatrix}V_3^{-1}. \tag{4.5.8}$$

记 X_{12} 和 X_{23} 为

$$X_{12} = V_1\begin{pmatrix} Y_1 \\ Y_2 \end{pmatrix}V_2^{-1} \quad 和 \quad X_{23} = V_2\begin{pmatrix} Z_1 & Z_2 \end{pmatrix}V_3^{-1},$$

其中 $V_2\in\mathbb{C}^{t\times t}$ 是非奇异矩阵, $Y_1\in\mathbb{C}^{k\times t}$, $Z_1\in\mathbb{C}^{t\times e}$. 结合 (4.5.4) 和 (4.5.7) 得 $Y_2=0$. 再利用 (4.5.5) 和 (4.5.8), 得 $Z_2=0$. 因此 X_{12} 和 X_{23} 的表达式是

$$X_{12} = V_1\begin{pmatrix} Y_1 & Y_2 \\ 0 & 0 \end{pmatrix}V_2^{-1} \quad 和 \quad X_{23} = V_2\begin{pmatrix} Z_1 & 0 \\ Z_2 & 0 \end{pmatrix}V_3^{-1}, \tag{4.5.9}$$

其中 $Y_1\in\mathbb{C}^{k\times m}$, $Y_2\in\mathbb{C}^{k\times j}$, $Z_1\in\mathbb{C}^{m\times e}$, $Z_2\in\mathbb{C}^{j\times e}$. 设

$$X_{13} = V_1\begin{pmatrix} W_1 & W_2 \\ W_3 & W_4 \end{pmatrix}V_3^{-1}.$$

从 (4.5.6) 中推得 $W_1 = \frac{-a_2}{2}(Y_1Z_1 + Y_2Z_2)$, $W_4 = 0$, 于是 X_{13} 有下面的形式:

$$X_{13} = V_1 \begin{pmatrix} \frac{-a_2}{2}(Y_1Z_1 + Y_2Z_2) & W_2 \\ W_3 & 0 \end{pmatrix} V_3^{-1}. \tag{4.5.10}$$

综合 (4.5.7)~(4.5.10) 得到

$$A_1 = V(I_k \oplus I_l \oplus -I_m \oplus -I_j \oplus 0 \oplus 0)V^{-1}, \tag{4.5.11}$$

$$A_2 = V \begin{pmatrix} 0 & 0 & Y_1 & Y_2 & \frac{-a_2}{2}(Y_1Z_1 + Y_2Z_2) & W_2 \\ 0 & -\frac{2}{a_2}I_l & 0 & 0 & W_3 & 0 \\ 0 & 0 & 0 & 0 & Z_1 & 0 \\ 0 & 0 & 0 & 0 & Z_2 & 0 \\ 0 & 0 & 0 & 0 & \frac{1}{a_2}I_e & 0 \\ 0 & 0 & 0 & 0 & 0 & -\frac{1}{a_2}I_f \end{pmatrix} V^{-1}, \tag{4.5.12}$$

其中 $V = U(V_1 \oplus V_2 \oplus V_3)$.

当 $a_1 = -1$ 时, 用同样的方法, 易证 A_1 能够用 (4.5.11) 来表示且

$$A_2 = V \begin{pmatrix} \frac{2}{a_2}I_k & 0 & 0 & 0 & 0 & W_2 \\ 0 & 0 & Y_1 & Y_2 & W_3 & \frac{a_2}{2}(Y_1Z_1 + Y_2Z_2) \\ 0 & 0 & 0 & 0 & 0 & Z_1 \\ 0 & 0 & 0 & 0 & 0 & Z_2 \\ 0 & 0 & 0 & 0 & \frac{1}{a_2}I_e & 0 \\ 0 & 0 & 0 & 0 & 0 & -\frac{1}{a_2}I_f \end{pmatrix} V^{-1}.$$

定理 4.5.2　设 A_1, A_2 是 $\mathbb{C}$ 上 n 阶非零的线性无关的矩阵. 令 A 有形如 $A = a_1A_1 + a_2A_2$ 的线性组合, 其中 $a_1, a_2 \in \mathbb{C}^*$. 如果 A_1, A_2 满足关系式 $A_1^3 = A_1$, $A_1 \overset{\#}{\leqslant} A_2$, 则 A 是对合矩阵的等价条件是存在非奇异矩阵 $V \in \mathbb{C}^{n\times n}$, $p, q \in \{1, \cdots, n\}$ 和 $r \in \{0, \cdots, n-p-q\}$ 使得 $a_1 + a_2 \in \{-1, 1\}$,

$$A_1 = V(I_p \oplus -I_q \oplus 0 \oplus 0)V^{-1},$$

$$A_2 = V\left(I_p \oplus -I_q \oplus \frac{1}{a_2}I_r \oplus -\frac{1}{a_2}I_{n-r-p-q}\right)V^{-1}.$$

证明 ($\Leftarrow$) 结论显然成立.

($\Rightarrow$) 由 $A_1 \overset{\#}{\leqslant} A_2$ 可得下面两个关系式, 即

$$A_1A_1^{\#} = A_2A_1^{\#}, \quad A_1^{\#}A_1 = A_1^{\#}A_2.$$

分别右乘和左乘 A_1^2 可得 $A_1A_2 = A_2A_1 = A_1^2$. 又 $A_1^3 = A_1$, 则存在酉矩阵 U 使得

$$A_1 = U(P \oplus 0)U^{-1}, \quad 其中\ P = I_p \oplus -I_q, \quad p, q \in \{0, \cdots, n\}.$$

假设 $p+q = 0$, 可推出 $A_1 = 0$, 与题设矛盾, 假设不成立, 因此 $p+q \neq 0$. 利用所得关系式 $A_1A_2 = A_2A_1 = A_1^2$ 推出, 存在 $T \in \mathbb{C}^{(n-p-q)\times(n-p-q)}$ 使得 $A_2 = U(P \oplus T)U^{-1}$. 又因为 $A^2 = I_n$, 于是得到 $1 = (a_1 + a_2)^2$, $(a_2T)^2 = I_{n-p-q}$. 根据定理 4.4.4 的方法, 结论得证.

定理 4.5.3 设 A_1, A_2 是 $\mathbb{C}$ 上 n 阶非零的线性无关的矩阵且 $A_1A_2 \neq A_2A_1$, $A_1^2 \notin \{A_1, -A_1\}$. 令 A 有形如 $A = a_1A_1 + a_2A_2$ 的线性组合, 其中 $a_1, a_2 \in \mathbb{C}^*$. 则关系式 $A_1^3 = A_1$, $A_2A_1^{\#}A_1 = A_1$, $A^2 = I_n$ 是矛盾的.

证明 由 $A_1^3 = A_1$ 可知, 存在非奇异矩阵 $U \in \mathbb{C}^{n\times n}$, $P \in \mathbb{C}^{p\times p}$ 和 $p \in \{1, \cdots, n\}$ 使得 $A_1 = U(P \oplus 0)U^{-1}$, $P^2 = I_p$. 因为 $A_2A_1^{\#}A_1 = A_1$, 所以 A_2 表示为

$$A_2 = U\begin{pmatrix} I_p & Y \\ 0 & T \end{pmatrix}U^{-1}.$$

注意到 $p \neq n$, $Y \neq 0$, 否则会有 $A_1A_2 = A_2A_1$. 从 $A^2 = I_n$ 易得 $(a_1P + a_2I_p)^2 = I_p$. 利用 $A_1^2 \notin \{A_1, -A_1\}$, 可推出存在非奇异矩阵 $U_1 \in \mathbb{C}^{p\times p}$ 使得

$$P = U_1(I_q \oplus -I_r)U_1^{-1}, \quad 其中\ q \neq 0 \neq r.$$

这样, $(a_1 + a_2)^2 = (a_1 - a_2)^2 = 1$, 产生矛盾.

定理 4.5.4 设 A_1, A_2 是 $\mathbb{C}$ 上 n 阶非零的线性无关的矩阵. 令 A 有形如 $A = a_1A_1 + a_2A_2$ 的线性组合, 其中 $a_1, a_2 \in \mathbb{C}^*$. 如果 A_1, A_2 满足条件 $A_1^3 = A_1$, $A_1A_2A_1 = A_2A_1A_2 = A_2A_1$, 则 A 是对合矩阵的等价条件是存在非奇异矩阵 $V \in \mathbb{C}^{n\times n}$ 使得

$$A_1 = V(I_k \oplus I_l \oplus -I_m \oplus -I_j \oplus 0 \oplus 0)V^{-1},$$

A_2 满足下列情形之一:

(i) $a_1=1$, $a_2=-2$,

$$A_2=V\begin{pmatrix}0&0&0&0&0&W_1\\0&I_l&0&0&W_2&0\\0&0&0&0&Z_1&0\\0&0&0&0&0&0\\0&0&0&0&-\frac{1}{2}I_e&0\\0&0&0&0&0&\frac{1}{2}I_f\end{pmatrix}V^{-1},$$

其中 $Z_1\in\mathbb{C}^{m\times e}$, $W_1\in\mathbb{C}^{k\times f}$, $W_2\in\mathbb{C}^{l\times e}$, k, l, m, j, e, f 是正整数;

(ii) $a_1=-1$, $a_2=2$,

$$A_2=V\begin{pmatrix}I_k&0&0&0&0&W_1\\0&0&0&0&W_2&0\\0&0&0&0&0&0\\0&0&0&0&0&Z_2\\0&0&0&0&\frac{1}{2}I_e&0\\0&0&0&0&0&-\frac{1}{2}I_f\end{pmatrix}V^{-1},$$

其中 $Z_2\in\mathbb{C}^{j\times f}$, $W_1\in\mathbb{C}^{k\times f}$, $W_2\in\mathbb{C}^{l\times e}$, k, l, m, j, e, f 是正整数.

证明　根据定理 4.5.1, 存在非奇异矩阵 $V\in\mathbb{C}^{n\times n}$ 使得 A_1 有形如定理中的表示. 现在我们来考虑定理 4.5.1 的两种情况.

(i) 当 $a_1=1$ 时, 有

$$A_2=V\begin{pmatrix}X_{11}&X_{12}&X_{13}\\0&0&X_{23}\\0&0&X_{33}\end{pmatrix}V^{-1},\tag{4.5.13}$$

其中

$$X_{11}=0\oplus-\frac{2}{a_2}I_l,\quad X_{33}=\frac{1}{a_2}(I_e\oplus-I_f),$$

$$X_{12}=\begin{pmatrix}Y_1&Y_2\\0&0\end{pmatrix},\quad X_{13}=\begin{pmatrix}-\frac{a_2}{2}(Y_1Z_1+Y_2Z_2)&W_1\\W_2&0\end{pmatrix},\quad X_{23}=\begin{pmatrix}Z_1&0\\Z_2&0\end{pmatrix}.$$

由 $A_2A_1A_2=A_2A_1$, 得

$$X_{11}^2=X_{11},\quad X_{11}X_{12}=-X_{12},\quad X_{11}X_{13}=X_{12}X_{23}.$$

很显然 (4.5.13) 中的 X_{11} 是必须存在的且 $X_{11}\neq 0$, 因此利用 $X_{11}^2=X_{11}$, $X_{11}=0\oplus -\dfrac{2}{a_2}I_l$, 我们容易推出 $a_2=-2$. 结合 $X_{11}X_{12}=-X_{12}$ 和 X_{11}, X_{12} 的表达式, 得 $X_{12}=0$. 等式 $X_{11}X_{13}=X_{12}X_{23}$ 蕴涵了 $Z_2=0$. 于是定理中的 (i) 得证.

(ii) 当 $a_1=-1$ 时, 证明方法同 (i).

4.6 广义投影矩阵线性组合的研究

设 A 是一个广义投影, 由引理1.3.4, 我们知道存在一个酉矩阵 $P_1\in\mathbb{C}^{n\times n}$, 使得

$$A=P_1\begin{pmatrix} E & 0\\ 0 & 0\end{pmatrix}P_1^*, \tag{4.6.1}$$

其中 $r=r(A), E\in\mathbb{C}^{r\times r}$ 是一个对角矩阵且对角元素 e_{ii} 属于 $\left\{1,-\dfrac{1}{2}-\dfrac{\sqrt{3}}{2}\mathrm{i},-\dfrac{1}{2}+\dfrac{\sqrt{3}}{2}\mathrm{i}\right\}$. 设

$$B=P_1\begin{pmatrix} B_1 & X\\ Y & B_2\end{pmatrix}P_1^{-1}, \tag{4.6.2}$$

其中 $B_1\in\mathbb{C}^{r\times r}, B_2\in\mathbb{C}^{(n-r)\times(n-r)}, X\in\mathbb{C}^{r\times(n-r)}, Y\in\mathbb{C}^{(n-r)\times r}$.

若 $AB=BA$, 有 $X=0, Y=0$, 则 $B=P_1\begin{pmatrix} B_1 & 0\\ 0 & B_2\end{pmatrix}P_1^{-1}$, 于是

$$P=c_1A+c_2B=P_1\begin{pmatrix} c_1E+c_2B_1 & 0\\ 0 & c_2B_2\end{pmatrix}P_1^* \tag{4.6.3}$$

定理 4.6.1 设 $A,B\in\mathbb{C}^{n\times n}$ 是两个非零矩阵且 $A\neq\pm B, A^2=A^*, AB=BA$, 令 $P=c_1A+c_2B$, 其中 $c_1,c_2\in C/\{0\}$, 则 $P^2=P$ 成立的充要条件是存在一个酉矩阵 $Q\in\mathbb{C}^{n\times n}$, 使得

$$B=Q\left[\left(\frac{1}{c_2}I_{r_1}-\frac{c_1}{c_2}E_{r_1}\right)\oplus\left(-\frac{c_1}{c_2}E_{r-r_1}\right)\oplus\frac{1}{c_2}I_{r_2}\oplus 0\right]Q^*, \tag{4.6.4}$$

其中 E_{r_1} 和 E_{r-r_1} 均为对角矩阵, 其对角元素属于 $\left\{1,-\dfrac{1}{2}-\dfrac{\sqrt{3}}{2}\mathrm{i},-\dfrac{1}{2}+\dfrac{\sqrt{3}}{2}\mathrm{i}\right\}$, 并且 $r=r(A), 0\leqslant r_1\leqslant r, 0\leqslant r_2\leqslant n-r$.

证明 充分性显然, 我们只需证明必要性.

设 A 是一个广义投影矩阵, 有 (4.6.3).

由 $P^2=P$, 于是

$$(c_1E+c_2B_1)^2=c_1A+c_2B_1,\quad (c_2B_2)^2=c_2B_2.$$

由引理 1.3.4 和引理 1.3.5, 存在一个酉矩阵 $Q_1\in\mathbb{C}^{r\times r},Q_2\in\mathbb{C}^{(n-r)\times(n-r)}$, 使得

$$c_1E+c_2B_1=Q_1(I_{r_1}\oplus 0)Q_1^*,$$

$$c_2B_2=Q_2(I_{r_2}\oplus 0)Q_2^*,$$

其中 $r_1=r(c_1E+c_2B_1),r_2=r(c_2B_2)$, 且 $0\leqslant r_1\leqslant r,0\leqslant r_2\leqslant n-r$, 则

$$B=P_1\left[Q_1\left(\left(\frac{1}{c_2}I_{r_1}-\frac{c_1}{c_2}E_{r_1}\right)\oplus\left(-\frac{c_1}{c_2}E_{r-r_1}\right)\right)Q_1^*\oplus Q_2\left(\frac{1}{c_2}I_{r_2}\oplus 0\right)Q_2^*\right]P_1^*.$$

设 $Q=P_1(Q_1\oplus Q_2)$, 于是

$$B=Q\left[\left(\frac{1}{c_2}I_{r_1}-\frac{c_1}{c_2}E_{r_1}\right)\oplus\left(-\frac{c_1}{c_2}E_{r-r_1}\right)\oplus\frac{1}{c_2}I_{r_2}\oplus 0\right]Q^*.$$

在定理 4.6.1 中, 我们给出了当 A 为广义投影, B 为与 A 可交换的矩阵, 其线性组合 $P=c_1A+c_2B$ 为幂等矩阵的充要条件.

定理 4.6.2 设 $A,B\in\mathbb{C}^{n\times n}$ 是两个非零矩阵且 $A\neq\pm B,A^2=A^*,AB=BA$, 令 $P=c_1A+c_2B$, 其中 $c_1,c_2\in C/\{0\}$, 则 $P^3=P$ 成立的充分必要条件是存在一个酉矩阵 $Q\in\mathbb{C}^{n\times n}$, 使得

$$\begin{aligned}B=Q\Bigg[&\left(\frac{1}{c_2}I_{p_1}-\frac{c_1}{c_2}E_{p_1}\right)\oplus\left(-\frac{1}{c_2}I_{q_1}-\frac{c_1}{c_2}E_{q_1}\right)\oplus\\&-\frac{c_1}{c_2}E_{r-p_1-p_2}\oplus\frac{1}{c_2}I_{p_2}\oplus-\frac{1}{c_2}I_{q_2}\oplus 0\Bigg]Q^*,\end{aligned}\tag{4.6.5}$$

其中 E_{p_1},E_{q_1} 和 $E_{r-p_1-q_1}$ 均为对角矩阵, 其对角元素属于 $\left\{1,-\frac{1}{2}-\frac{\sqrt{3}}{2}\mathrm{i},-\frac{1}{2}+\frac{\sqrt{3}}{2}\mathrm{i}\right\}$, 且 $r=r(A),0\leqslant p_1+q_1\leqslant r,0\leqslant p_2+q_2\leqslant n-r$.

证明 充分性显然, 我们只需证明必要性.

由题设, 我们有 (4.6.3).

由 $P^3=P$, 有

$$(c_1E+c_2B_1)^2=c_1A+c_2B_1,\quad (c_2B_2)^2=c_2B_2.$$

由引理 1.3.5 和引理 1.3.7, 存在一个酉矩阵 $Q_1 \in \mathbb{C}^{r\times r}, Q_2 \in \mathbb{C}^{(n-r)\times(n-r)}$, 使得

$$c_1E + c_2B_1 = Q_1(I_{p_1} \oplus -I_{q_1} \oplus 0)Q_1^*,$$

$$c_2B_2 = Q_2(I_{p_2} \oplus -I_{q_2} \oplus 0)Q_2^*,$$

其中 $p_1+q_1 = r(c_1E+c_2B_1), p_2+q_2 = r(c_2B_2)$, 且 $0 \leqslant p_1+q_1 \leqslant r, 0 \leqslant p_2+q_2 \leqslant n-r$, 所以

$$\begin{aligned} B =& P_1\left[Q_1\left(\left(\frac{1}{c_2}I_{p_1} - \frac{c_1}{c_2}E_{p_1}\right) \oplus \left(-\frac{1}{c_2}I_{q_1} - \frac{c_1}{c_2}E_{q_1}\right) \oplus\right.\right. \\ & \left.\left. -\frac{c_1}{c_2}E_{r-p_1-p_2}\right)Q_1^* \oplus Q_2\left(\frac{1}{c_2}I_{p_2} \oplus -\frac{1}{c_2}I_{q_2} \oplus 0\right)Q_2^*\right]P_1^*. \end{aligned}$$

设 $Q = P_1(Q_1 \oplus Q_2)$, 故

$$\begin{aligned} B =& Q\left[\left(\frac{1}{c_2}I_{p_1} - \frac{c_1}{c_2}E_{p_1}\right) \oplus \left(-\frac{1}{c_2}I_{q_1} - \frac{c_1}{c_2}E_{q_1}\right) \oplus\right. \\ & \left. -\frac{c_1}{c_2}E_{r-p_1-p_2} \oplus \frac{1}{c_2}I_{p_2} \oplus -\frac{1}{c_2}I_{q_2} \oplus 0\right]Q^*. \end{aligned}$$

在定理 4.6.2 中, 我们给出了当 A 为广义投影, B 为一与 A 可交换的矩阵, 其线性组合 $P = c_1A + c_2B$ 为三次幂等矩阵的充要条件.

定理 4.6.3 设 $A, B \in \mathbb{C}^{n\times n}$ 是两个非零矩阵且 $A \neq \pm B, A^2 = A^*, AB = BA$, 设 $P = c_1A + c_2B$, 其中 $c_1, c_2 \in C/\{0\}$, 则 $P^2 = P^*$ 成立的充分必要条件是存在一个酉矩阵 $Q \in \mathbb{C}^{n\times n}$, 使得

$$B = Q\left(\frac{1-c_1}{c_2}E_p \oplus -\frac{c_1}{c_2}E_{r-p} \oplus -\frac{1}{c_2}E_q \oplus 0\right)Q^*, \tag{4.6.6}$$

其中 E_p, E_{r-p} 和 E_q 均为对角矩阵, 其对角元素属于 $\left\{1, -\frac{1}{2} - \frac{\sqrt{3}}{2}\mathrm{i}, -\frac{1}{2} + \frac{\sqrt{3}}{2}\mathrm{i}\right\}$, 且 $r = r(A), 0 \leqslant p \leqslant r, 0 \leqslant q \leqslant n-r$.

证明 充分性显然, 我们只需证明必要性.

由题设, 我们有 (4.6.3).

由 $P^2 = P^*$, 于是

$$(c_1E + c_2B_1)^2 = (c_1A + c_2B_1)^*, \quad (c_2B_2)^2 = (c_2B_2)^*.$$

由引理 1.3.5 和引理 1.3.7, 存在一个酉矩阵 $Q_1 \in \mathbb{C}^{r\times r}, Q_2 \in \mathbb{C}^{(n-r)\times(n-r)}$, 使得

$$c_1E + c_2B_1 = Q_1(E_p \oplus 0)Q_1^*,$$

$$c_2B_2 = Q_2(E_q \oplus 0)Q_2^*,$$

其中 $p = r(c_1E + c_2B_1), q = r(c_2B_2)$, 且 $0 \leqslant p \leqslant r, 0 \leqslant q \leqslant n-r$, 所以

$$B = P_1\left[Q_1\left(\frac{1-c_1}{c_2}E_p \oplus -\frac{c_1}{c_2}E_{r-p}\right)Q_1^* \oplus Q_2\left(-\frac{1}{c_2}E_q \oplus 0\right)Q_2^*\right]P_1^*$$

设 $Q = P_1(Q_1 \oplus Q_2)$, 则

$$B = Q\left(\frac{1-c_1}{c_2}E_p \oplus -\frac{c_1}{c_2}E_{r-p} \oplus -\frac{1}{c_2}E_q \oplus 0\right)Q^*.$$

在定理 4.6.3 中, 我们给出了当 A 为广义投影, B 为一与 A 可交换的矩阵, 其线性组合 $P = c_1A + c_2B$ 为广义投影的充要条件.

定理 4.6.4　设 $A, B \in \mathbb{C}^{n\times n}$ 是两个非零矩阵且 $A \neq \pm B, A^2 = A^*, AB = BA$, 令 $P = c_1A + c_2B$, 其中 $c_1, c_2 \in C/\{0\}$, 则 $P^2 = P^\dagger$ 成立的充分必要条件是存在一个酉矩阵 $Q \in \mathbb{C}^{n\times n}$, 使得

$$B = Q\left(\left(\frac{1}{c_2}T_p - \frac{c_1}{c_2}E_p\right) \oplus \left(-\frac{c_1}{c_2}E_{r-p}\right) \oplus \frac{1}{c_2}T_q \oplus 0\right)Q^*, \tag{4.6.7}$$

其中 E_p 和 E_{r-p} 为对角矩阵, , T_p 和 T_q 为上三角矩阵, 并且 E_p, E_{r-p}, T_p 和 T_q 的对角元素均属于 $\left\{1, -\frac{1}{2} - \frac{\sqrt{3}}{2}\mathrm{i}, -\frac{1}{2} + \frac{\sqrt{3}}{2}\mathrm{i}\right\}$, 且 $r = r(A), 0 \leqslant p \leqslant r, 0 \leqslant q \leqslant n-r$.

证明　充分性显然, 我们只需证明必要性.

由题设, 我们有 (4.6.3).

由 $P^2 = P^\dagger$, 于是

$$(c_1E + c_2B_1)^2 = (c_1A + c_2B_1)^\dagger, \quad (c_2B_2)^2 = (c_2B_2)^\dagger.$$

由引理 1.3.5 和引理 1.3.7, 存在一个酉矩阵 $Q_1 \in \mathbb{C}^{r\times r}, Q_2 \in \mathbb{C}^{(n-r)\times(n-r)}$, 使得

$$c_1E + c_2B_1 = Q_1(T_p \oplus 0)Q_1^*,$$

$$c_2B_2 = Q_2(T_q \oplus 0)Q_2^*,$$

其中 $p = r(c_1E + c_2B_1), q = r(c_2B_2)$, 且 $0 \leqslant p \leqslant r, 0 \leqslant q \leqslant n-r$, 所以

$$B = P_1\left[Q_1\left(\frac{1}{c_2}T_p - \frac{c_1}{c_2}E_p\right) \oplus -\frac{c_1}{c_2}E_{r-p}\right)Q_1^* \oplus Q_2\left(\frac{1}{c_2}T_q \oplus 0\right)Q_2^*\right]P_1^*.$$

设 $Q = P_1(Q_1 \oplus Q_2)$, 则

$$B = Q\left(\left(\frac{1}{c_2}T_p - \frac{c_1}{c_2}E_p\right) \oplus \left(-\frac{c_1}{c_2}E_{r-p}\right) \oplus \frac{1}{c_2}T_q \oplus 0\right)Q^*.$$

在定理 4.6.4 中, 我们给出了当 A 为广义投影, B 为一与 A 可交换的矩阵, 其线性组合 $P = c_1A + c_2B$ 为广义投影的充要条件.

4.7 n 次超广义幂等的线性组合

定理 4.7.1 设矩阵 H_1, H_2 是 n 次超广义幂等的, $H_1 \neq cH_2$ 且满足 $H_1H_2 = H_2H_1$, 则对非零复数 $c_1, c_2 \in \mathbb{C}$, 线性组合 $H = c_1H_1 + c_2H_2$ 是 n 次超广义幂等当且仅当下列条件之一成立.

(i) $c_1 \in \sqrt[n+1]{1}$, $c_2 \in \sqrt[n+1]{1}$, $H_1H_2 = 0$;

(ii) $c_1 \in \sqrt[n+1]{1}$, $c_2 \in \sqrt[n+1]{-1}$, $(c_1H_1 + c_2H_2)H_2 = 0$;

(iii) $c_1 \in \sqrt[n+1]{-1}$, $c_2 \in \sqrt[n+1]{1}$, $(c_1H_1 + c_2H_2)H_1 = 0$;

(iv) $c_1 \in \sqrt[n+1]{-1}, c_2 \in \dfrac{\sqrt[n+1]{1} - c_1}{\lambda}$, 其中 $\lambda \in \sqrt[n+1]{1}$且满足 $c_1 + \lambda c_2 \in \sqrt[n+1]{1}$ 且 $H_2^2 = \lambda H_1H_2$;

(v) $c_1 \in \dfrac{\sqrt[n+1]{1} - c_1}{\mu}, c_2 \in \sqrt[n+1]{-1}$, 其中 $\mu \in \sqrt[n+1]{1}$ 且满足 $\mu c_1 + c_2 \in \sqrt[n+1]{1}$ 且 $H_1^2 = \mu H_1H_2$;

(vi) 存在 $\lambda, \mu \in \sqrt[n+1]{1}, \lambda \neq \mu$ 使得 $c_1 + \lambda c_2 \in \sqrt[n+1]{1}$, $c_1 + \mu c_2 \in \{0\} \cup \sqrt[n+1]{1}$ 成立, 且 $\lambda\mu H_1^2 + H_2^2 = (\lambda + \mu)H_1H_2$ 及 $H_1^2H_2$ 为正规矩阵.

证明 由文献 [18, 结论 3.9], H_1, H_2 表示为

$$H_1 = X(B_1 \oplus C_1 \oplus 0 \oplus 0)X^*, \quad H_2 = X(B_2 \oplus 0 \oplus C_2 \oplus 0)X^*, \tag{4.7.1}$$

其中 $X \in \mathbb{C}_n^U$ 为酉矩阵, $B_1 \oplus C_1 \in \mathbb{C}^{r\times r}$. $B_1, B_2 \in \mathbb{C}^{x\times x}, C_1 \in \mathbb{C}^{r-x\times r-x}, C_2 \in \mathbb{C}^{y\times y}$ 可逆, 则 $B_i^{n+1} = I_x, C_1^{n+1} = I_{r-x}, C_2^{n-1} = I_y$.

下面先证必要性. 不失一般性, 我们可将 (4.7.1) 改写为

$$H_1 = X(B_1 \oplus C_1 \oplus 0)X^*, \quad H_2 = X(B_2 \oplus 0 \oplus C_2)X^*. \tag{4.7.2}$$

由 (4.7.2) 可得, $c_1H_1 + c_2H_2$ 为 n 次超广义幂等矩阵等价于

$$c_1B_1 + c_2B_2 \in \mathbb{C}_x^{n-\mathrm{HGP}}, \quad c_1C_1 \in \mathbb{C}_{r_1-x}^{n-\mathrm{HGP}}, \quad c_2C_2 \in \mathbb{C}_y^{n-\mathrm{HGP}}. \tag{4.7.3}$$

易证对非零常数 c 及非零 n 次超广义幂等矩阵 P, cP 是 n 次超广义幂等矩阵等价于 $c \in \sqrt[n+1]{1}$. 所以若 (4.7.2) 中的 C_1 存在, 则 (4.7.3) 中 $c_1C_1 \in \mathbb{C}_{r_1-x}^{n-\mathrm{HGP}}$ 成立当且仅当 $c_1 \in \sqrt[n+1]{1}$,

若 (4.7.2) 中的 C_2 存在, 则 (4.7.3) 中的 $c_2C_2 \in \mathbb{C}_y^{n-\mathrm{HGP}}$ 成立当且仅当 $c_2 \in \sqrt[n+1]{1}$.

若 $x = 0$, 即 (4.7.2) 中的 B_1, B_2 不存在, 则 $H_1H_2 = 0$. 又因为 $H_1 \neq 0, H_2 \neq 0$, 则 C_1, C_2 一定存在且 $c_1, c_2 \in \sqrt[n+1]{1}$. 此为条件 (i).

下面设 $x>0$, 即 B_1, B_2 存在, 因为 $B_1B_2=B_2B_1$, 由 (4.7.3) 得, 在 $(c_1B_1+c_2B_2)^n=(c_1B_1+c_2B_2)^+$ 右乘 $B_1(=B_1^{-n})$. 因为 $c_1B_1+c_2B_2\in\mathbb{C}_x^{n-\mathrm{HGP}}\Leftrightarrow[(c_1B_1+c_2B_2)B_1^{-1}]^n=[(c_1B_1+c_2B_2)B_1^{-1}]^+$. 所以 $c_1B_1+c_2B_2\in\mathbb{C}_x^{n-\mathrm{HGP}}$ 当且仅当

$$c_1I+c_2G\in\mathbb{C}_x^{n-\mathrm{HGP}},\tag{4.7.4}$$

其中

$$G=B_2B_1^{-1}.\tag{4.7.5}$$

因为 $B_i^{n+1}=I_x$, $B_1B_2=B_2B_1$, $i=1,2$, 则 $G^{n+1}=I_x$. 令 $r(c_1I_x+c_2G)=s$, 对 (4.7.4) 分块得

$$c_1I+c_2G=Y(F\oplus 0)Y^*,\tag{4.7.6}$$

其中 $Y\in\mathbb{C}_x^U$ 为酉矩阵, $F\in\mathbb{C}^{s\times s}$ 可逆, $F\in\mathbb{C}_s^{n-\mathrm{HGP}}$ 且 $F^{n+1}=I_s$. 对 (4.7.6) 左乘 Y^* 右乘 Y 得 $c_1I+c_2Y^*GY=(F\oplus 0)$. 即

$$c_1\begin{pmatrix} I & 0\\ 0 & I\end{pmatrix}+c_2\begin{pmatrix} K & L\\ M & N\end{pmatrix}=\begin{pmatrix} F & 0\\ 0 & 0\end{pmatrix},\tag{4.7.7}$$

其中 $K\in\mathbb{C}^{s\times s}, N\in\mathbb{C}^{x-s\times x-s}$. 则由 (4.7.7) 可得

$$c_1I_s+c_2K=F,\quad L=0,\quad M=0,\quad c_1I_{x-s}+c_2N=0,\tag{4.7.8}$$

$$Y^*GY=\begin{pmatrix} K & 0\\ 0 & -c_1/c_2I\end{pmatrix},\quad G=Y(K\oplus -c_1/c_2I_{x-s})Y^*,\tag{4.7.9}$$

所以由 $G^{n+1}=I_x$ 得 $K^{n+1}=I_s, -c_1/c_2\in\sqrt[n+1]{1}$.

下面分两部分考虑: 即 $K=0$ 和 $K\neq 0$ (K 存在与 K 不存在).

(1) 若 K 存在, 且 $c_1I+c_2G=0$. 即

$$-c_1/c_2\in\sqrt[n+1]{1},\quad c_1B_1+c_2B_2=0.\tag{4.7.10}$$

考虑 (4.7.2)

(Ⅰ) 若只有 B_1, B_2 存在, 即 $H_1=XB_1X^*, H_2=XB_2X^*$, 则由 (4.7.10) 可得 $c_1H_1+c_2H_2=0$ 与题中假设的 H_1, H_2 不能互为数乘关系矛盾.

(Ⅱ) 只有 $B_1\oplus C_1, B_2\oplus 0$ 存在, 即 $H_1=X(B_1\oplus C_1)X^*, H_2=X(B_2\oplus 0)X^*$. 由 (4.7.3) 得 $c_1\in\sqrt[n+1]{1}$, 则由 (4.7.10) 得 $c_2\in-\sqrt[n+1]{1}, c_1H_1+c_2H_2=X(0\oplus c_1C_1)X^*$. 所以 $(c_1H_1+c_2H_2)H_2=0$. 即条件 (ii) 成立.

(Ⅲ) 若只有 $B_1\oplus 0, B_2\oplus C_2$ 存在, 即 $H_1=X(B_1\oplus 0)X^*, H_2=X(B_2\oplus C_2)X^*$. 与 (ii) 类似, 可得 (iii) 成立.

(2) 若 K 存在, 则由 (4.7.6) 和 (4.7.9) 可得 $F^{n+1} = I_s$, 进一步可得

$$(c_1 I + c_2 K)^{n+1} = I_s, \tag{4.7.11}$$

其中 $K^{n+1} = I$, 则由文献 [141] 可知 K 可对角化: 即存在 S 使得 $K = S\mathrm{diag}(\lambda_1, \lambda_2, \cdots, \lambda_s)S^{-1}$, 其中 $\lambda_1, \lambda_2, \cdots, \lambda_s \in \sqrt[n+1]{1}$. 所以 (4.7.11) 可以表示为

$$(c_1 + c_2\lambda_i)^{n+1} = 1, \quad i = 1, 2, \cdots, s. \tag{4.7.12}$$

下面对 (4.7.12) 分三种情况讨论: 首先假设 K 的所有特征值都相等, 设为 λ, 即

$$K = \lambda I_s. \tag{4.7.13}$$

此时由 (4.7.12) 导出

$$c_1 + c_2\lambda \in \sqrt[n+1]{1}. \tag{4.7.14}$$

若 $\lambda \in \sqrt[n+1]{1}$, $c_1 \in \sqrt[n+1]{1}$, 可知 $c_1 \in \sqrt[n+1]{1}, c_2 \in \sqrt[n+1]{1}$ 或 $c_1 \in \sqrt[n+1]{1}, c_2 \in \sqrt[n+1]{-1}$ 或 $c_1 \in \sqrt[n+1]{-1}, c_2 \in \sqrt[n+1]{1}$ 都与 (4.7.14) 矛盾, 这说明一方面 (4.7.2) 中的 C_1, C_2 不能同时存在.

另一方面, 若 C_1, C_2 其中之一存在则必须满足 $x = s$, 否则 $c_1 \in \sqrt[n+1]{1}$ 或 $c_2 \in \sqrt[n+1]{1}$ 与 (4.7.10) 左式矛盾. 由 $\lambda \in \sqrt[n+1]{1}$ 直接计算得, 若 $c_1 \in \sqrt[n+1]{1}$, 由 (4.7.14)可以确定 $c_2 \in \dfrac{\sqrt[n+1]{1} - c_1}{\lambda}$.

所以以下情况与 (4.7.2) 各式存在情况同时考虑:

(Ⅰ) 只有 $B_1 \oplus C_1, B_2 \oplus 0$ 存在;

(Ⅱ) 只有 $B_1 \oplus C_1, B_2 \oplus 0$ 存在且 $x = s$;

(Ⅲ) 只有 $B_1 \oplus 0, B_2 \oplus C_2$ 存在且 $x = s$.

在 (Ⅰ) 中必须 $0 < s < x$, 否则若 $x = s$, 则 $H_2 = \lambda H_1$ 与假设矛盾. 所以 (4.7.9) 可以写成

$$G = Y(\lambda I_s \oplus \mu I_{x-s})Y^*, \tag{4.7.15}$$

其中 $\mu = -c_1/c_2, \mu \in \sqrt[n+1]{1}$. 由引理 1.3.4, (4.7.15) 可以推出

$$G^2 + \lambda\mu I_x = (\lambda + \mu)G. \tag{4.7.16}$$

根据 (4.7.5), 则 (4.7.16) 化为 $B_2^2 B_1^{-2} + \lambda\mu I_x = (\lambda + \mu)B_2 B_1^{-1}$, 右乘 B_1^2 得

$$B_2^2 + \lambda\mu B_1^2 = (\lambda + \mu)B_2 B_1. \tag{4.7.17}$$

因为 (4.7.2) 中只有 $B_1 \oplus C_1, B_2 \oplus 0$ 存在, 则 (4.7.17) 等价于 $H_2^2 + \lambda\mu H_1^2 = (\lambda + \mu)H_1 H_2$. 因为 $B_1^n = B_1^{-1}, B_1 B_2 = B_2 B_1$, 所以 (4.7.5) 中 G 可以表示为 $G = B_1^n B_2$.

又由 G 是正规的, 可得 $H_1^2H_2$ 也是正规的. 所以得到 (vi) 中的 $c_1+\mu c_2=0$, 即 (vi) 成立.

在 (Ⅱ) 中 (4.7.2) 只有 $B_1\oplus C_1, B_2\oplus 0$ 且 $x=s$, 则 $B_2=\lambda B_1$, 进一步可得 $\lambda H_1H_2=\lambda^2X(B_1^2\oplus 0)X^*=H_2^2$, 且 (4.7.2) 中第二式存在可以保证 $c_1\in \sqrt[n+1]{1}$. 所以得到 (iv).

在 (Ⅲ) 中同理可得 (v). 此时当 K 的特征值全相等的证明完成.

下面假设 K 有两个不同的特征值 λ,μ, 则由 (4.7.12) 可得 $c_1+c_2\lambda\in \sqrt[n+1]{1}$,$c_1+c_2\mu\in \sqrt[n+1]{1}$

显然同样对 (2) 各部分存在情况讨论: 即 (Ⅰ), (Ⅱ), (Ⅲ).

在 (Ⅰ) 中, 分 $x=s$ 和 $x\neq s$ 讨论. 若 $x=s$, 则由 (4.7.9) 可以得到 G 与 K 的特征值相等, 设为 λ,μ, 由 G 可对角化及引理 1.3.7 可得 (4.7.16). 所以得到 (vi) 中的 $c_1+\mu c_2\in \sqrt[n+1]{1}$.

若 $s<x$, 由引理 1.3.7, 有

$$K^2+\lambda\mu I_s=(\lambda+\mu)K, \tag{4.7.18}$$

其中 $\lambda,\mu\in \sqrt[n+1]{1}, \lambda\neq\mu$. 所以一方面 K 有两个不同特征值, I_s 有一个特征值, 则两矩阵彼此无数乘关系. 另一方面 (4.7.11) 可得 $c_1I_s+c_2K$ 可逆, 则由 [9, 定理 3] 得 $c_1,c_2\in \sqrt[n+1]{-1}$. 所以 $c_1/c_2\in \sqrt[n+1]{1}$, 这与 (4.7.10) 中 $-c_1/c_2\in \sqrt[n+1]{1}$ 矛盾.

在 (Ⅱ) 中, K 的特征值 λ,μ 同时也是 G 中特征值, 由引理 1.3.4 可得 (4.7.16). 这等价于 $\eta G^2+\overline{\eta}I_x=G$, $\eta\in \sqrt[n+1]{-1}$. 所以 I_s 与 G 无数乘关系. 由 (4.7.6) 知 $c_1I_x+c_2G$ 可逆. 所以对 (4.7.4) 由 [4, 定理 3] 可得 $c_1\in \sqrt[n+1]{-1}$, 这与 (4.7.2) 中第二式存在矛盾.

在 (Ⅲ) 中, 同理可得矛盾.

最后, 假设 K 有多个不同特征值, 设为 $\lambda_1,\lambda_2,\cdots,\lambda_m$, 则由 (4.7.12) 可得可解系统

$$c_1+\lambda_1c_2=u_1,\quad c_1+\lambda_2c_2=u_2,\quad \cdots,\quad c_1+\lambda_sc_2=u_s, \tag{4.7.19}$$

其中 $u_1,u_2,\cdots,u_s\in \sqrt[n+1]{1}$. 由 (4.7.19) 中的第一式和第二式可得 $(\lambda_1-\lambda_2)c_2=u_1-u_2$, 进一步可得 $u_1\neq u_2$. 同理可得 $u_1,u_2,\cdots,u_s$ 全不相等. 所以 $\{\lambda_1,\lambda_2,\cdots,\lambda_m\}=\{u_1,u_2,\cdots,u_s\}$, 因为 (4.7.19) 是可解的, 所以

$$\det\begin{pmatrix}1 & \lambda_i & u_i\\ 1 & \lambda_j & u_j\\ 1 & \lambda_k & u_k\end{pmatrix}=0, \tag{4.7.20}$$

其中 $i,j,k\in\{1,2,\cdots,s\}$. 则要满足 (4.7.20) 只能 $\{\lambda_1,\lambda_2,\cdots,\lambda_s\}=m\{1,1,\cdots,1\}$,

这与假设矛盾; 或者 $\{\lambda_1,\lambda_2,\cdots,\lambda_s\}=m\{u_1,u_2,\cdots,u_s\}$, 即 (4.7.19) 转化为

$$c_1+\lambda_1c_2=m\lambda_1,\quad c_1+\lambda_2c_2=m\lambda_2,\quad \cdots,\quad c_1+\lambda_sc_2=m\lambda_s, \tag{4.7.21}$$

则解得 $c_2=m, c_1=0$, 矛盾.

或者 $\{u_1,u_2,\cdots,u_s\}=m\{1,1,\cdots,1\}$, 则与系统有解矛盾.

下证充分性. 注意到 (ii) 与 (iii), (iv) 与 (v) 是对称的, 因此只需证 (i), (ii), (iv), (vi). 若 (i) 成立, 注意到 B_1,B_2 的非奇异性, (4.7.1) 中 B_1,B_2 不存在. 所以

$$c_1H_1+c_2H_2=X(c_1C_1\oplus c_2C_2\oplus 0)X^*, \tag{4.7.22}$$

因为 $c_1,c_2\in\sqrt[n+1]{1}, C_1^{n+1}=I, C_2^{n+1}=I$. 所以由 (4.7.22) 得 $c_1H_1+c_2H_2\in\mathbb{C}_n^{n-\mathrm{HGP}}$.

若 (ii) 成立, 则 $(c_1H_1+c_2H_2)H_2=X((c_1B_1+c_2B_2)\oplus 0\oplus c_2C_2^2\oplus 0)X^*=0$. 由 C_2 的非奇异性, 可得 (4.7.1) 中的 C_2 不存在. 又因为 $H_2\neq 0$, 所以 (1) 中 B_1,B_2 必须存在, 由 B_2 的非奇异性可得 $c_1B_1+c_2B_2=0$, 所以 $c_1H_1+c_2H_2=X(0\oplus c_1C_1\oplus 0)X^*$, 又由 $c_1\in\sqrt[n+1]{1}, C_1^{n+1}=I$, 则 $c_1H_1+c_2H_2\in\mathbb{C}_n^{n-\mathrm{HGP}}$.

要证 (iv) 成立, 由 (4.7.1) 得 $H_2^2=X(B_2^2\oplus 0\oplus C_2^2\oplus 0)X^*$, $H_1H_2=X(B_1B_2\oplus 0\oplus 0\oplus 0)X^*$. 又因为 $H_2^2=\lambda H_1H_2$, 由 C_2 的非奇异性得 (1) 中的 C_2 不存在. 又由 B_2 的非奇异性得 $B_2^2=\lambda B_1B_2$, 即 $B_2=\lambda B_1$. 所以 $c_1H_1+c_2H_2=X((c_1+\lambda c_2)B_1\oplus c_1C_1\oplus 0)X^*$. 由 $B_1^{n+1}=I, C_1^{n+1}=I$ 及 $c_1+\lambda c_2, c_1\in\sqrt[n+1]{1}$, 得 $c_1H_1+c_2H_2\in\mathbb{C}_n^{n-\mathrm{HGP}}$.

下证 (vi) 的充分性: $\lambda,\mu\in\sqrt[n+1]{1}, \lambda\neq\mu$, 由 (1) 可得 $\lambda\mu H_1^2+H_2^2=X(\lambda\mu B_1^2+B_2^2\oplus\lambda\mu C_1^2\oplus C_2^2\oplus 0)X^*$, $(\lambda+\mu)H_1H_2=X((\lambda+\mu)B_1B_2\oplus 0\oplus 0\oplus 0)X^*$, 所以由 C_1,C_2 的非奇异性可得 (1) 中的 C_1,C_2 不存在.

另一方面, $\lambda\mu B_1^2+B_2^2=(\lambda+\mu)B_1B_2$, 右乘 B_1^2 由 (4.7.15) 可得, 等价于 (4.7.16). 由 $H_1^2H_2$ 正规可得 G 正规. 所以存在 C_x^U 使得 $G=Z(\lambda I_s\oplus\mu I_{x-s})Z^*$, 其中 $s\in\mathbb{N}$, $0<s<x$, 所以 $c_1I+c_2G=Z((c_1+\lambda c_2)I_s\oplus(c_1+\mu c_2)I_{x-s})Z^*$. 由 $c_1+\lambda c_2\in\sqrt[n+1]{1}, c_1+\mu c_2\in\{0\}\cup\sqrt[n+1]{1}$ 可得 $(c_1I_x+c_2G)^{n+1}=Z(I_s\oplus\delta I_{x-s})Z^*$, 其中 $\delta\in\{0,1\}$. 所以 $c_1I_x+c_2G$ 是 EP 矩阵. 所以 $c_1I_x+c_2G\in\mathbb{C}_n^{n-\mathrm{HGP}}$.

由 $c_1I_x+c_2G\in\mathbb{C}_x^{EP}$ 及推论 1.2 可得 $((c_1I_x+c_2G)B_1)^+=(c_1I_x+c_2G)^+B_1^+$. 所以 $(c_1B_1+c_2B_2)^+=(c_1I_x+c_2G)^nB_1^n=(c_1B_1+c_2B_2)^n$, 所以 $c_1H_1+c_2H_2\in\mathbb{C}_n^{n-\mathrm{HGP}}$.

参 考 文 献

[1] Aiena P, Carpintero M T, Carpintero C. On Drazin invertibility. Pro. Amer. Math. Soc., 2008, 136: 2839-2848.

[2] Ando T. Generalized Schur complements. Linear Algebra Appl., 1979, 27: 173-186.

[3] Baksalary J K, Baksalary O M. Idempotency of linear combinations of two idempotent matrices. Linear Algebra Appl., 2000, 321: 3-7.

[4] Baksalary J K, Baksalary O M. On linear combinations of generalized projectors. Linear Algebra Appl., 2004, 388: 17-24.

[5] Baksalary J K, Baksalary O M. Nonsingularity of linear combinations of idempotents matrices. Linear Algebra Appl., 2004, 388: 25-29.

[6] Baksalary J K, Baksalary O M. When is a linear combination of two idempotent matrices the group involutory matrix? Linear Multilinear Algebra, 2006, 54: 429-435.

[7] Baksalary J K, Baksalary O M, Groß J. On some linear combinations of hypergeneralized projectors. Linear Algebra Appl., 2006, 413: 264-273.

[8] Baksalary J K, Baksalary O M, Liu X. Further properties of generalized and hypergeneralized projectors. Linear Algebra Appl., 2004, 389: 295-303.

[9] Baksalary J K, Baksalary O M, Liu X, et al. Further results on generalized and hypergeneralized projectors. Linear Algebra Appl., 2008, 429(5): 1038-1050.

[10] Baksalary J K, Baksalary O M, Özdemir H. A note on linear combinations of commuting tripotent matrices. Linear Algebra Appl., 2004, 388: 45-51.

[11] Baksalary J K, Baksalary O M, Styan G P H, Idempotency of linear combinations of an idempotent and a tripotent matrix. Linear Algebra Appl., 2002, 354: 21-34.

[12] Baksalary J K, Hauke J, Liu X, et al. Relationships between partial orders of matrices and their powers. Linear Algebra Appl., 2004, 379: 277-287.

[13] Baksalary J K, Liu X. An alternative characterization of generalized projectors. Linear Algebra Appl., 2004, 388: 61-65.

[14] Baksalary J K, Styan G P H. Generalized inverses of partitioned matrices in Banachiewicz-Schur form. Linear Algebra Appl., 2002, 354: 41-47.

[15] Baksalary O M. Idempotency of linear combinations of three idempotent matrices, two of which are disjoint. Linear Algebra Appl., 2004, 388: 67-78.

[16] Baksalary O M, Benítez J. Idempotency of linear combinations of three idempotent matrices, two of which are commuting. Linear Algebra Appl., 2007, 424: 320-337.

[17] Baksalary O M, Benítez J. On linear combinations of two commuting hypergeneralized projectors. Computers & Mathematics with Applications, 2008, 56(10): 2481-2489.

[18] Benítez J. Moore-Penrose inverses and commuting elements of C^*-algebras. J. Math. Anal. Appl., 2008, 345: 766-770.

[19] Benítez J, Liu X, Qin Y. Representations for the generalized Drazin inverse in a

Banach algebra. Bull. Math. Anal. Appl., 2013, 5 (1): 53-64.

[20] Benítez J, Liu X, Rakočević V. Invertibility in rings of the commutator $ab - ba$, where $aba = a$ and $bab = b$. Linear and Multilinear Algebra, 2012, 60 (4): 449-463.

[21] Benítez J, Liu X, Zhong J. Some results on matrix partial orderings and reverse order law. Electronic Journal of Linear Algebra, 2010, 20: 254-273.

[22] Benítez J, Liu X, Zhu T. Nonsingularity and group invertibility of linear combinations of two k-potent matrices. Linear and Multilinear Algebra, 2010, 58(8): 1023-1035.

[23] Benítez J, Liu X, Zhu T. Additive results for the group inverse in an algebra with applications to block operators. Linear and Multilinear Algebra, 2011, 59: 279-289.

[24] Benítez J, Rakočević V. Applications of CS decomposition in linear combinations of two orthogonal projectors. Appl. Math. Comput., 2008, 203: 761-769.

[25] Benítez J, Rakočević V. On the spectrum of linear combinations of two projections in C^*-algebras. Linear and Multilinear Algebra, 2010, 58: 673-679.

[26] Benítez J, Rakočević V. Matrices A such that $AA^\dagger - A^\dagger A$ are nonsingular. Appl. Math. Comput., 2010, 217: 3493-3503.

[27] Benítez J, Rakočević V. Invertibility of the commutator of an element in a C^*-algebra and its Moore-Penrose inverse. Stud. Math., 2010, 200: 163-174.

[28] Benítez J, Thome N. Characterizations and linear combinations of k-generalized projectors. Linear Algebra Appl., 2005, 410: 150-159.

[29] Benítez J, Thome N. $\{k\}$-group periodic matrices. SIAM J. Matrix Anal. Appl., 2006, 28: 9-25.

[30] Benítez J, Thome N. The generalized Schur complement in group inverses and $(k+1)$-potent matrices. Linear Multilinear Algebra, 2006, 54: 405-413.

[31] Ben-Israel A, Greville T N E. Generalized Inverses: Theory and Applications. 2nd Ed. New York: Springer, 2003.

[32] Bhaskara Rao K P S. The Theory of Generalized Inverses Over Commutative Rings. London: Taylor & Francis, 2002.

[33] Björck Å. Numerical Methods for Least Squares Problems. Philadelphia: Society for Industrial and Applied Mathematics (SIAM), 1996.

[34] Boasso E. On the Moore-Penrose inverse in C^*-algebras. Extracta Math., 2006, 21: 93-106.

[35] Bonsall F F, Duncan J. Complete Normed Algebras. New York: Springer Verlag, 1973.

[36] Böttcher A, Spitkovsky I M. Drazin in the Von Neumann algebra generated by two orthogonal projections. J. Math. Anal. Appl., 2009, 358: 403-409.

[37] Bouldin R H. The pseudo-inverse of a product. SIAM J. Appl. Math., 1973, 25: 489-495.

[38] Bouldin R H. Generalized inverses and factorizations, recent applications of generalized inverses. Pitman Ser. Res. Notes in Math., 1982, 66: 233-248.

[39] Bru R, Thome N. Group inverse and group involutory matrices. Linear and Multilinear Algebra, 1998, 45: 207-218.

[40] Bu C. Linear maps preserving Drazin inverses of matrices over fields. Linear Algebra Appl., 2005, 396: 159-173.

[41] Bu C, Zhang K, Zhao J. Some results on the group inverse of the block matrix with a sub-block of linear combination or product combination of matrices over skew fields. Linear and Multilinear Algebra, 2010, 58: 957-966.

[42] Bu C, Zhao J, Zheng J. Group inverse for a class 2×2 block matrices over skew fields. Appl. Math. Comput., 2008, 204: 45-49.

[43] Bu C, Zhao J, Zhang K. Some results on group inverses of block matrices over skew fields. Electron. J. Linear Algebra, 2009, 18: 117-125.

[44] Bu C, Li M, Zhang K, Zheng L. Group inverse for the block matrices with an invertible subblock. Appl. Math. Comput., 2009, 215: 132-139.

[45] Burns F, Carlson D, Haynsworth E, Markham T. Generalized inverse formulas using the Schur-complement. SIAMJ. Appl. Math., 1974, 26: 254-259.

[46] Buckholtz D. Inverting the difference of Hilbert space projections. Amer. Math. Monthly, 1997, 104: 60-61.

[47] Buckholtz D. Hilbert space idempotents and involutions. Proc. Amer. Math. Soc., 2000, 128: 1415-1418.

[48] Campbell S L. Singular Systems of Differential Equations I-II. San Francisco, CA: Pitman, 1980.

[49] Campbell S L. The Drazin inverse and systems of second order linear differential equations. Linear Multilinear Algebra, 1983, 14: 195-198.

[50] Campbell S L, Meyer C D. Continuality properties of the Drazin inverse. Linear Algebra Appl., 1975, 10: 77-83.

[51] Campbell S L, Meyer C D. Generalized Inverses of Linear Transformations. Boston, MA: Pitman, 1979, (reprinted by Dover, 1991).

[52] Campbell S L, Meyer C D. Generalized Inverses of Linear Transformations. Philadelphia: SIAM, 2009.

[53] Campbell S L, Meyer C D, Rose N J. Application of the Drazin inverse to linear systems of differential equations with singular constant coefficients. SIAM J. Appl. Math., 1976, 31: 411-425.

[54] Cao C. Some results of group inverses for partitioned matrices over skew fields. J. Natural Sci. Heilongjiang Univ., 2001, 18: 5-7.

[55] Cao C, Li J M. A note on the group inverse of some 2×2 block matrices over skew fields. Appl. Math. Comput., 2011, 217: 10271-10277.

[56] Cao C, Li J Y. Group inverses for matrices over a Bezout domain. Electron. J. Linear Algebra, 2009, 18: 600-612.

[57] Cao C, Tang X. Representations of the group inverse of some 2×2 block matrices. Int. Math. Forum., 2006, 31: 1511-1517.

[58] Carlson D, Haynsworth E, arkham T M. A generalization of the Schur complement by means of the Moore-Penrose inverse. SIAM J. Appl. Math., 1974, 26: 169-176.

[59] Carlson D. What are Schur complements, anyway. Linear Algebra Appl., 1986, 74: 257-275.

[60] Castro González N. Additive perturbation results for the Drazin inverse. Linear Algebra Appl., 2005, 397: 279-297.

[61] Castro-González N, Dopazo E. Representations of the Drazin inverse for a class of block matrices. Linear Algebra Appl., 2005, 400: 253-269.

[62] Castro-González N, Dopazo E, Martínez-Serrano M F. On the Drazin inverse of the sum of two operators and its application to operator matrices. J. Math. Anal. Appl., 2008, 350: 207-215.

[63] Castro-González N, Dopazo E, Robles J. Formulas for the Drazin inverse of special block matrices. Appl. Math. Comput., 2006, 174: 252-270.

[64] Castro-González N, Koliha J J. Perturbation of the Drazin inverse for closed linear operators. Integral Equations Operator Theory, 2000, 36: 92-106.

[65] Castro-González N, Koliha J J. New additive results for the Drazin inverse. Proceedings of the Royal Society of Edinburgh, Section A, 2004, 134: 1085-1097.

[66] Castro-González N, Koliha J J. Additive perturbation results for the Drazin inverse. Linear Algebra Appl., 2005, 397: 279-297.

[67] Castro-González N, Koliha J J, Rakočević V. Continuity and general perturbation of the Drazin inverse for closed linear operators. Abstract and Applied Analysis, 2002, 7: 335-347.

[68] Castro-González N, Koliha J J, Wei Y. Error bounds for perturbation of the Drazin inverse of closed operators with equal spectral projections. Appl. Anal., 2002, 81: 915-928.

[69] Castro-González N, Martínez-Serrano M F. Expressions for the g-Drazin inverse of additive perturbed elements in a Banach algebra. Linear Algebra Appl., 2010, 432: 1885-1895.

[70] Catral M, Olesky D D, van den Driessche P. Group inverses of matrices with path graphs. Electron. J. Linear Algebra, 2008, 17: 219-233.

[71] Catral M, Olesky D D, van den Driessche P. Block representations of the Drazin inverse of a bipartite matrix. Electron. J. Linear Algebra, 2009, 18: 98-107.

[72] Catral M, Olesky D D, van den Driessche P. Graphical description of group inverses of certain bipartite matrices. Linear Algebra Appl., 2010, 432: 36-52.

[73] Chen Y. On the Block Independence in g-lnverse of a Matrix $\begin{pmatrix} A & B \\ C & D \end{pmatrix}$. Mathemat-

ica Applicata, 1993, 3: 241-248.

[74] Chen X, Hartwig R. The group inverse of a triangular matrix. Linear Algebra Appl., 1996, 237/238: 97-108.

[75] Chen J, Xu Z, Wei Y. Representations for the Drazin inverse of the sum P + Q + R + S and its applications. Linear Algebra Appl., 2009, 430: 438-454.

[76] Chen J L, Zhuang G F, Wei Y. The Drazin inverse of a sum of morphisms. Acta. Math. Scientia, 2009, 29(3): 538-552.

[77] Cline R E. Inverses of rank invariant powers of a matrix. SIAM J. Numer. Anal., 1968, 5: 182-197.

[78] Cline R E, Greville Y N E. A Drazin inverse for rectangular matrices. Linear Algebra Appl., 1980, 29: 53-62.

[79] Cottle R W. Manifestations of the Schur complement. Linear Algebra Appl., 1974, 8: 189-211.

[80] Crabtree D, Haynsworth E. An identity for the Schur complement of a matrix. Proc. Am. Math. Soc., 1969, 22: 364-366.

[81] Cvetković-Ilić D S. A note on the representation for the Drazin inverse of 2×2 block matrices. Linear Algebra Appl., 2008, 429: 242-248.

[82] Cvetković-Ilić D S. Expression of the Drazin inverse and MP-inverse of partitioned matrix and quotient identity of generalized Schur complement. Appl. Math. Comput., 2009, 213: 18-24.

[83] Cvetković-Ilić D S. Chen J, Xu Z. Explicit representations of the Drazin inverse of block matrix and modified matrix. Linear and Multilinear Algebra, 2009, 57(4): 355-364.

[84] Cvetković-Ilić D S, Deng C. Drazin invertibility of the difference and the sum of two idempotent operators. J. Comput. Math. Appl., 2010, 233: 1717-1722.

[85] Cvetković-Ilić D S, Deng C. Some results on the Drazin invertibility and idempotents. J. Math. Appl., 2009, 359: 731-738.

[86] Cvetković-Ilić D S, Djordjević D S, Rakočević V. Schur complements in C^*-algebra. Math. Nachrichten, 2005, 278 (7-8): 808-814.

[87] Cvetković-Ilić D S, Djordjević D S, Wei Y. Additive results for the generalized Drazin inverse in a Banach algebra. Linear Algebra Appl., 2006, 418: 53-61.

[88] Dauxois J, Nkiet G M. Canonical analysis of two Euclidien subspaces and its applications. Linear Algebra Appl., 1997, 264: 355-388.

[89] CvetkoviĆ-Ilić D S, Wei Y. Representation for the Drazin inverse of bounded operators on Banach space. Electronic Journal of Linear Algebra, 2009, 18: 613-627.

[90] Cvetković-Ilić D S, Zheng B. Weighted generalized inverses of partitioned matrices in Banachiewicz-Schur form. J. Appl. Math.Comput., 2006, 22(3): 175-184.

[91] Damm T, Wimmer H K. A cancellation property of the Moore-Penrose inverse of

triple products. J. Aust. Math. Soc., 2009, 86: 33-44.

[92] Dauxois J, Nkiet G M. Canonical analysis of two Euclidien subspaces and its applications. Linear Algebra Appl., 1997, 264: 355-388.

[93] Deng C. The Drazin inverse of bounded operators with commutativity up to a factor. Appl. Math. Comput., 2008, 206: 695-703.

[94] Deng C. The Drazin inverses of sum and difference of idempotents. Linear Algebra Appl., 2009, 430: 1282-1291.

[95] Deng C. A note on the Drazin inverses with Banachiewicz-Schur forms. Appl. Math. Comput., 2009, 213: 230-234.

[96] Deng C. On the invertibility of the operator $A - XB$. Numer Linear Algebra Appl., 2009, 16: 817-831.

[97] Deng C. generalized Drazin inverse of anti-triangular block matrices. J. Math. Anal. Appl., 2010, 368: 1-8.

[98] Deng C. Characterizations and representations of the group inverse involving two idempotents. Linear Algebra Appl., 2011, 434: 1067-1079.

[99] Deng C, Cvetkovic-Ilic D S, Wei Y. Some results on the generalized Drazin inverse of operator matrices. Linear and Multilinear Algebra, 2010, 58: 503-521.

[100] Deng C, Cvetković-Ilić D, Wei Y. On invertibility of combinations of k-potent operators. Linear Algebra Appl., 2012, 437: 376-387.

[101] Deng C, Du H. The reduced minimum modulus of Drazin inverses of linear operators on Hilbert spaces. Proc. Amer. Math. Soc., 2006, 134: 3309-3317.

[102] Deng C, Wei Y. A note on the Drazin inverse of an anti-triangular matrix. Linear Algebra Appl., 2009, 431: 1910-1922.

[103] Deng C, Wei Y. Characterizations and representations of the Drazin inverse of idempotents. Linear Algebra Appl., 2009, 431: 1526-1538.

[104] Deng C, Wei Y. Perturbation of the generalized Drazin inverse. Electronic Journal of Linear Algebra, 2010, 21: 85-97.

[105] Deng C, Wei Y. New additive results for the generalized Drazin inverse. J. Math. Anal. Appl., 2010, 370: 313-321.

[106] Deng C, Wei Y. Further results on the Moore - Penrose invertibility of projectors and its applications. Linear and Multilinear Algebra, 2012, 60: 109-129.

[107] Dinčić N Č, Djordjević D S. Mixed-type reverse order law for products of three operators. Linear Algebra Appl., 2011, 435: 2658-2673.

[108] Djordjević D S. Further results on the reverse order law for generalized inverses. SIAM J. Matrix Anal. Appl., 2007, 29(4): 1242-1246.

[109] Djordjević D S, Dinčić N Č. Reverse order law for the Moore-Penrose inverse. J. Math. Anal. Appl., 2010, 361: 252-261.

[110] Djordjević D S, Liu X, Wei Y. Some additive results for the generalized Drazin inverse

in a Banach algebra. Electron. J. Linear Algebra, 2011, 22: 1049-1058.

[111] Djordjević D, Rakočević V. Lectures on Generalized inverses. University of Niš, 2008.

[112] Djordjević D S, Stanimirović P S. On the generalized Drazin inverse and generalized resolvent. Czechoslovak Math. J., 2001, 51(126): 617-634.

[113] Djordjević D S, Wei Y. Additive results for the generalized Drazin inverse. J. Aust. Math. Soc., 2002, 73: 115-125.

[114] Djordjević-Ilić D S, Wei Y. Representations for the Drazin inverse of bounded operators on Banach space. Electron. J. Linear Algebra., 2009, 18: 613-627.

[115] Dopazo E, Martínez-Serrano M F. Further results on the representation of the Drazin inverse of a 2×2 block matrices. Linear Algebra Appl., 2010, 432: 1896-1904.

[116] Drazin M P. Pseudo-inverses in associative rings and semiproup. Amer. Math. Monthly, 1958, 65: 506-514.

[117] Drazin M P. Natural structures on semigroups with involution. Bulletin of the American Mathematical Society, 1978, 84: 139-141.

[118] Du H, Li Y. The spectral characterization of generalized projections. Linear Algebra Appl., 2005, 400: 313-318.

[119] Du H, Deng C. The representation and characterization of Drazin inverse of operators on a Hilbert space. Linear Algebra Appl., 2005, 407: 117-124.

[120] Fiedler M. Remarks on the Sherman-Morrison-Woodbury formulae. Mathematica Bohemica, 2003, 128(3): 253-262.

[121] Fill J, Fishkind D. The Moore-Penrose generalized inverses of sums of matrices. Matrix Anal. Appl., 1999, 21(2): 629-635.

[122] Fredholm I. Sur une classe d'eqations fonctionnelles. Acta Mathmatica., 1903, 27: 365-390.

[123] Galántai A. Subspaces, angles and pairs of orthogonal projections. Linear and Multilinear Algebra, 2008, 56: 227-260.

[124] Golub G H, Van Loan C F. Matrix Computations. third ed. Johns Hopkins Studies in the Mathematical Sciences. Baltimore, MD: Johns Hopkins University Press, 1996.

[125] Greville T N E. Note on the generalized inverse of a matrix product. SIAM Rev, 1966, 8: 518-521.

[126] Groß J., G. Trenkler. Nonsingularity of the difference of two oblique projectors. SIAM J. Matrix Anal. Appl., 1999, 21: 390-395.

[127] Groß J, Trenkler G. Generalized and hypergeneralized projectors. Linear Algebra Appl., 1997, 264: 463-474.

[128] Guo L, Du X, Wang S. The generalized Drazin inverse of operator matrices. Appl. Math., 2013, 2013: 1-17.

[129] Hager W W. Updating the inverse of a matrix. SIAM Review, 1989, 31: 221-239.

[130] Hall F J. Generalized inverses of a bordered matrix of operators. SIAM J. Appl. Math.,

1975, 29: 152-163.

[131] Hall F J. The Moore-Penrose inverse of particular bordered matrices. J. Australian Math. Soc., 1979, 27: 467-478.

[132] Hall F J, Hartwig R E. Further results on generalized inverses of partitioned matrices. SIAM J. Appl. Math., 1976, 30: 617-624.

[133] Harte R E. Invertibility and Singularity for Bounded Linear Operators. New York: Marcel Dekker, 1988.

[134] Harte R E. On quasinilpotents in rings. Panamer. Math. J., 1991, 1: 10-16.

[135] Harte R E. Spectral projections. Irish Math. Soc, Newsletter, 1984, 11: 10-15.

[136] Hartwig R E. The reverse order law revisited. Linear Algebra Appl., 1986, 76: 241-246.

[137] Hartwig R, Li X, Wei Y. Representations for the Drazin inverse of 2×2 block matrix. SIAM J. Matrix Anal. Appl., 2005, 27: 757-771.

[138] Hartwig R E, Shoaf J M. Gruop inverse and Drazin inverse of bidiagonal and triangular toeplitz matrices. Austral. J. Math., 1977, 24(A): 10-34.

[139] Harting R E, Spindelbock K. Matrices for which A and A commute. Linear and Multilinear Algebra, 1984, 14: 241-256.

[140] Hartwig R E, Wang G R, Wei Y. Some additive results on Drazin inverse. Linear Algebra Appl., 2001, 322: 207-217.

[141] Horn R A, Johnson C R. Matrix Analysis. Cambridge, UK: Cambridge University Press, 1985.

[142] Hegland M, Garcke J, Challis V. The combination technique and some generalisations. Linear Algebra Appl., 2007, 420: 249-275.

[143] Hung C H, Markham T L. The Moore-Penrose inverse of a sum of matrices. J. Austral. Math. Soc. Ser., A, 1977, 24: 385-392.

[144] Hunter J J. Generalized inverses and their application to applied probability problems. Linear Algebra Appl., 1982, 45: 157-198.

[145] Izumino S. The product of operators with closed range and an extension of the reverse order law. Tohoku Math. J., 1982, 34: 43-52.

[146] Koliha J J. A generalized Drazin inverse. Glasgow Math. J., 1996, 38: 367-381.

[147] Koliha J J. Elements of C^*-algebras commuting with their Moore-Penrose inverse. Studia Math. 2000, 139: 81-90.

[148] Koliha J J. Range projections of idempotents in C^*-algebras. Demonstratio Math., 2001, 34: 91-103.

[149] Koliha J J, Djordjević D S, CvetkovićIlić D. Moore-Penrose inverse in rings with involution. Linear Algebra Appl., 2007, 426: 371-381.

[150] Koliha J J, Rakočević V. Invertibility of the sum of idempotents. Linear and Multilinear Algebra, 2002, 50: 285-292.

[151] Koliha J J, Rakočević V. Invertibility of the difference of idempotents. Linear Multi-

linear Algebra, 2003, 51: 97-110.

[152] Koliha J J, Rakočević V. On the norm of idempotents in C^*-algebras. Rocky Mountain J. Math., 2004, 34: 685-697.

[153] Koliha J J, Rakočević V. Differentiability of the g-Drazin inverse. Stud. Math., 2005, 168: 193-201.

[154] Koliha J J, Rakočević V, Holomorphic and meromorphic properties of the g-Drazin inverse. Demonstratio Mathematica, 2005, 38: 657–666.

[155] Koliha J J, Rakočević V. The nullity and rank of linear combinations of idempotent matrices. Linear Algebra Appl., 2006, 418: 11-14.

[156] Koliha J J, Rakočević V. Range projections and the Moore-Penrose inverse in rings with involution. Linear Multilinear Algebra, 2007, 55: 103-112.

[157] Koliha J J, Rakočević V, Straškraba I. The difference and sum of projectors. Linear Algebra Appl., 2004, 388: 279-288.

[158] Koliha J J, Straskraba I. Power bounded and exponentially bounded matrices. Applications of Mathematics, 1999, 44: 289-308.

[159] Li Y. The Moore-Penrose inverses of products and differences of projections in a C^*-algebra. Linear Algebra Appl., 2008, 428: 1169-1177.

[160] Li X, Wei Y. An improvement on the perturbation of the group inverse and oblique projection. Linear Algebra Appl., 2001, 338: 53-66.

[161] Li X, Wei Y. A note on the representations for the Drazin inverse of 2×2 matrix. Linear Algebra Appl., 2007, 423: 332-338.

[162] Liu X. Simultaneous (M, N) Singular Value Decomposition of Matrices. Northeast Math. J., 2007, 23(6): 471-478.

[163] Liu X, Xu L, Yu Y M. The representations of the Drazin inverse of differences of two matrices. Applied Mathematics and Computation, 2010, 216: 3652-3661.

[164] Liu Y, Cao C G. Drazin inverse for some partitioned matrices over skew fields. Journal of Natural Science of Hei Long Jiang University, 2004, 24: 112-114.

[165] Liu Y, Wei M. On the block independence in G-Inverse and reflexive inner inverse of a partitioned matrix. Acta Mathematica Sinica, 2007, 4: 723-730.

[166] Liu X, Benítez J, Zhang M. Involutiveness of linear combinations of a quadratic or tripotent matrix and an arbitrary matrix. Bull. Iranian Math. Soc., 2016, 42(3): 595-610.

[167] Liu X, Benítez J. The spectrum of matrices depending on two idempotents. Appl. Math. Lett., 2011, 24 (10): 1640-1646.

[168] Liu X, Jin H, Djordjević D S. Representations of generalized inverses of partitioned matrix involving Schur complement. Appl. Math. Comput., 2013, 219(18): 9615-9629.

[169] Liu X, Jin H, Višnjić J. Representations of generalized inverses and Drazin inverse of partitioned matrix with Banachiewicz-Schur forms. Math. Probl. Eng., 2016, Art. ID

9236281.

[170] Liu X, Qin X. Formulae for the generalized Drazin inverse of a block matrix in Banach algebras. J. Funct. Spaces, 2015, Art. ID 767568.

[171] Liu X, Qin X, Benítez J. Some additive results on Drazin inverse. Appl. Math. J. Chinese Univ. Ser. B, 2015, 30(4): 479-490.

[172] Liu X, Qin X, Benítez J. New additive results for the generalized Drazin inverse in a Banach algebra. Filomat, 2016, 8(30): 2289-2294.

[173] Liu X, Wu L, Benítez J. On linear combinations of generalized involutive matrices, Linear Multilinear Algebra, 2011, 59(11): 1221-1236.

[174] Liu X, Wu L, Benítez J. On the group inverse of linear combinations of two group invertible matrices. Electron. J. Linear Algebra, 2011, 22: 490-503.

[175] Liu X, Wu L, Yu Y. The group inverse of the combinations of two idempotent matrices. Linear Multilinear Algebra, 2011, 59(1): 101-115.

[176] Liu X, Wu S, Djordjević D S. New results on reverse order law for 1,2,3-and 1,2,4-inverses of bounded operators. Math. Comp., 2013, 82(283): 1597-1607.

[177] Liu X, Xu L, Yu Y. The explicit expression of the Drazin inverse of sums of two matrices and its application. Ital. J. Pure Appl. Math., 2014, 33: 45-62.

[178] Ljubisavljević J, Cvetković-Ilić D S. Additive results for the Drazin inverse of block matrices and applications. J. Comput. Appl. Math., 2011, 235: 3683-3690.

[179] Marsaglia G, Styan G P H. Rank conditions for generalized inverses of partitioned matrices. Sankhya Ser. A, 1974, 36: 437-442.

[180] Martínez-Serrano M F, Castro-González N. On the Drazin inverse of block matrices and generalized Schur complement. Appl. Math. Comput., 2009, 215: 2733-2740.

[181] Meyer C D. Matrix Analysis and Applied Linear Algebra. Philadelphia: Society for Industrial and Applied Mathematics (SIAM), 2000.

[182] Meyer Jr C D, Rose N J. The index and the Drazin inverse of block triangular matrices. SIAM J. Appl. Math., 1977, 33(1): 1-7.

[183] Miao J. Results of the Drazin inverse of block matrices. J. Shanghai Normal University, 1989, 18: 25-31.

[184] Miao J. General expressions for the Moore-Penrose inverse of a 2×2 block matrix. Linear Algebra Appl., 1991, 151: 1-15.

[185] Mitra S K. Properties of the fundamental bordered matrix used in linear estimation. Statistics and Probability, 1982: 505-509.

[186] Müller V. Spectral Theory of Linear Operators and Spectral Systems in Banach Algebras. 2nd Ed. Basel, Boston, Berlin: Birkhäuser, 2007.

[187] Moore E H. General Analysis. Part 1. Mem. Amer. Philos., Soc., 1935.

[188] Ostrowki A. A new proof of Haynswortu's quotient formula for Schur complement. Linear Algebra Appl., 1971, 4: 389-392.

[189] Ostrowki A. On Schur' s complement. J. Comb. Theory, 1971, 14: 319-323.

[190] Özdemir H, Özban A Y. On idempotency of linear combinations of idempotent matrices. Appl. Math. Comput., 2004, 159: 439-448.

[191] Özdemir H, Sarduvan M, Özban A Y, et al. On idempotency and tripotency of linear combinations of two commuting tripotent matrices. Appl. Math. Comput., 2009, 207: 197-201.

[192] Patrǐcio P, Hartwig R E. Some additive results on Drazin inverse. Appl. Math. Comput., 2009, 215: 530-538.

[193] Paige C C, Wei M. History and generality of the CS decomposition. Linear Algebra Appl., 1994, 209: 303-326.

[194] Patrício P, Hartwig R. The (2, 2, 0) group inverse problem. Appl. Math. Comput., 2010, 217: 516-520.

[195] Petyshyn W V. On generalized inverses and on the uniform convergence of $(I-\beta K)^n$ with application to iterative methods. Journal of Mathematical Anlysis and Applications, 1967, 18: 417-439.

[196] Piziak R, Odell P L. Matrix Theory: From Generalized Inverses to Jordan Form. Bola Raten: Chapman & Hall CRC, 2007.

[197] Piziak R, Odell P L, Hahn R. Constructing projections on sums and intersections. Comput. Math. Appl., 1999, 37: 67-74.

[198] Puri A L, Russell C T. Convergence of generalized inverses with applications to asymptotic hypothesis testing. The Indian Journal of Statistics, 1984, 46(2): 277-286.

[199] Qiao S. The weight Drazin inverse of a linear operator on Banach spaces and its approximation. J. Numer. Math., 1981, 3: 1-8.

[200] Quellette D V. Schur complements and statistics. Linear Algebra Appl., 1981, 36: 187-195.

[201] Radosavljević S, Dragan S, Djordjević. On the Moore-Penrose and the Drazin inverse of two projections on Hilbert space. Linkping: Linkping University Electronic Press, 2012.

[202] Rakŏcević V, Wei Y. A weighted Drazin inverse and applications. Linear Algebra Appl., 2002, 350: 25-39.

[203] Rakŏcević V, Wei Y. The representation and approximation of the W-weighted Drazin inverse of linear operators in Hilbert space. Appl. Math. Comput., 2003, 141: 455-470.

[204] Rao C R. A note on a generalized inverse of a matrix with applications to problems in mathematical statistics. Journal of the Royal Statistical Society, 1962, 24(1): 152-158.

[205] Rao C R, Mitra S K. Generalized Inverse of Matrices and Its Applications. New York: Wiley, 1971.

[206] Sarduvan M, Özdemir H. On linear combinations of two tripotent, idempotent, and involutive matrices. Appl. Math. Comput., 2008, 200: 401-406.

[207] Sarduvan M, Özdemir H. On nonsingularity of linear combinations of tripotent matrices. Acta Universitatis Apulensis, 2011, 25: 159-164.

[208] Schur I. Potenzreihn in innern des heitskreises. J. Reine. Angew. Math., 1917, 147: 205-232.

[209] Sheng X, Chen G. Some generalized inverses of partition matrix and quotient identity of generalized Schur complement. Appl. Math. Comp., 2008, 196: 174-184.

[210] Soares A S, Latouche G. The group inverse of finite homogeneous QBD processes. Stoch. Models, 2002, 18: 159-171.

[211] Spindler K. Abstract Algebra with Applications, 1: Vector Spaces and Groups. New York: Taylor & Francis Ltd., 1993.

[212] Steerneman T, Kleij F P. Proerties of the matrix $A - XY^*$. Linear Algebra Appl., 2005, 410: 70-86.

[213] Stewart G W. A note on generalized and hypergeneralized projectors. Linear Algebra Appl., 2006, 412: 408-411.

[214] Styan G P H. Schur complements and linear statistical models//Puntanen S, Pukkila T, Eds. Proceedings of the First International Tampere Seminar on Linear Statistical Models and their Applications. Tampere, Finland, August-September 1983, Department of Mathematical Sciences, University of Tampere, 1985, 37-75.

[215] Sun W, Yuan Y. Optimization Theory and Methods. Beijing: Science Press, 1996.

[216] Tian Y. The Moore-Penrose inverses of $m \times n$ block matrices and their applications. Linear Algebra Appl., 1998, 283: 35-60.

[217] Tian Y, Liu Y. On a group of mixed-type reverse-order laws for generalized inverses of a triple matrix product with applications. Electron. J. Linear Algebra, 2007, 16: 73-89.

[218] Tošić M, Cvetković-Ilić D, Deng C. The Moore-Penrose inverse of a linear combination of commuting generalized and hypergeneralized projectors. Electron J. Linear Algebra, 2011, 22: 1129-1137.

[219] Tran T D. Spectral sets and the Drazin inverse with applications to second order differential equations. Applications of Mathematics, 2002, 47: 1-8.

[220] Wang B Y, Zhang X, Zhang F. Some inequalities on generalized Schur complements. Linear Algebra Appl., 1999, 302-303: 163-172.

[221] Wang G, Wei Y, Qiao S. Generalized Inverses: Theory and Computations. Beijing: Science Press, 2004.

[222] Wang H, Liu X. The associated Schur complements of $M = [(AB; CD)]$. Filomat, 2011, 25 (1): 155-161.

[223] Wang H, Liu X. Characterizations of the core inverse and the core partial ordering. Linear and Multilinear Algebra, 2015, 63(9): 1829-1836.

[224] Wang H, Xu J. Some results on characterizations of matrix partial orderings. Journal

of Applied Mathematics, 2014, 2014: 1-6.

[225] Wang L, Zhu H H, Zhu X, Chen J L. Additive property of Drazin invertibility of elements. arXiv: 1307.1816v1 [math.RA], 2013.

[226] Wang Y. On the block independence in reflexive inner inverse and M-P inverse of block matrix. SIAM J. Matrix Anal. Appl., 1998, 19(2): 407-415.

[227] Wei M. Reverse order laws for generalized inverses of multiple matrix products. Linear Algebra Appl., 1999, 293(1): 273-288.

[228] Wei M, Guo W. Reverse order laws for least squares g-inverses and minimum norm g-inverses of products of two matrices. Linear Algebra Appl., 2002, 342: 117-132.

[229] Wei Y. A characterization and representation of the Drazin inverse. SIAM J. Matrix Anal. Appl., 1996, 17: 744-747.

[230] Wei Y. A characterization and representation of the generalized inverse $A^{(2)}_{T,S}$ and its applications. Linear Algebra Appl., 1998, 280(2): 87-96.

[231] Wei Y. Expressions for the Drazin inverse of a 2×2 block matrix. Linear Multilinear Algebra, 1998, 45: 131-146.

[232] Wei Y. On the perturbation of the group inverse and oblique projection. Appl. Math. Comput., 1999, 98: 29-42.

[233] Wei Y. The Drazin inverse of updating of a square matrix with application to perturbation formular. Appl. Math. Comput., 2000, 108: 77-83.

[234] Wei Y. Perturbation bound of the Drazin inverse. Appl. Math. Comput., 2002, 125: 231-244.

[235] Wei Y. The Drazin inverse of a modified matrix. Appl. Math. Comput., 2002, 125: 295-301.

[236] Wei Y, Deng C. The Drazin inverses of products and differences of orthogonal projections. J. Math. Anal. Appl., 2007, 335: 64-71.

[237] Wei Y, Deng C. A note on additive results for the Drazin inverse. Linear Multilinear Alg., 2011, 59(12): 1319-1329.

[238] Wei Y, Diao H. On group inverse of singular Toeplitz matrices. Linear Algebra Appl., 2005, 399: 109-123.

[239] Wei Y, Ding J. Representations for Moore-Penrose inverse in Hilbert spaces. Applied Mathematics Letters, 2001, 14: 599-604.

[240] Wei Y, Li X. An improvement on perturbation bounds for the Drazin inverse. Numer. Linear Algebra Appl., 2003, 10: 563-575.

[241] Wei Y, Li X, Bu F. A perturbation bound of the Drazin inverse of a matrix by separation of simple invariant subspaces. SIAM J. Matrix Anal. Appl. 2005, 27: 72-81.

[242] Wei Y, Qiao S. The representation and approximation of the Drazin inverse of a linear operator in Hilbert space. Appl. Math. Comput., 2003, 138: 77-89.

[243] Xu L, Liu X. The representations of the Drazin inverse of sums of two matrices. J. Comput. Anal. Appl., 2012, 14 (3): 433-445.

[244] Yan Z. New representations of the Moore-Penrose inverse of 2 × 2 block matrices. Linear Algebra Appl., 2012, 1: 8-14.

[245] Yan Z. New representations of the Moore-Penrose inverse of 2 × 2 block matrices. Linear Algebra Appl., 2014, 456: 3-15.

[246] Yang H, Liu X. The Drazin inverse of the sum of two matrices and its applications. J. Comput. Appl. Math., 2011, 235: 1412-1417.

[247] Yang H, Li H Y. Weighted polar decomposition and WGL partial ordering of rectangular complex matrices. SIAM Journal on Matrix Analysis and Applications, 2008, 30(2): 898-924.

[248] Zhao J, Bu C. Group inverse for the block matrix with two identical subblocks over skew fields. Electronic Journal of Linear Algebra, 2010, 21: 63-75.

[249] Zhang F. Matrix Theory: Basic Results and Techniques. New York: Springer Science & Business Media, 2011.

[250] Zhou J, Bu C, Wei Y. Group inverse for block matrices and some related sign analysis. Linear Multilinear Algebra, 2012, 60: 669-681.

[251] Zuo K. Nonsingularity of the difference and the sum of two idempotent matrices. Linear Algebra Appl., 2010, 433: 476-482.

[252] Zuo K, Xie T. Nonsingularity of combinations of idempotent matrices. J. of Math. (PRC), 2009, 29: 285-288.

[253] 龚毅. 分块矩阵 Drazin 逆的表示及广义逆在矩阵方程中的应用. 上海: 华东师范大学, 2006.

[254] 郭文彬, 魏木生. 奇异值分解及其在广义逆理论中的应用. 北京: 科学出版社, 2008.

[255] 梁丽杰, 朱同平, 刘晓冀. 含交换因子的有界线性算子差的 Moore-Penrose 逆. 数学的实践与认识, 2011, 41(5): 210-213.

[256] 刘晓冀, 覃永辉. Banach 代数上广义 Drazin 逆的扰动. 数学学报, 2014, 57(1): 35-46.

[257] 刘晓冀, 王宏兴. 交换环上矩阵的 Drazin 逆. 计算数学, 2009, 31(4): 425-434.

[258] 刘晓冀, 张苗苗, Benítez J. k-次幂等矩阵线性组合群逆和超广义幂等矩阵线性组合 Moore-Penrose 广义逆的表示. 数学年刊, 2014, 35(4): 463-478.

[259] 余昌木, 黄少武, 刘晓冀. 关于算子和的 Drazin 逆表示. 四川师范大学学报 (自然科学版), 2013, 36(2): 240-242.

[260] 武淑霞, 刘晓冀. 两个三次幂等矩阵组合的群可逆性. 中北大学学报 (自然科学版), 2012, 33(6): 638-642.

[261] 武玲玲, 刘晓冀. 广义投影矩阵线性组合的研究. 四川师范大学学报 (自然科学版), 2012, 35(6): 734-737.

[262] 朱同平, 刘晓冀. n 次超广义幂等矩阵的线性组合. 四川师范大学学报 (自然科学版), 2010, 33(5): 601-604.

[263] 王宏兴, 刘晓冀. 分块态射的广义逆. 曲阜师范大学学报, 2007, 33(2): 44-46.
[264] 张苗, 刘晓冀. Banach 代数上两个元素差的 Drazin 逆的表达. 山东大学学报 (理学版), 2012, 47(4): 89-93.
[265] 张仕光, 刘晓冀. 分块态射的广义逆. 大学数学, 2009, 25(1): 104-108.

索　引